大学物理
（第4版）
学习辅导

朱　峰　肖胜利　齐利华　郑好望　任文辉　主编

清华大学出版社
北京

内容简介

本书是与《大学物理(第4版)》相配套的学习辅导书,按主教材中各章节顺序编写.每章分为教学目标、知识框架、本章提要、检测题、自我检测题、典型例题、练习题精解等七个模块,书中还包括六套阶段测验题和两套综合测验题,书后附有教学大纲、教学日历和测验题答案.所选习题都进行了详细的解析,具有思考性和启发性,有助于读者巩固所学内容,掌握解决问题的基本思路和方法,提高解题技巧,全面提高学习效果.

本书可作为高等学校理工科类各专业本科生和高等职业教育各专业学生大学物理课程的学习辅导书,也可作为教师的教学参考书.

版权所有,侵权必究。举报:010-62782989,beiqinquan@tup.tsinghua.edu.cn。

图书在版编目(CIP)数据

大学物理:第4版:学习辅导 / 朱峰等主编. -- 北京:清华大学出版社,2024.11. -- ISBN 978-7-302-67646-1

I. O4

中国国家版本馆 CIP 数据核字第 2024MP0009 号

责任编辑:朱红莲
封面设计:傅瑞学
责任校对:赵丽敏
责任印制:沈　露

出版发行:清华大学出版社
网　　址:https://www.tup.com.cn, https://www.wqxuetang.com
地　　址:北京清华大学学研大厦 A 座　　邮　编:100084
社 总 机:010-83470000　　邮　购:010-62786544
投稿与读者服务:010-62776969, c-service@tup.tsinghua.edu.cn
质量反馈:010-62772015, zhiliang@tup.tsinghua.edu.cn
印 装 者:三河市人民印务有限公司
经　　销:全国新华书店
开　　本:185mm×260mm　　印　张:20.5　　字　数:496 千字
版　　次:2024 年 12 月第 1 版　　印　次:2024 年 12 月第 1 次印刷
定　　价:58.00 元

产品编号:103036-01

前 言

大学物理是高等学校理工科类各专业学生一门重要的通识性必修基础课程.《大学物理(第4版)学习辅导》是在《大学物理学习辅导(第3版)》基础上,结合编者长期从事教学研究和教学改革的实践经验编写而成的.本书可作为高等学校理工科类各专业本科生和高等职业教育各专业学生大学物理课程的学习辅导书,也可作为教师的教学参考书.

全书共分13章,涉及力学、热学、电磁学、振动和波、波动光学、狭义相对论和量子物理基础.每章分为教学目标、知识框架、本章提要、检测题、自我检测题、典型例题、练习题精解等七个模块,书中还包括六套阶段自我测验题和两套综合自我测验题,书后附有课程教学大纲、课程教学日历和综合自我测验题答案.本书"以学生为中心",旨在培养学生运用所学物理知识分析问题和解决问题的能力,使学生尽快明确学习要求,厘清知识脉络,完成学习方法和思维方式的转变,掌握解题的思路和方法,提高综合应用所学知识、分析问题和解决问题的能力,同时促进大学物理课程的"教"和"学"相结合,全面提高学生学习效果.

根据使用本书的教师和读者的建议,本次改版保留了原书的体系和特色,主要修订内容如下:

(1) 添加每节"自我检测题"及其答案.

(2) 修订了部分教学内容、例题和练习题等.

本书第1、2、3、13章由肖胜利编写;第4、5章由郑好望编写;第6、7、8、12章和综合自我测验题由朱峰编写;第9、10章由齐利华编写;第11章由任文辉编写;最后由朱峰完成统稿工作.

衷心感谢广大教师和读者在使用本书过程中提出宝贵意见.

限于编者水平,书中难免有不恰当之处,请读者不吝指正.

编 者

2024年6月

目 录

第 1 章　质点运动学 …………………………………………………………… 1

    1.1　教学目标 …………………………………………………………… 1
    1.2　知识框架 …………………………………………………………… 1
    1.3　本章提要 …………………………………………………………… 1
    1.4　检测题 ……………………………………………………………… 3
    1.5　自我检测题 ………………………………………………………… 3
    1.6　典型例题 …………………………………………………………… 7
    1.7　练习题精解 ………………………………………………………… 9

第 2 章　质点动力学 …………………………………………………………… 17

    2.1　教学目标 …………………………………………………………… 17
    2.2　知识框架 …………………………………………………………… 17
    2.3　本章提要 …………………………………………………………… 18
    2.4　检测题 ……………………………………………………………… 19
    2.5　自我检测题 ………………………………………………………… 20
    2.6　典型例题 …………………………………………………………… 25
    2.7　练习题精解 ………………………………………………………… 29

第 3 章　刚体的定轴转动 ……………………………………………………… 38

    3.1　教学目标 …………………………………………………………… 38
    3.2　知识框架 …………………………………………………………… 38
    3.3　本章提要 …………………………………………………………… 39
    3.4　检测题 ……………………………………………………………… 40
    3.5　自我检测题 ………………………………………………………… 40
    3.6　典型例题 …………………………………………………………… 42
    3.7　练习题精解 ………………………………………………………… 45

力学部分自我检测题 …………………………………………………………… 54

第 4 章　气体动理论 … 56

4.1　教学目标 … 56
4.2　知识框架 … 56
4.3　本章提要 … 57
4.4　检测题 … 58
4.5　自我检测题 … 61
4.6　典型例题 … 66
4.7　练习题精解 … 68

第 5 章　热力学基础 … 76

5.1　教学目标 … 76
5.2　知识框架 … 76
5.3　本章提要 … 77
5.4　检测题 … 79
5.5　自我检测题 … 83
5.6　典型例题 … 89
5.7　练习题精解 … 92

热学部分自我检测题 … 102

第 6 章　静电场 … 105

6.1　教学目标 … 105
6.2　知识框架 … 105
6.3　本章提要 … 106
6.4　检测题 … 107
6.5　自我检测题 … 111
6.6　典型例题 … 117
6.7　练习题精解 … 119

第 7 章　稳恒磁场 … 137

7.1　教学目标 … 137
7.2　知识框架 … 137
7.3　本章提要 … 138
7.4　检测题 … 138
7.5　自我检测题 … 141
7.6　典型例题 … 145
7.7　练习题精解 … 149

第 8 章　电磁感应 …………………………………………………………… 162

8.1　教学目标 ………………………………………………………… 162
8.2　知识框架 ………………………………………………………… 162
8.3　本章提要 ………………………………………………………… 163
8.4　检测题 …………………………………………………………… 163
8.5　自我检测题 ……………………………………………………… 166
8.6　典型例题 ………………………………………………………… 169
8.7　练习题精解 ……………………………………………………… 172

电磁学部分自我检测题 ……………………………………………………… 183

第 9 章　振动学基础 ………………………………………………………… 186

9.1　教学目标 ………………………………………………………… 186
9.2　知识框架 ………………………………………………………… 186
9.3　本章提要 ………………………………………………………… 187
9.4　检测题 …………………………………………………………… 188
9.5　自我检测题 ……………………………………………………… 189
9.6　典型例题 ………………………………………………………… 192
9.7　练习题精解 ……………………………………………………… 194

第 10 章　波动学基础 ………………………………………………………… 205

10.1　教学目标 ……………………………………………………… 205
10.2　知识框架 ……………………………………………………… 205
10.3　本章提要 ……………………………………………………… 206
10.4　检测题 ………………………………………………………… 207
10.5　自我检测题 …………………………………………………… 208
10.6　典型例题 ……………………………………………………… 210
10.7　练习题精解 …………………………………………………… 212

振动学与波动学部分自我检测题 …………………………………………… 220

第 11 章　波动光学 …………………………………………………………… 222

11.1　教学目标 ……………………………………………………… 222
11.2　知识框架 ……………………………………………………… 222
11.3　本章提要 ……………………………………………………… 223
11.4　检测题 ………………………………………………………… 226
11.5　自我检测题 …………………………………………………… 229
11.6　典型例题 ……………………………………………………… 235

  11.7 练习题精解 ·· 238

波动光学部分自我检测题 ··· 253

第 12 章 狭义相对论 ··· 255

  12.1 教学目标 ·· 255
  12.2 知识框架 ·· 255
  12.3 本章提要 ·· 255
  12.4 检测题 ··· 256
  12.5 自我检测题 ··· 257
  12.6 典型例题 ·· 261
  12.7 练习题精解 ··· 262

第 13 章 量子物理基础 ··· 269

  13.1 教学目标 ·· 269
  13.2 知识框架 ·· 269
  13.3 本章提要 ·· 269
  13.4 检测题 ··· 271
  13.5 自我检测题 ··· 272
  13.6 典型例题 ·· 274
  13.7 练习题精解 ··· 276

近代物理部分自我检测题 ··· 281

综合自我检测题（一） ·· 283

综合自我检测题（二） ·· 286

《大学物理》课程教学大纲 ··· 289

《大学物理》课程教学日历 ··· 297

附录 ··· 305

  附录 A 国际单位制（SI） ·· 305
  附录 B 常用物理常量 ·· 306
  附录 C 数学公式 ·· 307
  附录 D 自我检测题参考答案 ·· 309

第 1 章 质点运动学

1.1 教学目标

1. 掌握描述质点运动的 4 个物理量,深刻理解这 4 个物理量的矢量性和瞬时性,并了解它们的相对性.

2. 理解运动方程的物理意义,掌握应用运动方程确定质点的位置矢量、位移、速度和加速度的方法,及已知质点的加速度和初始条件求速度、位置矢量的方法.

3. 对平面运动中圆周运动的角速度、角加速度、切向加速度和法向加速度能进行简单的计算.

1.2 知识框架

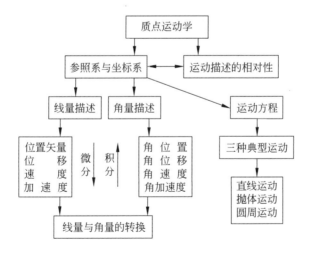

1.3 本章提要

1. 描写质点运动的 4 个物理量

位置矢量:描述质点在空间的位置情况.在直角坐标系中,表示为

$$r = x\boldsymbol{i} + y\boldsymbol{j} + z\boldsymbol{k}$$

位移：描述质点位置的改变情况.

$$\Delta \boldsymbol{r} = \boldsymbol{r}(t + \Delta t) - \boldsymbol{r} = \Delta x\boldsymbol{i} + \Delta y\boldsymbol{j} + \Delta z\boldsymbol{k}$$

速度：描述质点位置变动的快慢和方向.

$$\boldsymbol{v} = \lim_{\Delta t \to 0} \frac{\Delta \boldsymbol{r}}{\Delta t} = \frac{\mathrm{d}\boldsymbol{r}}{\mathrm{d}t} = \frac{\mathrm{d}x}{\mathrm{d}t}\boldsymbol{i} + \frac{\mathrm{d}y}{\mathrm{d}t}\boldsymbol{j} + \frac{\mathrm{d}z}{\mathrm{d}t}\boldsymbol{k}$$

加速度：描述质点速度的变化情况.

$$\boldsymbol{a} = \lim_{\Delta t \to 0} \frac{\Delta \boldsymbol{v}}{\Delta t} = \frac{\mathrm{d}\boldsymbol{v}}{\mathrm{d}t} = \frac{\mathrm{d}^2 \boldsymbol{r}}{\mathrm{d}t^2} = \frac{\mathrm{d}^2 x}{\mathrm{d}t^2}\boldsymbol{i} + \frac{\mathrm{d}^2 y}{\mathrm{d}t^2}\boldsymbol{j} + \frac{\mathrm{d}^2 z}{\mathrm{d}t^2}\boldsymbol{k}$$

上述 4 个物理量均具有矢量性、瞬时性和相对性.

2. 圆周运动的速度和加速度

（1）线量描述

线速度 v：物体在圆周上某点的线速度，方向沿该点切向，大小为其运动的速率，即 $v = \frac{\mathrm{d}s}{\mathrm{d}t}$.

切向加速度 a_τ：方向沿该点切向（当 $a_\tau > 0$，a_τ 与 v 同向，加速；当 $a_\tau < 0$，a_τ 与 v 反向，减速），大小为 $a_\tau = \frac{\mathrm{d}v}{\mathrm{d}t}$.

法向加速度 a_n：方向指向圆心，大小为 $a_n = \frac{v^2}{R}$.

线加速度 $\boldsymbol{a}$：方向指向轨迹凹的一侧.

$$\boldsymbol{a} = \boldsymbol{a}_\tau + \boldsymbol{a}_n, \quad a = \sqrt{a_\tau^2 + a_n^2}, \quad \tan(\boldsymbol{a}, \boldsymbol{v}) = \frac{a_n}{a_\tau}$$

（2）角量描述

角位置：$\theta(t)$

角速度：$\omega = \frac{\mathrm{d}\theta}{\mathrm{d}t}$

角加速度：$\beta = \frac{\mathrm{d}\omega}{\mathrm{d}t} = \frac{\mathrm{d}^2\theta}{\mathrm{d}t^2}$

（3）线量与角量的关系

$$s = R\theta, \quad v = R\omega, \quad a_\tau = R\beta, \quad a_n = R\omega^2$$

3. 相对运动

相对运动位置矢量之间的关系：$\boldsymbol{r} = \boldsymbol{r}' + \boldsymbol{R}$

相对运动速度之间的关系：$\boldsymbol{v} = \boldsymbol{v}' + \boldsymbol{u}$

相对运动加速度之间的关系：$\boldsymbol{a} = \boldsymbol{a}' + \frac{\mathrm{d}\boldsymbol{u}}{\mathrm{d}t}$

若 $\frac{\mathrm{d}\boldsymbol{u}}{\mathrm{d}t} = \boldsymbol{0}$，则 $\boldsymbol{a} = \boldsymbol{a}'$，即在彼此作匀速直线运动的参考系中，质点的加速度相同.

1.4 检 测 题

检测点 1：描述物体运动为何要选择参考系？

答：由于物体运动具有相对性.

检测点 2：运动方程与轨道方程的关系如何？

答：运动方程是指空间坐标是时间的函数；轨道方程是各空间坐标联立并消去时间变量后，所得到的空间坐标之间关系的方程.

检测点 3：位移矢量与参考系的选择有关吗？

答：因为从运动质点初始时刻所在位置指向运动质点任意时刻所在位置的有向线段称为在对应时间内的位移矢量（简称位移），所以位移矢量与参考系的选择无关.

检测点 4：速度叠加时，各分速度要求必须垂直吗？

答：不一定.因为速度是矢量，而矢量的叠加满足平行四边形（或三角形）法则，所以速度叠加时各分速度不一定要求垂直.

检测点 5：牛顿提出极限概念的背景是什么？

答：在定义速度和加速度时，都用到了求极限的方法.这种做法，在物理学各部分经常出现.求极限是人类对物质和运动作定量描述时在准确程度上的一次重大飞跃.实际上，极限思想是牛顿在 17 世纪对物体的运动作定量研究时所产生的.

检测点 6：对于直线运动而言，加速与减速的关系如何？

答：对于直线运动而言：加速就是加速度的方向与速度的方向相同；减速就是加速度的方向与速度的方向相反.

检测点 7：若在不同参考系中质点的加速度相同，则这些参考系之间有什么关系？

答：若在不同参考系中质点的加速度相同，则这些参考系之间肯定在沿某一固定方向、各自作着固定速度的匀速直线运动，这就是伽利略的相对性原理，这些坐标系均为惯性参考系.

检测点 8：对于抛体运动而言，在一个小范围内，什么量恒定不变？

答：被抛物体所具有的加速度（即自由落体的重力加速度）是固定不变的.

检测点 9：匀速圆周运动的加速度是否存在？

答：匀速圆周运动就是指速率固定的圆周运动，虽然速度的大小（速率）固定不变，但是速度的方向却时刻在变化，只要速度有变化，那么加速度就一定存在.

1.5 自我检测题

1.1 节 自我检测（位置矢量和位移）

1.1.1 判断题

1.1.1.1 判断下列说法是否正确.由于运动具有相对性，所以描述运动时我们首先必须选定参考系.

答案：正确.

提示：运动的绝对性与相对性.

1.1.1.2 判断下列说法是否正确. 路程与位移没有区别.

答案：错误.

提示：路程是标量,位移是矢量；路程是质点运动经历的实际路径,而位移是质点初末位置矢量之差,表示质点位置的改变,一般不是质点所经历的实际路径. 如：某人沿标准操场跑一圈返回原处,则其通过的路程为 400 m,而其位移为零. 只有当质点作单向直线运动时,位移的大小才等于路程.

1.1.1.3 判断下列说法是否正确.位置矢量与位移没有区别.

答案：错误.

提示：位置矢量是坐标原点到质点所在位置的一有向线段；位移是质点两位置矢量之差. 若选取质点运动起始点为坐标原点,则两者一致.

1.1.1.4 判断下列说法是否正确.若质点在 t 时刻的位置矢量为 r_t,在 $t+\Delta t$ 时刻的位置矢量为 $r_{t+\Delta t}$,则该质点在 Δt 时间内的位移为 $\Delta r = r_{t+\Delta t} - r_t$.

答案：正确.

提示：质点运动位移与矢量之间的关系.

1.1.2 选择题

1.1.2.1 下列物理量中,被称为质点运动方程的是(　　).

A. 位置矢量　　　　B. 位移　　　　C. 速度　　　　D. 加速度

答案：A.

提示：位置矢量的概念.

1.2 节 自我检测（速度和加速度）

1.2.1 判断题

1.2.1.1 判断下列说法是否正确. 一质点具有恒定的速率,但仍可能有变化的速度.

答案：正确.

提示：速度是矢量,既有大小又有方向,两者中有一个变化,速度就变化. 当速度的大小不变而方向变化时,就是具有恒定的速率而仍有变化的速度. 如：匀速率圆周运动.

1.2.1.2 判断下列说法是否正确. 一质点具有加速度而速度为零,这是可能的.

答案：正确.

提示：加速度是速度随时间的变化率,与速度的增量有关. 在某一时刻质点的速度为零,而经 Δt 时间间隔后速度为 v,则在该时刻的加速度就不为零. 因此质点具有加速度而速度为零是可能的. 如：上抛质点到达最高点时速度为零,而加速度为 g.

1.2.1.3 判断下列说法是否正确. 质点的加速度越大,质点的速度也越大.

答案：错误.

提示：这句话不一定正确. 因为加速度是速度随时间的变化率,只有当速度随时间的变化率越大时,加速度才越大. 速度与加速度是两个不同的物理量. 加速度大,是速度的变化率大,速度不一定大；速度大时加速度也不一定大,甚至可能为零. 如：百米运动员起跑时加速度很大但速度为零,而冲刺时速度很大但加速度几乎为零.

1.2.1.4 判断下列说法是否正确. 在国际单位制中,若描述质点运动的位置矢量为 $r = (2t^2)i + (3t^3)j$,则质点在 t 时刻的加速度为 $a = 4i + (18t)j$.

答案：正确.

提示：质点运动位移与加速度的关系. $a = \dfrac{d^2 r}{dt^2} = 4i + (18t)j$.

1.2.2 选择题

1.2.2.1 某物体作单向直线运动，它通过两个连续相等位移后，平均速度的大小分别为 $\bar{v}_1 = 10 \text{ m·s}^{-1}, \bar{v}_2 = 15 \text{ m·s}^{-1}$. 则在全过程中该物体平均速度的大小为（　　）.

A. 12.5 m·s^{-1}　　B. 12 m·s^{-1}　　C. 11.75 m·s^{-1}　　D. 13.75 m·s^{-1}

答案：B.

提示：平均速度的概念. $\bar{v} = \dfrac{\Delta s_1 + \Delta s_2}{\Delta t_1 + \Delta t_2} = \dfrac{\Delta s + \Delta s}{\Delta t_1 + \Delta t_2} = \dfrac{1+1}{\dfrac{\Delta t_1}{\Delta s} + \dfrac{\Delta t_2}{\Delta s}} = \dfrac{2\bar{v}_1 \bar{v}_2}{\bar{v}_1 + \bar{v}_2}$.

1.2.2.2 在相对地面静止的坐标系内，A、B 两船都以 2 m·s^{-1} 的速率匀速行驶，A 船沿 x 轴正向，B 船沿 y 轴正向. 今在 A 船上设置与静止坐标系方向相同的坐标系（x，y 轴方向的单位矢量用 i，j 表示），那么在 A 船上看，B 船的速度（以 m·s^{-1} 为单位）为（　　）.

A. $2i + 2j$　　B. $2i - 2j$　　C. $-2i + 2j$　　D. $-2i - 2j$

答案：C.

提示：相对速度的概念. $v_{BA} = v_B - v_A$.

1.2.2.3 某质点的速度为 $v = 2i - 8tj$（SI），已知 $t = 0$ 时，它过点 $(3, -7)$，则该质点的运动方程为（　　）.

A. $(2t+3)i - (4t^2+7)j$　　B. $2ti - 4t^2 j$　　C. $-8j$　　D. 不能确定

答案：A.

提示：位置矢量与速度的关系. $\dfrac{dr}{dt} = 2i - 8tj$，$\displaystyle\int_{r_0}^{r} dr = \int_0^t (2i - 8tj) dt$，即 $r = r_0 + 2ti - 4t^2 j$. 因为 $t = 0$，$r_0 = 3i - 7j$，所以有 $r = (2t+3)i - (4t^2+7)j$.

1.3 节　自我检测（运动的相对性）

1.3.1 判断题

1.3.1.1 判断下列说法是否正确. 匀加速运动一定是直线运动.

答案：错误.

提示：匀加速运动不一定是直线运动，这取决于初速度与加速度的方向是否一致，若初速度与加速度的方向一致，就是直线运动，如：竖直下抛运动；若初速度与加速度的方向不一致，就不是直线运动，如：斜抛运动.

1.3.1.2 判断下列说法是否正确. 质点在直线上向前运动时，若向前的加速度减小了，则质点向前的速度也随之减小.

答案：错误.

提示：这句话不正确. 判断质点是加速运动还是减速运动，要根据加速度与速度的方向是否一致来判定. 若加速度减小但方向与速度方向一致，则质点仍继续加速，只是加速的程度在减小；若加速度减小到负，即反方向加速，方向与速度方向相反，则质点的速度才随之减小.

1.3.2 选择题

1.3.2.1 某质点的运动方程为 $r = (At + Bt^2)\cos\theta i + (At + Bt^2)\sin\theta j$，其中 A, B, θ

均为常量,且 $A>0,B>0$,则质点的运动为(　　).

　　A. 一般的平面曲线运动　　　　B. 圆周运动

　　C. 匀减速直线运动　　　　　　D. 匀加速直线运动

答案：D.

提示：利用加速度与位置矢量的关系判断运动的类型.

因为 $\boldsymbol{a}=\dfrac{\mathrm{d}^2\boldsymbol{r}}{\mathrm{d}t^2}=2B\cos\theta\boldsymbol{i}+2B\sin\theta\boldsymbol{j}$，$\boldsymbol{a}//\boldsymbol{r}$，所以该点作匀加速直线运动.

1.3.2.2 已知质点以速率 $v=(4+t^2)\mathrm{m\cdot s^{-1}}$ 作直线运动,把质点运动的直线作为 Ox 轴,并已知 $t=3$ s 时,质点位于 $x=9$ m 处,则质点的运动方程为(　　).

　　A. $x=\dfrac{1}{3}t^3$　　　　　　　　B. $x=4t+\dfrac{1}{3}t^3$

　　C. $x=4t+\dfrac{1}{3}t^3+12$　　　　D. $x=4t+\dfrac{1}{3}t^3-12$

答案：D.

提示：位置矢量与速度的关系.

$\dfrac{\mathrm{d}x}{\mathrm{d}t}=4+t^2$，$\displaystyle\int_{x_0}^{x}\mathrm{d}x=\int_{0}^{t}(4+t^2)\mathrm{d}t$，即 $x=x_0+4t+\dfrac{1}{3}t^3$. 因为 $t=3,x=9$，所以有 $x_x=-12$，故 $x=4t+\dfrac{1}{3}t^3-12$.

1.3.2.3 一质点沿 x 轴作直线运动的运动方程为 $x=4t^2-2t^3$(SI),当质点再次返回到原点时,其速度和加速度分别为(　　).

　　A. $8\mathrm{~m\cdot s^{-1}},16\mathrm{~m\cdot s^{-2}}$　　　　B. $-8\mathrm{~m\cdot s^{-1}},16\mathrm{~m\cdot s^{-2}}$

　　C. $-8\mathrm{~m\cdot s^{-1}},-16\mathrm{~m\cdot s^{-2}}$　　D. $8\mathrm{~m\cdot s^{-1}},-16\mathrm{~m\cdot s^{-2}}$

答案：C.

提示：速度和加速度的计算.

$\dfrac{\mathrm{d}x}{\mathrm{d}t}=8t-6t^2,\dfrac{\mathrm{d}^2x}{\mathrm{d}t^2}=8-12t$，令 $x=0$，则 $t=0$(表示从原点出发)或 $t=2$ s(表示又回到了原点),所以此时有

$$\left.\dfrac{\mathrm{d}x}{\mathrm{d}t}\right|_{t=2}=[8t-6t^2]_{t=2}=-8\mathrm{~m\cdot s^{-1}},\quad \left.\dfrac{\mathrm{d}^2x}{\mathrm{d}t^2}\right|_{t=2}=[8-12t]_{t=2}=-16\mathrm{~m\cdot s^{-2}}$$

1.4 节　自我检测(平面曲线运动)

1.4.1　判断题

1.4.1.1　判断下列说法是否正确. 质点加速度的值很大,而质点速度的值可能不变.

答案：正确.

提示：因为当质点加速度的方向与速度的方向垂直时,速度的方向改变得很快,但速度的值即速率不改变,所以质点加速度的值很大,而质点速度的值可以不变,是可能的. 如：匀速率圆周运动就是如此.

1.4.1.2　判断下列说法是否正确. 若质点作曲线运动时,切线加速度的大小 $a_\tau=0$,则该质点一定作匀速率圆周运动.

答案：正确.

提示：运动类型的判断规律.

1.4.1.3 判断下列说法是否正确. 某质点沿半径为 1m 的圆周运动, 在国际单位制中, 其角运动方程为 $\theta = \pi t + \pi t^2$, 则质点的角加速度 β 为 2π rad·s^{-2}.

答案：正确.

提示：角加速度与角位置的关系. $\beta = \dfrac{d^2\theta}{dt^2} = 2\pi$ rad·s^{-2}.

1.4.2 选择题

1.4.2.1 质点沿半径 $R = 1$ m 的轨道作圆周运动, 在某时刻的角速度为 $\omega = 1$ rad·s^{-1}, 角加速度为 $\beta = 1$ rad·s^{-2}, 则质点在该时刻的速度和加速度的大小分别是（　　）.

A. 1 m·s^{-1}, 1 m·s^{-2}
B. 1 m·s^{-1}, $\sqrt{2}$ m·s^{-2}
C. 2 m·s^{-1}, 1 m·s^{-2}
D. 2 m·s^{-1}, $\sqrt{2}$ m·s^{-2}

答案：B.

提示：圆周运动的速度和加速度与角速度和角加速度的关系.

$$v = \omega R,\; a = \sqrt{a_n^2 + a_\tau^2} = \sqrt{\left(\dfrac{v^2}{R}\right)^2 + (R\beta)^2}$$

1.4.2.2 质点在平面上作圆运动时, 下列哪一选项是正确的？（　　）.

A. $\dfrac{dr}{dt} = 0, \dfrac{d\boldsymbol{r}}{dt} = 0$
B. $\dfrac{dr}{dt} = 0, \dfrac{d\boldsymbol{r}}{dt} \neq 0$
C. $\dfrac{dr}{dt} \neq 0, \dfrac{d\boldsymbol{r}}{dt} = 0$
D. $\dfrac{dr}{dt} \neq 0, \dfrac{d\boldsymbol{r}}{dt} \neq 0$

答案：B.

提示：圆周运动的速度.

1.4.2.3 质点在平面上作匀速率曲线运动时, 下列哪一选项是正确的？（　　）.

A. $\dfrac{dv}{dt} \neq 0, \dfrac{d\boldsymbol{v}}{dt} \neq 0$
B. $\dfrac{dv}{dt} = 0, \dfrac{d\boldsymbol{v}}{dt} = 0$
C. $\dfrac{dv}{dt} = 0, \dfrac{d\boldsymbol{v}}{dt} \neq 0$
D. $\dfrac{dv}{dt} \neq 0, \dfrac{d\boldsymbol{v}}{dt} = 0$

答案：C.

提示：曲线运动的加速度.

1.6 典型例题

本章的典型例题为运动学的两类问题, 一类为已知质点的运动方程, 根据速度和加速度的定义, 利用求导的方法求出质点在任意时刻的速度和加速度; 另一类为已知质点运动的加速度（或者速度）及初始条件, 利用求积分的方法求出质点在任意时刻的速度和位置. 这两类问题互为逆运算.

例 1-1 已知某质点在 $t = 0$ 时刻位于 $\boldsymbol{r}_0 = 2\boldsymbol{i} + 3\boldsymbol{j}$ 点处, 且以初速度 $\boldsymbol{v}_0 = 0$, 加速度 $\boldsymbol{a} = 3\boldsymbol{i} + 4\boldsymbol{j}$ 运动. 试求：(1) 质点在任意时刻的速度；(2) 质点的运动方程.

解 (1) 由题意可知

$$\frac{d\boldsymbol{v}}{dt} = 3\boldsymbol{i} + 4\boldsymbol{j}$$

即

$$d\boldsymbol{v} = (3\boldsymbol{i} + 4\boldsymbol{j})dt$$

对两边取积分有

$$\int_{\boldsymbol{v}_0}^{\boldsymbol{v}} d\boldsymbol{v} = \int_0^t (3\boldsymbol{i} + 4\boldsymbol{j})dt$$

所以质点在任意时刻的速度为

$$\boldsymbol{v} = 3t\boldsymbol{i} + 4t\boldsymbol{j}$$

(2) 由 $\boldsymbol{v} = 3t\boldsymbol{i} + 4t\boldsymbol{j}$ 可得

$$\frac{d\boldsymbol{r}}{dt} = 3t\boldsymbol{i} + 4t\boldsymbol{j}$$

即

$$d\boldsymbol{r} = (3t\boldsymbol{i} + 4t\boldsymbol{j})dt$$

对两边取积分有

$$\int_{\boldsymbol{r}_0}^{\boldsymbol{r}} d\boldsymbol{r} = \int_0^t (3t\boldsymbol{i} + 4t\boldsymbol{j})dt$$

即

$$\boldsymbol{r} = \frac{3}{2}t^2\boldsymbol{i} + 2t^2\boldsymbol{j} + \boldsymbol{r}_0$$

代入 $\boldsymbol{r}_0 = 2\boldsymbol{i} + 3\boldsymbol{j}$，可得质点的运动方程为

$$\boldsymbol{r} = \left(\frac{3}{2}t^2 + 2\right)\boldsymbol{i} + (2t^2 + 3)\boldsymbol{j}$$

例 1-2 已知某质点的运动方程为 $\boldsymbol{r} = (2t)\boldsymbol{i} + (3t^2 + 4)\boldsymbol{j}$，试求：(1) $t = 1$ s 时切向加速度和法向加速度的大小；(2) $t = 1$ s 时的曲率半径.

解 (1) 因为 $\boldsymbol{r} = (2t)\boldsymbol{i} + (3t^2 + 4)\boldsymbol{j}$，所以质点在任意时刻的速度和加速度分别为

$$\boldsymbol{v} = \frac{d\boldsymbol{r}}{dt} = 2\boldsymbol{i} + 6t\boldsymbol{j}, \quad \boldsymbol{a} = \frac{d\boldsymbol{v}}{dt} = 6\boldsymbol{j}$$

故质点在任意时刻速度的大小即速率为

$$v = \sqrt{2^2 + (6t)^2} = 2\sqrt{1 + 9t^2}$$

于是质点在任意时刻切向加速度的大小为

$$a_\tau = \frac{dv}{dt} = \frac{d}{dt}(2\sqrt{1 + 9t^2}) = \frac{18t}{\sqrt{1 + 9t^2}}$$

由此可知，质点在 $t = 1$ s 时切向加速度的大小为

$$a_\tau = \frac{18}{\sqrt{1 + 9}} \text{ m} \cdot \text{s}^{-2} = 5.69 \text{ m} \cdot \text{s}^{-2}$$

质点在 $t = 1$ s 时法向加速度的大小为

$$a_n = \sqrt{a^2 - a_\tau^2} = \sqrt{6^2 - (5.69)^2} \text{ m} \cdot \text{s}^{-2} = 1.91 \text{ m} \cdot \text{s}^{-2}$$

(2) 因为质点在 $t=1$ s 时速度的大小为
$$v=2\sqrt{1+9\times 1^2} \text{ m} \cdot \text{s}^{-1}=2\sqrt{10} \text{ m} \cdot \text{s}^{-1}$$
所以 $t=1$ s 时的曲率半径为
$$R=\frac{v^2}{a_n}=\frac{40}{1.91} \text{ m}=21 \text{ m}$$

1.7 练习题精解

1-1 速度与加速度的方向之间成_____时,质点的运动为加速运动;速度与加速度的方向之间成_____时,质点的运动为减速运动.

答案:锐角,钝角.

提示:运动加速与减速时,速度与加速度的方向有何关系?

1-2 已知质点运动的位置矢量,即运动方程,求其速度与加速度,则采用_____;已知质点运动的加速度,求其速度与位置矢量,则采用_____.

答案:求导数的方法,求积分的方法.

提示:运动学中的位置矢量、速度和加速度之间的关系.

1-3 若甲物体的运动速度为 $v_甲$,乙物体的运动速度为 $v_乙$,则甲物体相对于乙物体运动速度为_____.

答案:$v_甲-v_乙$.

提示:相对速度.

1-4 质点作抛体运动的过程中:_____速度和_____是固定不变的;_____速度是时刻变化的.

答案:水平分量,加速度,竖直分量.

提示:抛体运动中速度和速度分量的特点.

1-5 质点作匀速率圆周运动的过程中,_____加速度始终为零;质点作加速圆周运动的过程中,_____加速度的方向始终与速度的方向相同.

答案:切向,切向.

提示:匀速圆周运动中法向加速度和切向加速度的特点.

1-6 下列关于质点运动的表述中,不可能出现的情况是(   ).

A. 一质点向前的加速度减小了,其向前的速度也随之减小

B. 一质点具有恒定速率,但却有变化的速度

C. 一质点加速度值恒定,而其速度方向不断改变

D. 一质点具有零速度,同时具有不为零的加速度

答案:A.

提示:加速与减速时,速度与加速度的方向有何关系?

1-7 下列关于加速度的表述中,正确的是(   ).

A. 质点作圆运动时,加速度的方向总是指向圆心

B. 质点沿 x 轴运动,若加速度 $a<0$,则质点作减速运动

C. 若质点的加速度为恒矢量,则运动轨迹必为直线

D. 质点作抛物线运动时，其法向加速度 a_n 和切线加速度 a_τ 是不断变化的，因此其加速度 $a=\sqrt{a_n+a_\tau}$ 也是不断变化的

答案：B.

提示：具体运动中加速度的特点.

1-8 某质点沿着 y 轴运动，其运动方程为 $y=2t^2-3t^3$，取国际单位制单位. 若 $t=1\text{ s}$，则质点正在（　　）.

A. 加速　　　　B. 减速　　　　C. 匀速　　　　D. 静止

答案：A.

提示：直线运动中速度与加速度的关系.

1-9 某人骑自行车以速率 u 向西行驶，今有风以相同的速率 u 从北偏东 $30°$ 方向吹来，则人感觉风是从哪个方向吹来的？（　　）.

A. 北偏东 $30°$　　B. 北偏西 $30°$　　C. 西偏南 $30°$　　D. 南偏东 $30°$

答案：B.

提示：相对运动.

1-10 球Ⅰ系于长为 l 的轻绳下，球Ⅱ固定于长为 l 的轻杆的一端，二者都垂直悬挂于平衡位置. 现分别撞击两小球，使其都沿水平方向初速开始运动，并使它们恰好完成圆周运动. 设两球的初速率分别为 $u_Ⅰ$ 和 $u_Ⅱ$，则有（　　）.

A. $u_Ⅰ<u_Ⅱ$　　B. $u_Ⅰ=u_Ⅱ$　　C. $u_Ⅰ>u_Ⅱ$　　D. 不能确定

答案：C.

提示：圆周运动的特点.

1-11 某质点的速度为 $\boldsymbol{v}=2\boldsymbol{i}-8t\boldsymbol{j}$，已知 $t=0$ 时它过点 $(3,-7)$，求该质点的运动方程.

解　因为
$$\boldsymbol{v}=\frac{\mathrm{d}\boldsymbol{r}}{\mathrm{d}t}$$

所以
$$\mathrm{d}\boldsymbol{r}=(2\boldsymbol{i}-8t\boldsymbol{j})\mathrm{d}t$$

于是有
$$\int_{\boldsymbol{r}_0}^{\boldsymbol{r}}\mathrm{d}\boldsymbol{r}=\int_0^t(2\boldsymbol{i}-8t\boldsymbol{j})\mathrm{d}t$$

即
$$\boldsymbol{r}-\boldsymbol{r}_0=2t\boldsymbol{i}-4t^2\boldsymbol{j}$$

亦即
$$\boldsymbol{r}-(3\boldsymbol{i}-7\boldsymbol{j})=2t\boldsymbol{i}-4t^2\boldsymbol{j}$$

故
$$\boldsymbol{r}=(2t+3)\boldsymbol{i}-(4t^2+7)\boldsymbol{j}$$

1-12 一质点在平面上作曲线运动，t_1 时刻的位置矢量为 $\boldsymbol{r}_1=-2\boldsymbol{i}+6\boldsymbol{j}$，$t_2$ 时刻的位置矢量为 $\boldsymbol{r}_2=2\boldsymbol{i}+4\boldsymbol{j}$，求：(1) 在 $\Delta t=t_2-t_1$ 时间内质点的位移矢量式；(2) 该段时间内位移的大小和方向；(3) 在直角坐标系图上画出 $\boldsymbol{r}_1$,$\boldsymbol{r}_2$ 及 $\Delta\boldsymbol{r}$（题中 r 的单位为 m，t 的单位为 s）.

解 (1) 在 $\Delta t = t_2 - t_1$ 时间内质点的位移矢量式为
$$\Delta \boldsymbol{r} = \boldsymbol{r}_2 - \boldsymbol{r}_1 = (4\boldsymbol{i} - 2\boldsymbol{j})$$
(2) 该段时间内位移的大小为
$$|\Delta \boldsymbol{r}| = \sqrt{4^2 + (-2)^2} \text{ m} = 2\sqrt{5} \text{ m}$$
该段时间内位移的方向与 x 轴的夹角为
$$\alpha = \arctan\left(\frac{-2}{4}\right) = -26.6°$$
(3) 坐标图上的表示如题 1-12 图所示.

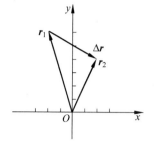

题 1-12 图

1-13 某质点作直线运动,其运动方程为 $x = 1 + 4t - t^2$,其中 x 的单位为 m,t 的单位为 s.求:(1)第 3 s 末质点的位置;(2)头 3 s 内的位移大小;(3)头 3 s 内经过的路程.

解 (1) 第 3 s 末质点的位置为
$$x(3) = 1 + 4 \times 3 - 3^2 \text{ m} = 4 \text{ m}$$
(2) 头 3 s 内的位移大小为
$$x(3) - x(0) = 3 \text{ m}$$
(3) 因为质点作反向运动时有 $v(t) = 0$,所以令 $\frac{dx}{dt} = 0$,即 $4 - 2t = 0$,$t = 2$ s,则头 3 s 内经过的路程为
$$|x(3) - x(2)| + |x(2) - x(0)| = |4 - 5| + |5 - 1| \text{ m} = 5 \text{ m}$$

1-14 已知某质点的运动方程为 $x = 2t$,$y = 2 - t^2$,式中 t 的单位为 s,x 和 y 的单位为 m.求:(1)计算并作图表示质点的运动轨迹;(2)求出 $t = 1$ s 到 $t = 2$ s 这段时间内质点的平均速度;(3)计算 1 s 末和 2 s 末质点的速度;(4)计算 1 s 末和 2 s 末质点的加速度.

解 (1) 由质点运动的运动方程 $x = 2t$,$y = 2 - t^2$ 联立消去时间参数 t,得质点的运动轨迹为
$$y = 2 - \frac{x^2}{4}, \quad x \geq 0$$
运动轨迹如题 1-14 图所示.

(2) 根据题意可得质点的位置矢量为
$$\boldsymbol{r} = (2t)\boldsymbol{i} + (2 - t^2)\boldsymbol{j}$$
所以 $t = 1$ s 到 $t = 2$ s 这段时间内质点的平均速度为
$$\bar{\boldsymbol{v}} = \frac{\Delta \boldsymbol{r}}{\Delta t} = \frac{\boldsymbol{r}(2) - \boldsymbol{r}(1)}{2 - 1} = 2\boldsymbol{i} - 3\boldsymbol{j}$$
(3) 由位置矢量求导可得质点的速度为
$$\boldsymbol{v} = 2\boldsymbol{i} - (2t)\boldsymbol{j}$$
所以 1 s 末和 2 s 末质点的速度分别为
$$\boldsymbol{v}(1) = 2\boldsymbol{i} - 2\boldsymbol{j} \quad \text{和} \quad \boldsymbol{v}(2) = 2\boldsymbol{i} - 4\boldsymbol{j}$$
(4) 由速度求导可得质点的加速度为
$$\boldsymbol{a} = -2\boldsymbol{j}$$

所以 1 s 末和 2 s 末质点的加速度为
$$a(1)=a(2)=-2j$$

1-15 湖中有一小船,岸边有人用绳子跨过离河面高 H 的光滑滑轮拉船靠岸,如题 1-15 图所示.设绳子的原长为 l_0,人以匀速 v_0 拉绳,试描述小船的运动轨迹并求其速度和加速度.

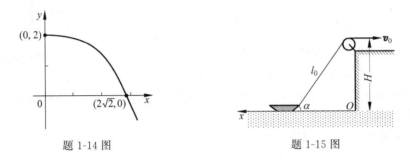

题 1-14 图　　　　题 1-15 图

解 建立坐标系如题 1-15 图所示.按题意,初始时刻($t=0$),滑轮至小船的绳长为 l_0,在此后某时刻 t,绳长减小到 l_0-v_0t,此时刻船的位置为
$$x=\sqrt{(l_0-v_0t)^2-H^2}$$
这就是小船的运动方程,将其对时间求导可得小船的速度为
$$v=\frac{dx}{dt}=-\frac{(l_0-v_0t)v_0}{\sqrt{(l_0-v_0t)^2-H^2}}=-\frac{v_0}{\cos\alpha}$$
将其对时间再求导可得小船的加速度为
$$a=\frac{dv}{dt}=-\frac{v_0^2H^2}{\sqrt{[(l_0-v_0t)^2-H^2]^3}}=-\frac{v_0^2H^2}{x^3}$$
其中,负号说明了小船沿 x 轴的负向(即向岸靠拢的方向)作变加速直线运动,离岸越近(x 越小),加速度的绝对值越大.

1-16 大马哈鱼总是逆流而上,游到乌苏里江上游去产卵,游程中有时要跃上瀑布.这种鱼跃出水面时的速率可达 32 km·h^{-1}.它最高可跃上多高的瀑布?它和人的跳高纪录相比如何?

解 大马哈鱼跃出水面时的速度为 $v=32$ km·h^{-1}=8.89 m·s^{-1},若竖直跃出水面,则跃出的高度
$$h=\frac{v^2}{2g}=4.03 \text{ m}$$
此高度和人的跳高纪录相比较,差不多是人所跳高度的 2 倍.

1-17 一人站在山坡上,山坡与水平面成 α 角,他扔出一个初速为 v_0 的小石子,v_0 与水平面成 θ 角,如题 1-17 图所示.(1)若忽略空气阻力,试证明小石子落到了山坡上距离抛出点为 $S=\dfrac{2v_0^2\sin(\theta+\alpha)\cos\theta}{g\cos^2\alpha}$.(2)由此证明,对于给定的 v_0 和 α 值,S 在 $\theta=\dfrac{\pi}{4}-\dfrac{\alpha}{2}$ 时有最大值 $S_{max}=\dfrac{v_0^2(\sin\alpha+1)}{g\cos^2\alpha}$.

解 (1) 建立如题 1-17 图所示的坐标系,则小石子的运动方程为

$$\begin{cases} x = (v_0 \cos\theta)t \\ y = (v_0 \sin\theta)t - \dfrac{1}{2}gt^2 \end{cases}$$

当小石子落在山坡上时,有

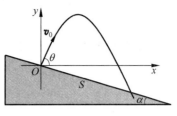

题 1-17 图

$$\begin{cases} x = S\cos\alpha \\ y = -S\sin\alpha \end{cases}$$

联立以上四个方程,求解可得小石子在空中飞行的时间(即从抛出到落在山坡上所经历的时间) t 所满足的方程为

$$t^2 - \dfrac{2v_0}{g}(\sin\theta + \tan\alpha\cos\theta)t = 0$$

解得

$$t_1 = \dfrac{2v_0}{g}(\sin\theta + \tan\alpha\cos\theta), \quad t_2 = 0$$

但 $t_2 = 0$ 的解是不可能的,因为此时小石子刚刚抛出.所以小石子落在山坡上的距离为

$$S = \dfrac{x}{\cos\alpha} = \dfrac{(v_0\cos\theta)t_1}{\cos\alpha} = \dfrac{2v_0^2 \sin(\theta+\alpha)\cos\theta}{g\cos^2\alpha}$$

(2) 给定 $\boldsymbol{v}_0$ 和 α 值时,有 $S = S(\theta)$,求 S 的最大值,可令 $\dfrac{\mathrm{d}S}{\mathrm{d}\theta} = 0$,即

$$\dfrac{2v_0^2 \cos(2\theta+\alpha)}{g\cos^2\alpha} = 0$$

亦即

$$\theta = \dfrac{\pi}{4} - \dfrac{\alpha}{2}$$

此时 $\dfrac{\mathrm{d}^2 S}{\mathrm{d}\theta^2} < 0$,所以 S 有最大值,该最大值为

$$S_{\max} = \dfrac{v_0^2(\sin\alpha + 1)}{g\cos^2\alpha}$$

1-18 一人(设为质点)扔石子的出手最大速率为 $v_0 = 25 \text{ m}\cdot\text{s}^{-1}$. 他能击中一个与他的水平距离为 $L = 50 \text{ m}$,高为 $h = 13 \text{ m}$ 处的目标吗? 在这个距离上,他能击中的最大高度是多少?

解 设抛射角为 θ,则已知条件如题 1-18 图所示,于是石子的运动方程为

$$\begin{cases} x = (v_0 \cos\theta)t \\ y = (v_0 \sin\theta)t - \dfrac{1}{2}gt^2 \end{cases}$$

可得石子的轨迹方程为

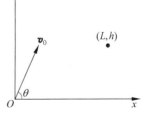

题 1-18 图

$$y = x\tan\theta - \frac{gx^2}{2v_0^2\cos^2\theta}$$

假如石子在给定距离上能够击中目标,可令 $x=L$. 此时有

$$y = L\tan\theta - \frac{gL^2}{2v_0^2\cos^2\theta}$$

即

$$y = -\frac{gL^2}{2v_0^2}\tan^2\theta + L\tan\theta - \frac{gL^2}{2v_0^2}$$

以 $\tan\theta$ 为函数的变量,令 $\dfrac{\mathrm{d}y}{\mathrm{d}(\tan\theta)} = 0$,有 $\tan\theta = \dfrac{v_0^2}{gL}$,此时 $\dfrac{\mathrm{d}^2 y}{\mathrm{d}(\tan\theta)^2} < 0$,即在给定已知条件及给定距离上能够击中目标的最大高度为 $y_{\max} = 12.3\,\mathrm{m}$,故在给定距离上他不能击中 $h = 13\,\mathrm{m}$ 高度处的目标.

1-19 如果把两个物体 A 和 B 分别以初速度 v_{0A} 和 v_{0B} 抛出去. v_{0A} 与水平面的夹角为 α, v_{0B} 与水平面的夹角为 β,试证明在任意时刻物体 B 相对于物体 A 的速度为常矢量.

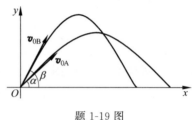

题 1-19 图

解 两物体在忽略风力的影响之后,将在一竖直平面内作斜抛运动,如题 1-19 图所示. 则两个物体的速度分别为

$$\boldsymbol{v}_A = (v_{0A}\cos\alpha)\boldsymbol{i} + (v_{0A}\sin\alpha - gt)\boldsymbol{j}$$
$$\boldsymbol{v}_B = (v_{0B}\cos\beta)\boldsymbol{i} + (v_{0B}\sin\beta - gt)\boldsymbol{j}$$

所以在任意时刻物体 B 相对于物体 A 的速度为

$$\boldsymbol{v}_B - \boldsymbol{v}_A = (v_{0B}\cos\beta - v_{0A}\cos\alpha)\boldsymbol{i} + (v_{0B}\sin\beta - v_{0A}\sin\alpha)\boldsymbol{j}$$

它是与时间无关的常矢量.

1-20 如果已测得斜抛物体两次从两个方向经过两个给定点的时间,即可测出该处的重力加速度. 若物体沿两个方向经过水平线 A 的时间间隔为 Δt_A,而沿两个方向经过水平线 A 上方 h 处的另一水平线 B 的时间间隔为 Δt_B,设在物体运动的范围内重力加速度为常量,试求该重力加速度的大小.

解 设抛出物体的初速度为 v_0,抛射角为 θ,建立如题 1-20 图所示的坐标系,则有

$$\begin{cases} h_A = (v_0\sin\theta)t_A - \dfrac{1}{2}gt_A^2 \\ h_B = (v_0\sin\theta)t_B - \dfrac{1}{2}gt_B^2 \end{cases}$$

所以

$$\begin{cases} t_A^2 - \dfrac{2v_0\sin\theta}{g}t_A + \dfrac{2h_A}{g} = 0 \\ t_B^2 - \dfrac{2v_0\sin\theta}{g}t_B + \dfrac{2h_B}{g} = 0 \end{cases}$$

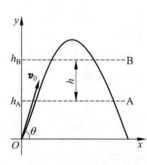

题 1-20 图

于是有

$$\begin{cases} \Delta t_A = \sqrt{(t_{A1}+t_{A2})^2 - 4t_{A1}t_{A2}} = \sqrt{\dfrac{4v_0^2\sin^2\theta}{g^2} - \dfrac{8h_A}{g}} \\ \Delta t_B = \sqrt{(t_{B1}+t_{B2})^2 - 4t_{B1}t_{B2}} = \sqrt{\dfrac{4v_0^2\sin^2\theta}{g^2} - \dfrac{8h_B}{g}} \end{cases}$$

此二式分别平方后再相减,可得

$$g = \frac{8(h_B - h_A)}{\Delta t_A^2 - \Delta t_B^2} = \frac{8h}{\Delta t_A^2 - \Delta t_B^2}$$

注意:此方法也是实验测量重力加速度的一种方法.

1-21 以初速度 v_0 将一物体斜向上抛,抛射角为 θ,不计空气阻力,试求物体在轨道最高点处的曲率半径.

解 因以初速度 v_0 斜向上抛的物体在轨道最高点处的速率只有水平分量,即 $v = v_0\cos\theta$,而此时物体仅有法向加速度 a_n,且 $a_n = g = \dfrac{v^2}{\rho}$,所以物体在轨道最高点处的曲率半径为 $\rho = \dfrac{v^2}{g} = \dfrac{v_0^2\cos^2\theta}{g}$.

1-22 一质点从静止出发沿半径为 $R=1$ m 的圆周运动,其角加速度随时间的变化规律是 $\beta = 12t^2 - 6t$,试求质点的角速度和切向加速度的大小.

解 因为
$$\beta = 12t^2 - 6t$$
所以
$$d\omega = (12t^2 - 6t)dt$$
于是有
$$\int_0^\omega d\omega = \int_0^t (12t^2 - 6t)dt$$
故质点的角速度为
$$\omega = 4t^3 - 3t^2$$
切向加速度为
$$a_\tau = R\beta = 12t^2 - 6t$$

1-23 一质点作圆周运动的方程为 $\theta = 2t - 4t^2$ (θ 的单位为 rad,t 的单位为 s).在 $t=0$ 时开始逆时针旋转,试求:(1) $t=0.5$ s 时,质点以什么方向转动;(2)质点转动方向改变的瞬间,它的角位置 θ 等于多大?

解 (1)因质点作圆周运动角速度方向瞬时改变条件为
$$\omega = \frac{d\theta}{dt} = 0$$
即
$$2 - 8t = 0, \quad t = 0.25 \text{ s}$$
所以 $t = 0.25$ s 时,质点将以顺时针方向转动.

(2)质点转动方向改变的瞬间,它的角位置为
$$\theta(0.25) = 2 \times 0.25 \text{ rad} - 4 \times (0.25)^2 \text{ rad} = 0.25 \text{ rad}$$

1-24 质点从静止出发沿半径 $R=3$ m 的圆周作匀变速运动,切向加速度 $a_\tau=3$ m·s^{-2}.试求:(1)经过多少时间,质点的总加速度恰好与半径成 45°?(2)在上述时间内,质点所经历的角位移和路程各为多少?

解 因为 $a_\tau=\dfrac{\mathrm{d}v}{\mathrm{d}t}=3$,所以

$$\mathrm{d}v=3\mathrm{d}t$$

即

$$\int_0^v \mathrm{d}v = \int_0^t 3\mathrm{d}t$$

故质点作圆周运动的瞬时速率为 $v=3t$.

质点的法向加速度的大小为

$$a_n=\dfrac{v^2}{R}=\dfrac{(3t)^2}{3}=3t^2$$

其方向恒指向圆心.于是总加速度为

$$\boldsymbol{a}=\boldsymbol{a}_n+\boldsymbol{a}_\tau=(3t^2)\boldsymbol{n}+3\boldsymbol{\tau}$$

其中,$\boldsymbol{n}$ 为沿半径指向圆心的法向单位矢量,$\boldsymbol{\tau}$ 为切向单位矢量.

(1) 设总加速度 $\boldsymbol{a}$ 与半径的夹角为 α,如题 1-24 图所示,则

$$a\sin\alpha=a_\tau, \quad a\cos\alpha=a_n$$

当 $\alpha=45°$ 时有 $a_n=a_\tau$,即 $3t^2=3$,$t=1$(负根舍去),所以 $t=1$ s 时,$\boldsymbol{a}$ 与半径成 45°.

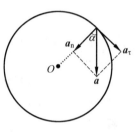

题 1-24 图

(2) 因为 $\dfrac{\mathrm{d}s}{\mathrm{d}t}=v=3t$,所以

$$\int_0^s \mathrm{d}s = \int_0^1 (3t)\mathrm{d}t$$

故在这段时间内质点所经过的路程为 $s=1.5$ m,角位移为 $\Delta\theta=\dfrac{s}{R}=\dfrac{1.5}{3}$ rad$=0.5$ rad.

1-25 汽车在半径为 $R=400$ m 的圆弧弯道上减速行驶.设某一时刻,汽车的速率为 $v=10$ m·s^{-1},切向加速度的大小为 $a_\tau=0.2$ m·s^{-2}.求汽车的法向加速度和总加速度的大小和方向.

解 已知条件如题 1-25 图所示.汽车的法向加速度为

$$a_n=\dfrac{v^2}{R}=\dfrac{10^2}{400}\text{ m·s}^{-2}=0.25\text{ m·s}^{-2}$$

汽车的总加速度为

$$a=\sqrt{a_n^2+a_\tau^2}=\sqrt{0.25^2+0.2^2}\text{ m·s}^{-2}=0.32\text{ m·s}^{-2}$$

所以 $\boldsymbol{a}=\boldsymbol{a}_n+\boldsymbol{a}_\tau=0.25\boldsymbol{n}+(-0.2)\boldsymbol{\tau}$,故加速度 $\boldsymbol{a}$ 与 $\boldsymbol{v}$ 的夹角为

$$\alpha=180°-\arctan\dfrac{a_n}{a_\tau}=180°-\arctan\dfrac{0.25}{0.2}=128°40'$$

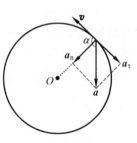

题 1-25 图

第 2 章 质点动力学

2.1 教学目标

1. 熟练掌握牛顿运动定律的内容、适用条件及解题方法,能用微积分法求解变力作用下简单的质点动力学问题.
2. 理解动量、冲量的概念,掌握动量定理和动量守恒定律.
3. 理解功、动能的概念,掌握动能定理并能熟练地计算简单的变力做功问题.
4. 理解保守力做功的特点及势能的概念,掌握功能原理和机械能守恒定律.

2.2 知识框架

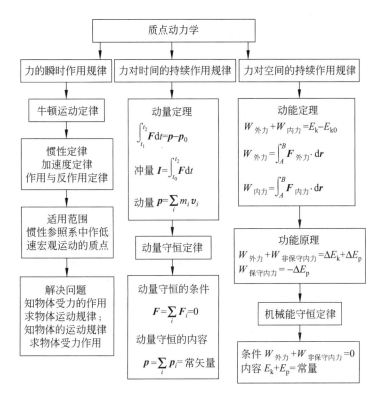

2.3 本章提要

1. 牛顿运动定律——描述力的瞬时作用规律

牛顿第一运动定律（惯性定律） 任何物体都保持静止或匀速直线运动状态，直至其他物体对它作用的外力迫使它改变这种运动状态为止．牛顿第一定律也称为**惯性定律**．

$$v = \text{const}（常矢量）$$

牛顿第二运动定律（加速度定律） 物体受到外力作用时，它所获得的加速度 a 的大小与合外力 F 的大小成正比，与物体的质量 m 成反比，加速度 a 的方向与合外力 F 的方向一致．

$$F = ma$$

注意：加速度为零时，牛顿第二运动定律就变成了牛顿第一运动定律，但牛顿第一运动定律并不包含于牛顿第二运动定律之中的原因是，牛顿第一运动定律提出了惯性这一重要物理概念．

牛顿第三运动定律（作用与反作用定律） 当物体 A 以力 F 作用于物体 B 上时，物体 B 同时以力 F' 反作用于物体 A 上，F 与 F' 在一条直线上，大小相等，方向相反．

$$F = -F'$$

常见的几种力：

重力：$G = mg$ 弹性力：$f = -kx$

滑动摩擦力：$f_k = \mu_k N$ 静摩擦力：$f_{s\max} = \mu_s N$

2. 动量　动量守恒定律

动量：$p = mv$

冲量：$I = \int_{t_1}^{t_2} F \, dt$

注意：冲量是力对时间的积累效应．

动量定理：$\int_{t_1}^{t_2} F \, dt = p - p_0$

动量守恒定律：$\begin{cases} 若\ F = \sum_i F_i = 0 & （动量守恒的条件） \\ 则\ p = \sum_i p_i = 常矢量 & （动量守恒的内容） \end{cases}$

3. 动能　动能定理

功：$W_{AB} = \int_L dW = \int_A^B F \cdot dr$

注意：功是力对空间的积累效应．

功率：$P = \lim\limits_{\Delta t \to 0} \dfrac{\Delta W}{\Delta t} = \dfrac{dW}{dt}$

动能：$E_k = \dfrac{1}{2}mv^2$

动能定理：$W_{外力} + W_{内力} = E_k - E_{k0}$ 或 $W_{外力} + W_{内力} = \Delta E_k$

4. 势能 机械能转化及守恒定律

保守力：做功与路径无关的力．

引力势能：$E_{p引力} = -G\dfrac{Mm}{r}$

重力势能：$E_{p重力} = mgy$

弹性势能：$E_{p弹力} = \dfrac{1}{2}kx^2$

保守内力的功：$W_{保守内力} = -(E_{p2} - E_{p1}) = -\Delta E_p$

功能原理：$W_{外力} + W_{非保守内力} = \Delta E_k + \Delta E_p = \Delta E_M$

或者

$$W_{外力} + W_{非保守内力} = (E_k + E_p) - (E_{k0} + E_{p0})$$

机械能守恒定律：

若

$$W_{外力} + W_{非保守内力} = 0 \quad （机械能守恒的条件）$$

则

$$E_M = E_{M0} \quad 或 \quad E_k + E_p = E_{k0} + E_{p0} \quad （机械能守恒的内容）$$

2.4 检 测 题

检测点 1：分析"因牛顿第一运动定律包含于牛顿第二运动定律之中，所以牛顿的三个运动定律可以简化为两个运动定律"的正误．

答：错误．因牛顿第一运动定律还涉及一个重要的物理概念，即惯性，所以牛顿的三个运动定律不能简化为两个运动定律．

检测点 2：物体之间作用的程度用什么物理量来衡量？

答：物体之间作用的程度用力这一物理量来衡量．

检测点 3：引力是根据力的作用效果而命名的，它属于自然界中的哪种力？

答：引力属于自然界中四种基本作用力（万有引力、弱作用力、强作用力和电磁力）中的万有引力．

检测点 4：牛顿的决定论是怎么回事？

答：牛顿的决定论就是：如果知道物体的受力情况及初始运动状态（即初位置和初速度），那么就一定知道物体在任意时刻的运动状态（即瞬时位置和瞬时速度）．

检测点 5：质点的运动状态用什么物理量描述较为合理？

答：质点的运动状态用位置和速度两个物理量描述较为合理．

检测点 6：分析"因为系统内力的合力为零，所以内力在系统内对动量不起作用"的正误．

答：错误．虽然系统内力的合力为零，对于系统整体的总动量不起作用，但是对于系统内部而言，它却起着传递和分配动量的作用．

检测点 7：动量守恒定律的正确性是靠什么来检验的？凡是定律是否都是如此？

答：不管微观领域还是宏观领域，动量守恒定律的正确性都是靠实验来检验的．凡是定律,其正确性都是靠实验来检验的.

检测点 8:功是标量,为何它有正负之分?

答:因为正功表示的是外界对系统做功,负功表示的是系统对外做功,所以尽管功是标量,但是功是有正负的.

检测点 9:功率能否说明能量转化的快慢?

答:可以说明.因为功率是做功快慢的量度,而能量转化就是功,所以功率能够说明能量转化的快慢.

检测点 10:动量和能量有何本质的区别?

答:动量和动能的不同点是:动量是矢量,动能是标量;动量取决于力对时间的积累(冲量),动能取决于力对空间的积累(功);质点系动量的改变仅与外力的冲量有关,质点系动能的改变不仅与外力有关而且还与内力有关;质点间机械运动的传递用动量来描述,机械运动与其他形式运动的传递用动能来描述.可以看出动量和能量的本质区别在于:质点间机械运动的传递用动量来描述,机械运动与其他形式运动的传递用动能来描述.

检测点 11:内力可以改变系统的能量吗?

答:只要内力做功,那么内力就能改变系统的能量.如植物人也需要补充能量,因其至少胃肠、心脏还在运动.

检测点 12:保守力属于系统的内力还是外力?

答:保守力属于系统的内力.

检测点 13:势能零点通常是怎么规定的?

答:因为势能属于系统的,而且是由相对位置所决定的,所以势能是相对的.通常把被选作参考的点,作为势能零点.如重力势能零点一般选为地面,弹性势能零点一般选为弹簧形变为零处,引力势能零点一般选为无穷远处.

检测点 14:功能原理中既然有非保守内力的功存在,那么也就应该有保守内力的功存在,而实际不然,为什么?

答:这是因为保守内力的功以势能的改变而出现了($W_{保守内力} = -(E_{p2} - E_{p1}) = -\Delta E_p$).

检测点 15:机械能包括人体运动产生的热量吗?

答:机械能只包括动能和势能,而不包括热能.因为人体运动产生的热量属于热能,所以机械能不包括人体运动产生的热量.

检测点 16:分析人体进食后能量的转化情况.

答:人体进食是人体补充能量,即将化学能(来源于植物的光合作用而存在于植物体内的光能,及动物体内的生物能)转化为自身的生物能(ATP),再将自身的生物能一部分转化为人体整体运动及细胞肌肉运动时的机械能,一部分以热量形式放出,一部分存于体内(ATP),一部分存在于粪、便、汗作为代谢物而被排出.

2.5 自我检测题

2.1 节 自我检测(牛顿运动定律)

2.1.1 判断题

2.1.1.1 判断下列说法是否正确. 汽车急刹车时,人向前倾斜,这是惯性力作用的缘故.

答案:错误.

提示:这种说法不对.汽车急刹车时,人站在车厢中,由于脚与车厢地板之间有静摩擦力,脚与下肢随车厢一起运动,而人的上身由于惯性的缘故仍保持向前运动的状态,所以人要向前倾倒,并不是惯性力作用的缘故,惯性力没有施力体.

2.1.1.2 判断下列说法是否正确. 在牛顿第二运动定律 $F=ma$ 中, F 是物体所受的合外力,但 ma 不是力,而是力的作用效果.

答案:正确.

提示:力的概念.

2.1.1.3 判断下列说法是否正确. 牛顿运动三定律是牛顿在经典的范围内总结出来的,所以它的适用条件为相对于惯性参考系作低速运动的宏观质点.

答案:正确.

提示:牛顿运动定律的内容.

2.1.2 选择题

2.1.2.1 下列叙述中正确的是( ).

A. 若质点所受合力的方向不变,则质点一定作直线运动

B. 若质点所受合力的大小不变,则质点一定作匀加速直线运动

C. 若质点所受合力恒定,则质点一定作直线运动

D. 若质点自静止开始,所受合力恒定,则质点一定作匀加速直线运动

答案:D.

提示:牛顿运动定律.

2.1.2.2 有一质点同时受到了三个处于同一平面上的力 f_1、f_2 和 f_3 的作用.其中 $f_1=5i-7tj$(SI), $f_2=-7i+5tj$(SI), $f_3=2i+2tj$(SI),设 $t=0$ 时,质点的速度 $v_0=0$,则质点将( ).

A. 作匀速直线运动　　B. 作加速运动　　C. 作减速运动　　D. 处于静止状态

答案:D.

提示:牛顿运动定律.因为质点所受的合外力 $f=f_1+f_2+f_3=0$,所以质点保持原有的运动状态,而质点原来静止,故质点继续处于静止状态.

2.1.2.3 质量为 m 的质点沿 x 轴方向运动,其运动方程为 $x=A\cos\omega t$.式中 A、ω 均为正的常数,t 为时间变量,则该质点所受的合外力 F 为( ).

A. $F=m\omega^2 x$　　　　B. $F=-m\omega^2 x$　　　　C. $F=\omega^2 x$　　　　D. $F=-\omega^2 x$

答案:B.

提示:牛顿运动定律. $F=m\dfrac{d^2 x}{dt^2}=-m\omega^2 x$.

2.2 节 自我检测(动量　动量守恒定律)

2.2.1 判断题

2.2.1.1 判断下列说法是否正确. 动量发生变化而动能不发生变化是不可能的.

答案:错误.

提示：因为动量是矢量，动能是标量，所以动量发生变化而动能不发生变化是可能的。如：让一个质量为 m 的弹性小球从某一高度 h 自由下落，则落地时的动量大小为 $m\sqrt{2gh}$，方向向下；反弹回来时动量大小为 $m\sqrt{2gh}$，方向向上，动量显然变化了，但小球的动能依然为 $\frac{1}{2}mv^2 = mgh$。

2.2.1.2 判断下列说法是否正确。竖直上抛一小球，若小球回到出发点时的速率等于出发时的初速率，则小球在运动过程中的动量不守恒。

答案：正确。

提示：小球在运动过程中的动量不守恒。因为小球在运动过程中始终受到重力的作用，即 $\boldsymbol{G} = \mathrm{d}\boldsymbol{p}/\mathrm{d}t$，$\boldsymbol{G} \neq 0$，所以动量 $\boldsymbol{p} \neq$ 恒矢量。

2.2.1.3 判断下列说法是否正确。冲量是描述作用在物体上的力对时间的持续作用效果。

答案：正确。

提示：冲量的概念。

2.2.1.4 判断下列说法是否正确。系统动量守恒的条件是系统所受的合外力为零。

答案：正确。

提示：动量守恒定律。

2.2.2 选择题

2.2.2.1 下列说法中错误的是（　　）。

A. 质点在始末位置的动量相等，表明动量一定守恒

B. 动量守恒是指运动过程中的动量时时（处处）都相等

C. 系统的内力无论为多大，只要合外力为零，则系统的动量守恒

D. 内力虽不影响系统的总动量，但可以在系统内部传递动量

答案：A。

提示：动量守恒定律。

2.2.2.2 质量为 20 g 的子弹沿 x 轴正方向以 500 m·s^{-1} 的速率射入一木块后，与木块一起仍沿 x 轴正方向以 50 m·s^{-1} 的速率前进，在此过程中木块所受的冲量为（　　）。

A. -9 N·s　　B. 9 N·s　　C. 10 N·s　　D. -10 N·s

答案：B。

提示：动量定理。因为 $v_1 = 500$ m·s^{-1}，$v_2 = 50$ m·s^{-1}，$m = 0.02$ kg，所以子弹在此过程中所受到的合力的冲量为 $I = mv_2 - mv_1 = -9$ N·s，故由牛顿第三运动定律得，在此过程中木块所受的冲量为 $I' = -I = 9$ N·s。

2.2.2.3 一个不稳定的原子核，其质量为 M，开始时是静止的。当它分裂出一个质量为 m、速度为 v_0 的粒子后，原子核的其余部分沿相反方向反冲，则反冲速度的大小为（　　）。

A. $\dfrac{m}{M-m}v_0$　　B. $\dfrac{m}{M}v_0$　　C. $\dfrac{M+m}{m}v_0$　　D. $\dfrac{m}{m+M}v_0$

答案：A。

提示：动量守恒定律。因为原子核所受合外力为零，所以原子核的动量守恒。设剩余部

分的速度为 u，则 $mv_0+(M-m)u=0$，所以剩余部分的反冲速度为 $u=-\dfrac{m}{M-m}v_0$（负号表示速度的方向）．

2.3 节　自我检测（动能　动能定理）

2.3.1　判断题

2.3.1.1　判断下列说法是否正确．两个质量与速率都相等的非弹性球相向碰撞后粘附在一起，此过程中动量守恒，动能不守恒．

答案：正确．

提示：以这两个非弹性球为质点系，则动量守恒．碰撞后两非弹性球粘附在一起静止下来，速率为零，所以动能为零，动能不守恒，原来两个非弹性球的动能完全转变为形变的弹性势能．

2.3.1.2　判断下列说法是否正确．设有两个物体甲和乙，已知甲和乙的质量以及它们的速率都不相同，若甲的动量的大小比乙的大，则甲的动能一定比乙的大．

答案：错误．

提示：因为动量的大小为 $p=mv$，动能为 $E=\dfrac{1}{2}mv^2$，所以甲的动能不一定比乙的大．

如：若 $m_甲=2m_乙$，$v_甲=\dfrac{1}{3}v_乙$，则 $m_甲v_甲=\dfrac{2}{3}m_乙v_乙>m_乙v_乙$

但是 $E_甲=\dfrac{1}{2}m_甲v_甲^2$，$E_乙=\dfrac{1}{2}m_乙v_乙^2=\dfrac{1}{2}\left(\dfrac{m_甲}{2}\right)(3v_甲)^2=\dfrac{9}{2}\left(\dfrac{1}{2}m_甲v_甲^2\right)$

所以 $E_甲<E_乙$．

2.3.1.3　判断下列说法是否正确．功率描述了能量从一种形式转换为另一种形式的快慢．

答案：正确．

提示：功率的概念．

2.3.1.4　判断下列说法是否正确．系统内质点之间相互作用的内力不做功的条件是质点之间没有相对位移．

答案：正确．

提示：内力功的概念．

2.3.2　选择题

2.3.2.1　关于质点系内各质点之间相互作用的内力做功的问题，以下说法中正确的是（　　）．

A. 一对内力做功的代数和一定为零

B. 一对内力做功的代数和一定不为零

C. 一对内力做功的代数和是否为零，取决于参考系的选择

D. 一对内力做功的代数和一般不为零，但不排除为零的情况

答案：D.

提示：内力功与质点系内部各质点之间的相对位移有关．

2.3.2.2　力 $\boldsymbol{F}=3x^2\boldsymbol{i}$（SI）作用在质量 $m=1$ kg 的物体上，使物体由静止开始沿 x 轴

运动,则从 $x=0$ m 运动到 $x=2$ m 的过程中,力 F 所做的功为(   ).

A. 16 J   B. 12 J   C. 8 J   D. 24 J

答案:C.

提示:功.

力 F 对物体所做的功为 $\int_0^2 (3x^2)\boldsymbol{i} \cdot \mathrm{d}x\boldsymbol{i} = \int_0^2 (3x^2)\mathrm{d}x = 8$ J.

2.3.2.3 力 $\boldsymbol{F}=3x^2\boldsymbol{i}$(SI)作用在质量 $m=1$ kg 的物体上,使物体由静止开始沿 x 轴运动,则从 $x=0$ m 运动到 $x=2$ m 的过程时,物体的速度为(   ).

A. $-8\boldsymbol{i}$ m·s^{-1} B. $8\boldsymbol{i}$ m·s^{-1} C. $-4\boldsymbol{i}$ m·s^{-1} D. $4\boldsymbol{i}$ m·s^{-1}

答案:D.

提示:动能定理.

因为力 $\boldsymbol{F}$ 在此过程中所做的功为 $\int_0^2 (3x^2)\boldsymbol{i} \cdot \mathrm{d}x\boldsymbol{i} = \int_0^2 (3x^2)\mathrm{d}x = 8$ J,所以在此过程中动能的增量为 $\frac{1}{2}mv^2-0=8$,故物体的速度为 $4\boldsymbol{i}$ m·s^{-1}.

2.3.2.4 一质点在外力作用下运动时,下列说法中正确的是(   ).

A. 外力做的功为零时,外力的冲量一定为零
B. 外力的冲量为零时,外力做的功一定为零
C. 质点的动量改变时,质点的动能一定改变
D. 质点的动能不变时,质点的动量一定不变

答案:B.

提示:综合运用动量定理与动能定理.

2.4 节　自我检测(势能　机械能转化及守恒定律)

2.4.1　判断题

2.4.1.1 判断下列说法是否正确.做功与路径无关的力称为保守力.

答案:正确.

提示:保守力做功的概念.

2.4.1.2 判断下列说法是否正确.保守力做功所改变的能量称为势能.

答案:正确.

提示:势能的概念.

2.4.1.3 判断下列说法是否正确.万有引力势能的表达式为 $E_{\text{p引力}}=-G\dfrac{Mm}{r}$,由于势能是一相对量,其值与参考点的选择有关,万有引力势能的零势能参考点选在无穷远处.

答案:正确.

提示:势能的概念.

2.4.2　选择题

2.4.2.1 设地球的质量为 M_e,质量为 m 的宇宙飞船返回地球时,将发动机关闭,可以认为它仅在地球引力场中运动.当宇宙飞船从与地球中心距离为 R_1 下降至距离为 R_2 时,其动能增量为(   ).

A. $GM_e m \dfrac{R_1 - R_2}{R_1^2}$ B. $GM_e m \dfrac{R_1 - R_2}{R_2^2}$

C. $GM_e m \dfrac{R_1 - R_2}{R_1 R_2}$ D. $GM_e m \dfrac{R_1 - R_2}{R_1^2 - R_2^2}$

答案：C.

提示：机械能守恒定律.

宇宙飞船的动能增量为 ΔE_k，等于卫星势能 ΔE_p 的减少，即

$$\Delta E_k = -\Delta E_p = -\left|\left(-G\dfrac{M_e m}{R_2}\right) - \left(-G\dfrac{M_e m}{R_1}\right)\right| = GM_e m \dfrac{R_1 - R_2}{R_1 R_2}$$

2.4.2.2 质量为 M 的木块静止在水平面上，一质量为 m 的子弹水平地射入木块后又穿出木块，若不计木块与地面间的摩擦，则在子弹射穿木块的过程（　　）.

A. 若将子弹和木块视为一个系统，则系统的机械能守恒

B. 若将子弹和木块视为一个系统，则系统的动量和机械能均守恒

C. 子弹的动量守恒

D. 若将子弹和木块视为一个系统，则系统的动量守恒

答案：D.

提示：动量守恒定律与机械能守恒定律.

2.4.2.3 对于质点系的说法：(1)质点系总动量的改变与内力无关；(2)质点系总动能的改变与内力无关；(3)质点系总机械能的改变与保守内力无关；(4)质点系总势能的改变与保守内力无关. 下列判断中正确的是（　　）.

A. 只有(1)和(2)正确 B. 只有(2)和(3)正确

C. 只有(1)和(3)正确 D. 只有(1)和(4)正确

答案：C.

提示：保守内力不改变质点系的总动量，在系统内部只是传递动量；但保守内力是做功的，它所做的功就是质点系机械能的减少.

2.4.2.4 对功的理解：(1)保守力做正功时，系统相应的势能增加；(2)质点运动经一闭合回路回到起点，保守力对质点做的功为零；(3)作用力与反作用力大小相等、方向相反，所以两者所做功的代数和必为零. 关于上述叙述，下列判断中正确的是（　　）.

A. 只有(2)正确 B. 只有(1)和(2)正确

C. 只有(1)和(3)正确 D. 只有(2)和(3)正确

答案：A.

提示：保守力功的特点.

2.6 典型例题

本章解题时，只要搞清楚了每一个物理过程及每一个物理过程所遵循的物理规律，针对每一个物理过程正确地列出它所满足的方程，则一切问题随之可解.

例 2-1 已知雨滴下落过程中受到的阻力为 $f = kSv^2$，式中，k 为比例常数，S 为雨滴的横截面积，v 为雨滴在任意时刻的下落速度. 试比较小雨滴和大雨滴在空气中下落时，哪一

个下落得快?

解 雨滴在空气中下落时仅受重力和空气阻力的作用,如例 2-1 图所示.由牛顿第二运动定律得

$$mg - kSv^2 = m\frac{dv}{dt}$$

解此微分方程可得

例 2-1 图

$$v = \frac{\sqrt{\frac{mg}{kS}}\left(1 + e^{-2\sqrt{\frac{kSg}{m}}t}\right)}{1 - e^{-2\sqrt{\frac{kSg}{m}}t}}$$

从此式可以看出 $v_{max} = \sqrt{\frac{mg}{kS}}$.

实际上,雨滴在重力的作用下加速下落;但随着雨滴速度的增大,阻力从零开始不断增加,直到与重力相平衡.此后雨滴将作匀速直线下落,此时的速度就是雨滴所能达到的最大速度.

由 $mg = kSv^2$ 得
$$v_{max} = \sqrt{\frac{mg}{kS}}$$

设雨滴的半径为 R,质量密度为 ρ,则把 $S = \pi R^2, m = \frac{4}{3}\rho\pi R^3$ 代入上式,可得雨滴下落的最大速度为 $v_{max} = \sqrt{\frac{4\rho g R}{3k}}$.因此大雨滴比小雨滴下落得快.

例 2-2 一个原来静止在光滑水平面上的物体,突然裂成了 3 块,且以相同的速率沿 3 个方向在水平面上运动,各方向之间的夹角如例 2-2 图所示.求 3 块物体的质量比.

解 设 3 块物体的质量分别为 m_1, m_2, m_3,它们的速率均为 v,由于原来静止,而且在裂解过程中不受外力的作用,所以它们的动量守恒.于是有

$$\boldsymbol{p}_1 + \boldsymbol{p}_2 + \boldsymbol{p}_3 = 0$$

它们的分量式为

水平方向: $m_1 v - m_2 v\cos 60° - m_3 v\cos 30° = 0$

竖直方向: $m_2 v\sin 60° - m_3 v\sin 30° = 0$

联立方程求解,可得 3 块物体的质量比为

$$m_1 : m_2 : m_3 = 2 : 1 : \sqrt{3}$$

例 2-3 质量为 M 的人手里拿着一个质量为 m 的物体,此人用与水平面成 α 角的速率 v_0 向前跳去.当他达到最高点时,他将物体以相对于人为 u 的水平速率向后抛出.问:由于人抛出物体,他跳跃的距离增加了多少(假设人可视为质点)?

解 建立如例 2-3 图所示的坐标系.由于人与物体组成的系统在水平方向不受外力的作用,所以在最高点向后抛出物体的过程中系统在水平方向的动量守恒,于是有

$$(M + m)v_0 \cos\alpha = Mv + m(v - u)$$

其中,v 为人抛出物体后相对于地面的水平速率,$v - u$ 为抛出物体相对于地面的水平速率.因为应用动量守恒定律时,式中各物体的速度必须是相对于同一惯性参考系而言的,所以

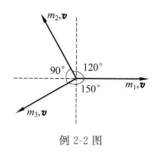 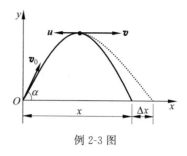

例 2-2 图   例 2-3 图

由上式可得人的水平速率的增量为

$$\Delta v = v - v_0 \cos\alpha = \frac{m}{M+m} u$$

而人从最高点到地面的运动时间为

$$t = \frac{v_0 \sin\alpha}{g}$$

所以人跳跃抛出物体后增加的距离为

$$\Delta x = \Delta v \cdot t = \frac{m v_0 \sin\alpha}{(M+m)g} u$$

例 2-4 如例 2-4 图所示,弹性系数为 k 的轻弹簧水平放置,一端固定,另一端系一质量为 m 的物体,物体与水平面间的摩擦系数为 μ. 开始时弹簧没有伸长,现以恒力 F 将物体自平衡位置开始向右拉动,试求系统的最大势能.

解 由于系统的重力势能不变,所以系统的势能仅为弹性势能. 弹性势能最大处并不在合力为零的位置处,而是在速度为零的位置处,所以由动能定理得

$$\int_0^x (F - \mu mg - kx)\mathrm{d}x = \frac{1}{2}mv^2$$

积分可得

$$(F - \mu mg)x - \frac{1}{2}kx^2 = \frac{1}{2}mv^2$$

由此可得

$$v = \sqrt{\frac{2(F-\mu mg)x - kx^2}{m}}$$

令 $v=0$ 可求得 $x_{\max} = \frac{2}{k}(F - \mu mg)$,所以系统的最大势能为

$$E_{p\max} = \frac{1}{2}k x_{\max}^2 = \frac{2}{k}(F - \mu mg)^2$$

例 2-5 若有一质点由静止开始,从半径为 a 的光滑圆柱面的最高点自由下滑,问质点滑到何处时离开圆柱面.

解法一 利用牛顿运动定律求解.

分析受力如例 2-5 图所示,由牛顿运动定律得

对法向有
$$mg\cos\theta - N = m\frac{v^2}{a}$$

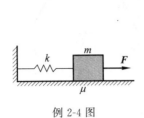

例 2-4 图

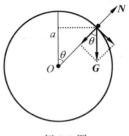

例 2-5 图

对切向有
$$mg\sin\theta = m\frac{dv}{dt}$$

变换切向方程,有
$$mg\sin\theta = m\frac{dv}{d\theta}\cdot\frac{d\theta}{dt} = m\frac{dv}{d\theta}\cdot\left(\frac{v}{a}\right)$$

整理并积分,有
$$\int_0^\theta (ag\sin\theta)d\theta = \int_0^v vdv$$

其中 $\theta=0$ 时,$v=0$,此时物体处于圆柱面的最高点;$\theta=\theta$ 时,$v=v$,此时物体刚好与圆柱体脱离. 所以由上式积分可得
$$v^2 = 2ag(1-\cos\theta)$$

将其代入法向方程,并令 $N=0$(此时物体与圆柱体开始脱离),可解得
$$\theta = \arccos\left(\frac{2}{3}\right)$$

解法二 利用机械能守恒定律和牛顿运动定律联合求解.

由于质点在光滑圆柱面上滑动,所以质点不受摩擦力的作用,仅受到重力和圆柱面支持力的作用. 支持力在滑动过程中与运动质点的位移垂直,所以它不做功;重力属于保守力,故系统(物体和地球)的机械能守恒. 若以过圆心的水平面为零势能面,则
$$mga = mga\cos\theta + \frac{1}{2}mv^2$$

即
$$v^2 = 2ag(1-\cos\theta)$$

由牛顿第二运动定律得物体的法向方程为
$$mg\cos\theta - N = m\frac{v^2}{a}$$

当物体与圆柱面脱离时有 $N=0$,联立以上 3 个方程可得
$$\theta = \arccos\left(\frac{2}{3}\right)$$

综上所述,同一问题有时利用单一知识点求解很烦琐,但综合运用所学知识点求解可能就很简单,这一点需要大家在学习的过程中不断体会,不断总结,灵活运用.

2.7 练习题精解

2-1 质量为 0.25 kg 的质点,受力 $F = ti$(SI)的作用,式中 t 为时间变量。$t=0$ 时,该质点以 $v = 2j$ m·s^{-1} 的速度通过坐标原点,则该质点任意时刻的位置矢量是_____。

答案: $r = \dfrac{2}{3}t^3 i + 2t j$.

提示: 根据牛顿运动定律求得加速度,再由加速度求得速度及位置矢量。

2-2 一质量为 10 kg 的物体在力 $f = (120t+40)i$(SI)作用下,沿 x 轴运动。$t=0$ 时,其速度 $v_0 = 6i$ m·s^{-1},则 $t=3$ s 时,其速度大小为_____。

答案: 72 m·s^{-1}.

提示: 根据牛顿运动定律求得加速度,再由加速度求得速度。

2-3 一物体质量为 10 kg,受到方向不变的力 $F = 30+40t$(SI)的作用,在开始的 2 s 内,此力的冲量大小等于_____;若物体的初速度大小为 10 m·s^{-1},方向与 F 同向,则在 2 s 末物体速度的大小等于_____。

答案: $I = 140$ N·s,$v = 24$ m·s^{-1}.

提示: 冲量定理。

2-4 一长为 l、质量均匀的链条,放在光滑的水平桌面上。若使其长度的 1/2 悬于桌边下,由静止释放,任其自由滑动,则刚好链条全部离开桌面时的速率为_____。

答案: $v = \dfrac{1}{2}\sqrt{3gl}$.

提示: 机械能守恒定律应用过程中零势能零点的选择。

2-5 一弹簧原长为 0.5 m,弹性系数为 k,上端固定在天花板上,当下端悬挂一盘子时,其长度为 0.6 m,然后在盘中放一物体,弹簧长度变为 0.8 m,则盘中放入物体后,在弹簧伸长过程中弹性力做的功为_____。

答案: $-\int_{0.1}^{0.3} kx \, dx = -0.04k$.

提示: 保守力做功的特点。

2-6 质量为 m 的质点沿 x 轴运动,其运动方程为 $x = A\cos\omega t$,式中,A,ω 均为正的常量,t 为时间变量,则该质点所受的合外力为( )。

A. $F = \omega^2 x$ B. $F = m\omega^2 x$ C. $F = -m\omega^2 x$ D. $F = -m\omega x$

答案: C.

提示: 已知运动方程求得加速度,再利用牛顿运动定律求得所受的力。

2-7 下列关于动量的表述中,不正确的是( )。

A. 动量守恒是指运动全过程中动量时时处处都相等

B. 系统的内力无论为多大,只要合外力为零,系统的动量必守恒

C. 内力不影响系统的总动量,但要影响其总能量

D. 质点始末位置的动量相等,表明其动量一定守恒

答案：D.

提示：动量及其动量守恒的物理意义.

2-8 今用水平力 f 把木块紧压在竖直墙壁上并保持静止. 当 f 逐渐增大时,木块所受的摩擦力为（　　）.

A. 不为零但保持不变

B. 恒为零

C. 随 f 正比地增大

D. 开始时随 f 增大,达到某一最大之后,就保持不变

答案：A.

提示：摩擦力的特点.

2-9 某质点受力的大小为 $f = f_0 e^{-kx}$,若质点在 $x = 0$ 处的速度为零,则此质点所能达到的最大动能为（　　）.

A. $\dfrac{f_0}{e^k}$　　　　B. $\dfrac{f_0}{k}$　　　　C. kf_0　　　　D. $kf_0 e^{-k}$

答案：B.

提示：动能定理.

2-10 三个物体 A,B,C,质量分别为 $m_A = m_B = 0.1\ \text{kg}$, $m_C = 0.8\ \text{kg}$,当按题 2-10 图(a)放置时,物体系正好匀速运动.（1）求物体 C 与水平桌面间的摩擦系数；（2）如果将物体 A 移到物体 B 上面,如题 2-10 图(b)所示,求系统的加速度及绳中的张力（滑轮与绳的质量忽略不计）.

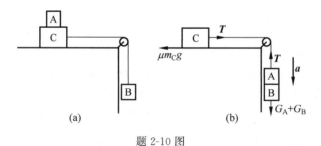

题 2-10 图

解　（1）由于系统按题 2-10 图(a)放置时,物体系正好匀速运动,所以有 $m_B g = \mu(m_A + m_C)g$,物体 C 与水平桌面间的摩擦系数为

$$\mu = \frac{m_B}{m_A + m_C} = \frac{0.1}{0.1 + 0.8} = \frac{1}{9} = 0.11$$

（2）如果将物体 A 移到物体 B 上面,分析受力如题 2-10 图(b)所示,则

对物体 A、B 有　　　$(m_A + m_B)g - T = (m_A + m_B)a$

对物体 C 有　　　　$T - \mu m_C g = m_C a$

解之并代入数据后可得系统的加速度　　　$a = \dfrac{m_A + m_B - \mu m_C}{m_A + m_B + m_C} g = 1.1\ \text{m} \cdot \text{s}^{-2}$

绳子的张力　　　　$T = m_C(a + \mu g) = 1.7\ \text{N}$

2-11 已知条件如题 2-11 图所示,求物体系加速度的大小和 A,B 两绳中的张力（绳与

滑轮的质量及所有摩擦均忽略不计).

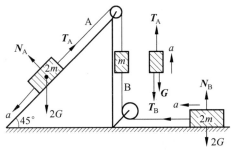

题 2-11 图

解 受力分析如题 2-11 图所示. 由于绳子可计质量,则不可伸长,所以设物体系的加速度为 a,则由牛顿第二运动定律可得

对于水平运动的物体有
$$T_B = 2ma$$

对于竖直运动的物体有
$$T_A - T_B - mg = ma$$

对于斜面上运动的物体有
$$2mg\sin 45° - T_A = 2ma$$

联立以上三个方程可得物体系的加速度为
$$a = \frac{2mg\sin 45° - mg}{5m} = \frac{\sqrt{2}-1}{5}g$$

A,B 两绳子中的张力分别为
$$T_A = \frac{3\sqrt{2}+2}{5}mg, \quad T_B = \frac{2(\sqrt{2}-1)}{5}mg$$

2-12 长为 l 的轻绳,一端固定,另一端系一质量为 m 的小球,使小球从悬挂着的铅垂位置以水平初速度 v_0 开始运动. 如题 2-12 图所示. 用牛顿运动定律求小球沿逆时针转过 θ 角时的角速度和绳中的张力.

解 小球在任意位置时的受力分析如题 2-12 图所示,则由牛顿第二运动定律可得

对法向有 $\qquad T - mg\cos\theta = m\left(\dfrac{v^2}{l}\right)$

对切向有 $\qquad -mg\sin\theta = m\left(\dfrac{dv}{dt}\right)$

题 2-12 图

对切向方程两边同乘以 $d\theta$,得
$$-mg\sin\theta\, d\theta = m\left(\frac{dv}{dt}\right)d\theta$$

即
$$-mg\sin\theta\, d\theta = m\left(\frac{d\theta}{dt}\right)\cdot d(l\omega)$$

亦即
$$g\sin\theta\,d\theta = -l\omega \cdot d\omega$$

于是有
$$\int_0^\theta g\sin\theta\,d\theta = -\int_{\omega_0}^\omega l\omega \cdot d\omega$$

积分可得
$$g(1-\cos\theta) = \frac{1}{2}l\omega_0^2 - \frac{1}{2}l\omega^2$$

所以小球沿逆时针转过 θ 角时的角速度为
$$\omega = \sqrt{\omega_0^2 + \frac{2}{l}g(\cos\theta - 1)} = \frac{1}{l}\sqrt{v_0^2 + 2gl(\cos\theta - 1)}$$

将 $v = l\omega$ 代入法向关系式可得绳中的张力为
$$T = m\left(\frac{v_0^2}{l} - 2g + 3g\cos\theta\right)$$

2-13 质量均为 M 的 3 条小船（包括船上的人和物）以相同的速度沿一直线同向航行，这时从中间的小船分别向前后两船同时以速度 u（相对于该船）抛出质量同为 m 的包裹。从包裹被抛出至落入前、后船的过程中，试分别对中船、前船、后船建立动量守恒方程。

解 设 3 条小船以相同的速度 v 沿同一直线同向航行，根据题意作题 2-13 图。则由动量守恒定律得

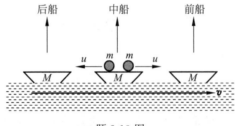

题 2-13 图

对于前船有
$$Mv + m(v+u) = (M+m)V_{前}$$
对于后船有
$$Mv + m(v-u) = (M+m)V_{后}$$
对于中船有
$$Mv = m(v+u) + m(v-u) + (M-2m)V_{中}$$

所以抛出包裹之后 3 条小船的速度变为
$$V_{前} = v + \frac{m}{M+m}u, \quad V_{中} = v, \quad V_{后} = v - \frac{m}{M+m}u$$

2-14 一质量为 0.25 kg 的小球以 20 m·s^{-1} 的速度和 45°的仰角投向竖直放置的木板，如题 2-14 图所示。设小球与木板碰撞时间为 0.05 s，反弹角度与入射角相等，小球速度的大小不变，求木板对小球的冲力。

解 建立坐标系如题 2-14 图所示。由动量定理得到小球所受的平均冲力为

$$\begin{cases} F_x = \dfrac{1}{\Delta t}[(-mv\cos 45°)-(mv\cos 45°)] \\ F_y = \dfrac{1}{\Delta t}[(mv\sin 45°)-(mv\sin 45°)] \end{cases}$$

代入数值计算可得
$$\begin{cases} F_x = -141 \text{ N} \\ F_y = 0 \end{cases}$$

因此木板对小球的冲力为 $\boldsymbol{F} = -141\boldsymbol{i}$ N.

2-15 一质量为 m 的滑块,沿题 2-15 图所示的轨道以初速度 $v_0 = 2\sqrt{Rg}$ 无摩擦地滑动,求滑块由位置 A 运动到 B 的过程中所受的冲量,并用图表示之(OB 与地面平行).

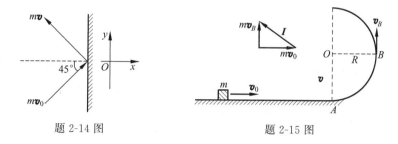

题 2-14 图 　　　题 2-15 图

解 因为轨道无摩擦,所以滑块在运动过程中与地球构成的系统机械能守恒,于是有
$$\frac{1}{2}mv_0^2 = mgR + \frac{1}{2}mv_B^2$$

由 $v_0 = 2\sqrt{Rg}$,得 $v_B = \sqrt{2Rg}$,方向竖直向上.

滑块由位置 A 运动到 B 的过程中所受的冲量为
$$\boldsymbol{I} = m\boldsymbol{v}_B - m\boldsymbol{v}_0 = m\sqrt{2Rg}\,\boldsymbol{j} - 2m\sqrt{Rg}\,\boldsymbol{i} = m\sqrt{Rg}(-2\boldsymbol{i} + \sqrt{2}\boldsymbol{j})$$
如题 2-15 图所示.

2-16 一质量为 60 kg 的人以 2 m·s^{-1} 的水平速度从后面跳上质量为 80 kg 的小车,小车原来的速度为 1 m·s^{-1},问:(1)小车的速度将如何变化?(2)人如果迎面跳上小车,小车的速度又将如何变化?(车与人都视为质点.)

解 若忽略小车与地面之间的摩擦,则小车和人构成的系统动量守恒.

(1) 因为 $m_{车、人}v_{车、人} = m_{车}v_{车} + m_{人}v_{人}$,所以 $v_{车、人} = \dfrac{m_{车}v_{车} + m_{人}v_{人}}{m_{车、人}} = 1.43$ m·s^{-1},车速变大,方向与原来相同.

(2) 因为 $m_{车、人}v_{车、人} = m_{车}v_{车} - m_{人}v_{人}$,所以 $v_{车、人} = \dfrac{m_{车}v_{车} - m_{人}v_{人}}{m_{车、人}} = -0.286$ m·s^{-1},车速变小,方向与原来相反.

2-17 原子核与电子间的吸引力的大小随它们之间的距离 r 而变化,其规律为 $F = \dfrac{k}{r^2}$,求电子从 r_1 运动到 $r_2 (r_1 > r_2)$ 的过程中,核的吸引力所做的功.

解 核的吸引力对电子所做的功为
$$W = \int_{r_1}^{r_2} \boldsymbol{F} \cdot d\boldsymbol{r} = \int_{r_1}^{r_2} F\cos\pi\, dr = -\int_{r_1}^{r_2} \frac{k}{r^2}dr = k\,\frac{r_1 - r_2}{r_1 r_2}$$

2-18 质量为 $m=2\times10^{-3}$ kg 的子弹，在枪筒中前进受到的合力为 $F=400-\dfrac{8000}{9}x$，F 的单位为 N，x 的单位为 m. 子弹射出枪口时的速度为 300 m·s^{-1}，试求枪筒的长度.

解 设枪筒的长度为 l，则根据动能定理有

$$\int_0^l F\,\mathrm{d}x=\frac{1}{2}mv^2$$

$$\int_0^l\left(400-\frac{8000}{9}x\right)\mathrm{d}x=\frac{1}{2}\times2\times10^{-3}\times300^2$$

$$l^2-0.9l+\frac{81}{400}=0$$

即

$$\left(l-\frac{9}{20}\right)^2=0,\quad 得\quad l=0.45\text{ m}$$

所以枪筒的长度为 0.45 m.

2-19 从轻弹簧的原长开始第一次拉伸长度 L，在此基础上，第二次使弹簧再伸长 L，继而第三次又伸长 L. 求第三次拉伸和第二次拉伸弹簧过程做功的比值.

解 第二次拉伸长度 L 时所做的功为

$$W_2=\frac{1}{2}k(2L)^2-\frac{1}{2}kL^2=\frac{3}{2}kL^2$$

第三次拉伸长度 L 时所做的功为

$$W_3=\frac{1}{2}k(3L)^2-\frac{1}{2}k(2L)^2=\frac{5}{2}kL^2$$

所以第三次拉伸和第二次拉伸弹簧时做功的比值为 $\dfrac{W_3}{W_2}=\dfrac{5}{3}$.

2-20 用铁锤将一铁钉击入木板，设木板对钉的阻力与钉进木板之深度成正比. 在第一次锤击后，钉被击入木板 1 cm. 假定每次锤击铁钉时速度相等，且锤与铁钉的碰撞为完全非弹性碰撞，问第二次锤击后，钉被击入木板多深？

解 据题意设木板对钉的阻力为 $-kx$，锤每次锤击铁钉时的速度为 v，则由功能原理可知在第一次锤击时有

$$\frac{1}{2}mv^2=\int_0^{0.01}kx\,\mathrm{d}x$$

在第二次锤击时有

$$\frac{1}{2}mv^2=\int_{0.01}^l kx\,\mathrm{d}x$$

联立这两个方程可得第二次锤击时钉被击入木板的深度为

$$l-0.01=4.14\times10^{-3}\text{ m}.$$

2-21 如题 2-21 图所示，两物体 A 和 B 的质量分别为 $m_A=m_B=0.05$ kg，物体 B 与桌面的滑动摩擦系数为 $\mu_k=0.1$. 试分别用动能定理和牛顿第二运动定律求物体 A 自静止落下 $h=1$ m 时的速度.

解 用牛顿第二运动定律求解. 分析物体受力如题 2-21 图所示，则

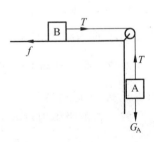

题 2-21 图

对物体 A 有 $\quad m_A g - T = m_A a$
对物体 B 有 $\quad T - \mu_k m_B g = m_B a$
解之可得
$$a = \frac{1-\mu_k}{2}g$$

因为 $v=\sqrt{v_0^2+2ah}$，$v_0=0$，所以
$$v=\sqrt{gh(1-\mu_k)}=\sqrt{9.8\times 1\times(1-0.1)}=2.97\ \text{m}\cdot\text{s}^{-1}$$

用动能定理求解．对于物体 A，B 构成的系统，动能定理可写为
$$m_A gh - \mu_k m_B gh = \frac{1}{2}(m_A + m_B)v^2$$

所以
$$v=\sqrt{\frac{2(m_A-\mu_k m_B)gh}{m_A+m_B}}=\sqrt{\frac{2\times(0.05-0.1\times 0.05)\times 9.8\times 1}{0.05+0.05}}$$
$$=2.97\ \text{m}\cdot\text{s}^{-1}$$

2-22 一弹簧弹性系数为 k，一端固定在 A 点，另一端连接一质量为 m 的物体，该物体靠在光滑的半径为 a 的圆柱体表面上，弹簧原长为 AB，如题 2-22 图所示．在变力 F 作用下物体极其缓慢地沿表面从位置 B 移到了 C，试分别用积分法和功能原理两种方法求力 F 所做的功．

解 利用积分法求解.

分析物体的受力如题 2-22 图所示，由于物体极其缓慢地沿光滑表面移动，所以有
$$F = mg\cos\theta + kx = mg\cos\theta + ka\theta$$
因此力 F 所做的功为
$$W = \int_0^\theta F\,\mathrm{d}s = \int_0^\theta (mg\cos\theta + ka\theta)\mathrm{d}(a\theta) = mga\sin\theta + \frac{1}{2}ka^2\theta^2$$

利用功能原理求解，力 F 所做的功为
$$W = E_{MC} - E_{MB} = mga\sin\theta + \frac{1}{2}ka^2\theta^2$$

2-23 如题 2-23 图所示，已知子弹的质量 $m=0.02\ \text{kg}$，木块的质量 $M=8.98\ \text{kg}$，弹簧的劲度系数 $k=100\ \text{N}\cdot\text{m}^{-1}$，子弹以初速度 v_0 射入木块后，弹簧被压缩了 $l=10\ \text{cm}$．设木块与平面间的滑动摩擦系数为 $\mu_k=0.2$，不计空气阻力，试求 v_0 的大小．

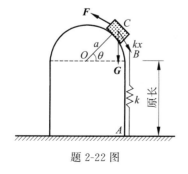

题 2-22 图

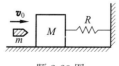

题 2-23 图

解 设子弹与木块碰撞后共同前进的速度为 v,因碰撞过程中动量守恒,所以有

$$mv_0 = (m+M)v$$

在子弹与木块一同压缩弹簧时,由功能原理得

$$-\mu_k(m+M)gl = \frac{1}{2}kl^2 - \frac{1}{2}(m+M)v^2$$

联立以上两式可得子弹的初速度为

$$v_0 = \sqrt{\frac{\frac{1}{2}kl^2 + \mu_k(m+M)gl}{\frac{1}{2}\left(\frac{m^2}{m+M}\right)}} = 319 \text{ m·s}^{-1}$$

2-24 质量为 M 的物体静止于光滑的水平面上,并连接有一轻弹簧如题 2-24 图所示,另一质量为 M 的物体以速度 v_0 与弹簧相撞,问当弹簧压缩到最大时有百分之几的动能转化为势能.

解 当弹簧压缩到最大时系统以同一速度 v 前进,此过程中系统的动量守恒,所以有

$$Mv_0 = (M+M)v$$

于是 $v = \frac{1}{2}v_0$,故弹簧压缩到最大时动能转化为势能的百分比为

$$\frac{\frac{1}{2}Mv_0^2 - \frac{1}{2}(M+M)\left(\frac{1}{2}v_0\right)^2}{\frac{1}{2}Mv_0^2} = 50\%$$

2-25 如题 2-25 图所示,一木块质量为 M,静止于光滑的水平面上,一子弹质量为 m,沿水平方向以速度 v 射入木块内一段距离 S' 后停止于木块内.(1)试求在这一过程中子弹和木块的动能变化是多少?子弹和木块之间的摩擦力对子弹和木块各做了多少功?(2)证明子弹和木块的总机械能的增量等于一对摩擦力之一沿相对位移 S' 做的功.

题 2-24 图　　　　　　题 2-25 图

解 (1)如题 2-25 图所示.设子弹停止于木块内,二者一同前进的速度为 V,因为子弹与木块碰撞的过程中动量守恒,所以有

$$mv = (m+M)V$$

解之可得

$$V = \frac{mv}{m+M}$$

因此在这一过程中子弹和木块的动能变化为

$$\Delta E_k = \frac{1}{2}mv^2 - \frac{1}{2}(m+M)\left(\frac{mv}{m+M}\right)^2 = \frac{1}{2}mv^2\left(\frac{M}{m+M}\right)$$

子弹和木块之间的摩擦力对子弹所做的功为

$$-f \cdot (S+S') = \frac{1}{2}m\left(\frac{mv}{m+M}\right)^2 - \frac{1}{2}mv^2 = \frac{1}{2}mv^2\left[\left(\frac{m}{m+M}\right)^2 - 1\right] < 0$$

子弹和木块之间的摩擦力对木块所做的功为

$$f \cdot S = \frac{1}{2}M\left(\frac{mv}{m+M}\right)^2 - 0 = \frac{1}{2}Mv^2\left(\frac{m}{m+M}\right)^2 > 0$$

（2）子弹和木块的总机械能的增量为

$$\Delta E_M = \left[\frac{1}{2}M\left(\frac{mv}{m+M}\right)^2 - 0\right] + \left[\frac{1}{2}m\left(\frac{mv}{m+M}\right)^2 - \frac{1}{2}mv^2\right]$$
$$= -\frac{1}{2}mv^2\left(\frac{M}{m+M}\right)$$

而摩擦内力所做的总功为

$$W = -f \cdot (S+S') + f \cdot S = -f \cdot S' = -\frac{1}{2}mv^2\left(\frac{M}{m+M}\right)$$

正好等于一对摩擦力之一沿相对位移 S' 做的功.

2-26 证明：在光滑的台面上，一个光滑的小球撞击（撞击可认为是完全弹性碰撞）另一个静止的光滑小球后，两者总沿着互成直角的方向离开（除正碰外），设光滑小球质量相等.

证明 如题 2-26 图所示，由于在光滑的台面上光滑的小球间的碰撞为完全弹性碰撞，所以动能和动量守恒.

由动量守恒，得

$$m\boldsymbol{v}_0 = m\boldsymbol{v}_1 + m\boldsymbol{v}_2 \qquad (1)$$

由动能守恒，得

$$\frac{1}{2}mv_0^2 = \frac{1}{2}mv_1^2 + \frac{1}{2}mv_2^2 \qquad (2)$$

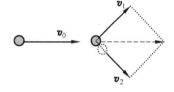

题 2-26 图

式(1)两边平方，得

$$v_0^2 = v_1^2 + v_2^2 + 2\boldsymbol{v}_1 \cdot \boldsymbol{v}_2 \qquad (3)$$

将式(3)与式(2)比较，得 $\boldsymbol{v}_1 \cdot \boldsymbol{v}_2 = 0$，而 $\boldsymbol{v}_1$ 和 $\boldsymbol{v}_2$ 均不为零，所以有

$$\boldsymbol{v}_1 \perp \boldsymbol{v}_2$$

第 3 章 刚体的定轴转动

3.1 教学目标

1. 理解描述刚体定轴转动的物理量,掌握线量与角量及它们之间的关系.
2. 理解力矩和转动惯量的概念,掌握刚体定轴转动的转动定律.
3. 理解力矩的功及刚体定轴转动的转动动能,掌握刚体定轴转动的动能定理.
4. 理解角动量的概念,掌握刚体定轴转动的角动量定理及角动量守恒定律.

3.2 知识框架

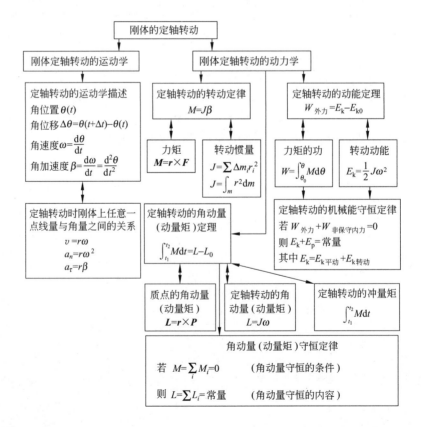

3.3 本章提要

1. 刚体定轴转动运动学

角位置：$\theta(t)$

角位移：$\Delta\theta = \theta(t+\Delta t) - \theta(t)$

角速度：$\omega = \dfrac{d\theta}{dt}$

角加速度：$\beta = \dfrac{d\omega}{dt} = \dfrac{d^2\theta}{dt^2}$

线量与角量之间的关系：$v = r\omega, a_n = r\omega^2, a_\tau = r\beta$

2. 刚体定轴转动动力学

(1) 刚体定轴转动的转动定律——力矩的瞬时作用规律

力矩：$\boldsymbol{M} = \boldsymbol{r} \times \boldsymbol{F}$

转动惯量：$J = \sum \Delta m_i r_i^2, J = \int_m r^2 dm$

刚体定轴转动的转动定律：$M = J\beta$

(2) 刚体定轴转动的动能定理——力矩对空间的积累效应

力矩的功：$W = \int_{\theta_0}^{\theta} M d\theta$

力矩的功率：$P = \dfrac{dW}{dt} = M\omega$

定轴转动的转动动能：$E_k = \dfrac{1}{2}J\omega^2$

定轴转动的动能定理：$W_{外力} = E_k - E_{k0}$ 或 $\int_{\theta_0}^{\theta} M d\theta = \dfrac{1}{2}J\omega^2 - \dfrac{1}{2}J\omega_0^2$

机械能守恒定律：$\begin{cases} 若\ W_{外力} + W_{非保守内力} = 0 & （机械能守恒的条件）\\ 则\ E_M = E_{M0}\ 或\ E_k + E_p = E_{k0} + E_{p0} & （机械能守恒的内容）\end{cases}$

此时动能中既包含平动动能还包含转动动能.

(3) 刚体定轴转动的角动量定理——力矩对时间的积累效应

质点的角动量（动量矩）：$\boldsymbol{L} = \boldsymbol{r} \times \boldsymbol{p} = \boldsymbol{r} \times m\boldsymbol{v}$

刚体定轴转动的角动量（动量矩）：$L = J\omega$

刚体定轴转动的角动量（动量矩）定理：$\int_{t_1}^{t_2} M dt = L - L_0$

角动量（动量矩）守恒定律：

若
$$M = \sum_i M_i = 0 \quad （角动量守恒的条件）$$

则
$$L = \sum_i L_i = 常量 \quad （角动量守恒的内容）$$

(4) 天体的运行规律——开普勒定律

开普勒第一定律(轨道定律)：每一行星绕太阳作椭圆轨道运动，太阳是椭圆轨道的一个焦点．

开普勒第二定律(面积定律)：行星运动过程中，行星相对于太阳的位矢在相等的时间内扫过的面积相等．

开普勒第三定律(周期定律)：行星绕太阳公转时，二者之间平均距离的立方与公转周期的平方成正比，即 $\dfrac{a^3}{T^2}=K$．其中，$K=G\dfrac{M_s}{4\pi^2}$ 称为开普勒常数．

3.4 检 测 题

检测点 1：刚体的定轴转动为何是一维运动？
答：描述刚体的定轴转动只需要一个坐标变量 θ，有了角位置 θ，我们就可以计算刚体定轴转动时的角速度、角加速度及任意点的线速度和线加速度．

检测点 2：阿特伍德机与理想滑轮是什么关系？
答：两个是一回事，都是不计滑轮的质量和摩擦阻力矩．

检测点 3：一般的质点系与刚体的本质区别是什么？
答：一般的质点系存在内力功，而刚体的内力功为零．

检测点 4：动量是对参考系而言的，角动量是对什么而言？
答：动量是对参考系而言的，角动量是对参考点而言的．

检测点 5：开普勒为何被称为天空的立法者？
答：开普勒根据他的老师第谷·布拉赫既丰富又准确的天文观测资料而创立了行星运动三定律，使其成为指导天体力学的基本定律，故他被人们认为是"天空的立法者"．

3.5 自我检测题

3.1 节 自我检测(刚体定轴转动的运动学)

3.1.1 判断题

3.1.1.1 判断下列说法是否正确．刚体作定轴转动时，刚体的角加速度的方向沿转轴的方向．

答：正确．

提示：刚体作定轴转动时，刚体的角加速度的方向沿转轴的方向，若与转轴的正方向一致，则刚体作加速定轴转动；若与转轴的正方向相反，则刚体作减速定轴转动，即反向加速转动．

3.1.1.2 判断下列说法是否正确．刚体是一种理想模型，他虽然有一定的形状和大小，但形状和大小永远保持不变．

答案：正确．

提示：刚体的概念．

3.1.1.3 判断下列说法是否正确．若某飞轮绕其中心轴转动的运动方程为 $\theta=t^3-2t^2+$

$4t$,其中 θ 的单位为 rad,t 的单位为 s,则飞轮在第 2 秒末的角加速度为 $\beta = 8 \text{ rad} \cdot \text{s}^{-2}$.

答案：正确.

提示：角加速度的概念. $\beta = \dfrac{\mathrm{d}^2 \theta}{\mathrm{d}t^2} = 8 \text{ rad} \cdot \text{s}^{-2}$.

3.1.2　选择题

3.1.2.1　一绕定轴转动的刚体,某时刻的角速度为 ω,角加速度为 β,则其转动加快的依据是(　　).

A. $\beta > 0$　　　　B. $\omega > 0, \beta > 0$　　　　C. $\omega < 0, \beta > 0$　　　　D. $\omega > 0, \beta < 0$

答案：B.

提示：匀加速定轴转动.

3.2 节　自我检测（刚体定轴转动的动力学）

3.2.1　判断题

3.2.1.1　判断下列说法是否正确. 对静止的刚体施以外力作用,若合外力为零,则刚体不会动.

答：错误.

提示：对静止的刚体而言,只要合外力矩 $M \neq 0$,则刚体就会转动. 但当合外力为零时,合外力矩可以不为零,如：力偶的作用. 所以如果刚体所受的合外力为零,则刚体没有平动,但有可能转动.

3.2.1.2　判断下列说法是否正确. 刚体作定轴转动时,若它的角速度很大,则作用在其上面的力矩一定很大.

答：错误.

提示：刚体的定轴转动只与力矩有关,与角速度没有直接的关系,作用在刚体上的力矩可以很大,但力矩为零时,刚体只发生平动而无转动. 转动定律 $M = J\beta$ 告诉我们,刚体一定时,即转动惯量 J 确定,力矩 M 与角加速度 β 有关,而与角速度 ω 无直接关系,可以力矩很大时角速度为零,也可以力矩很小,但角速度很大.

3.2.1.3　判断下列说法是否正确. 质点的动量与角动量可以同时守恒.

答：正确.

提示：质点动量守恒的条件是质点所受的合力为零,质点角动量守恒的条件是质点对某点的力矩为零. 质点的动量与角动量可以同时守恒. 如：作匀速直线运动的质点.

3.2.1.4　判断下列说法是否正确. 质点作匀速圆周运动的过程中,质点的动量不守恒而角动量守恒.

答：正确.

提示：因为质点作匀速圆周运动的过程中,质点有力的作用,所以质点的动量不守恒；质点受的力矩为零,所以质点的角动量守恒.

3.2.2　选择题

3.2.2.1　有 A、B 两个半径相同、质量也相同的细环,其中 A 环的质量分布均匀,而 B 环的质量分布不均匀. 若两环对过环心且与环面垂直轴的转动惯量分别为 J_A 和 J_B,则(　　).

A. $J_A > J_B$　　B. $J_A = J_B$　　C. $J_A < J_B$　　D. 无法确定 J_A 和 J_B 的相对大小

答案：B.

提示：转动惯量的概念. $J = mR^2$.

3.2.2.2 一人张开双臂手握哑铃坐在转椅上，让转椅转动起来，若此后无外力矩作用，则当此人收回双臂时，人和转椅这一系统的（   ）.

A. 转速加大，转动动能不变　　　　　B. 角动量加大

C. 转速和转动动能变化不清楚　　　　D. 系统的角动量保持不变

答案：D.

提示：角动量守恒定律．因为系统无外力矩的作用，所以系统的角动量守恒，即 $J_0\omega_0 = J\omega$. 当人收回双臂时，转动系统的转动惯量减小，即 $J < J_0$，所以 $\omega > \omega_0$，故转速增大．

又因为 $\dfrac{E_{k0}}{E_k} = \dfrac{\frac{1}{2}J_0\omega_0^2}{\frac{1}{2}J\omega^2} = \dfrac{J_0\omega_0}{J\omega} \cdot \dfrac{\omega_0}{\omega} = \dfrac{\omega_0}{\omega}$，所以 $E_k > E_{k0}$. 因此转速和转动动能都增大，且角动量守恒.

3.2.2.3 某力学系统由两个质点系成，它们之间仅有引力作用．若两质点所受外力的矢量和为零，则此力学系统（   ）.

A. 动量守恒，但机械能和角动量是否守恒不能确定

B. 动量和角动量守恒，但机械能是否守恒不能确定

C. 动量、机械能守恒，但角动量是否守恒不能确定

D. 动量、机械能以及对某一转轴的角动量一定守恒

答案：A.

提示：守恒定律使用的条件.

3.2.2.4 卫星绕地球作椭圆运动，地心为椭圆的一个焦点，在运动过程中，下列叙述正确的是（   ）.

A. 动量守恒　　　　　　　　　　　　B. 角动量守恒

C. 机械能不守恒　　　　　　　　　　D. 动量和角动量都不守恒

答案：B.

提示：守恒的条件.

3.2.2.5 下列说法中，正确的是（   ）.

A. 作用在定轴转动刚体上的合力矩越大，刚体转动的角加速度越大

B. 作用在定轴转动刚体上的合力矩越大，刚体转动的角速度就越大

C. 作用在定轴转动刚体上的合力矩为零，刚体转动的角速度就为零

D. 作用在定轴转动刚体上的合力越大，刚体转动的角加速度就越大

答案：A.

提示：转动定律的应用.

3.6　典　型　例　题

例 3-1　如例 3-1 图所示，一长为 l、质量为 m 的匀质细棒竖直放置，其下端与一固定铰链 O 相连结，并可绕其转动．由于此竖直放置的细棒处于非稳定平衡状态，当其受到微小扰

动时,细棒将在重力的作用下由静止开始绕铰链 O 转动. 试计算细棒转到与竖直位置成 θ 角时的角加速度和角速度.

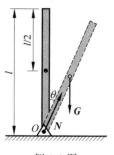

例 3-1 图

解法一 利用定轴转动的转动定律求解.

分析受力如例 3-1 图所示,其中 G 为细棒所受的重力, N 为铰链给细棒的约束力. 由于约束力 N 始终通过转轴,所以其作用力矩为零;铰链与细棒之间的摩擦力矩题中没有给定,可认为不存在或 O 点的力矩为零. 又由于细棒为匀质细棒,所以重力 G 的作用点在细棒中心. 故由定轴转动的转动定律可得

$$\frac{1}{2}mgl\sin\theta = \left(\frac{1}{3}ml^2\right)\beta$$

因此细棒转过 θ 角时的角加速度为

$$\beta = \frac{3g}{2l}\sin\theta$$

由角加速度的定义可得

$$\frac{\mathrm{d}\omega}{\mathrm{d}\theta} \cdot \frac{\mathrm{d}\theta}{\mathrm{d}t} = \frac{3g}{2l}\sin\theta$$

整理可得

$$\omega\mathrm{d}\omega = \left(\frac{3g}{2l}\sin\theta\right)\mathrm{d}\theta$$

由于 $t=0$ 时, $\theta=0, \omega=0$,而 $t=t_\theta$ 时, $\theta=\theta, \omega=\omega$. 所以上式两边取积分有

$$\int_0^\omega \omega\mathrm{d}\omega = \int_0^\theta \left(\frac{3g}{2l}\sin\theta\right)\mathrm{d}\theta$$

因此细棒转过 θ 角时的角速度为

$$\omega = \sqrt{\frac{3g}{l}(1-\cos\theta)}$$

解法二 利用机械能守恒定律求解.

以细棒和地球组成的系统为研究对象,由于细棒所受的重力为保守内力,铰链给细棒的约束力不做功,铰链与细棒之间的摩擦力题中没有给定,可认为不存在,因此系统的机械能守恒. 于是有

$$mg \cdot \frac{l}{2}(1-\cos\theta) = \frac{1}{2}\left(\frac{1}{3}ml^2\right)\omega^2$$

因此细棒转过 θ 角时的角速度为

$$\omega = \sqrt{\frac{3g}{l}(1-\cos\theta)}$$

此时的角加速度为

$$\beta = \frac{\mathrm{d}\omega}{\mathrm{d}t} = \frac{3g}{2l}\sin\theta$$

解法三 利用定轴转动的动能定理求解.

铰链的约束力对细棒不做功,摩擦力矩没有给定,可以认为不存在,只有重力矩做功. 所以对于细棒而言,合外力所做的功就是重力矩所做的功,即

$$W = \int_0^\theta M\mathrm{d}\theta = \int_0^\theta \left(mg\frac{l}{2}\sin\theta\right)\mathrm{d}\theta = \frac{1}{2}mgl(1-\cos\theta)$$

由定轴转动的动能定理得

$$\frac{1}{2}mgl(1-\cos\theta) = \frac{1}{2}\left(\frac{1}{3}ml^2\right)\omega^2$$

因此细棒转过 θ 角时的角速度为

$$\omega = \sqrt{\frac{3g}{l}(1-\cos\theta)}$$

此时的角加速度为

$$\beta = \frac{\mathrm{d}\omega}{\mathrm{d}t} = \frac{3g}{2l}\sin\theta$$

本题提供了三种解法,其目的是引导大家开阔思路,如果在学习的过程中不断地归纳、总结,举一反三,则可产生良好的学习效果.

例 3-2 如例 3-2 图所示,在光滑的水平面上有一长为 l、质量为 m 的匀质细棒以与棒长方向相互垂直的速度 v 向前平动,平动中与一固定在桌面上的钉子 O 相碰撞,碰撞后,细棒将绕点 O 转动,试求其转动的角速度.

解 由于细棒在光滑的水平面上运动,所以细棒与钉子 O 碰撞的过程中遵守角动量守恒定律,则

$$L_{碰撞前} = L_{碰撞后}$$

对于转轴 O 而言:

$L_{碰撞前} = mv\left(\dfrac{l}{4}\right)$,方向垂直于纸面向外

$$L_{碰撞后} = J_O\omega = \left[J_{中心轴} + m\left(\frac{l}{2}-\frac{l}{4}\right)^2\right]\omega$$
$$= \left[\frac{1}{12}ml^2 + m\left(\frac{l}{4}\right)^2\right]\omega = \frac{7}{48}ml^2\omega,\text{方向垂直于纸面向外}$$

所以有

$$mv\left(\frac{l}{4}\right) = \frac{7}{48}ml^2\omega$$

故细棒碰撞后绕轴 O 转动的角速度为

$$\omega = \frac{12v}{7l}$$

例 3-3 如例 3-3 图所示,在光滑的水平面上有一弹性系数为 k 的轻质弹簧,它的一端固定,另一端系一质量为 M 的滑块.最初滑块静止时,弹簧处于自然长度 l_0.现有一质量为 m 的子弹以速度 v_0 沿水平方向并垂直于弹簧轴线射向滑块且留在其中,滑块在水平面内滑动.当弹簧被拉伸到长度为 l 时,求滑块速度的大小和方向.

解 此题的物理过程有两个,第一个过程为子弹与滑块的碰撞过程.在该过程中子弹

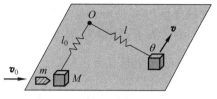

例 3-3 图

与滑块组成的系统所受的合外力为零,所以系统的动量守恒. 于是有

$$mv_0 = (M+m)V$$

第二个过程为滑块与子弹一起,以共同的速度 V 在弹簧的约束下运动的过程. 在该过程中弹簧的弹力不断增大,但始终通过转轴 O,它的力矩为零,所以角动量守恒；与此同时,若以子弹、滑块、弹簧和地球组成的系统为研究对象,则该过程也满足机械能守恒定律. 因此有

$$(M+m)Vl_0 = (M+m)vl\sin\theta$$

$$\frac{1}{2}(M+m)V^2 = \frac{1}{2}(M+m)v^2 + \frac{1}{2}k(l-l_0)^2$$

其中,θ 为滑块运动方向与弹簧轴线方向之间的夹角. 联立以上 3 个方程可得滑块速度的大小和方向分别为

$$v = \sqrt{\left(\frac{mv_0}{M+m}\right)^2 - \frac{k(l-l_0)^2}{M+m}}$$

$$\theta = \arcsin\left\{\frac{mv_0 l_0}{l(M+m)}\left[\left(\frac{mv_0}{M+m}\right)^2 - \frac{k(l-l_0)^2}{M+m}\right]^{\frac{1}{2}}\right\}$$

3.7 练习题精解

3-1 一刚体绕定轴作匀变速转动,对刚体上距转轴为 r 处的任一质元的法向加速度 a_n 和切向加速度 a_τ 的大小来说,_____.

答案：a_n 的大小变化,a_τ 的大小保持恒定.

提示：定轴转动中法向加速度与切向加速度的特点.

3-2 一飞轮以 $300\ \text{rad}\cdot\text{min}^{-1}$ 的角速度转动,转动惯量为 $5\ \text{kg}\cdot\text{m}^2$,现施加一恒定的制动力矩,使飞轮在 2 s 内停止转动,则该恒定制动力矩的大小为_____.

答案：$12.5\ \text{N}\cdot\text{m}$.

提示：定轴转动中转动定律的应用.

3-3 刚体的转动惯量取决于_____、_____和_____等三个因素.

答案：刚体的总质量、质量对转轴的分布、转轴的位置.

提示：转动惯量的定义.

3-4 如题 3-4 图所示. 质量为 m、长为 l 的均匀细杆,可绕通过其一端 O 的水平轴转动,杆的另一端与一质量为 m 的小球固接在一起. 当该系统从水平位置由静止转过 θ 角时,系统的角速度 $\omega =$ _____,动能 $E_k = \frac{3}{2}mgl\sin\theta$,此过程中力矩所做的功 $W =$ _____.

答案：$\frac{3}{2}\sqrt{\frac{g\sin\theta}{l}}$,$\frac{3}{2}mgl\sin\theta$.

提示：定轴转动中的机械能守恒.

3-5 如题 3-5 图所示. 有一半径为 R、质量为 M 的匀质圆盘水平放置, 可绕通过盘心的铅直轴作定轴转动, 圆盘对轴的转动惯量 $J=\dfrac{1}{2}MR^2$. 当圆盘以角速度 ω_0 转动时, 有一质量为 m 的橡皮泥（可视为质点）铅直落在圆盘上, 并粘附在距转轴 $\dfrac{1}{2}R$ 处, 如图 3-5 所示. 那么橡皮泥和盘的共同角速度 $\omega=$ _____.

答案：$\dfrac{2M}{2M+m}\omega_0$.

提示：定轴转动中的角动量守恒.

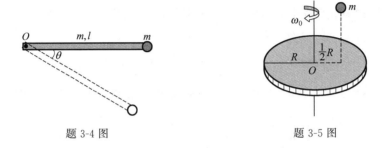

题 3-4 图　　　　　题 3-5 图

3-6 下列关于刚体的表述中, 不正确的是（　　）.

A. 刚体作定轴转动时, 其上各点的角速度相同, 但线速度不同

B. 刚体作定轴转动时的转动定律 $M=J\beta$, 式中, M, J 和 β 均对同一固定轴而言的, 否则该式不成立

C. 刚体的转动动能等于刚体上所有各质元的动能之和

D. 对于给定的刚体而言, 它的质量和形状是一定的, 则其转动惯量也是唯一确定的

答案：D.

提示：定轴转动的特点.

3-7 下列关于刚体定轴转动的转动定律的表述中, 正确的是（　　）.

A. 两个质量相等的刚体, 在相同力矩的作用下, 运动状态的变化情况一定相同

B. 作用在定轴转动刚体上的力越大, 刚体转动的角加速度就越大

C. 角速度的方向一定与外力矩的方向相同

D. 对作定轴转动的刚体而言, 内力矩不会改变刚体的角加速度

答案：D.

提示：定轴转动的转动定律的实质.

3-8 一均匀木棒可绕与其一端固定的垂直的水平光滑轴自由转动, 今使棒从水平位置下落, 在棒摆到水平位置的过程中, 说法正确的是（　　）.

A. 角速度从小到大, 角加速度从大到小

B. 角速度从小到大, 角加速度也是从小到大

C. 角速度从大到小, 角加速度从小到大

D. 角速度从大到小, 角加速度也是从大到小

答案：A.

提示：定轴转动中的机械能守恒.

3-9 3个完全相同的轮子可绕一公共轴转动，角速度的大小都相等，但其中一个轮子的转动方向与另外两个相反.若现在使3个轮子靠近而啮合在一起，则系统的动能与原来3个轮子的总动能之比为（　　）．

A. 减少 $\frac{1}{3}$　　　　B. 减少 $\frac{1}{9}$　　　　C. 增大3倍　　　　D. 增大9倍

答案：B.

提示：定轴转动中的角动量守恒.

3-10 一花样滑冰运动员，开始自转时的动能为 $E_0 = \frac{1}{2}J_0\omega_0^2$. 然后他将手臂收回，转动惯量减少为原来的1/3，即 $J = \frac{1}{3}J_0$，此时其角速度变为 ω，动能变为 E. 于是有（　　）．

A. $\omega = \sqrt{3}\omega_0, E = E_0$　　　　　　　B. $\omega = 3\omega_0, E = E_0$

C. $\omega = 3\omega_0, E = 3E_0$　　　　　　　D. $\omega = \frac{1}{3}\omega_0, E = 3E_0$

答案：C.

提示：定轴转动中的角动量守恒.

3-11 一飞轮半径 $r=1$ m，以转速 $n=1500$ r·min^{-1} 转动，受制动均匀减速，经 $t=50$ s 后静止.试求：(1)角加速度 β 和从制动开始到静止这段时间飞轮转过的转数 N；(2)制动开始后 $t=25$ s 时，飞轮的角速度 ω；(3)在 $t=25$ s 时，飞轮边缘上一点的速度和加速度.

解 （1）角加速度

$$\beta = \frac{\omega - \omega_0}{t} = \frac{0 - 2\pi n}{50} = -\frac{2 \times 3.14 \times \frac{1500}{60}}{50} = -3.14 \text{ rad·s}^{-2}$$

从制动开始到静止这段时间飞轮转过的转数

$$N = \frac{\Delta\theta}{2\pi} = \frac{\omega_0 t + \frac{1}{2}\beta t^2}{2\pi} = \frac{2 \times 3.14 \times \frac{1500}{60} \times 50 - \frac{1}{2} \times 3.14 \times 50^2}{2 \times 3.14} \text{ 圈} = 625 \text{ 圈}$$

（2）制动开始后，$t=25$ s 时飞轮的角速度

$$\omega = \omega_0 + \beta t = 2\pi n + \beta t = 2 \times 3.14 \times \frac{1500}{60} - 3.14 \times 25 \text{ rad·s}^{-1} = 78.5 \text{ rad·s}^{-1}$$

（3）在 $t=25$ s 时飞轮边缘上一点的速度和加速度分别为

$$\boldsymbol{v} = (\omega r)\boldsymbol{\tau} = (78.5 \times 1)\boldsymbol{\tau} \text{ m·s}^{-1} = 78.5\boldsymbol{\tau} \text{ m·s}^{-1}$$

$$\boldsymbol{a} = a_n\boldsymbol{n} + a_\tau\boldsymbol{\tau} = (\omega^2 r)\boldsymbol{n} + (\beta r)\boldsymbol{\tau}$$

$$= [(78.5)^2 \times 1]\boldsymbol{n} + (-3.14 \times r)\boldsymbol{\tau} \text{ rad·s}^{-2} = (6.16 \times 10^3 \boldsymbol{n} - 3.14\boldsymbol{\tau}) \text{ m·s}^{-2}$$

3-12 如题3-12图所示，设细棒的长为 l，转轴通过棒上离中心距离为 d 的一点并与棒垂直，求棒对此轴的转动惯量 $J_{O'}$. 试说明这一转动惯量 $J_{O'}$ 与棒对过棒中心并与此轴平行的转轴的转动惯量 J_O 之间的关系（此为平行轴定理）．

解 如题3-12图所示，以过 O' 点垂直于棒的直线为轴，沿棒长方向为 x' 轴，原点在 O' 点处，在棒上取一长度元 dx'，则

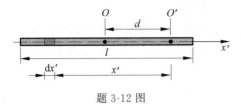

题 3-12 图

$$J_{O'} = \int_m (x')^2 \, dm = \int_{-(\frac{l}{2}+d)}^{\frac{l}{2}-d} (x')^2 \left(\frac{m}{l} dx'\right) = \frac{1}{12}ml^2 + md^2$$

所以 $J_{O'}$ 与 J_O 之间的关系为

$$J_{O'} = J_O + md^2$$

3-13 一轻绳绕在具有水平转轴的定滑轮上,绳下端挂一物体,物体的质量为 m,此时滑轮的角加速度为 β. 若将物体取下,而用大小等于 mg,方向向下的力拉绳子,则滑轮的角加速度将如何改变?

解 设滑轮的半径为 R,转动惯量为 J,如题 3-13 图所示. 使用大小等于 mg,方向向下的力拉绳子时,如题 3-13 图(a)所示,滑轮产生的角加速度为 $\beta = \dfrac{mgR}{J}$.

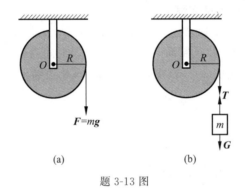

题 3-13 图

绳下端挂一质量为 m 的物体时,如题 3-13 图(b)所示,若设绳子此时的拉力为 T,则

对物体有 $mg - T = m\beta R$

对滑轮有 $TR = J\beta$

此时滑轮产生的角加速度为

$$\beta = \frac{mgR}{J + mR^2}$$

比较可知,用大小等于 mg,方向向下的力拉绳子时,滑轮产生的角加速度变大.

3-14 力矩、功和能量的单位量纲相同,它们的物理意义有什么不同?

解 虽然力矩、功和能量的单位量纲相同,同为 L^2MT^{-2},但物理量的量纲相同,并不意味着这些物理量的物理意义相同. 力矩为矢量,而功和能量均为标量. 力矩通过做功的过程使物体转动状态发生变化,以改变物体所具有的能量.

3-15 如题 3-15 图所示,两物体的质量分别为 m_1 和 m_2,滑轮的转动惯量为 J,半径为 r. 若 m_2 与桌面的摩擦系数为 μ,设绳子与滑轮间无相对滑动,试求系统的加速度 a 的大小及绳子中张力 T_1 和 T_2.

解 分析受力如题 3-15 图所示. m_1 和 m_2 可视为质点,设其加速度分别为 a_1 和 a_2,则由牛顿运动定律得

$$\begin{cases} m_1 g - T_1 = m_1 a_1 \\ T_2 - \mu m_2 g = m_2 a_2 \end{cases}$$

滑轮作定轴转动,则由转动定律有

$$T_1 r - T_2 r = J\beta$$

由于绳子与滑轮间无相对滑动,所以

$$a_1 = a_2 = a = \beta r$$

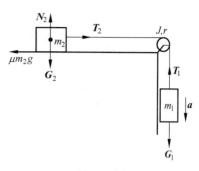

题 3-15 图

联立以上 4 个方程可得,系统的加速度 a 的大小及绳子中张力 T_1 和 T_2 的大小分别为

$$a = \frac{m_1 - \mu m_2}{m_1 + m_2 + \dfrac{J}{r^2}} g, \quad T_1 = \frac{m_2 + \mu m_2 + \dfrac{J}{r^2}}{m_1 + m_2 + \dfrac{J}{r^2}} m_1 g, \quad T_2 = \frac{m_1 + \mu m_1 + \dfrac{\mu J}{r^2}}{m_1 + m_2 + \dfrac{J}{r^2}} m_2 g$$

3-16 如题 3-16 图所示. 两个半径不同的同轴滑轮固定在一起,两滑轮的半径分别为 r_1 和 r_2,两个滑轮的转动惯量分别为 J_1 和 J_2,绳子的两端分别悬挂着两个质量分别为 m_1 和 m_2 的物体. 设滑轮与轴之间的摩擦力忽略不计,滑轮与绳子之间无相对滑动,绳子的质量也忽略不计,且绳子不可伸长. 试求两物体的加速度和绳子的张力.

解 分析受力如题 3-16 图所示. m_1 和 m_2 可视为质点,设其受绳子的拉力分别为 T_1 和 T_2,加速度的大小分别为 a_1 和 a_2,则由牛顿第二运动定律得

$$\begin{cases} m_1 g - T_1 = m_1 a_1 \\ T_2 - m_2 g = m_2 a_2 \end{cases}$$

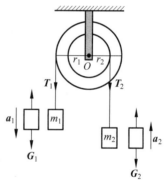

题 3-16 图

滑轮作定轴转动,则由转动定律有

$$T_1 r_1 - T_2 r_2 = (J_1 + J_2)\beta$$

由于绳子与滑轮间无相对滑动,所以

$$a_1 = \beta r_1, \quad a_2 = \beta r_2$$

联立以上 5 个方程可得,两物体的加速度和绳子中的张力分别为

$$a_1 = \frac{(m_1 r_1 - m_2 r_2) r_1 g}{J_1 + J_2 + m_1 r_1^2 + m_2 r_2^2}$$

$$a_2 = \frac{(m_1 r_1 - m_2 r_2) r_2 g}{J_1 + J_2 + m_1 r_1^2 + m_2 r_2^2}$$

$$T_1 = \frac{(J_1 + J_2 + m_2 r_2^2 + m_2 r_1 r_2) m_1 g}{J_1 + J_2 + m_1 r_1^2 + m_2 r_2^2}$$

$$T_2 = \frac{(J_1 + J_2 + m_1 r_1^2 + m_1 r_1 r_2) m_2 g}{J_1 + J_2 + m_1 r_1^2 + m_2 r_2^2}$$

3-17 一人张开双臂手握哑铃坐在转椅上,让转椅转动起来,若此后无外力矩作用,则当此人收回双臂时,人和转椅这一系统的转速、转动动能和角动量如何变化?

解 因为系统无外力矩的作用,所以系统的角动量守恒,即 $J_0\omega_0 = J\omega$. 当人收回双臂时,转动系统的转动惯量减小,即 $J < J_0$,所以 $\omega > \omega_0$,故转速增大.

又因为 $\dfrac{E_{k0}}{E_k} = \dfrac{\frac{1}{2}J_0\omega_0^2}{\frac{1}{2}J\omega^2} = \dfrac{J_0\omega_0}{J\omega} \cdot \dfrac{\omega_0}{\omega} = \dfrac{\omega_0}{\omega}$,所以 $E_k > E_{k0}$. 因此转速和转动动能都增大,且角动量守恒.

3-18 如题3-18图所示.一质量为 m 的小球由一绳子系着,以角速度 ω_0 在无摩擦的水平面上,绕圆心 O 作半径为 r_0 的圆周运动. 若在通过圆心 O 的绳子端作用一竖直向下的拉力 F,小球则作半径为 $\dfrac{r_0}{2}$ 的圆周运动. 试求:(1)小球新的角速度 ω;(2)拉力 F 所做的功.

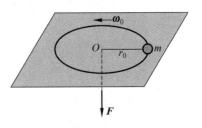

题 3-18 图

解 (1) 在拉力 F 拉小球的过程中,由于拉力 F 通过了轴心,因此小球在水平面上转动的过程中不受外力矩的作用,故其角动量守恒. 于是有

$$J_0\omega_0 = J\omega$$

即

$$(mr_0^2)\omega_0 = \left[m\left(\dfrac{1}{2}r_0\right)^2\right]\omega$$

小球新的角速度 $\omega = 4\omega_0$.

(2) 随着小球转动角速度的增加,其转动动能也在增加,这正是拉力 F 做功的结果. 于是,由定轴转动的转动定理得拉力 F 所做的功为

$$W = \dfrac{1}{2}J\omega^2 - \dfrac{1}{2}J_0\omega_0^2$$

$$= \dfrac{1}{2}m\left(\dfrac{r_0}{2}\right)^2(4\omega_0)^2 - \dfrac{1}{2}mr_0^2\omega_0^2$$

$$= \dfrac{3}{2}mr_0^2\omega_0^2$$

3-19 如题3-19图所示. A 与 B 两个飞轮的轴杆可由摩擦啮合器使之连接,A 轮的转动惯量为 $J_A = 10.0 \text{ kg} \cdot \text{m}^2$,开始时 B 轮静止,A 轮以 $n_A = 600 \text{ r} \cdot \text{min}^{-1}$ 的转速转动,然后使 A 与 B 连接,因而 B 轮得到加速而 A 轮减速,直到两轮的转速都等于 $n_{AB} = 200 \text{ r} \cdot \text{min}^{-1}$ 为止. 求:(1)B 轮的转动惯量 J_B;(2)在啮合过程中损失的机械能.

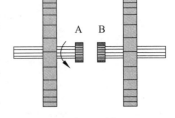

题 3-19 图

解 (1) 两飞轮在轴方向啮合时,轴向受的力不产生转动力矩,所以两飞轮构成的系统角动量守恒. 于是有

$$J_A\omega_A = (J_A + J_B)\omega_{AB}$$

所以 B 轮的转动惯量为

$$J_B = \frac{\omega_A - \omega_{AB}}{\omega_{AB}} J_A = \frac{n_A - n_{AB}}{n_{AB}} J_A = 20.0 \text{ kg} \cdot \text{m}^2$$

(2) 由两飞轮在啮合前后转动动能的变化可得啮合过程中系统损失的机械能为

$$\Delta E = \frac{1}{2} J_A \omega_A^2 - \frac{1}{2}(J_A + J_B)\omega_{AB}^2 = 1.31 \times 10^4 \text{ J}$$

3-20 质量为 0.06 kg,长为 0.2 m 的匀质细棒,可绕垂直于棒的固定一端的水平轴无摩擦的转动.若将此棒放在水平位置,然后任其自由转动.试求:(1)开始转动时的角加速度;(2)落到竖直位置时的动能;(3)落至竖直位置时对转轴的角动量.

解 根据题意作题 3-20 图.

(1) 开始转动时的角加速度为

$$\beta = \frac{M}{J} = \frac{mg\dfrac{l}{2}}{\dfrac{1}{3}ml^2} = \frac{3g}{2l} = 73.5 \text{ rad} \cdot \text{s}^{-2}$$

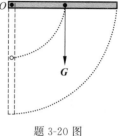

题 3-20 图

(2) 在下落过程中,系统(棒和地球)受的重力为保守力,轴的支持力始终不做功,因此系统的机械能守恒,所以落到竖直位置时的动能为

$$E = \frac{1}{2} J \omega^2 = mg\frac{l}{2} = 0.06 \text{ J}$$

(3) 因为 $\frac{1}{2}J\omega^2 = mg\dfrac{l}{2}$,所以落至竖直位置时对转轴的角速度为 $\omega = \sqrt{\dfrac{mgl}{J}}$,故落至竖直位置时对转轴的角动量

$$L = J\omega = \sqrt{Jmgl} = \sqrt{\left(\frac{1}{3}ml^2\right)mgl} = \sqrt{\frac{m^2 gl^3}{3}} = 9.7 \times 10^{-3} \text{ kg} \cdot \text{m}^2 \cdot \text{s}^{-1}$$

3-21 如题 3-21 图所示.一均匀细棒长为 l,质量为 m,可绕通过端点 O 的水平轴在竖直平面内无摩擦地转动.棒在水平位置时释放,当它落到竖直位置时与放在地面上一静止的物体碰撞.该物体与地面之间的摩擦系数为 μ,质量也为 m,物体滑行 s 距离后停止.求碰撞后杆的转动动能.

解 根据题意可知此题包含了 3 个物理过程.

第一过程为均匀细棒的下落过程.在此过程中,以棒和地球构成的系统为研究对象,棒受的重力为保守力,轴对棒的支持力始终不做功,所以系统的机械能守恒,则

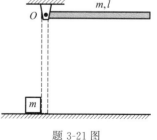

题 3-21 图

$$mg\frac{l}{2} = \frac{1}{2}\left(\frac{1}{3}ml^2\right)\omega^2$$

第二过程为均匀细棒与物体的碰撞过程.在此过程中,以棒和物体构成的系统为研究对象,物体所受的摩擦力对转轴 O 的力矩与碰撞的冲力矩相比较可忽略,所以系统的角动量守恒,则

$$\left(\frac{1}{3}ml^2\right)\omega = \left(\frac{1}{3}ml^2\right)\omega' + mvl$$

其中，ω' 为碰撞后瞬时棒的角速度，v 为碰撞后瞬时物体与棒分离时物体的速率.

第三过程为分离以后的过程. 对于棒而言，棒以角速度 ω' 继续转动；对于物体而言，物体在水平面内仅受摩擦力的作用，由质点的动能定律得

$$\frac{1}{2}mv^2 = \mu m g s$$

联立以上 3 个方程可得碰撞后杆的转动动能为

$$E_k = \frac{1}{2}\left(\frac{1}{3}ml^2\right)\omega'^2 = \frac{1}{6}m(\sqrt{3gl} - 3\sqrt{2\mu g s})^2$$

3-22 如题 3-22 图所示，一弹性系数为 k 的轻弹簧与一轻柔绳相连，该绳跨过一半径为 R、转动惯量为 J 的定滑轮，绳的另一端悬挂一质量为 m 的物体. 开始时弹簧无伸长，物体由静止释放. 滑轮与轴之间的摩擦可以忽略不计. 当物体下落 h 时，试求物体的速度 v. (1) 用牛顿运动定律和转动定律求解；(2) 用守恒定律求解.

解 (1) 用牛顿运动定律和转动定律求解.

建立坐标系及受力分析如题 3-22 图所示. 则由牛顿运动定律和转动定律得

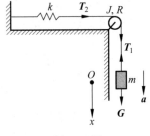

题 3-22 图

对于物体有 $\qquad mg - T_1 = ma$

对于滑轮有 $\qquad (T_1 - T_2)R = J\beta$

对于弹簧有 $\qquad T_2 = kx$

物体的加速度与滑轮边缘的切向加速度相同，即

$$a = \beta R$$

联立以上 4 个方程可得

$$a = \frac{mg - kx}{m + \dfrac{J}{R^2}}$$

因为

$$a = \frac{\mathrm{d}v}{\mathrm{d}t} = \frac{\mathrm{d}v}{\mathrm{d}x}\frac{\mathrm{d}x}{\mathrm{d}t} = v\frac{\mathrm{d}v}{\mathrm{d}x}$$

所以有

$$v\frac{\mathrm{d}v}{\mathrm{d}x} = \frac{mg - kx}{m + \dfrac{J}{R^2}}$$

整理并积分有

$$\int_0^v v\,\mathrm{d}v = \int_0^h \left(\frac{mg - kx}{m + \dfrac{J}{R^2}}\right)\mathrm{d}x$$

解之可得物体的速度为

$$v = \sqrt{\frac{2mgh - kh^2}{m + \dfrac{J}{R^2}}}$$

(2) 用守恒定律求解.

由于滑轮和轴之间的摩擦忽略不计,系统(弹簧、滑轮、物体和地球)仅受保守力(重力和弹力)的作用,所以系统的机械能守恒,若以物体 m 的初始位置处为势能零点,则

$$mgh = \frac{1}{2}mv^2 + \frac{1}{2}J\left(\frac{v}{R}\right)^2 + \frac{1}{2}kh^2$$

解之可得物体的速度为

$$v = \sqrt{\frac{2mgh - kh^2}{m + \dfrac{J}{R^2}}}$$

力学部分自我检测题

一、选择题(每题 5 分,共 40 分)

1. 某物体作单向直线运动,它通过两个连续相等的位移时,平均速度的大小分别为 $\bar{v}_1=10\ \text{m}\cdot\text{s}^{-1}$, $\bar{v}_2=15\ \text{m}\cdot\text{s}^{-1}$. 则在全过程中该物体平均速度的大小为(　　)$\text{m}\cdot\text{s}^{-1}$.

   A. 12　　　B. 12.5　　　C. 11.75　　　D. 13.75

2. 在相对地面静止的坐标系内,A,B 两船都以 $2\ \text{m}\cdot\text{s}^{-1}$ 的速度匀速行驶,A 船沿 x 轴正向,B 船沿 y 轴正向. 今在 A 船上设置与静止坐标系方向相同的坐标系(x,y 方向的单位矢量用 $\boldsymbol{i},\boldsymbol{j}$ 表示),那么在 A 船上看,B 船的速度(以 $\text{m}\cdot\text{s}^{-1}$ 为单位)为(　　).

   A. $2\boldsymbol{i}+2\boldsymbol{j}$　　B. $-2\boldsymbol{i}+2\boldsymbol{j}$　　C. $-2\boldsymbol{i}-2\boldsymbol{j}$　　D. $2\boldsymbol{i}-2\boldsymbol{j}$

3. 某质点的运动方程为 $\boldsymbol{r}=(At+Bt^2)\cos\theta\boldsymbol{i}+(At+Bt^2)\sin\theta\boldsymbol{j}$,其中 A,B,θ 均为常量,且 $A>0,B>0$,则质点的运动为(　　).

   A. 一般的平面曲线运动　　　B. 匀减速直线运动
   C. 匀加速直线运动　　　　　D. 圆周运动

4. 卫星绕地球作椭圆运动,地心为椭圆的一个焦点. 在运行过程中,下列叙述正确的是(　　).

   A. 动量和动能都不守恒　　　B. 动量守恒
   C. 机械能守恒　　　　　　　D. 角动量守恒

5. 如测题 1-1 图所示,在水平光滑的圆盘上,有一质量为 m 的质点,拴在一条穿过圆盘中心光滑小孔的轻绳上. 开始时质点离中心的距离为 r,并以角速度 ω 转动. 今以均匀速度向下拉绳,将质点拉至离中心 $0.5r$ 处时,拉力 $\boldsymbol{F}$ 所做的功为(　　).

   A. $\dfrac{7}{2}mr^2\omega^2$　　B. $\dfrac{5}{2}mr^2\omega^2$　　C. $\dfrac{3}{2}mr^2\omega^2$　　D. $\dfrac{1}{2}mr^2\omega^2$

6. 某力学系统由两个质点系成,它们之间仅有引力作用. 若两质点所受外力的矢量和为零,则此力学系统(　　).

   A. 动量、机械能以及对某一转轴的角动量一定守恒
   B. 动量守恒,但机械能和角动量是否守恒不能确定
   C. 动量、机械能守恒,但角动量是否守恒不能确定
   D. 动量和角动量守恒,但机械能是否守恒不能确定

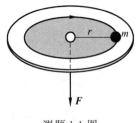

测题 1-1 图

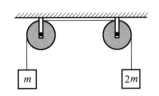

测题 1-2 图

7. 如测题 1-2 图所示,两个质量均为 m、半径均为 R 的匀质圆盘形滑轮的两端,用轻绳分别系着质量为 m 和 $2m$ 的小物块. 若系统从静止释放,则释放后两滑轮之间绳内的张力

为( ).

　　A. $\dfrac{11}{8}mg$　　B. $\dfrac{3}{2}mg$　　C. $\dfrac{1}{2}mg$　　D. mg

8. 某质点受的力为 $F=F_0\mathrm{e}^{-kx}$,若质点从静止开始运动(即 $x=0$ 时 $v=0$),则该质点所能达到的最大动能为( ).

　　A. $\dfrac{F_0}{k}$　　B. $\dfrac{F_0}{\mathrm{e}^k}$　　C. kF_0　　D. $kF_0\mathrm{e}^k$

二、填空题(每空 3 分,共 30 分)

1. 在国际单位制中,某质点从 $\boldsymbol{r}_0=-5\boldsymbol{j}$ 位置开始运动,其速度与时间的关系为 $\boldsymbol{v}=3t^2\boldsymbol{i}+5\boldsymbol{j}$,则质点到达 x 轴所需的时间 t 为_____,此时质点在 x 轴上的位置 x 为_____.

2. 某质点作半径为 1 m 的圆周运动,在国际单位制中,其角运动方程为 $\theta=\pi t+\pi t^2$,则质点的角加速度 β 为_____,加速度 $\boldsymbol{a}$ 为_____.

3. 质量 $m=0.01$ kg 的子弹在枪管内所受到的合力为 $F=40-80t$ (SI).假定子弹到达枪口时所受的力变为零,则子弹经过枪管长度后所需要的时间 t 为_____;子弹从枪口射出时的速率 v 为_____.

4. 牛顿运动定律的适用范围是_____;应用动量守恒定律时,其式中各速度必须是对同一_____而言.

5. 如测题 2-5 图所示,质量为 m_1 和 m_2 的匀质细棒长度均为 $l/2$,在两棒对接处嵌有一质量为 m 的小球,则 J_A 为_____,J_B 为_____.

三、计算与证明题(每题 10 分,共 30 分)

1. 某质点在空中由静止落下,其加速度为 $a=A-Bv$,A,B 均为常量.试求:(1)物体下落的速度;(2)物体的运动方程.

2. 有两个劲度系数分别为 k_1 和 k_2 的理想弹簧,试证明对于测题 3-2 图(a)所示的连接形式,其整体的劲度系数为 $k=\dfrac{k_1k_2}{k_1+k_2}$;对于测题 3-2 图(b)所示的连接形式,其整体的劲度系数为 $k=k_1+k_2$.

3. 如测题 3-3 图所示,质量为 M,长为 l 的直杆,可绕水平轴 O 无摩擦地转动.今有一质量为 m 的子弹沿水平方向飞来,恰好射入杆的下端,若直杆(连同射入的子弹)的最大摆角为 $\theta=60°$,试证明子弹的速率为 $v_0=\dfrac{\sqrt{6(M+2m)(M+3m)gl}}{6m}$.

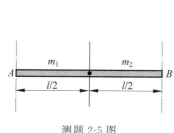

测题 2-5 图

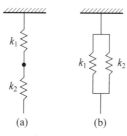

测题 3-2 图

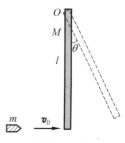

测题 3-3 图

第 4 章 气体动理论

4.1 教 学 目 标

1. 理解平衡态、状态参量、准静态过程及理想气体等概念,掌握理想气体状态方程的物理意义及应用.

2. 了解气体分子热运动的特征,理解气体的宏观状态与微观状态之间的联系,掌握理想气体压强公式和温度公式,并能从宏观和统计意义上理解压强和温度的概念.

3. 理解热力学能的概念和能量按自由度均分原理,掌握理想气体的热力学能的计算.

4. 理解麦克斯韦速率分布律、速率分布函数及速率分布曲线的物理意义.了解气体分子热运动的最概然速率、平均速率和方均根速率.

5. 了解气体分子平均碰撞频率及平均自由程.

4.2 知 识 框 架

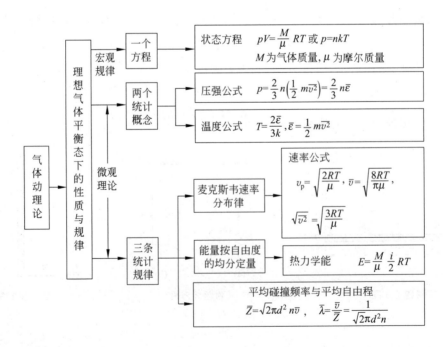

4.3 本章提要

1. 理想气体的状态方程

平衡状态下：$pV = \dfrac{M}{\mu}RT$ 或 $p = nkT$

$$R = 8.31 \text{ J} \cdot \text{mol}^{-1} \cdot \text{K}^{-1}, \quad k = 1.38 \times 10^{-23} \text{ J} \cdot \text{K}^{-1}$$

2. 理想气体的压强公式

$$p = \dfrac{2}{3}n\left(\dfrac{1}{2}m\overline{v^2}\right) = \dfrac{2}{3}n\bar{\varepsilon}$$

3. 理想气体的温度公式

$$T = \dfrac{2\bar{\varepsilon}}{3k}$$

4. 能均分定理、理想气体的热力学能

（1）自由度：决定一个物体在空间的位置所需要的独立变量的数目，称为该物体的自由度．

（2）几种气体分子的自由度：

单原子分子：$i=3$

刚性双原子分子：$i=5$

刚性多原子分子：$i=6$

（3）能量均分定理：在热力学温度为 T 的平衡态下，物质分子的每一个自由度都具有相同的平均动能，其大小都等于 $\dfrac{1}{2}kT$．

（4）每个分子的平均总动能：$\bar{\varepsilon} = \dfrac{i}{2}kT$

（5）1 mol 理想气体的热力学能：$E_0 = N_0\left(\dfrac{i}{2}kT\right) = \dfrac{i}{2}RT$

（6）质量为 M 的理想气体的热力学能：$E = \dfrac{M}{\mu}\dfrac{i}{2}RT$

5. 麦克斯韦速率分布律

（1）速率分布函数：$f(v) = \dfrac{\mathrm{d}N}{N\mathrm{d}v} = 4\pi\left(\dfrac{m}{2\pi kT}\right)^{\frac{3}{2}} \mathrm{e}^{-\frac{mv^2}{2kT}} v^2$

（2）速率分布律：$\dfrac{\mathrm{d}N}{N} = f(v)\mathrm{d}v$

（3）三种统计速率

最概然速率：$v_\text{p} = \sqrt{\dfrac{2kT}{m}} = \sqrt{\dfrac{2RT}{\mu}} \approx 1.41\sqrt{\dfrac{RT}{\mu}}$

平均速率：$\bar{v} = \sqrt{\dfrac{8kT}{\pi m}} = \sqrt{\dfrac{8RT}{\pi\mu}} \approx 1.60\sqrt{\dfrac{RT}{\mu}}$

方均根速率：$\sqrt{\overline{v^2}} = \sqrt{\dfrac{3kT}{m}} = \sqrt{\dfrac{3RT}{\mu}} \approx 1.73\sqrt{\dfrac{RT}{\mu}}$

6. 气体分子平均碰撞频率和平均自由程

（1）平均碰撞频率：$\overline{Z} = \sqrt{2}\pi d^2 n\overline{v}$

（2）平均自由程：$\overline{\lambda} = \dfrac{\overline{v}}{\overline{Z}} = \dfrac{1}{\sqrt{2}\pi d^2 n}$

4.4 检 测 题

检测点 1：什么是状态参量？描述热运动状态的参量有哪些？气体在平衡状态时有何特征？这时气体中有分子热运动吗？热力学中的平衡与力学中的平衡有何不同？

答：描述物体状态的物理量称为状态参量；描述热运动的状态参量有 p,V,T 等.

气体处在平衡状态时，系统的状态不再随时间变化，描述系统的宏观参量都不再随时间改变，而有确定的数值，系统内部不再有宏观的物理过程（如扩散、导热、导电等）发生.

平衡态仅指系统的宏观性质不随时间变化. 从微观方面看，在平衡态时，组成系统的分子仍在不停地运动着，只不过分子运动的平均效果不随时间变化，在宏观上表现为密度均匀、温度均匀和压强均匀.

热力学中的平衡与力学中的平衡相比，有两点不同，第一，力学中的平衡通常只是单纯静止的问题；在热力学中的平衡态是指观察到的宏观性质都不随时间改变. 第二，在平衡态时，每个分子都在不停地运动着，只是运动的某一些统计平均量不随时间改变，这样一种平衡是动态平衡，而力学中的平衡是静态平衡.

实现平衡态的条件是不受外界影响. 当然，在实际中并不存在完全不受外界影响而宏观性质绝对保持不变的系统，所以平衡态只是一个理想的概念，它是在一定条件下对实际情况的概括和抽象. 但在许多实际问题中，可以把实际状态近似地当作平衡态来处理.

检测点 2：试解释气体为什么容易压缩，却又不能无限地压缩.

答：由于气体分子之间的距离比分子本身的线度大很多，则分子之间的作用力可以忽略，因此气体分子可以很容易地被压缩. 但当分子之间的距离压缩到一定的程度时，分子间的斥力就不能忽略，且随分子间距离减小而斥力急剧增大，这表示气体不能无限地压缩.

检测点 3：对汽车轮胎打气，使达到所需要的压强. 问在夏天与冬天，打入轮胎内的空气质量是否相同？为什么？

答：根据理想气体的状态方程：$pV = \dfrac{M}{\mu}RT$

在对轮胎打气时，无论冬天还是夏天，轮胎所能容纳的气体体积基本相同，今要求都达到所需要的压强，即状态方程中左边的数值是相同的. 在夏天，充入轮胎内的气体的温度比冬天高，由状态方程可知，在冬天和夏天打入轮胎内的空气质量不同，夏天少，冬天多.

检测点 4：理想气体分子运动的统计假设是什么？

答：气体处于平衡态时，在没有外力场的条件下，分子向每一个方向运动的可能性是相同的，容器中任一位置处单位体积内的分子数目相同.

检测点 5：影响理想气体压强的微观因素有哪些？

答：理想气体的压强公式为 $p=\frac{2}{3}n\bar{\varepsilon}_t$，它表明：气体作用于器壁的压强正比于分子的数密度 n 和分子的平均平动动能 $\bar{\varepsilon}_t$.

检测点 6：温度概念的适用条件是什么？温度的微观本质是什么？在同一温度下，不同气体分子的平均平动动能相等，因氧分子的质量比氢分子的大，则氢分子的速率是否一定大于氧分子的速率呢？

答：温度是大量分子无规则热运动的集体表现，是一个统计概念，对个别分子无意义. 温度的微观本质是分子平均平动动能的量度.

在同一温度下，不同气体分子的平均平动动能相等，方均根速率 $\sqrt{\overline{v^2}} = \sqrt{\frac{3RT}{\mu}}$ 与分子摩尔质量 μ 有关，氧分子摩尔质量比氢分子大，氢分子的方均根速率比氧分子大. 但方均根速率是统计平均值，方均根速率与相对分子质量的关系式是一种统计规律. 实际上，并非每个分子每时每刻都用同样的速率运动着，而是有时比其方均根速率大，有时比其方均根速率小. 因此，不能说单个氢分子的速率一定比氧分子的速率大.

检测点 7：什么是自由度？单原子分子与双原子分子各有几个自由度？

答：自由度是确定一个物体在空间的位置时，需要引入的独立坐标的数目. 单原子分子（如 He，Ne，Ar 等）有 3 个自由度（3 个平动自由度），刚性双原子分子（如 H_2，O_2，N_2 等）有 5 个自由度（3 个平动自由度、2 个转动自由度）.

检测点 8：根据能量按自由度均分原理，设气体分子为刚性分子，分子自由度数为 i，则当温度为 T 时，1 个分子的平均动能是多少？1 mol 氧气分子的转动动能总和是多少？

答：$\frac{i}{2}kT$；$N_0 kT$（或 RT）.

提示：平均动能包括平均平动动能与平均转动动能，1 个自由度数为 i 的刚性分子的平均动能为

$$\bar{\varepsilon}_k = \frac{i}{2}kT$$

氧气为双原子分子，其转动自由度为 2，即 1 个氧气分子的转动动能为

$$\bar{\varepsilon}_r = \frac{2}{2}kT = kT$$

1 mol 氧气分子的转动动能总和为

$$E_r = N_0 kT = RT$$

检测点 9：分子热运动自由度为 i 的一定量刚性分子理想气体，当其体积为 V、压强为 p 时，其热力学能 E 是多少？

答：$\frac{1}{2}ipV$.

提示：质量为 M，摩尔质量为 μ 的理想气体的热力学能是

$$E = \frac{M}{\mu}\frac{i}{2}RT$$

由理想气体的状态方程

$$pV = \frac{M}{\mu}RT$$

得

$$E = \frac{M}{\mu}\frac{i}{2}RT = \frac{1}{2}ipV$$

检测点 10：速率分布函数的物理意义是什么？气体中一个分子的速率在间隔 $v \sim v+\mathrm{d}v$ 内的概率是多少？一个分子具有最概然速率的概率是多少？

答：速率分布函数的物理意义是：速率在 v 附近的单位速率区间内的分子数占分子总数的百分比.

一个分子处于 $v \sim v+\mathrm{d}v$ 的概率就是大量分子处于 $v \sim v+\mathrm{d}v$ 间隔内分子数与总分子数的比值，即

$$f(v)\cdot\mathrm{d}v = 4\pi\left(\frac{m}{2\pi kT}\right)^{\frac{3}{2}}\mathrm{e}^{-\frac{mv^2}{2kT}}v^2\cdot\mathrm{d}v$$

一个分子具有最概然速率的概率是零.

检测点 11：气体分子的最概然速率、平均速率以及方均根速率是怎样定义的？它们的大小由哪些因素决定？各有什么用处？

答：气体分子的最概然速率指在一定温度下，速率大小与 v_p 相近的气体分子的百分数为最大.

$$v_\mathrm{p} = \sqrt{\frac{2kT}{m}} = \sqrt{\frac{2RT}{\mu}} \approx 1.41\sqrt{\frac{RT}{\mu}}$$

气体分子的平均速率指在一定温度下，分子速率大小的算术平均值：

$$\bar{v} = \sqrt{\frac{8RT}{\pi\mu}} \approx 1.60\sqrt{\frac{RT}{\mu}}$$

气体分子的方均根速率指在一定温度下，分子速率大小的平方的平均值的平方根：

$$\sqrt{\overline{v^2}} = \sqrt{\frac{3RT}{\mu}} \approx 1.73\sqrt{\frac{RT}{\mu}}$$

方均根速率可用来计算分子的平均平动动能，平均速率可用来计算分子的平均碰撞频率，最概然速率能反映出分子按速率分布的某种规律性，它们由 $\sqrt{\frac{T}{\mu}}$ 来决定.

检测点 12：一定量的理想气体，在温度不变的情况下，当压强降低时，分子的平均碰撞频率 $\bar{Z}$ 和平均自由程 $\bar{\lambda}$ 是如何变化的？

答：$\bar{Z}$ 减小而 $\bar{\lambda}$ 变大.

每个分子在任意连续碰撞之间所通过的自由路程称为自由程. 分子在连续两次碰撞之间所通过的自由程的平均值，称为平均自由程，计算公式为

$$\bar{\lambda} = \frac{kT}{\sqrt{2}\pi d^2 p}$$

由公式可知，当 p 一定时，$\bar{\lambda}$ 与 T 成正比，当 T 一定时，$\bar{\lambda}$ 与 p 成反比，而且 $\bar{\lambda}$ 还与分子有效直径的平方成反比.

检测点 13：一定量的某种理想气体，若体积保持不变，则其平均自由程 $\bar{\lambda}$ 和平均碰撞

频率 $\bar{Z}$ 与温度有何关系？

答：温度升高，$\bar{\lambda}$ 保持不变而 $\bar{Z}$ 增大.

提示：根据平均自由程计算公式

$$\bar{\lambda} = \frac{1}{\sqrt{2}\pi d^2 n}$$

由题中条件可知，一定质量的气体，保持容积不变，n 就不变，故平均自由程不变.

从微观的观点看，温度升高时，平均碰撞次数会增加，相邻两次碰撞之间所历平均时间 $\bar{t}$ 缩短，由公式 $\bar{\lambda} = \bar{v}\bar{t}$ 可知，如果算术平均速率不变，平均自由程将因此而减小. 但现在的情况是算术平均速率也随温度增加而增大，由公式

$$\bar{v} \approx 1.60\sqrt{\frac{RT}{\mu}}$$

$$\bar{t} = \frac{1}{\bar{Z}} \approx \frac{1}{1.60\sqrt{2}\pi d^2 n}\sqrt{\frac{\mu}{RT}}$$

可知温度升高时，平均时间缩小多少倍，速率就增加多少倍. 因此平均自由程不因温度升高而减小，其值保持不变.

4.5 自我检测题

4.1节 自我检测（理想气体的压强和温度）

4.1.1 判断题

4.1.1.1 判断下列说法是否正确. 气体容易压缩，却又不能无限地压缩，这是由于气体分子间的距离比分子本身的线度大很多，分子间的作用力可以忽略；但当压缩到一定的程度时，分子间的斥力就不能忽略，且随分子间距离减小斥力急剧增大之故.

答案：正确.

提示：气体分子间的距离较大时，分子间的作用力几乎可忽略不计；但不可以无限制地压缩下去.

4.1.1.2 判断下列说法是否正确. 对汽车轮胎打气，使其达到所需要的压强，因轮胎所能容纳的气体体积不变，所以在夏天与冬天打入轮胎内的空气质量相同.

答案：错误.

提示：根据理想气体的状态方程 $pV = \frac{M}{\mu}RT$. 打气时，无论冬天还是夏天，轮胎所能容纳的气体体积相同，要达到所需要的压强，即状态方程中左边的数值是相同的. 夏天充入轮胎内的气体温度比冬天高，故冬天和夏天充入轮胎内的空气质量不同，夏天少，冬天多.

4.1.1.3 判断下列说法是否正确. 保持理想气体压强恒定，使其温度升高一倍，则每个分子施于器壁的冲量变为原来的 2 倍.

答案：错误.

提示：理想气体分子的平均平动动能 $\bar{\varepsilon} = \frac{1}{2}m\overline{v^2} = \frac{3}{2}kT$，压强恒定，温度升高一倍，则平均平动动能增大一倍，即 $\overline{v^2}$ 增大一倍，由动量定理知冲量变为原来的 $\sqrt{2}$ 倍.

4.1.1.4 判断下列说法是否正确.在同一温度下,不同气体分子的平均平动动能相等.由于氧分子的质量比氢分子的大,故氢分子的速率一定大于氧分子的速率.

答案:错误.

提示:在同一温度下,不同气体分子的平均平动动能相等,方均根速率 $\sqrt{\overline{v^2}} = \sqrt{\dfrac{3RT}{\mu}}$ 与分子摩尔质量 μ 有关,氧分子摩尔质量比氢分子大,氢分子的方均根速率比氧分子大.但方均根速率是统计平均值,方均根速率与分子量的关系式是一种统计规律.实际上,并非每个分子每时每刻都用同样的速率运动,而是有时比其方均根速率大,有时比其方均根速率小.因此,不能说每个氢分子的速率一定比氧分子的速率大.

4.1.2 选择题

4.1.2.1 容器中贮有一定量的理想气体,气体分子的质量为 m,当温度为 T 时,根据理想气体分子模型和统计假设,分子速度在 x 轴方向的分量平方的平均值是( ).

A. $\overline{v_x^2} = \dfrac{1}{3}\sqrt{\dfrac{3kT}{m}}$ B. $\overline{v_x^2} = \sqrt{\dfrac{3kT}{m}}$

C. $\overline{v_x^2} = \dfrac{3kT}{m}$ D. $\overline{v_x^2} = \dfrac{kT}{m}$

答案:D.

提示:$\overline{v^2} = \overline{v_x^2} + \overline{v_y^2} + \overline{v_z^2}$,$\overline{v_x^2} = \overline{v_y^2} = \overline{v_z^2} = \dfrac{1}{3}\overline{v^2}$,$\overline{v^2} = \dfrac{3kT}{m}$.

4.1.2.2 一瓶氦气和一瓶氮气的密度相同,分子平均平动动能相同,而且都处于平衡状态,则它们( ).

A. 温度相同、压强相同
B. 温度、压强都不相同
C. 温度相同,但氦气的压强大于氮气的压强
D. 温度相同,但氦气的压强小于氮气的压强

答案:C.

提示:由 $\overline{\varepsilon} = \dfrac{3}{2}kT$,$\overline{\varepsilon}_氦 = \overline{\varepsilon}_氮$,得 $T_氦 = T_氮$;

由 $\rho = \dfrac{pM_{mol}}{RT}$,$\rho_氦 = \rho_氮$,$T_氦 = T_氮$,而 $M_{mol氦} < M_{mol氮}$,故 $p_氦 > p_氮$.

4.2 节 自我检测(能量均分定理 理想气体的热力学能)

4.2.1 判断题

4.2.1.1 判断下列说法是否正确.在不涉及化学反应、核反应、电磁变化的情况下,热力学能是指分子的热运动能量和分子间相互作用势能之总和.由于理想气体不考虑分子间相互作用的能量,质量为 M 的理想气体的所有分子的热运动能量称为理想气体的热力学能.理想气体的热力学能是温度的单值函数.

答案:正确.

提示:由于理想气体不计分子间相互作用力,热力学能仅为热运动能量之总和.即 $E = \dfrac{M}{\mu}\dfrac{i}{2}RT$ 是温度的单值函数.

4.2.1.2 判断下列说法是否正确. 质量为 M 的氢气(可视作刚性双原子分子的理想气体),热力学温度为 T,则氢分子的平均平动动能和平均总动能为 $\frac{3}{2}kT$ 和 $\frac{5}{2}kT$.

答案:正确.

提示:能量按自由度均分定理,刚性双原子分子有 3 个平动自由度,2 个转动自由度.

4.2.1.3 判断下列说法是否正确. 有两瓶气体,一瓶是氦气,另一瓶是氢气,二者均视为刚性分子理想气体. 若它们的压强、体积、温度均相同,则其热力学能也相等.

答案:错误.

提示:氦气为单原子分子,$i=3$,$E_{He} = \frac{3}{2}RT$;氢气为双原子分子,$i=5$,$E_{H_2} = \frac{5}{2}RT$.

4.2.1.4 判断下列说法是否正确. 理想气体的热力学能是温度的单值函数,$\frac{i}{2}RT$ 和 $\frac{M}{\mu}\frac{i}{2}RT$ 分别表示 1 mol 理想气体的热力学能和摩尔数为 $\frac{M}{\mu}$ 的理想气体的热力学能.

答案:正确.

提示:设理想气体的分子自由度数为 i,一个分子的平均动能为 $\frac{i}{2}kT$,1 mol 的气体含有 N_0 个分子,故 1 mol 理想气体的热力学能为 $\frac{i}{2}kTN_0 = \frac{i}{2}RT$,质量为 M,摩尔质量为 μ 的理想气体的热力学能是 $\frac{M}{\mu}\frac{i}{2}RT$.

4.2.2 选择题

4.2.2.1 两种理想气体的热力学温度相等,则它们的( ).
A. 热力学能相等 B. 分子的平均动能相等
C. 分子的平均平动动能相等 D. 分子的平均转动动能相等

答案:C.

提示:理想气体的热力学温度 $T = \frac{2\overline{\varepsilon_t}}{3k}$,表明理想气体的热力学温度与气体分子的平均平动动能成正比,当温度相同时,不同种类的气体分子的平均平动动能相等.

4.2.2.2 两个相同容器,盛有不同的理想气体,若它们的热力学能相等,则它们的温度( ).
A. 一定相等 B. 不一定相等
C. 一定不相等 D. 在摩尔数相同时一定相等

答案:B.

提示:理想气体的热力学 $E = \frac{M}{\mu}\frac{i}{2}RT$.

4.3 节 自我检测(麦克斯韦速率分布律 三种统计速率)

4.3.1 判断题

4.3.1.1 判断下列说法是否正确. 已知 $f(v)$ 是气体分子的速率分布函数,n 代表单位体积中的分子数,N 代表气体分子总数. 则 $f(v)dv$ 代表速率处于 $v \to v + dv$ 区间内的分子数占分子总数的百分比；$Nf(v)dv$ 代表速率处于 $v \to v+dv$ 区间内的分子总数；$nf(v)dv$ 代表单位体积中速率处于 $v \to v+dv$ 区间内的分子数.

答案：正确.

提示：根据 $f(v)$ 的定义，$f(v) = \dfrac{\Delta N}{N \Delta v}$，$f(v)$ 代表速率处于 $v \to v+dv$ 内的单位速率区间中的分子数占分子总数的百分比. 因此

$f(v)dv = \dfrac{\Delta N}{N} = \dfrac{dN}{N}$，代表速率处于 $v \to v+dv$ 区间内的分子数占分子总数的百分比；

$Nf(v)dv = N\dfrac{\Delta N}{N} = \Delta N$，代表速率处于 $v \to v+dv$ 区间内的分子总数；

$nf(v)dv = n\dfrac{\Delta N}{N}$，代表单位体积中，速率处于 $v \to v+dv$ 区间的分子数.

4.3.1.2 判断下列说法是否正确. 最概然速率就是分子速率中最大速率值.

答案：错误.

提示：最概然速率不是分子速率分布中的最大速率值. "最概然"的意思是发生的可能性最大. 如果把整个速率范围分成许多相等的小区间，则分布在最概然速率所在区间的分子比率最大，而分子速率分布中最大速率应是无穷大.

4.3.2 选择题

4.3.2.1 在 0℃ 时氧分子热运动的速率恰好等于 $500\ \mathrm{m \cdot s^{-1}}$ 的分子数占分子总数的百分比为（　　）.

A. 10%　　　　B. 50%　　　　C. 0　　　　D. 无法计算

答案：D.

提示：速率在 $v_1 \sim v_2$ 区间的分子数 ΔN 占分子总数的百分比为 $\dfrac{\Delta N}{N} = \displaystyle\int_{v_1}^{v_2} f(v)dv$.

4.3.2.2 已知一定量的某种理想气体，在热力学温度为 T_1 与 T_2 时的分子最概然速率分别为 v_{p1} 和 v_{p2}，分子速率分布函数的最大值分别为 $f(v_{p1})$ 和 $f(v_{p2})$. 若 $T_1 > T_2$，则（　　）.

A. $v_{p1} > v_{p2}, f(v_{p1}) > f(v_{p2})$　　　　B. $v_{p1} > v_{p2}, f(v_{p1}) < f(v_{p2})$

C. $v_{p1} < v_{p2}, f(v_{p1}) > f(v_{p2})$　　　　D. $v_{p1} < v_{p2}, f(v_{p1}) < f(v_{p2})$

答案：B.

提示：由速率分布函数 $f(v) = 4\pi \left(\dfrac{m}{2\pi kT}\right)^{\frac{3}{2}} e^{-\frac{mv^2}{2kT}} v^2$ 可知 $f(v)$ 与热力学温度 T 有关. 当温度升高时，速率分布曲线上的最大值也向量值增大的方向上移动，亦即最概然速率增大了，速率较小的分子数减少，而速率较大的分子数则有所增加. 但因曲线下的总面积恒为 1，因此分布曲线在宽度增大的同时，高度降低.

4.3.2.3 若已知氢气与氧气的温度相同，则下列说法正确的是（　　）.

A. 氧分子的质量比氢分子大，所以氧气的压强一定大于氢气的压强

B. 氧分子的质量比氢分子大，所以氧气的密度一定大于氢气的密度

C. 氧分子的质量比氢分子大，所以氢分子的速率一定比氧分子的速率大

D. 氧分子的质量比氢分子大，所以氢分子的方均根速率一定比氧分子的方均根速率大

答案：D.

提示：$\sqrt{\overline{v^2}} = \sqrt{\dfrac{3kT}{m}} = \sqrt{\dfrac{3RT}{\mu}} \approx 1.73\sqrt{\dfrac{RT}{\mu}}$.

4.3.2.4 容器中盛有温度为 273 K、压强为 1.01×10^3 Pa 的氧气，假定容器的温度升高到 546 K，处于分子状态的氧被分离为处于原子状态的氧，则原子氧的方均根速率是分子氧的方均根速率的( )倍.

A. 0.5　　　　　B. 1　　　　　C. 2　　　　　D. $\sqrt{2}$

答案：C.

提示：方均根速率 $\sqrt{\overline{v^2}} = \sqrt{\dfrac{3kT}{m}} = \sqrt{\dfrac{3RT}{\mu}}$，一个氧原子的质量(或摩尔质量)是一个氧分子质量(或摩尔质量)的一半，而题中告诉其温度是分子态时的 2 倍.

4.4 节　自我检测(气体分子碰撞和平均自由程)

4.4.1　判断题

4.4.1.1　判断下列说法是否正确. 一定量的理想气体，在温度不变的情况下，当压强降低时，分子的平均碰撞频率 $\overline{Z}$ 减小，平均自由程 $\overline{\lambda}$ 变大.

答案：正确.

提示：每个分子在任意连续碰撞之间所通过的自由路程称为自由程，温度不变的情况下，压强降低时，单位体积中的分子数减小，故平均碰撞频率 $\overline{Z}$ 减小，平均自由程 $\overline{\lambda}$ 变大.

4.4.1.2　判断下列说法是否正确. 当 p 一定时，$\overline{\lambda}$ 与 T 成正比，当 T 一定时，$\overline{\lambda}$ 与 p 成反比，而且 $\overline{\lambda}$ 还与分子有效直径的平方成反比.

答案：正确.

提示：分子在连续两次碰撞之间所通过的自由程的平均值，称为平均自由程，计算公式为

$$\overline{\lambda} = \dfrac{kT}{\sqrt{2}\pi d^2 p}$$

4.4.1.3　判断下列说法是否正确. 在恒定不变的压强下，气体分子的平均碰撞频率 $\overline{Z}$ 与气体的热力学温度成正比.

答案：错误.

提示：$\overline{Z} = \sqrt{2}\pi d^2 \overline{v} n = \sqrt{2}\pi d^2 \sqrt{\dfrac{8RT}{\pi\mu}} \dfrac{p}{kT}$，即 $\overline{Z}$ 与 $\sqrt{T}$ 成反比.

4.4.2　选择题

4.4.2.1　一定量的理想气体，在体积不变的条件下，当温度降低时，分子的平均碰撞频率 $\overline{Z}$ 和平均自由程 $\overline{\lambda}$ 的变化情况是( ).

A. $\overline{Z} = \sqrt{2}\pi d^2 n\overline{v}$ 减小，但 $\overline{\lambda}$ 不变　　　B. $\overline{Z}$ 不变，但 $\overline{\lambda}$ 减小

C. $\overline{Z}$ 和 $\overline{\lambda}$ 都减小　　　　　　　　　　　D. $\overline{Z}$ 和 $\overline{\lambda}$ 都不变

答案：A.

提示：分子平均碰撞频率：$\overline{Z} = \sqrt{2}\pi d^2 n\overline{v}$，分子平均自由程：$\overline{\lambda} = \dfrac{\overline{v}}{\overline{Z}} = \dfrac{1}{\sqrt{2}\pi d^2 n}$. 在体积

V 不变的条件下,温度 T 降低时,$\bar{v}$ 减小,因而 $\bar{Z}$ 减小;而单位体积中的分子数 n 不变,因而 $\bar{\lambda}$ 不变.

4.4.2.2 一定量的理想气体,在温度不变的条件下,当体积增大时,分子的平均碰撞频率 $\bar{Z}$ 和平均自由程 $\bar{\lambda}$ 的变化情况是( ).

A. $\bar{Z}=\sqrt{2}\pi d^2 n\bar{v}$ 减小而 $\bar{\lambda}$ 不变 B. $\bar{Z}$ 减小而 $\bar{\lambda}$ 增大

C. $\bar{Z}$ 增大而 $\bar{\lambda}$ 减小 D. $\bar{Z}$ 不变而 $\bar{\lambda}$ 增大

答案：B.

提示：分子平均碰撞频率：$\bar{Z}=\sqrt{2}\pi d^2 n\bar{v}$,分子平均自由程：$\bar{\lambda}=\dfrac{\bar{v}}{\bar{Z}}=\dfrac{1}{\sqrt{2}\pi d^2 n}$. 若温度不变,则 $\bar{v}$ 不变,当体积增大时,单位体积的分子数 n 减小.

4.4.2.3 已知氢分子的平均自由程 $\bar{\lambda}=2.5$ cm,温度 $t=68℃$,分子有效直径 $d=2.3\times10^{-8}$ cm,该氢气的压强为( ).

A. 0.80 Pa B. 1.60 Pa

C. 2.40 Pa D. 0.40 Pa

答案：A.

提示：分子的平均自由程为 $\bar{\lambda}=\dfrac{kT}{\sqrt{2}\pi d^2 P}$,

故氢气的压强为

$$p=\dfrac{kT}{\sqrt{2}\pi d^2 \bar{\lambda}}=\dfrac{1.38\times10^{23}\times(273+68)}{\sqrt{2}\times3.14\times(2.3\times10^{-8}\times10^{-2})^2\times2.5\times10^{-2}}\text{ Pa}$$
$$=0.80\text{ Pa}$$

4.6 典型例题

例 4-1 容积为 1.0×10^{-2} m³ 的瓶内储有氢气(可视为理想气体),在温度为 280 K 时气压计读数为 50 atm,由于漏气,当温度升高为 290 K 时,气压计读数仍为 50 atm,试求漏去了多少氢气?

解 以瓶内气体为研究对象,设漏气前氢气的质量为 M_1,根据理想气体状态方程

$$pV=\dfrac{M}{\mu}RT$$

得

$$M_1=\dfrac{\mu pV}{RT_1}=\dfrac{2\times10^{-3}\times50\times1.01\times10^5\times1.0\times10^{-2}}{8.31\times280}\text{ kg}$$
$$=43.4\times10^{-3}\text{ kg}$$

漏气后氢气的质量 M_2 为

$$M_2=\dfrac{\mu pV}{RT_2}=\dfrac{2\times10^{-3}\times50\times1.01\times10^5\times1.0\times10^{-2}}{8.31\times290}\text{ kg}$$
$$=41.9\times10^{-3}\text{ kg}$$

漏去的质量为
$$\Delta M = M_1 - M_2 = 43.4 \times 10^{-3} - 41.9 \times 10^{-3} \text{ kg} = 1.5 \times 10^{-3} \text{ kg}$$

例 4-2 在 $p = 5 \times 10^2$ Pa 的压强下,气体占据 4×10^{-3} m^3 的体积,试求分子平动总动能.

解 由公式 $p = nkT$,则气体分子总数为
$$N = nV = \frac{pV}{kT}$$

每个分子的平均平动动能为
$$\bar{\varepsilon}_t = \frac{3}{2}kT$$

故分子的平动总动能为
$$E_t = N\bar{\varepsilon}_t = \frac{pV}{kT}\left(\frac{3}{2}kT\right) = \frac{3}{2}pV = \frac{3}{2} \times 5 \times 10^2 \times 4 \times 10^{-3} \text{ J} = 3 \text{ J}$$

例 4-3 已知氢气和氦气的温度都为 T,摩尔数都为 ν,试求这两种气体的:(1)分子的平均平动动能;(2)分子的平均总动能;(3)热力学能.

解 设两种气体分子均为刚性.氢气分子为双原子分子,自由度 $i_1 = 5$,氦气分子为单原子分子,自由度 $i_2 = 3$,则

(1) 分子的平均平动动能为
$$\bar{\varepsilon}_1 = \bar{\varepsilon}_2 = \frac{3}{2}kT$$

二者分子的平均平动动能相等.

(2) 分子的平均总动能
$$\bar{\varepsilon}_{k1} = \frac{i_1}{2}kT = \frac{5}{2}kT$$
$$\bar{\varepsilon}_{k2} = \frac{i_2}{2}kT = \frac{3}{2}kT$$

二者分子的平均总动能不相等.

(3) 热力学能为
$$E_1 = \nu \frac{i_1}{2}RT = \frac{5}{2}\nu RT$$
$$E_2 = \nu \frac{i_2}{2}RT = \frac{3}{2}\nu RT$$

二者总热力学能不相等.

例 4-4 已知 $f(v)$ 是气体分子的速率分布函数,n 代表单位体积中的分子数,试说明以下各式的物理意义. N 代表气体分子总数.

(1) $nf(v)\mathrm{d}v$;   (2) $\int_0^{v_p} f(v)\mathrm{d}v$;   (3) $\int_0^{\infty} vf(v)\mathrm{d}v$;

(4) $\int_0^{\infty} v^2 f(v)\mathrm{d}v$;   (5) $\int_{v_p}^{\infty} vf(v)\mathrm{d}v$.

解 根据 $f(v)$ 的定义,$f(v) = \frac{\Delta N}{N\Delta v}$,$f(v)$ 代表速率处于 $v \sim v + \mathrm{d}v$ 内的单位速率区

间中的分子数占总分子数的百分比. 因此, $f(v)dv$ 代表速率处于 $v \sim v+dv$ 区间内的分子数占总分子数的百分比

$$f(v)dv = \frac{\Delta N}{N} = \frac{dN}{N}$$

故

(1) $nf(v)dv = n\dfrac{\Delta N}{N}$ 表示单位体积中, 速率处于 $v \sim v+dv$ 区间的分子数.

(2) $\int_0^{v_p} f(v)dv$ 中的 v_p 为最概然速率.

$\int_0^{v_p} f(v)dv = \int_0^{v_p} \dfrac{dN}{N} = \dfrac{1}{N}\int_0^{v_p} dN$ 表示速率处于 $0 \sim v_p$ 速率区间中的分子数占总分子数的百分比.

(3) $\int_0^{\infty} vf(v)dv = \int_0^{\infty} v\dfrac{dN}{N} = \dfrac{1}{N}\int_0^{\infty} vdN$ 表示速率的平均值.

(4) $\int_0^{\infty} v^2 f(v)dv = \int_0^{\infty} v^2 \dfrac{dN}{N} = \dfrac{1}{N}\int_0^{\infty} v^2 dN$ 表示速率平方的平均值.

(5) $\int_{v_p}^{\infty} vf(v)dv = \int_{v_p}^{\infty} v\dfrac{dN}{N} = \dfrac{1}{N}\int_{v_p}^{\infty} vdN$ 表示速率大于最概然速率的分子对速率的平均值的贡献, 无直接明显的物理意义. 注意它并不代表速率大于 v_p 的分子的平均速率 v_B, 因为

$$v_B = \frac{\int_{v_p}^{\infty} vdN}{N\int_{v_p}^{\infty} f(v)dv} \neq \frac{1}{N}\int_{v_p}^{\infty} vdN$$

例 4-5 已知氢分子的平均自由程 $\bar{\lambda} = 2.5 \times 10^{-2}$ m, 温度 $t = 68$℃, 有效直径 $d = 2.3 \times 10^{-10}$ m, 试求氢气的压强.

解 分子的平均自由程为

$$\bar{\lambda} = \frac{kT}{\sqrt{2}\pi d^2 p}$$

故氢气的压强为

$$p = \frac{kT}{\sqrt{2}\pi d^2 \bar{\lambda}} = \frac{1.38 \times 10^{23} \times (273+68)}{\sqrt{2} \times 3.14 \times (2.3 \times 10^{-10})^2 \times 2.5 \times 10^{-2}} \text{Pa}$$
$$= 0.801 \text{ Pa}$$

4.7 练习题精解

4-1 质量为 M、摩尔质量为 μ、分子数密度为 n 的理想气体处于平衡态, 状态方程为 _____, 状态方程的另一种形式为 _____, 其中, k 称为玻耳兹曼常量, 其量值为 _____.

答案: $pV = \dfrac{M}{\mu}RT$; $p = nkT$; $k = 1.38 \times 10^{-23}$ J·K^{-1}.

提示：由理想气体的状态方程 $pV = \frac{M}{\mu}RT$，得

$$p = \frac{M}{V\mu}RT = \frac{Nm}{VN_0 m}RT = \frac{N}{V}\frac{R}{N_0}T = nkT$$

式中，$k = \frac{R}{N_0}$，$n = \frac{N}{V}$.

4-2 某种理想气体在热力学温度为 T_2 时的最概然速率与它在热力学温度为 T_1 时的方均根速率相等，则 $\frac{T_1}{T_2} = $ _____.

答案：$\frac{2}{3}$.

提示：最概然速率

$$v_p = \sqrt{\frac{2kT}{m}} = \sqrt{\frac{2RT}{\mu}}$$

方均根速率

$$\sqrt{\overline{v^2}} = \sqrt{\frac{3kT}{m}} = \sqrt{\frac{3RT}{\mu}}$$

依题意

$$\sqrt{\frac{2kT_2}{m}} = \sqrt{\frac{3kT_1}{m}}$$

因此有

$$\frac{T_1}{T_2} = \frac{2}{3}$$

4-3 在温度为 127℃时，1 mol 氧气（其分子可视为刚性分子）的热力学能为 _____ J，其中分子转动的总动能为 _____ J(普适气体常量 $R = 8.31$ J·mol^{-1}·K^{-1}).

答案：8.31×10^3 J，3.32×10^3 J.

提示：氧气为双原子分子，$i = 5$，$E_{O_2} = \frac{5}{2}RT = \frac{5}{2} \times 8.31 \times 400$ J；

氧气分子转动自由度为 2，转动总动能为 $E_r = \frac{2}{2}RT = 8.31 \times 400$ J.

4-4 麦克斯韦速率分布函数的物理意义是 _____.

答案：速率在 v 附近的单位速率区间的分子数占分子总数的百分比.

提示：$\frac{dN}{N} = f(v)dv$ 或 $f(v) = \frac{dN}{Ndv}$，$f(v)$ 为速率分布函数.

4-5 最概然速率、平均速率和方均根速率的表达式分别是 _____，_____，_____；其数值大小排列的顺序是 _____.

答案：$v_p = \sqrt{\frac{2kT}{m}} = \sqrt{\frac{2RT}{\mu}}$；$\bar{v} = \sqrt{\frac{8kT}{\pi m}} = \sqrt{\frac{8RT}{\pi \mu}}$；$\sqrt{\overline{v^2}} = \sqrt{\frac{3kT}{m}} = \sqrt{\frac{3RT}{\mu}}$；$\sqrt{\overline{v^2}} > \bar{v} > v_p$.

提示：在速率分布曲线上，与速率分布函数 $f(v)$ 的极大值对应的速率叫作**最概然速率**，用 v_p 表示；所有气体分子速率的算术平均值叫作气体分子的**平均速率**，用 $\bar{v}$ 表示；气体分子速率平方的平均值的平方根叫作气体分子的**方均根速率**，用 $\sqrt{\overline{v^2}}$ 表示．

4-6 在一封闭的容器中装有某种理想气体，试问哪些情况是可能发生的？答（   ）．

A. 使气体的温度升高，同时体积减小

B. 使气体的温度升高，同时压强增大

C. 使气体的温度保持不变，但压强和体积同时增大

D. 使气体的压强保持不变，而温度升高，体积减小

答案：A 和 B.

提示：由理想气体状态方程 $pV = \dfrac{M}{\mu} RT$ 容易得出结论．

4-7 两种理想气体的温度相等，则它们的（   ）相等．

A. 热力学能   B. 分子的平均动能

C. 分子的平均平动动能   D. 分子的平均转动动能

答案：C.

提示：理想气体的温度 $T = \dfrac{2\bar{\varepsilon}_t}{3k}$，表明理想气体的热力学温度与气体分子的平均平动动能成正比，当温度相同时，不同种类的气体分子的平均平动动能相等．

4-8 温度、压强相同的氦气和氧气，其分子的平均动能 $\bar{\varepsilon}_k$ 和平均平动动能 $\bar{\varepsilon}_t$ 有何关系？答（   ）．

A. $\bar{\varepsilon}_k$ 和 $\bar{\varepsilon}_t$ 都相等   B. $\bar{\varepsilon}_k$ 相等，而 $\bar{\varepsilon}_t$ 不相等

C. $\bar{\varepsilon}_t$ 相等，而 $\bar{\varepsilon}_k$ 不相等   D. $\bar{\varepsilon}_k$ 和 $\bar{\varepsilon}_t$ 都不相等

答案：C.

提示：$\bar{\varepsilon}_k = \bar{\varepsilon}_t + \bar{\varepsilon}_r = \dfrac{t+r}{2}kT, (t+r) = i$；

氦气（He）为单原子分子，$t = 3, r = 0, i = 3, \bar{\varepsilon}_k = \dfrac{3}{2}kT$；

氧气（O_2）为双原子分子，$t = 3, r = 2, i = 3, \bar{\varepsilon}_k = \dfrac{5}{2}kT$．

4-9 两种不同的理想气体，若它们的最概然速率相等，则它们的（   ）．

A. 平均速率相等，方均根速率相等

B. 平均速率相等，方均根速率不相等

C. 平均速率不相等，方均根速率相等

D. 平均速率不相等，方均根速率不相等

答案：A.

提示：最概然速率：

$$v_p = \sqrt{\dfrac{2kT}{m}} = \sqrt{\dfrac{2RT}{\mu}} \approx 1.41\sqrt{\dfrac{RT}{\mu}}$$

平均速率：

$$\bar{v} = \sqrt{\frac{8kT}{\pi m}} = \sqrt{\frac{8RT}{\mu\pi}} \approx 1.60\sqrt{\frac{RT}{\mu}}$$

方均根速率：

$$\sqrt{\overline{v^2}} = \sqrt{\frac{3kT}{m}} = \sqrt{\frac{3RT}{\mu}} \approx 1.73\sqrt{\frac{RT}{\mu}}$$

4-10 汽缸内盛有一定量的氢气（可视作理想气体），当温度不变而压强增大一倍时，氢气分子的平均碰撞频率 $\bar{Z}$ 和平均自由程 $\bar{\lambda}$ 的变化情况是（　　）.

A. $\bar{Z}$ 和 $\bar{\lambda}$ 都增大一倍

B. $\bar{Z}$ 和 $\bar{\lambda}$ 都减为原来的一半

C. $\bar{Z}$ 增大一倍而 $\bar{\lambda}$ 减为原来的一半

D. $\bar{Z}$ 减为原来的一半而 $\bar{\lambda}$ 增大一倍

答案：C.

提示：分子平均碰撞频率：$\bar{Z} = \sqrt{2}\pi d^2 \bar{v} n$，分子平均自由程：$\bar{\lambda} = \dfrac{\bar{v}}{\bar{Z}} = \dfrac{1}{\sqrt{2}\pi d^2 n}$.

温度不变则 $\bar{v}$ 不变，当压强增大一倍时，单位体积的分子数 n 增大一倍.

4-11 如题 4-11 图所示，设想每秒有 10^{23} 个氧气分子（O_2），以 $500\ \text{m}\cdot\text{s}^{-1}$ 的速度沿着与器壁法线成 $45°$ 的方向撞在面积为 $2\times 10^{-4}\ \text{m}^2$ 的器壁上，求这些分子作用在器壁上的压强.

解 如题 4-11 图所示，每个分子的动量变化为

$$|\Delta p_x| = 2p\cos 45° = \sqrt{2} mv$$

全部分子给予器壁的冲量为

$$F\cdot\Delta t = N\Delta p_x$$

压强为

$$p = \frac{F}{S} = \frac{N\Delta p_x}{S\Delta t} = \frac{10^{23}\times\sqrt{2}\times 32\times 1.66\times 10^{-27}\times 500}{2\times 10^{-4}\times 1}\ \text{Pa}$$

$$= 1.88\times 10^4\ \text{Pa}$$

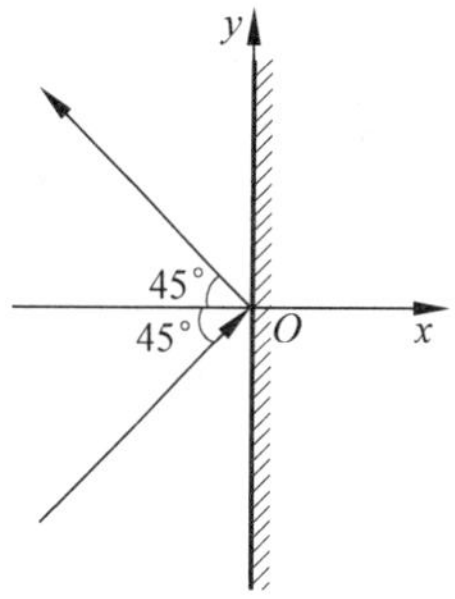

题 4-11 图

4-12 质量为 $2.0\times 10^{-3}\ \text{kg}$ 氢气贮于体积为 $2.0\times 10^{-3}\ \text{m}^3$ 的容器中. 当容器内气体的压强为 $4.0\times 10^4\ \text{Pa}$ 时，氢气分子的平均平动动能是多少？总平动动能是多少？

解 理想气体的平均平动动能为

$$\bar{\varepsilon}_t = \frac{3}{2}kT$$

根据理想气体的状态方程

$$pV = \frac{M}{\mu}RT$$

得

$$T = \frac{pV}{R}\frac{\mu}{M}$$

代入 $\bar{\varepsilon}_t = \frac{3}{2}kT$ 式得

$$\bar{\varepsilon}_t = \frac{3}{2}k\frac{pV}{R}\frac{\mu}{M} = \frac{3}{2}\frac{pV}{N_0}\frac{\mu}{M} = \frac{3}{2} \times \frac{4.0 \times 10^4 \times 2.0 \times 10^{-3}}{6.022 \times 10^{23}} \times \frac{2.0 \times 10^{-3}}{2 \times 10^{-3}} \text{ J}$$

$$= 1.99 \times 10^{-22} \text{ J}$$

总平动动能为

$$E_{\text{平动}} = \frac{M}{\mu}N_0 \bar{\varepsilon} = \frac{2.0 \times 10^{-3}}{2 \times 10^{-3}} \times 6.022 \times 10^{23} \times 1.99 \times 10^{-22} \text{ J} = 1.20 \times 10^2 \text{ J}$$

4-13 体积为 1.0×10^{-3} m³ 的容器中含有 1.03×10^{23} 个氢分子,如果其中的压强为 1.013×10^5 Pa.求气体的温度和分子的方均根速率.

解 氢气的摩尔数为 $\frac{1.03 \times 10^{23}}{N_0}$

根据理想气体的状态方程得

$$T = \frac{N_0}{1.03 \times 10^{23}} \frac{pV}{R} = \frac{6.022 \times 10^{23}}{1.03 \times 10^{23}} \times \frac{1.013 \times 10^5 \times 1.0 \times 10^{-3}}{8.31} \text{ K}$$

$$= 71.27 \text{ K}$$

氢分子的方均根速率为

$$\sqrt{v_{H_2}^2} = \sqrt{\frac{3RT}{\mu}} = \sqrt{\frac{3 \times 8.31 \times 71.27}{2.0 \times 10^{-3}}} \text{ m} \cdot \text{s}^{-1} = 9.43 \times 10^2 \text{ m} \cdot \text{s}^{-1}$$

4-14 在 300 K 时,1 mol 氢气(H_2)分子的总平动动能、总转动动能和气体的热力学能各是多少?

解 对 1 mol 气体分子有

$$E_t = \frac{3}{2}RT = \frac{3}{2} \times 8.31 \times 300 \text{ J} = 3.74 \times 10^3 \text{ J}$$

$$E_r = \frac{3}{2}RT = \frac{2}{2} \times 8.31 \times 300 \text{ J} = 2.49 \times 10^3 \text{ J}$$

$$E = E_t + E_r = 6.23 \times 10^3 \text{ J}$$

4-15 (1)当氧气压强为 2.026×10^5 Pa,体积为 3×10^{-3} m³ 时,所有氧气分子的热力学能是多少?(2)当温度为 300 K 时,4.0×10^{-3} kg 的氧气的热力学能是多少?

解 (1)质量为 M 的理想气体的热力学能

$$E = \frac{M}{\mu}\frac{i}{2}RT$$

根据理想气体状态方程

$$pV = \frac{M}{\mu}RT$$

故

$$E = \frac{M}{\mu}\frac{i}{2}RT = \frac{i}{2}pV$$

对于氧气分子

$$i = 5$$

所以
$$E = \frac{i}{2}pV = \frac{5}{2} \times 2.026 \times 10^5 \times 3 \times 10^{-3} \text{ J} = 1.52 \times 10^3 \text{ J}$$

(2) 当温度为 300 K 时，4×10^{-3} kg 的氧气的热力学能
$$E = \frac{M}{\mu}\frac{i}{2}RT = \frac{4}{32} \times \frac{5}{2} \times 8.31 \times 300 \text{ J} = 7.8 \times 10^2 \text{ J}$$

4-16 贮有氧气的容器以速度 $v = 100$ m·s^{-1} 运动．假设该容器突然停止，全部定向运动的动能都变为气体分子热运动的动能，问容器中氧气的温度将会上升多少？

解 容器突然停止时，容器中分子的定向机械运动动能 $\frac{1}{2}(Nm)v^2$ 经过分子与器壁的碰撞和分子之间的相互碰撞而转变为热力学能的增量 $\Delta\left(N\frac{i}{2}kT\right)$．

对于氧气分子，$i = 5$，所以
$$\frac{1}{2}(Nm)v^2 = N\left(\frac{5}{2}k\Delta T\right)$$

$$\Delta T = \frac{mv^2}{5k} = \frac{mN_0}{R}\frac{v^2}{5} = \frac{\mu_{O_2}}{R}\frac{v^2}{5} = \frac{32 \times 10^{-3} \times 100^2}{5 \times 8.31} \text{ K} = 7.7 \text{ K}$$

4-17 2×10^{-2} kg 的气体放在容积为 3×10^{-2} m^3 的容器中，容器内气体的压强为 0.506×10^5 Pa．求气体分子的最概然速率．

解 由理想气体状态方程 $pV = \frac{M}{\mu}RT$ 可得
$$\frac{RT}{\mu} = \frac{pV}{M}$$

气体分子的最概然速率为
$$v_p = \sqrt{\frac{2RT}{\mu}} = \sqrt{\frac{2pV}{M}} = \sqrt{\frac{2 \times 0.506 \times 10^5 \times 3 \times 10^{-2}}{2 \times 10^{-2}}} \text{ m·s}^{-1} = 389 \text{ m·s}^{-1}$$

4-18 温度为 273 K，压强为 1.013×10^3 Pa 时，某种气体的密度为 1.25×10^{-2} kg·m^{-3}．求：(1) 气体的摩尔质量，并指出是哪一种气体；(2) 气体分子的方均根速率．

解 (1) 由理想气体的状态方程 $pV = \frac{M}{\mu}RT$ 得
$$\mu = \frac{M}{V}\frac{RT}{p} = 1.25 \times \frac{8.31 \times 273}{1.013 \times 10^5} \text{ kg} = 28 \times 10^{-3} \text{ kg}$$

该气体为氮气（N_2）或一氧化碳（CO）．

(2) 气体分子的方均根速率为
$$\sqrt{\overline{v^2}} = \sqrt{\frac{3RT}{\mu}} = \sqrt{\frac{3 \times 8.31 \times 273}{28 \times 10^{-3}}} \text{ m·s}^{-1} = 4.93 \times 10^2 \text{ m·s}^{-1}$$

4-19 证明气体分子的最概然速率为 $v_p = \sqrt{\frac{2RT}{\mu}}$．

证明 气体分子的速率分布曲线的极大值所对应的速率为最概然速率．
由数学知识可知

$$\frac{df(v)}{dv}\bigg|_{v_p} = 0$$

气体分子的速率分布函数的数学式为

$$f(v) = \frac{dN}{Ndv} = 4\pi\left(\frac{m}{2\pi kT}\right)^{\frac{3}{2}} e^{-\frac{mv^2}{2kT}} v^2$$

代入上式得

$$\frac{df(v)}{dv}\bigg|_{v=v_p} = 4\pi\left(\frac{m}{2\pi kT}\right)^{\frac{3}{2}} \left(2v e^{-\frac{mv^2}{2kT}} - \frac{m}{2kT}(2v)v^2 e^{-\frac{mv^2}{2kT}}\right)\bigg|_{v=v_p}$$

$$= 4\pi\left(\frac{m}{2\pi kT}\right)^{\frac{3}{2}} 2v e^{-\frac{mv^2}{2kT}}\left(1 - \frac{mv^2}{2kT}\right)\bigg|_{v=v_p} = 0$$

所以

$$1 - \frac{mv_p^2}{2kT} = 0$$

即

$$v_p = \sqrt{\frac{2kT}{m}}$$

由于气体的摩尔质量 $\mu = mN_0$,摩尔气体常量 $R = N_0 k$,故上式亦可写为

$$v_p = \sqrt{\frac{2kT}{m}} = \sqrt{\frac{2RT}{\mu}}$$

4-20 质量为 6.2×10^{-17} kg 的粒子悬浮于 27℃ 的液体中,观测到它的方均根速率为 1.40×10^{-2} m·s^{-1}。(1)计算阿伏伽德罗常量;(2)设粒子遵守麦克斯韦速率分布律,求该粒子的平均速率.

解 (1)因为 $\frac{1}{2}m\overline{v^2} = \frac{3}{2}kT = \frac{3}{2}\frac{R}{N_0}T$,所以

$$N_0 = \frac{3RT}{m\overline{v^2}} = \frac{3\times 8.31\times 300}{6.2\times 10^{-17}\times (1.40\times 10^{-2})^2} \text{ mol}^{-1} = 6.15\times 10^{23} \text{ mol}^{-1}$$

(2)由麦克斯韦分布律求得分子的平均速率为

$$\bar{v} = \sqrt{\frac{8kT}{\pi m}} = \sqrt{\frac{8\times 1.38\times 10^{-23}\times 300}{\pi\times 6.2\times 10^{-17}}} \text{ m·s}^{-1} = 1.30\times 10^{-2} \text{ m·s}^{-1}$$

4-21 在压强为 1.01×10^5 Pa 下,氮气分子的平均自由程为 6.0×10^{-8} m,当温度不变时,在多大压强下,其平均自由程为 1.0×10^{-3} m.

解 因为

$$\bar{\lambda} = \frac{\bar{v}}{\bar{Z}} = \frac{1}{\sqrt{2}\pi d^2 n} = \frac{kT}{\sqrt{2}\pi d^2 p}$$

$$p = nkT$$

所以

$$\bar{\lambda} = \frac{kT}{\sqrt{2}\pi d^2 p}$$

从上式可以看出,当温度保持不变时,$\bar{\lambda} \propto \dfrac{1}{p}$,故

$$\dfrac{\overline{\lambda_1}}{\overline{\lambda_2}} = \dfrac{p_2}{p_1}$$

$$p_2 = \dfrac{\overline{\lambda_1}}{\overline{\lambda_2}} p_1 = \dfrac{6.0 \times 10^{-8} \times 1.01 \times 10^5}{1.0 \times 10^{-3}} \text{ Pa} = 6.06 \text{ Pa}$$

4-22 目前实验室获得的极限真空约为 1.33×10^{-11} Pa,这与距地球表面 1.0×10^7 m 处的压强大致相等.试求在 27℃时单位体积中的分子数及分子的平均自由程(设气体分子的有效直径 $d = 3.0 \times 10^{-10}$ m).

解 由公式 $p = nkT$ 得

$$n = \dfrac{p}{kT} = \dfrac{1.33 \times 10^{-11}}{1.38 \times 10^{-23} \times (273+27)} \text{ m}^{-3} = 3.21 \times 10^9 \text{ m}^{-3}$$

分子的平均自由程为

$$\bar{\lambda} = \dfrac{kT}{\sqrt{2}\pi d^2 p} = \dfrac{1.38 \times 10^{-23} \times (273+27)}{\sqrt{2}\pi \times (3.0 \times 10^{-10})^2 \times 1.33 \times 10^{-11}} \text{ m} = 7.78 \times 10^8 \text{ m}$$

4-23 若氮气分子的有效直径为 $d = 2.59 \times 10^{-10}$ m,问在温度为 500 K,压强为 1.0×10^2 Pa 时,氮分子 1 s 内的平均碰撞次数为多少?

解 因为 $\bar{Z} = \sqrt{2}\pi d^2 n \bar{v}$

$$p = nkT, \quad \bar{v} = \sqrt{\dfrac{8kT}{\pi m}} = \sqrt{\dfrac{8RT}{\pi \mu}}$$

所以

$$\bar{Z} = \sqrt{2}\pi d^2 \left(\dfrac{p}{kT}\right) \sqrt{\dfrac{8RT}{\pi \mu}}$$

$$= \sqrt{2} \times 3.14 \times (2.59 \times 10^{-10})^2 \times \left(\dfrac{1.0 \times 10^2}{1.38 \times 10^{-23} \times 500}\right) \times \sqrt{\dfrac{8 \times 8.31 \times 500}{3.14 \times 20 \times 10^{-3}}} \text{ s}^{-1}$$

$$= 3.1 \times 10^6 \text{ s}^{-1}$$

第 5 章 热力学基础

5.1 教 学 目 标

1. 掌握功、热量和热力学能的概念. 掌握热力学第一定律,并能分析、计算理想气体等体、等压、等温和绝热过程中功、热量和热力学能的改变量.
2. 了解循环过程,能计算卡诺循环等简单循环的效率.
3. 了解可逆过程和不可逆过程,了解热力学第二定律及其统计意义.

5.2 知 识 框 架

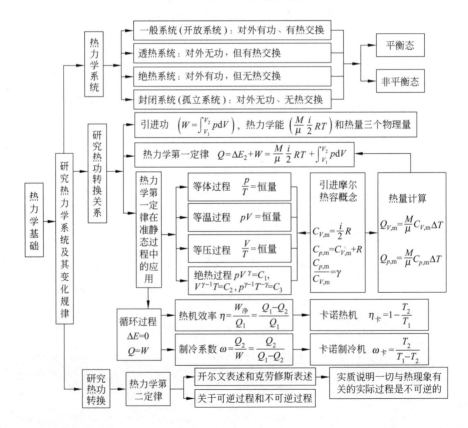

5.3 本章提要

1. 几个基本概念

（1）热力学第零定律：如果两个热力学系统中的每一个都与第三个热力学系统处于热平衡，则它们彼此也必定处于热平衡.

（2）温度：温度是一个与我们的冷热感觉有关的 SI 制的基本量，是决定一个系统是否与其他系统处于热平衡的物理量. 它用温度计来测量. 温度计含有的工作物质具有一种可测性质，如长度或体积，而且随着物质变热或变冷按一定的规律变化.

（3）温标：温度的数值表示，包括测温性质和温度间函数关系的选择以及温度计的分度法，称为**温标**.

（4）准静态过程：过程进行得无限缓慢，过程中的每一中间态都非常接近平衡态.

（5）热力学能：系统中分子无规则运动的能量和分子间相互作用的势能的总和. 它是系统状态的单值函数，与系统经历的过程无关.

（6）热量(传递的热量)：系统外分子的无规则运动能量与系统内分子无规则运动能量之间的交换.

（7）功：与一定宏观位移相联系，是物体的有规则运动的能量与系统内分子无规则运动能量的转换.

$$W = \int_{V_1}^{V_2} p \, dV$$

功和热量与系统变化的过程有关.

（8）熵：熵是热力学系统的一个重要的状态函数. 熵的变化指明了自发过程进行的方向，并可给出孤立系统达到平衡的必要条件.

$$dS = \frac{dQ}{T}$$

或

$$S_B - S_A = \int_A^B \frac{dQ}{T}$$

熵的单位是 $J \cdot K^{-1}$.

（9）熵的微观解释：

$$S = k \ln W$$

熵是与系统状态无序程度相联系的量. 系统无序程度越高，即系统越"混乱"，其对应的微观态数目越多，熵就越大；反之，系统越有序，熵就越小.

2. 热力学第一定律

热力学第一定律是包括热量在内的能量转换与守恒定律. 系统从平衡态 1 到平衡态 2 的转变过程中，热力学第一定律可表示为

$$Q = (E_2 - E_1) + W$$

式中，W 表示系统对外界所做的功，Q 表示系统吸收的热量，$(E_2 - E_1)$ 为热力学能的改变量. 对无限小的变化过程有：

$$dQ = dE + dW$$

3. 热力学第一定律对于理想气体各等值过程的应用（如下表所示）

特 征	等体过程	等压过程	等温过程	绝热过程
p-V 图				
过程方程	$\dfrac{p}{T}=$ 恒量	$\dfrac{V}{T}=$ 恒量	$pV=$ 恒量	$pV^{\gamma}=C_1$ $V^{\gamma-1}T=C_2$ $p^{\gamma-1}T^{-\gamma}=C_3$
热量 Q	$\dfrac{M}{\mu}\dfrac{i}{2}R(T_2-T_1)$ $=\dfrac{M}{\mu}C_{V,m}(T_2-T_1)$	$\dfrac{M}{\mu}C_{p,m}(T_2-T_1)$ $=\dfrac{M}{\mu}\left(\dfrac{i}{2}+1\right)\times R(T_2-T_1)$	$\dfrac{M}{\mu}RT\ln\dfrac{V_2}{V_1}$ 或 $\dfrac{M}{\mu}RT\ln\dfrac{p_1}{p_2}$	零
热力学能增量 ΔE	$\dfrac{M}{\mu}C_{V,m}(T_2-T_1)$	$\dfrac{M}{\mu}C_{V,m}(T_2-T_1)$	零	$\dfrac{M}{\mu}C_{V,m}(T_2-T_1)$
功 W	零	$p(V_2-V_1)$ $=\dfrac{M}{\mu}R(T_2-T_1)$	$\dfrac{M}{\mu}RT\ln\dfrac{V_2}{V_1}$ 或 $\dfrac{M}{\mu}RT\ln\dfrac{p_1}{p_2}$	$\dfrac{M}{\mu}C_{V,m}(T_1-T_2)$ 或 $\dfrac{p_1V_1-p_2V_2}{\gamma-1}$
第一定律	$Q_V=\Delta E$	$Q_p=\Delta E+W_p$	$Q_T=W_T$	$W=-\Delta E$

4. 循环过程

(1) 意义及特点

① 在 p-V 图上是一闭合曲线，曲线所包围的面积表示净功；

② $\Delta E=0, Q=W$；

③ Q_1 为吸热，Q_2 为放热，$Q_{净}=Q_1-|Q_2|$，W_1 为系统对外界做功，W_2 为外界对系统做功，$W_{净}=W_1-|W_2|$；

④ 顺时针—正循环—热机；
   逆时针—逆循环—制冷机；

⑤ 热效率 $\eta=\dfrac{W_{净}}{Q_1}=\dfrac{Q_1-Q_2}{Q_1}$；制冷系数 $\omega=\dfrac{Q_2}{W}=\dfrac{Q_2}{Q_1-Q_2}$.

(2) 卡诺循环

① 工作物质是理想气体；

② 由两个等温过程、两个绝热过程组成；

③ 系统只与高、低温热源交换热量；

④ 热效率 $\eta_卡=1-\dfrac{T_2}{T_1}$；制冷系数 $\omega_卡=\dfrac{T_2}{T_1-T_2}$.

5．热力学第二定律

（1）两种表述的实质

开尔文表述指出热功转换的不可逆性；克劳修斯表述指出热传递方向的不可逆性.

（2）两种表述的等价性

指出一切与热现象有关的实际过程都是不可逆的.

6．卡诺定理

（1）工作于两个一定温度 T_1 和 T_2 之间的所有可逆热机，其效率都相等，都等于 $\dfrac{T_1-T_2}{T_1}$，与工作物质无关.

（2）$\eta_{可} \geqslant \eta_{不可}$.

7．熵增加原理

系统经绝热过程由一种状态到达另一种状态时，系统的熵永不减少（熵在可逆绝热过程中不变，在不可逆绝热过程中增加）.

5.4 检 测 题

检测点 1：将金属棒的一端插入冰水混合的容器中，另一端与沸水接触，经过一段时间后，棒上各处的温度不随时间变化，这时金属棒是否处于平衡态？为什么？

答：此时金属棒不处于平衡态．因为平衡态是指孤立系统经过相当长时间后，其各种宏观性质不发生变化的状态．此时金属棒所处的稳定状态是在外界环境的维持下（即冰水混合容器和沸水），在热传导不断进行的情况下实现的，因此金属棒不是孤立系，虽然此时棒上各处温度不变，但金属棒并没有统一的温度，热力学把这种状态称为定态，它不是平衡态．

检测点 2：处于热平衡的两个系统的温度值相同，反之，两个系统的温度值相等，它们彼此必定处于热平衡．这种说法对吗？

答：对，温度相等是热平衡的必要充分条件.

检测点 3：为什么说热力学温标是最理想的温标？

答：因为热力学温标与测温物质的种类和测温属性无关，所以被认为是一种最理想的温度标准.

检测点 4：检 5-4 图是水的凝固点和沸点的三种温标的表示．(1)按照这些温标上 1 度的大小从大到小排序；(2)将下列温度从高到低排序：$50°X, 50°W$ 和 $50°Y$.

答：(1) 全相同；

(2) $50°X, 50°Y, 50°W$.

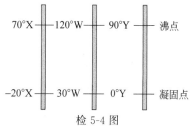

检 5-4 图

检测点 5：怎样区别热力学能与热量？下面哪种说法是正确的？

（1）物体的温度越高，含有热量越多；

（2）物体的温度越高，则热力学能越大.

答：系统的热力学能是系统内分子运动的动能、分子与分子相互作用的势能以及分子中的原子和电子运动的能量的总和.热力学能是系统状态的单值函数.在一定的状态下,物体有确定的热力学能.

热量是系统与外界之间由于温度不同而传递的能量.它是与传热过程对应的,不是状态函数,是过程量,仅在过程发生时才有意义.

温度是与物质分子运动密切相关的,温度的高低反映物质内部分子运动剧烈程度的高低.温度是与系统的状态相对应的,不是与过程相对应的,是状态参量.

(1) 不能说温度高的物体,热量也越多.例如高温物体处在绝热环境中,其温度虽高,但与外界交换的热量为零.

(2) 对给定的物体来说,一定条件下,其温度越高,热力学能越大.

(3) 对两个不同的物体,或者同一物体在不同条件下,温度高的,其热力学能不一定大.因为一般来说,热力学能不但与温度有关,而且还与其他因素有关.例如,理想气体的热力学能不但与温度有关,还与摩尔数、自由度数目有关.其他物体的热力学能,还与组成该物体的分子之间的距离、弹性形变、外界的电场、磁场等因素有关.

检测点 6:说明在下列过程中热量、功与热力学能变化的正负:(1)用气筒打气;(2)水沸腾变成水蒸气.

答:(1) 用打气筒打气,过程所经历时间短暂,与外界来不及交换热量,可近似为绝热过程,$dQ=0$,气体对外做负功,dW 为负又无热交换,由热力学第一定律可知,热力学能增加,dE 为正.

(2) 水沸腾变成水蒸气,从外界吸热,dQ 为正.水蒸气体积较相同质量的水大,$dV>0$,因而水沸腾变成水蒸气时,对外做正功,$dW>0$.在沸腾过程中,分子之间的距离增大,分子之间的相互作用力做负功,分子间的相互作用势能增大,dE 也为正.

检测点 7:什么是准静态过程?准静态过程中系统对外界所做的功如何计算?

答:准静态过程是一种理想化的热力学过程,是系统从某一平衡态开始,经历了一系列热平衡的中间状态后达到另一个终了平衡态的全过程.

当系统从状态 $\mathrm{I}(p_1,V_1,T_1)$ 经准静态过程变化到状态 $\mathrm{II}(p_2,V_2,T_2)$ 时,气体对外所做功的表达式为

$$W=\int_{V_1}^{V_2} p\, dV$$

检测点 8:将热力学第一定律应用于某一等值过程,有 $dQ>0$,$dE>0$,$dW>0$,则此等值过程一定是什么过程?

答:此过程一定是等压膨胀过程.

分析:对一定质量的某种气体,在等温过程中,温度保持不变,热力学能不变,$dE=0$;在等体过程中,体积不变,$dV=0$,所以 $dW=p\, dV=0$;在等压压缩过程中,外界对气体做功,按符号规则,$dW<0$;在等压膨胀过程中,压强保持不变,气体对外界做功,$dW>0$,膨胀中,体积增大,按状态方程,温度一定要升高,所以热力学能增加,$dE>0$,按热力学第一定律,$dQ>0$.

检测点 9:为什么气体摩尔热容的数值可以有无穷多个?什么情况下气体的摩尔热容是零?什么情况下气体的摩尔热容是无穷大?什么情况下是正值?什么情况下是负值?

答:气体的摩尔热容在数值上等于使 1 mol 某种气体温度升高(或降低)1℃时所需要

吸收(或放出)的热量.热量是一过程量,对一定量的气体,升高一定温度所需的热量随状态变化过程不同而不同.

(1) 气体从某一状态使它的温度升高1℃,一方面它可以向无穷多个没有确定的末状态过渡,另一方面也可以向某一确定的末状态过渡(气体可以采取无穷多个过程来实现).

从数学的角度看,前者是与从状态图上的某一点向比它高1℃的一条等温线上的无穷多个点过渡相对应的,后者是与状态图上某两个点之间可以连接无穷多条曲线相对应.

根据热力学第一定律,在不同状态变化过程中,系统一般吸热不同,因而气体的摩尔热容不同.由于有无穷多种状态变化过程,就可以有无穷多个摩尔热容值.

(2) 如果是绝热过程,系统的温度升高或降低时,系统不与外界交换热量,其摩尔热容为零.

(3) 等温过程中,无论与系统交换多少热量,系统的温度都不变.故气体的摩尔热容趋于无穷大.

在等温膨胀过程中,由于 $dQ>0$,$dT=0$,气体的摩尔热容趋于正无穷大.

在等温压缩过程中,由于 $dQ<0$,$dT=0$,气体的摩尔热容趋于负无穷小.

检测点 10:对物体加热而其温度不变,有可能吗?没有热交换而系统的温度发生变化,有可能吗?

答:如果物体从外界吸取热量,并将吸取的热量全部用于对外做功,系统的热力学能不增加,温度不升高.例如,理想气体等温膨胀过程中,外界对系统加热,系统的温度不升高.

如果只对系统做功而不作热交换,那么所做的功全部转换成热力学能,系统的温度会升高.例如,让理想气体绝热压缩时,系统与外界无热交换,外界对系统做的功全部转换成热力学能,系统的温度升高.

检测点 11:p-V 图中表示循环过程的曲线所包围的面积代表热机在一个循环中所做的净功,如检 5-11 图所示.如果体积膨胀得大些,面积就大了(图中 $S_{abc'd'}>S_{abcd}$),所做的净功就多了,因此热机效率也就可以提高了,这种说法对吗?

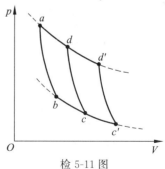

检 5-11 图

答:卡诺循环过程中体积膨胀得大些,面积就大,所做的净功相应多些,但与此同时,系统从外界吸收的热量也要增加.因此,增大膨胀体积的方法不能用来提高卡诺热机的效率.也可以从卡诺循环的效率 $\eta_卡=1-\dfrac{T_2}{T_1}$ 看出,此类循环效率只与两个热源的温度有关,无论体积膨胀多大,其效率都一样.

检测点 12:有两个可逆机分别用不同热源作卡诺正循环,在 p-V 图上,它们的循环曲线所包围的面积相等,但形状不同,如检 5-12 图所示.问:它们吸热和放热的差值是否相同?对外所做的净功是否相同?效率是否相同?

答:它们吸热和放热的差值等于它们对外所做的净功.已知它们的循环曲线所包围的面积相等,表明它们对外做的净功相等,因而吸热和放热的差值相等.

它们的效率 $\eta_卡=1-\dfrac{T_2}{T_1}$,如果两个循环过程中,$\dfrac{T_2}{T_1}$ 的值相等,它们的效率就相同;如

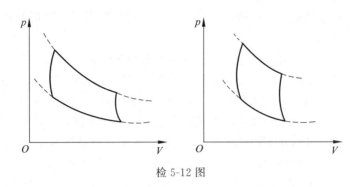

检 5-12 图

果 $\dfrac{T_2}{T_1}$ 的值不相等,它们的效率就不同.

检测点 13：判断下面说法是否正确？

(1) 功可以全部转化为热,但热不能全部转化为功；

(2) 热量能从高温物体传到低温物体,但不能从低温物体传到高温物体.

答：(1) 此说法不正确.功可以全部转达化为热,但热不能全部转达化为功而使得其他物体不发生任何变化.例如,等温膨胀过程中,外界向系统提供的热全部转化为功,但与此同时其他物体状态必定发生变化.

(2) 此说法不正确.热力学第二定律只说"热量不能自动地从低温物体传向高温物体".如果略去了"自动地"这一条件,通过外力做功是可以从低温物体吸取热量传到高温物体上去的.例如,制冷机便是这样的装置.

检测点 14：为什么要引入可逆过程的概念？准静态过程是否一定是可逆过程？可逆过程是否一定是准静态过程？

有人说："凡是有热接触的物体,它们之间进行热交换过程都是不可逆过程."这种说法对不对？为什么？

答：可逆过程是一种理想过程,是宏观热力学理论表述中所需要的一个基本概念.准静态过程不一定是可逆过程,如有摩擦的准静态过程是不可逆过程,无耗散的准静态过程才是可逆过程.

可逆过程一定是准静态过程,因为非准静态过程一定是不可逆过程.

温度不相等的两物体接触时的热交换过程是不可逆过程；温度相等的两物体接触时的热交换过程可以是可逆过程.

检测点 15：有一可逆的卡诺机,若作热机使用时,如果工作的两热源的温度差越大,则对于做功就越有利.当作制冷机使用时,如果两热源的温度差越大,对于制冷是否也越有利？为什么？

答：制冷机的功通常用从低温热源中吸取的热量 Q_2 和外界对系统所做的功 W' 的比值来衡量,这一比值称为制冷系数：

$$\omega = \dfrac{Q_2}{W'} = \dfrac{Q_2}{Q_1 - Q_2}$$

卡诺机的制冷系数：

$$\omega_卡 = \frac{T_2}{T_1 - T_2}$$

卡诺机的热机效率：

$$\eta_卡 = \frac{W}{Q_1} = \frac{T_1 - T_2}{T_1}$$

由此可知,如果可逆卡诺机工作的两热源间的温度差越大,当作为热机使用时,对做功越有利.但作为制冷机使用时,它的制冷系数越小,所以对制冷不利.

检测点 16：什么是熵增加原理？熵增加原理的实质是什么？

答：系统经绝热过程由一种状态到达另一种状态时,系统的熵永不减少(熵在可逆绝热过程中不变,在不可逆绝热过程中增加).此结论称为熵增加原理.

熵增加原理是热力学第二定律的又一种表述,它比开尔文表述、克劳修斯表述更为概括地指出了不可逆过程的进行方向.

检测点 17：玻耳兹曼把熵与分子运动论的无序程度联系起来,建立了玻耳兹曼关系式 $S = k \ln W$,该式说明了什么？

答：玻耳兹曼关系 $S = k \ln W$ 说明熵是与系统状态无序程度相联系的量.系统无序程度越高,即系统越"混乱",其对应的微观态数目越多,熵就越大；反之,系统越有序,熵就越小.

5.5 自我检测题

5.1 节 自我检测（热力学第零定律 温度）

5.1.1 判断题

5.1.1.1 判断下列说法是否正确.分别和系统 C 处于热平衡的系统 A 和系统 B 接触时,二者也必处于热平衡状态.利用温度的概念,则有：温度相同的系统 A 和系统 B 相接触时必定处于热平衡状态.

答案：正确.

提示：决定系统热平衡的宏观性质为温度.如果温度相同的系统 A 和系统 B 相接触时不是处于热平衡状态,二者不可避免要发生热传递,失热的一方温度降低,得热的一方温度升高.

5.1.1.2 判断下列说法是否正确.物体的温度越高,含有的热量越多.

答案：错误.

提示：热量是系统与外界之间由于温度不同而传递的能量.它是与传热过程对应的,不是状态函数,是过程量,仅在过程发生时才有意义.

温度是与物质分子运动密切相关的,温度的高低反映物质内部分子运动剧烈程度的高低.温度是与系统的状态相对应的,不是与过程相对应的,是状态参量.

不能说温度高的物体,热量也越多.例如高温物体处在绝热环境中,它的温度虽高,但与外界交换的热量为零.

5.1.1.3 判断下列说法是否正确.物体的温度越高,则热力学能越大.

答案：错误.

提示：温度是与物质分子运动密切相关的物理量，温度的高低反映物质内部分子运动剧烈程度；系统的热力学能是系统内分子运动的动能、分子与分子相互作用的势能以及分子中的原子和电子运动的能量的总和。热力学能是系统状态的单值函数。在一定的状态下，物体有确定的热力学能。

(1) 对给定的物体来说，在一定条件下，它的温度越高，热力学能越大。

(2) 对于两个不同的物体，或者同一物体在不同条件下，温度高的，其热力学能不一定大。因为一般说来，热力学能不但与温度有关，而且还与其他因素有关。例如，理想气体的热力学能不但与温度有关，还与摩尔数、自由度数目有关。其他物体的热力学能，还与组成该物体的分子之间的距离、弹性形变、外界的电场、磁场等因素有关。

5.1.1.4 判断下列说法是否正确。温标是温度的数值表示，包括测温性质和温度间函数关系的选择以及温度计的分度法，每一种温度计都是根据某一种温标制造的。在世界上几乎所有的国家中，摄氏温标常被选作为民用、商用温标，摄氏温度用℃来计量。

答案：正确。

提示：温标的定义。

5.1.1.5 判断下列说法是否正确。热力学温标又称开尔文温标，单位是开[尔文](K)，它是以水的三相点[273.16 K]为基础的。然后再用等体气体温度计来定义其他温度。在这种温度计中，保持某种气体样品的体积不变，这样它的压强就与它的温度成正比。

答案：正确。

提示：温标的定义。

5.1.2 选择题

5.1.2.1 下面关于热力学第零定律的说法正确的是(　　)。

A. 热力学第零定律的发现先于热力学第一定律

B. 热力学第零定律定义了温度

C. 热力学第零定律指出绝对零度是不能达到的

D. 热力学第零定律是由开尔文提出的

答案：B。

提示：热力学第零定律的内容，热力学第零定律是由英国物理学家拉尔夫·福勒于1939年提出的。

5.2节　自我检测（热力学第一定律及其应用）

5.2.1 判断题

5.2.1.1 判断下列说法是否正确。准静态过程不一定是可逆过程，可逆过程一定是准静态过程。

答案：正确。

提示：可逆过程是一种理想过程，它是宏观热力学理论表述中所需要的一个基本概念。准静态过程不一定是可逆过程，如有摩擦的准静态过程是不可逆过程，无耗散的准静态过程才是可逆过程。

可逆过程一定是准静态过程，因为非准静态过程一定是不可逆过程。

5.2.1.2 判断下列说法是否正确。凡是有热接触的物体，它们之间进行热交换的过程都是不可逆过程。

答案：错误.

提示：温度不相等的两物体接触时的热交换过程是不可逆过程；温度相等的两物体接触时的热交换过程可以是可逆过程.

5.2.1.3 判断下列说法是否正确. 气体的摩尔热容的数值可以有无穷多个，可以是零也可以是无穷大；可以是正值也可以是负值.

答案：正确.

提示：气体的摩尔热容在数值上等于使 1 mol 某种气体温度升高(或降低)1℃时所需要吸收(或放出)的热量. 热量是一过程量，对一定量的气体，升高一定温度所需的热量随状态变化过程不同而不同.

(1) 气体从某一状态使它的温度升高 1℃，一方面它可以向无穷多个没有确定的末状态过渡，另一方面也可以向某一确定的末状态过渡(气体可以采取无穷多个过程来实现).

从数学的角度看，一方面是与从状态图上的某一点向比它高 1℃ 的一条等温线上的无穷多个点过渡相对应的，另一方面是与状态图上某两个点之间可以连接无穷多条曲线相对应的.

根据热力学第一定律，在不同状态变化过程中，系统一般吸热不同，因而气体的摩尔热容不同. 由于有无穷多种状态变化过程，就可以有无穷多个摩尔热容值.

(2) 如果是绝热过程，$dQ=0$，系统的温度升高或降低时，系统不与外界交换热量，其摩尔热容为零.

(3) 等温过程中，无论与系统交换多少热量，系统的温度都不变. 故气体的摩尔热容趋于无穷大.

在等温膨胀过程中，由于 $dQ>0,dT=0$，气体的摩尔热容趋于正无穷大.

在等温压缩过程中，由于 $dQ<0,dT=0$，气体的摩尔热容趋于负无穷小.

5.2.1.4 判断下列说法是否正确. 功可以全部转化为热，但热不能全部转化为功.

答案：错误.

提示：功可以全部转化为热，但热不能全部转化为功而使得其他物体不发生任何变化. 例如，等温膨胀过程中，外界向系统提供的热全部转化为功，但与此同时其他物体状态必定发生变化.

5.2.1.5 判断下列说法是否正确. 没有热交换系统的温度就不会发生变化.

答案：错误.

提示：如果只对系统做功而不作热交换，那么所做的功全部转换成热力学能，系统的温度会升高. 例如，让理想气体绝热压缩时，系统与外界无热交换，外界对系统做的功全部转换成热力学能，系统的温度升高.

5.2.2 选择题

5.2.2.1 热力学第一定律包括热现象在内的能量守恒定律，它表明(　　).

A. 系统对外做的功不可能大于系统从外界吸收的热量

B. 系统热力学能的增量等于系统从外界吸收的热量

C. 不可能存在这样的循环过程，在此循环过程中，外界对系统做的功不等于系统传给外界的热量

D. 热机的效率不可能等于 1

答案：C.

提示：热力学能是状态的单值函数，系统经过一个循环过程后，其热力学能没有改变，即 $\Delta E=0$.

5.2.2.2 系统由一初态开始，进行等压膨胀过程，则系统的（   ）.

A. $dQ>0, dE<0, dW<0$　　B. $dQ>0, dE>0, dW>0$

C. $dQ>0, dE>0, dW<0$　　D. $dQ<0, dE>0, dW<0$

答案：B.

提示：对一定质量的某种气体：在等温过程中，温度保持不变，热力学能不变，$dE=0$；在等体过程中，体积不变，$dV=0$，所以 $dW=pdV=0$；在等压压缩过程中，外界对气体做功，按符号规则，$dW<0$；在等压膨胀过程中，压强保持不变，气体对外界做功，$dW>0$，膨胀过程中，体积增大，由状态方程 $pV=nRT$ 知，温度一定升高，所以热力学能增加，$dE>0$，按热力学第一定律，$dQ>0$.

5.3 节　自我检测（循环过程　卡诺循环）

5.3.1　判断题

5.3.1.1　判断下列说法是否正确. 循环过程在（图 5.3.1.1）p-V 图上可以用一条封闭曲线表示.

答案：正确.

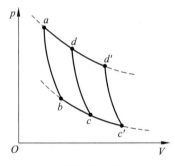

图 5.3.1.1

提示：循环过程是指热力学系统经过一系列状态变化后，又回到原来状态的过程. 循环过程在 p-V 图上可以用一条封闭曲线表示.

5.3.1.2　判断下列说法是否正确. 卡诺循环是最简单的循环过程.

答案：正确.

提示：卡诺循环的每一过程都是平衡过程，只用两个不同的热源，所以卡诺循环是最简单的理想的可逆循环.

5.3.1.3　判断下列说法是否正确. p-V 图中表示循环过程的曲线所包围的面积代表热机在一个循环中所做的净功，如图 5.3.1.3 所示，如果体积膨胀得大些，面积就大了（图中 $S_{abc'd'}>S_{abcd}$），所做的净功就多了，因此热机效率也就可以提高了.

答案：错误.

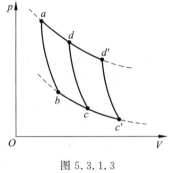

图 5.3.1.3

提示：卡诺循环过程中体积膨胀得大些，面积就大，所做的净功相应多些，但与此同时，系统从外界吸收的热量也要增加. 因此，增大膨胀体积的方法不能用来提高卡诺热机的效率. 也可以从卡诺循环的效率 $\eta_卡=1-\dfrac{T_2}{T_1}$ 看出，此类循环效率只与两个热源的温度有关，无论体积膨胀多大，其效率都一样.

5.3.1.4　判断下列说法是否正确. 有一可逆的卡诺机，当作热机使用时，如果工作的两热源的温度差越大，则对于做功就越有利. 反之，当作制冷机使用时，如果两热源的温度差越大，对于制冷也越有利.

答案：错误.

提示：制冷机的功通常用从低温热源中吸取的热量 Q_2 和外界对系统所做的功 W' 的比值来衡量,这一比值称为制冷系数：$\omega = \dfrac{Q_2}{W'} = \dfrac{Q_2}{Q_1 - Q_2}$

卡诺机的制冷系数：$\omega_{卡} = \dfrac{T_2}{T_1 - T_2}$

卡诺机的热机效率：$\eta_{卡} = \dfrac{W}{Q_1} = \dfrac{T_1 - T_2}{T_1}$

由此可知,如果可逆卡诺机工作的两热源间的温度差越大,当作为热机使用时,对做功越有利.但作为制冷机使用时,其制冷系数越小,所以对制冷不利.

5.3.2 选择题

5.3.2.1 设一个卡诺循环,其高温热源的温度为 100℃,低温热源的温度为 0℃,则其循环效率为(   ).

A. 16.8%　　　　B. 26.8%　　　　C. 36.8%　　　　D. 52.6%

答案：B.

提示：$\eta_{卡} = 1 - \dfrac{T_2}{T_1}$

5.4 节　自我检测（热力学第二定律　卡诺定理）

5.4.1 判断题

5.4.1.1 判断下列说法是否正确.热量能从高温物体传到低温物体,但不能从低温物体传到高温物体.

答案：错误.

提示：热力学第二定律只说"热量不能自动地从低温物体传向高温物体".如果略去了"自动地"这一条件,通过外力做功是可以从低温物体吸取热量传到高温物体上去.例如,制冷机便是这样的装置.

5.4.1.2 判断下列说法是否正确.如图 5.4.1.2 所示,两条绝热线Ⅰ、Ⅱ相交于 C,并与一条等温线相交于 A、B 两点,从而可构成一个循环.

答案：错误.

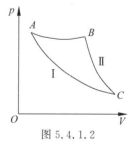

图 5.4.1.2

提示：设两条绝热线Ⅰ、Ⅱ相交于 C,一条等温线与Ⅰ、Ⅱ相交于 A、B 两点,构成循环 $ABCA$,在此循环中,是从单一热源吸热,使之完全变为有用的功,而其他物体不发生任何变化.这是违反热力学第二定律的开尔文表述的.由此可见,两条绝热线和一条等温线不能构成一个循环.

5.4.1.3 判断下列说法是否正确.在一个瓶子里装一些水,然后密闭起来.表面的一些水忽然温度升高而蒸发成气体,余下的水温度变低.

答案：错误.

提示：这件事不可能发生.虽然它不违反热力学第一定律,因为此过程可以满足能量守恒,但它违反热力学第二定律.因为处于平衡态的水,内部各处(包括表面)温度均匀,表层下面水不会有净热量传递给表面使之温度升高,否则就不是平衡态,此为其一.其二,即便有一特殊原因使表面水温稍微升高一点,也不可能靠余下的水提供热量维持继续升高表面水的温度,因为热量不能自动地从低温部分传到高温处.除非内部有一制冷机存在,从表层下面水吸热供表面的一些水温度升高而蒸发成气,而"密闭"之意是不存在制冷机的.

5.4.2 选择题

5.4.2.1 热力学第二定律表明( ).

A. 不可能从单一热源吸收热量使之全部变为有用的功

B. 在一个可逆过程中,工作物质净吸热等于对外做的功

C. 摩擦生热的过程是不可逆的

D. 热量不可能从温度低的物体传到温度高的物体

答案:C.

提示:热力学第二定律说明,自然界中进行的涉及热现象的宏观过程都具有方向性,是不可逆的.

5.4.2.2 "理想气体和单一热源接触作等温膨胀时,吸收的热量全部用来对外做功."对此说法,有如下几种评论,其中正确的是( ).

A. 不违反热力学第一定律,但违反热力学第二定律

B. 不违反热力学第二定律,但违反热力学第一定律

C. 不违反热力学第一定律,也不违反热力学第二定律

D. 违反热力学第一定律,也违反热力学第二定律

答案:C.

提示:热力学第一定律 $Q=\Delta E+W$;热力学第二定律可表述为:不可能创造一种循环动作的热机,只从一个热源吸收热量,使之完全转化为有用功而不产生其他影响.注意表述中"循环动作"的含义.

5.4.2.3 关于热力学第二定律,下列说法中正确的是( ).

A. 自然界中进行的一切宏观过程都具有方向性,是不可逆的

B. 自然界中进行的涉及热现象的宏观过程都具有方向性,是不可逆的

C. 热量不可能由低温物体传递到高温物体

D. 第二类永动机违背了能量守恒定律,因此不可能制成

答案:B.

提示:热力学第二定律说明,自然界中进行的涉及热现象的宏观过程都具有方向性,是不可逆的.

5.4.2.4 下列说法中正确的是( ).

A. 在一房间内,打开一台冰箱的门,再接通电源,过一段时间后,室内温度就会降低

B. 从目前的理论看来,只要实验设备足够高级,可以使温度降低到 $-274℃$

C. 第二类永动机是不能制造出来的,尽管它不违反热力学第一定律,但它违反热力学第二定律

D. 机械能可以自发地全部转化为热力学能,热力学能也可以全部转化为机械能而不引起其他变化

答案:C.

提示：第二类永动机是指"能够从单一热源吸收热量，并将其全部转化为有用功而不产生其他变化的热机".

5.6 典型例题

例 5-1 汽缸内储有 2 mol 的空气，温度为 27℃，若维持压强不变，而使空气的体积膨胀到原体积的 3 倍，求空气膨胀时所做的功.

解 等压过程中，气体所做的功为
$$W = \int_{V_1}^{V_2} p \, dV = p(V_2 - V_1)$$

根据理想气体状态方程 $pV = \dfrac{M}{\mu}RT$ 得
$$p = \frac{M}{\mu}\frac{RT_1}{V_1}$$

代入上式得
$$W = p(V_2 - V_1) = \frac{M}{\mu}\frac{RT_1}{V_1}(V_2 - V_1) = \frac{M}{\mu}\frac{RT_1}{V_1} \times 2V_1$$
$$= 2 \times 8.31 \times 300 \times 2 \text{ J} = 9.97 \times 10^3 \text{ J}$$

例 5-2 将压强为 1.013×10^5 Pa，体积为 1.0×10^{-4} m³ 的氢气绝热压缩到 0.2×10^{-4} m³ 需要做多少功？

解法一 根据绝热方程 $pV^\gamma = C$(恒量)有
$$p_1 V_1^\gamma = p_2 V_2^\gamma$$
即
$$p_2 = \frac{p_1 V_1^\gamma}{V_2^\gamma}$$

氢气是双原子分子，$C_{V,m} = \dfrac{5}{2}R$，$C_{p,m} = \dfrac{5+2}{2}R$
$$\gamma = \frac{C_{p,m}}{C_{V,m}} = \frac{3.5}{2.5} = 1.4$$

所以
$$p_2 = \frac{p_1 V_1^\gamma}{V_2^\gamma} = 1.013 \times 10^5 \times \left(\frac{1.0 \times 10^{-4}}{0.2 \times 10^{-4}}\right) \text{ Pa} = 9.64 \times 10^5 \text{ Pa}$$

$$W = -\frac{p_1 V_1 - p_2 V_2}{\gamma - 1}$$
$$= -\frac{1.013 \times 10^5 \times 1 \times 10^{-4} - 9.64 \times 10^5 \times 0.2 \times 10^{-4}}{1.4 - 1} \text{ J}$$
$$= -22.9 \text{ J}$$

解法二 绝热过程中，体系和外界无热量交换，外界对体系所做的功等于体系热力学能的改变，即

$$W = -\Delta E = -\frac{M}{\mu}C_{V,m}\Delta T = -\frac{M}{\mu}\frac{5}{2}R(T_2 - T_1)$$

$$= -\frac{M}{\mu}\frac{5}{2}RT_1\left(\frac{T_2}{T_1} - 1\right) = -\frac{5}{2}p_1V_1\left(\frac{T_2}{T_1} - 1\right)$$

绝热过程中热力学温度 T 与体积 V 之间的关系为

$$T_1V_1^{\gamma-1} = T_2V_2^{\gamma-1} \quad \text{即} \quad \frac{T_2}{T_1} = \left(\frac{V_2}{V_1}\right)^{\gamma-1}$$

代入上式得

$$W = -\frac{5}{2}p_1V_1\left[\left(\frac{V_1}{V_2}\right)^{\gamma-1} - 1\right]$$

$$= -\frac{5 \times 1.013 \times 10^5 \times 1.0 \times 10^{-4}}{2}\left[\left(\frac{1.0 \times 10^{-4}}{0.2 \times 10^{-4}}\right)^{1.4-1} - 1\right] \text{J} = -22.9 \text{ J}$$

例 5-3 如例 5-3 图,闭合线表示 1 mol 单原子理想气体经历的循环过程,其中 AB 段是一等温膨胀过程,BC 段是等压压缩过程,CA 段是等体升压过程,已知 $V_A = 3 \times 10^{-3}$ m^3, $V_B = 6 \times 10^{-3}$ m^3, $p_B = 1.0 \times 10^5$ Pa,求此循环的效率.

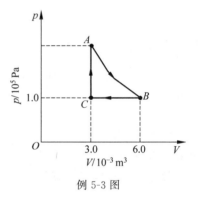

例 5-3 图

解 因为 AB 为等温线,所以有

$$p_AV_A = p_BV_B$$

$$p_A = \frac{p_BV_B}{V_A} = \frac{1.0 \times 10^5 \times 6.0 \times 10^{-3}}{3.0 \times 10^{-3}} \text{ Pa}$$

$$= 2.0 \times 10^5 \text{ Pa}$$

过程 $A-B$:等温膨胀过程(吸热对外做功,热力学能保持不变)

$$W_{AB} = \int_{V_A}^{V_B} p\,dV = RT_A \ln 2 = Q_{AB} > 0$$

过程 $B-C$:等压压缩过程(温度降低,热力学能减少,外界对气体做功)

$$\frac{V_C}{T_C} = \frac{V_B}{T_B} \quad \text{即} \quad T_C = \frac{V_C}{V_B}T_B$$

$$W_{BC} = p_B(V_C - V_B) < 0, \quad \Delta E_{BC} = \frac{3}{2}R(T_C - T_B) < 0$$

$$Q_{BC} = \Delta E_{BC} + W_{BC} < 0$$

此过程中气体向外界放出热量.

过程 $C-A$:等体升压过程($W_{CA} = 0$,气体从外界吸热,温度升高,热力学能增加)

$$\Delta E_{CA} = \frac{3}{2}R(T_A - T_C)$$

$$Q_{CA} = \Delta E_{CA} = \frac{3}{2}R(T_A - T_C) > 0$$

按照热机效率的定义得

$$\eta = 1 - \frac{Q_2}{Q_1} = 1 - \frac{Q_{BC}}{Q_{AB} + Q_{CA}} = 1 - \frac{p_B(V_B - V_C) + \frac{3}{2}R(T_B - T_C)}{RT_A \ln 2 + \frac{3}{2}R(T_A - T_C)}$$

$$= \frac{RT_B \ln 2 - p_B(V_B - V_C)}{RT_B \ln 2 + \frac{3}{2}R(T_B - T_C)} = \frac{p_B V_B \ln 2 - p_B(V_B - V_A)}{p_B V_B \ln 2 + \frac{3}{2}p_B(V_B - V_C)}$$

$$= \frac{6\ln 2 - 3}{6\ln 2 + 4.5} = 13.3\%$$

例 5-4 一卡诺热机的低温热源的温度为 17℃,效率为 20%,若只提高高温热源的温度而要将其效率提高到 30%,问高温热源的温度应提高多少?

解法一 由公式

$$\eta = 1 - \frac{T_2}{T_1}, \quad \frac{20}{100} = 1 - \frac{290}{T_1}$$

解之得

$$T_1 = \frac{5}{4} \times 290 \text{ K} = 362.5 \text{ K}$$

设效率为 30% 时高温热源的温度 T'

$$\frac{30}{100} = 1 - \frac{290}{T'}, \quad T' = \frac{10}{7} \times 290 \text{ K} = 414.3 \text{ K}$$

$$\Delta T = T'_1 - T_1 = 414.3 - 362.5 \text{ K} = 51.8 \text{ K}$$

解法二 设高温热源的温度分别为 T_1 和 T'_1,低温热源的温度为 T_2,则有

$$\eta = 1 - \frac{T_2}{T_1}, \quad \eta' = 1 - \frac{T_2}{T'_1}$$

上式变形得

$$T_1 = \frac{T_2}{1 - \eta}, \quad T'_1 = \frac{T_2}{1 - \eta'}$$

高温热源温度需提高的温度为

$$\Delta T = T'_1 - T_1 = \frac{T_2}{1 - \eta'} - \frac{T_2}{1 - \eta} = \frac{290}{1 - 0.3} - \frac{290}{1 - 0.2} \text{ K} = 51.8 \text{ K}$$

例 5-5 使可逆热机的循环过程沿与热机相反的方向进行,就会得到可逆制冷机,试证明可逆热机的效率 η 和制冷系数 ω 之间的关系为 $\omega = \frac{1}{\eta} - 1$.

证明 因为 $\eta = 1 - \frac{T_2}{T_1}, \omega = \frac{T_2}{T_1 - T_2}$

所以

$$\omega = \frac{T_2}{T_1 - T_2} = \frac{1}{\frac{T_1}{T_2} - 1} = \frac{1}{\frac{1}{1 - \eta} - 1} = \frac{1 - \eta}{\eta} = \frac{1}{\eta} - 1$$

证毕.

5.7 练习题精解

5-1 热力学第零定律表明,处在同一平衡态的所有热力学系统都具有一个共同的宏观性质,我们定义这个决定系统热平衡的宏观性质为_____.温度的数值表示,包括测温性质和温度间函数关系的选择以及温度计的分度法,称为_____.

答案:温度;温标.

提示:温度是表征物体冷热程度的物理量,物体的冷热程度是从人类的直觉观念引伸出来的,因而具有一定的主观因素.严格的温度定义是建立在热平衡定律基础上的.温度具有标志一个物体是否同其他物体处于热平衡状态的性质,它的特征就在于一切互为热平衡的物体都具有相同的数值.为实现温度的测量,还需要规定温度的数值表示法——温标.历史上首先采用了经验温标,包括摄氏温标、华氏温标、兰氏温标等.热力学第二定律建立后,定义了一种与测温系统性质无关的温标——热力学温标.由热力学温标所定义的热力学温度是具有最严格科学意义的温度.

5-2 热力学第一定律的数学表达式是_____;通常规定:系统从外界吸收热量时,Q 为正值,系统向外界放出热量时,Q 为负值;_____时,W 取正值,_____时 W 为负值;系统热力学能_____时,ΔE 为正值,系统热力学能_____时,ΔE 为负值.

答案:$Q = E_2 - E_1 + W$;系统对外做功;外界对系统做功;增加;减少.

提示:热力学第一定律是能量守恒和转换定律在一切涉及热现象的宏观过程中的具体表现.系统对热量、功和热力学能正、负号的规定既体现了数学运算和公式表达的方便性,又表达了与能量守恒逻辑的一致性.例如把吸热规定为正,是因为吸收热量会使系统的热力学有增加的趋势,就像获得了一种"正"的能量输入,符合能量增加的方向设定;而放热则是系统热力学能减少的一种方式,相当于能量向外流出,所以规定为负,这样整个定律在能量增减方向上保持了逻辑的连贯性.

5-3 1824年法国工程师卡诺研究了一种理想循环,并从理论上证明了它的效率最高,这种循环后来被称为卡诺循环.理想气体的卡诺循环包括四个准静态过程,两个_____和两个_____.

答案:等温过程;绝热过程.

提示:卡诺循环.

5-4 1851年开尔文提出热力学第二定律即开尔文说法(表述),这是公认的热力学第二定律的标准说法;表述为:_____.开尔文表述实质上就是说功变热的过程是不可逆的.

答案:不可能创造一种循环动作的热机,只从一个热源吸收热量,使之完全变为有用的功而不产生其他影响.

提示:热力学第二定律开尔文表述.

5-5 卡诺定理指出了提高热机效率的途径.就过程而言,应当使实际热机尽量接近可逆机(如减小摩擦、漏气及其他散热等);就温度而言,应当尽量提高_____的温度,降低_____的温度.

答案:高温热源;低温热源.

提示：$\eta_{可} = 1 - \dfrac{T_2}{T_1}$（$T_1$ 为高温热源的温度，T_2 低温热源的温度）.

5-6 下列说法正确的是（　　）.

A. 物体吸收热量，其温度一定升高

B. 热量只能从高温物体向低温物体传递

C. 遵守热力学第一定律的过程一定能实现

D. 做功和热传递是改变物体热力学能的两种方式

答案：D.

提示：由热力学第一定律可知，做功与热传递可以改变物体的热力学能，故 D 正确；物体吸收热量时，其热力学能不一定增大，故 A 错；由热力学第二定律可知，宏观的热现象有方向性，但若通过外界做功，热量也可以从低温物体传到高温物体，故 B、C 错.

5-7 置于容器内的气体，如果气体内各处压强相等，或气体内各处温度相同，则这两种情况下气体的状态（　　）.

A. 一定都是平衡态

B. 不一定都是平衡态

C. 前者一定是平衡态，后者一定不是平衡态

D. 后者一定是平衡态，前者一定不是平衡态

答案：B.

提示：平衡态是指容器内气体的密度、温度、压强等都处处相等，不随时间变化的状态，如果气体内各处仅压强相等或仅温度相同，不能确定气体一定处于平衡态.

5-8 如题 5-8 图所示，一定量理想气体从体积 V_1 膨胀到 V_2，AB 为等压过程，AC 为等温过程，AD 为绝热过程. 则吸热最多的是（　　）.

A. AB 过程　　　B. AC 过程　　　C. AD 过程　　　D. 不能确定

答案：A.

提示：由理想气体做功的物理意义知，功的大小等于 $p\text{-}V$ 图上过程曲线下的面积，故等压膨胀过程对外做功最多，即 $W_{AB} > W_{AC} > W_{AD}$；等压膨胀过程温度升高热力学能增加，等温过程热力学能增量为零，而绝热膨胀过程热力学能减小，则 $\Delta E_{AB} > \Delta E_{AC} = 0 > \Delta E_{AD}$；绝热过程吸热量为零，即 $Q_{AD} = 0$，因此由热力学第一定律 $Q = \Delta E + W$ 可得：$Q_{AB} > Q_{AC} > Q_{AD}$，故选 A.

5-9 如题 5-9 图所示，一定量的某种理想气体起始温度为 T，体积为 V，该气体在下面循环过程中分别经过三个平衡过程：(1)绝热膨胀到体积为 $2V$，(2)等体变化使温度恢复为 T，(3)等温压缩到原来体积 V，则此整个循环过程中（　　）.

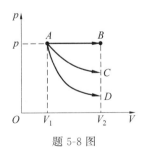

题 5-8 图

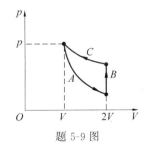

题 5-9 图

A. 气体向外界放热　　　　　　　B. 气体对外界做正功

C. 气体热力学能增加　　　　　　D. 气体热力学能减少

答案：A.

提示：如题 5-9 图所示,因为是循环过程,故 $\Delta E=0$；又知是逆循环,所以 $W<0$,即外界对气体做功(或气体对外界做负功)；由热力学第一定律知,$Q<0$,系统向外界放出热量.

5-10　在下列说法中,正确的是(　　).

(1) 可逆过程一定是平衡过程

(2) 平衡过程一定是可逆的

(3) 不可逆过程一定是非平衡过程

(4) 非平衡过程一定是不可逆的

A. (1)、(4)　　　B. (2)、(3)　　　C. (1)、(2)、(3)、(4)　　　D. (1)、(3)

答案：A.

提示：一个系统由某一状态出发,经过某一过程到达另一状态,如果存在另一个过程,它能使系统和外界完全复原(即系统回到原来的状态,同时消除了原来过程对外界的一切影响),则原来的过程称为可逆过程；反之,则称为不可逆过程.

5-11　1 mol 理想气体,例如氧气,由状态 $A(p_1,V_1)$ 在 p-V 图(题 5-11 图)上沿一条直线变到状态 $B(p_2,V_2)$,该气体的热力学能的增量为多少？

解　理想气体的热力学能 $E=\dfrac{M}{\mu}\dfrac{i}{2}RT$.

氧气为双原子分子　　　　　　　$i=5$

氧气的摩尔数为　　　　　　　　$\dfrac{M}{\mu}=1$

$$\Delta E = \dfrac{M}{\mu}\dfrac{i}{2}R(T_2-T_1)=\dfrac{5}{2}(p_2V_2-p_1V_1)$$

5-12　如题 5-12 图所示,一定质量的理想气体,沿图中斜向下的直线由状态 A 变化到状态 B. 初态时压强为 4.0×10^5 Pa,体积为 1.0×10^{-3} m³,末态的压强为 2.0×10^5 Pa,体积为 3.0×10^{-3} m³,求此过程中气体对外所做的功.

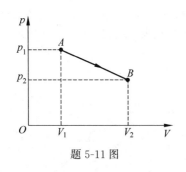

题 5-11 图

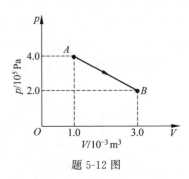

题 5-12 图

解　理想气体做功的表达式为 $W=\int p\,dV$,其数值等于 p-V 图中过程曲线下所对应的面积.即

$$W = \frac{1}{2}(p_A + p_B)(V_B - V_A)$$

$$= \frac{1}{2} \times (2.0 + 4.0) \times 10^5 \times (3.0 - 1.0) \times 10^{-3} \text{ J}$$

$$= 6.0 \times 10^2 \text{ J}$$

5-13 如题 5-13 图所示,系统从状态 A 沿 ACB 变化到状态 B,有 334 J 的热量传递给系统,而系统对外做功为 126 J.

(1) 若系统从状态 A 沿 ADB 变化到状态 B 时,系统做功 42 J,问有多少热量传递给系统?

(2) 当系统从状态 B 沿曲线 BEA 返回到状态 A 时,外界对系统做功 84 J,问系统是吸热还是放热?传递热量多少?

(3) 若 $E_D - E_A = 167$ J,求系统沿 AD 及 DB 变化时,各吸收多少热量?

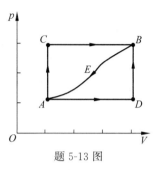

题 5-13 图

解 (1) 对于过程 ACB

$$E_B - E_A = Q_{ACB} - W_{ACB} = (334 - 126) \text{ J} = 208 \text{ J}$$

对于过程 ADB

$$Q_{ADB} = (E_B - E_A) + W_{ADB} = (208 + 42) \text{ J} = 250 \text{ J}$$

(2) 对于过程 BEA

$$Q = (E_A - E_B) + W_{CEAB} = (-208 - 84) \text{ J} = -292 \text{ J}$$

负号表示放热.

(3) 对于过程 AD

$$Q_{AD} = E_D - E_A + W_{ADB} = (167 + 42) \text{ J} = 209 \text{ J}$$

对于过程 DB

$$Q_{DB} = (E_B - E_A) - (E_D - E_A) = (208 - 167) \text{ J} = 41 \text{ J}$$

5-14 为了使刚性双原子分子理想气体在等压膨胀过程中对外做功 2 J,必须传给气体多少热量?

解 等压膨胀过程做功 $\qquad W = p\Delta V = \dfrac{M}{\mu} R \Delta T$

热力学能增量 $\qquad \Delta E = \dfrac{M}{\mu} \dfrac{i}{2} R \Delta T = \dfrac{1}{2} i W$

刚性双原子分子 $\qquad i = 5$

所以 $\qquad Q = \Delta E + W = \dfrac{1}{2} i W + W = 7$ J

5-15 2 mol 氢气(视为理想气体)开始时处于标准状态,后经等温过程从外界吸取了 400 J 的热量,达到末态,求末态的压强.

解 在等温过程中 $\qquad \Delta T = 0$

$$Q = W = \frac{M}{\mu} RT \ln \frac{V_2}{V_1}$$

得
$$\ln\frac{V_2}{V_1} = \frac{Q}{\frac{M}{\mu}} = 0.0882$$

即
$$\frac{V_2}{V_1} = 1.09$$

末态压强
$$p_2 = \frac{V_1}{V_2} p_1 = 0.93 \times 10^5 \text{ Pa}$$

5-16 0.02 kg 的氦气(视为理想气体),温度由 17℃升为 27℃,若在升温过程中:(1)体积保持不变;(2)压强保持不变;(3)不与外界交换热量.试分别求出这些过程的气体热力学能的改变,吸收的热量,外界对气体所做的功.

解 氦气为单原子分子理想气体,$i=3$

(1) 等体过程,$V=$ 常量,$W=0$

由 $Q = \Delta E + W$

可知 $Q = \Delta E = \frac{M}{\mu} C_{V,m}(T_2 - T_1) = 623 \text{ J}$

(2) 等压过程,$p=$ 常量,
$$Q = \frac{M}{\mu} C_{p,m}(T_2 - T_1) = 1.04 \times 10^3 \text{ J}$$

ΔE 与(1)相同
$$W = Q - \Delta E = 417 \text{ J}$$

(3) $Q=0$,ΔE 与(1)同
$$W = -\Delta E = -623 \text{ J}$$

(负号表示外界做功)

5-17 将 0.3 kg 水蒸气自 120℃加热到 140℃,问:(1)在等体过程中;(2)在等压过程中,各吸收了多少热量.(实验测得水蒸气的等体摩尔热容和等压摩尔热容分别为:$C_{V,m}=27.82 \text{ J} \cdot \text{mol}^{-1} \cdot \text{K}^{-1}$,$C_{p,m}=36.21 \text{ J} \cdot \text{mol}^{-1} \cdot \text{K}^{-1}$)

解 (1) 等体过程中吸收的热量为
$$Q_V = \Delta E = \frac{M}{\mu} C_{V,m}(T_2 - T_1)$$
$$= \frac{0.3}{18 \times 10^{-3}} \times 27.82 \times (413 - 393) \text{ J}$$
$$= 9.27 \times 10^3 \text{ J}$$

(2) 等压过程中吸收的热量为
$$Q_p = \int p \, dV + \Delta E = \frac{M}{\mu} C_{p,m}(T_2 - T_1)$$
$$= \frac{0.3}{18 \times 10^{-3}} \times 36.21 \times (413 - 393) \text{ J}$$
$$= 12.07 \times 10^3 \text{ J}$$

5-18 将压强为 1.013×10^5 Pa,体积为 1×10^{-3} m³ 的氧气,自 0℃加热到 160℃,问:(1)当压强不变时,需要多少热量?(2)当体积不变时,需要多少热量?(3)在等压和等体过

程中各做了多少功？

解 氧气的摩尔数为
$$n = \frac{M}{\mu} = \frac{p_1 V_1}{R T_1} = \frac{1.013 \times 10^5 \times 1 \times 10^{-3}}{8.31 \times 273} = 4.46 \times 10^{-2} \text{ mol}$$

氧气为双原子分子，$i=5$
$$C_{V,m} = \frac{i}{2}R = \frac{5}{2} \times 8.31 \text{ J} \cdot \text{mol}^{-1} \cdot \text{K}^{-1} = 20.8 \text{ J} \cdot \text{mol}^{-1} \cdot \text{K}^{-1}$$

$$C_{p,m} = \left(\frac{i}{2}+1\right)R = \frac{7}{2} \times 8.31 \text{ J} \cdot \text{mol}^{-1} \cdot \text{K}^{-1} = 29.1 \text{ J} \cdot \text{mol}^{-1} \cdot \text{K}^{-1}$$

(1) 当压强不变时，系统所吸热为
$$Q_p = \int p \, dV + \Delta E = nC_{p,m}(T_2 - T_1) = 4.46 \times 10^{-2} \times 29.1 \times (433 - 273) \text{ J}$$
$$= 2.08 \times 10^2 \text{ J}$$

(2) 体积不变时，系统所吸热为
$$Q_V = \Delta E = nC_{V,m}(T_2 - T_1) = 4.46 \times 10^{-2} \times 20.8 \times (433 - 273) \text{ J}$$
$$= 1.48 \times 10^2 \text{ J}$$

(3) 在等压过程中所做功为
$$W_p = \int p \, dV = \int_{T_1}^{T_2} nR \, dT_1 = 4.46 \times 10^{-2} \times 8.31 \times (433 - 273) \text{ J}$$
$$= 59.3 \text{ J}$$

在等体过程中，气体体积不变，故所做功为零.

说明：功的值亦可用热力学第一定律 $Q = \Delta E + W$ 来求.
$$\Delta E = nC_{V,m}(T_2 - T_1) = 4.46 \times 10^{-2} \times 20.8 \times (433 - 273) \text{ J} = 1.48 \times 10^2 \text{ J}$$
$$W_p = Q_p - \Delta E = (2.08 \times 10^2 - 1.48 \times 10^2) \text{ J} = 59.3 \text{ J}$$
$$W_V = Q_V - \Delta E = (1.48 \times 10^2 - 1.48 \times 10^2) \text{ J} = 0$$

5-19 如题 5-19 图所示，1 mol 的氢气，当压强为 1.013×10^5 Pa，温度为 20℃，体积为 V_0 时，通过以下两种过程使其达到同一状态：(1)保持体积不变，加热使其温度升高到 80℃，然后令其作等温膨胀，体积变为 $2V_0$；(2)先使其作等温膨胀至体积为 $2V_0$，然后保持体积不变，加热使其温度升高到 80℃. 试分别计算以上两种过程中，气体吸收的热量，对外所做的功和热力学能的增量.

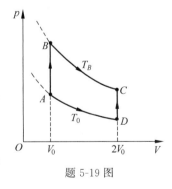

题 5-19 图

解 (1) 氢气的等体摩尔热容为 $C_{V,m} = \frac{5}{2}R$，在 AB 等体过程中，气体不做功，热力学能增量为
$$\Delta E_1 = C_{V,m} \Delta T = \frac{5}{2} R \Delta T = \frac{5}{2} \times 8.31 \times 60 \text{ J} = 1.25 \times 10^3 \text{ J}$$

在 BC 等温过程中热力学能不变，氢气体积从 V_0 变化到 $2V_0$，气体对外所做的功为

$$W_1 = RT \ln \frac{2V_0}{V_0} = 8.31 \times 353 \times \ln 2 \text{ J} = 2.03 \times 10^3 \text{ J}$$

在 ABC 过程中,气体吸收热量为

$$Q_{ABC} = \Delta E_1 + W_1 = (1.25 \times 10^3 + 2.03 \times 10^3) \text{ J} = 3.28 \times 10^3 \text{ J}$$

(2) 在 AD 等温过程中,热力学能不变,气体对外做功为

$$W_2 = RT_0 \ln \frac{2V_0}{V_0} = 8.31 \times 293 \times \ln 2 \text{ J} = 1.69 \times 10^3 \text{ J}$$

在 DC 等体吸热过程中气体不做功,热力学能增量为

$$\Delta E_2 = C_{V,m} \Delta T = \frac{5}{2} R \Delta T = \frac{5}{2} \times 8.31 \times 60 \text{ J}$$

$$= 1.25 \times 10^3 \text{ J}$$

在 ADC 过程中,气体吸收热量为

$$Q_{ADC} = \Delta E_2 + W_2 = (1.25 \times 10^3 + 1.69 \times 10^3) \text{ J}$$

$$= 2.94 \times 10^3 \text{ J}$$

5-20 如题 5-20 图所示,质量为 6.4×10^{-2} kg 的氧气,在温度为 27℃ 时,体积为 3×10^{-3} m³. 分别计算下列各过程中气体所做的功:(1)气体绝热膨胀至体积为 1.5×10^{-2} m³;(2)气体等温膨胀至体积为 1.5×10^{-2} m³,然后再等体冷却,直到温度等于绝热膨胀后达到的最后温度为止. 并解释这两种过程中做功不同的原因.

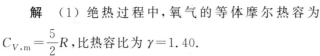

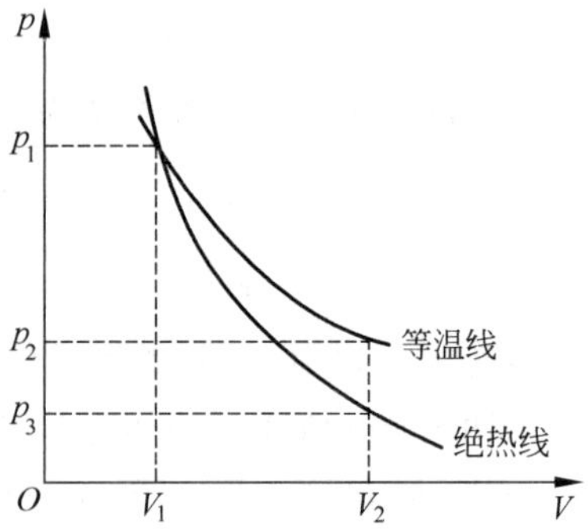

题 5-20 图

解 (1)绝热过程中,氧气的等体摩尔热容为 $C_{V,m} = \frac{5}{2} R$,比热容比为 $\gamma = 1.40$.

由绝热方程 $T_1 V_1^{\gamma-1} = T_2 V_2^{\gamma-1}$ 得

$$T_2 = T_1 \left(\frac{V_1}{V_2} \right)^{\gamma-1}, \quad Q = 0$$

$$W_1 = -\Delta E = C_V(T_1 - T_2) = C_V T_1 \left[1 - \left(\frac{V_1}{V_2} \right)^{\gamma-1} \right]$$

$$= \frac{5}{2} \times 8.31 \times 300 \times \left[1 - \left(\frac{2 \times 10^{-3}}{20 \times 10^{-3}} \right)^{1.40-1} \right] \text{ J} = 3.75 \times 10^3 \text{ J}$$

(2)等温过程中氧气体积由 V_1 膨胀到 V_2 时所做的功为

$$W_2 = RT_1 \ln \frac{V_2}{V_1}$$

$$= 8.31 \times 300 \times \ln \frac{20 \times 10^{-3}}{2 \times 10^{-3}} \text{ J}$$

$$= 5.74 \times 10^{-3} \text{ J}$$

在等温过程中,因温度不变,压强下降不如绝热过程快,所以从同一初态膨胀了相同的

体积时,等温过程做较多的功.

5-21 有 1 mol 单原子理想气体做如题 5-21 图所示的循环过程.求气体在循环过程中吸收的净热量和对外所做的净功,并求循环效率.

解 气体经过循环所做的净功 W 为题 5-21 图中 1—2—3—4—1 线所包围的面积,即

$W = (p_2 - p_1)(V_2 - V_1)$
$= (2.026 - 1.013) \times 10^5 \times (3.36 - 2.24) \times 10^{-3}$ J
$= 1.13 \times 10^2$ J

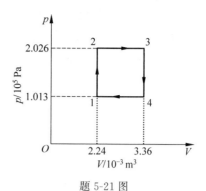

题 5-21 图

根据理想气体状态方程 $pV = \dfrac{M}{\mu}RT$ 得

$$T_1 = \frac{\mu}{M}\frac{p_1 V_1}{R} = 1 \times \frac{1.013 \times 10^5 \times 2.24 \times 10^{-3}}{8.31} \text{ K} = 27.3 \text{ K}$$

$$T_2 = \frac{\mu}{M}\frac{p_2 V_2}{R} = 54.6 \text{ K}$$

$$T_3 = \frac{\mu}{M}\frac{p_3 V_3}{R} = 81.9 \text{ K}$$

$$T_4 = \frac{\mu}{M}\frac{p_4 V_4}{R} = 41.0 \text{ K}$$

在等体过程 1—2,等压过程 2—3 中,气体所吸热量 Q_{12}、Q_{23} 分别为

$$Q_{12} = C_{V,m}(T_2 - T_1) = \frac{3}{2} \times 8.31 \times (54.6 - 27.3) \text{ J} = 3.40 \times 10^2 \text{ J}$$

$$Q_{23} = C_{p,m}(T_3 - T_2) = \frac{5}{2} \times 8.31 \times (81.9 - 54.6) \text{ J} = 5.67 \times 10^2 \text{ J}$$

在等体过程 3—4,等压过程 4—1 中,气体所放热量 Q_{34}、Q_{41} 分别为

$$Q_{34} = C_{V,m}(T_4 - T_3) = \frac{3}{2} \times 8.31 \times (41.0 - 81.9) \text{ J} = -5.10 \times 10^2 \text{ J}$$

$$Q_{41} = C_{p,m}(T_1 - T_4) = \frac{5}{2} \times 8.31 \times (27.3 - 41.0) \text{ J} = -2.85 \times 10^2 \text{ J}$$

气体经历一个循环所吸收的热量之和为

$$Q_1 = Q_{12} + Q_{23} = 9.07 \times 10^2 \text{ J}$$

气体在此循环中所放出的热量之和为

$$Q_2 = |Q_{34}| + |Q_{41}| = 7.95 \times 10^2 \text{ J}$$

式中,Q_2 是绝对值.

气体在此循环过程中吸收的净热量为

$$Q = Q_1 - Q_2 = 1.12 \times 10^2 \text{ J}$$

此循环的效率为

$$\eta = 1 - \frac{Q_2}{Q_1} = 1 - \frac{7.95 \times 10^2}{9.08 \times 10^2} = 12.5\%$$

5-22 一卡诺热机的低温热源的温度为 7℃,效率为 40%,若要将其效率提高到 50%,问高温热源的温度应提高多少?

解 设高温热源的温度分别为 T_1 和 T_1',低温热源的温度为 T_2,则有

$$\eta = 1 - \frac{T_2}{T_1}, \quad \eta' = 1 - \frac{T_2}{T_1'}$$

上式变形得

$$T_1 = \frac{T_2}{1-\eta}, \quad T_1' = \frac{T_2}{1-\eta'}$$

高温热源温度需提高的温度为

$$\Delta T = T_1' - T_1 = \frac{T_2}{1-\eta'} - \frac{T_2}{1-\eta} = \frac{280}{1-0.5} - \frac{280}{1-0.4} \text{ K} = 93.3 \text{ K}$$

5-23 汽油机可近似地看成如题 5-23 图所示的理想循环,这个循环也叫作奥托循环,其中 BC 和 DE 是绝热过程. 试证明:

(1) 此循环的效率为 $\eta = 1 - \dfrac{T_E - T_B}{T_D - T_C}$,式中,$T_B, T_C, T_D, T_E$ 分别为工作物质在状态 B,C,D,E 的温度;

(2) 若工作物质的比热容比为 γ,在状态 C,D 和 E,B 的体积分别为 V_C, V_B,则上述效率也可表示为 $\eta = 1 - \left(\dfrac{V_C}{V_B}\right)^{\gamma-1}$.

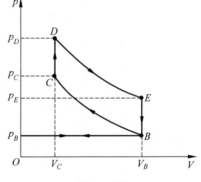

题 5-23 图

证明 (1) 该循环仅在 CD 过程中吸热,EB 过程中放热. 则热机效率为

$$\eta = 1 - \frac{|Q_{EB}|}{Q_{CD}} = 1 - \frac{\dfrac{M}{\mu}C_{V,m}(T_E - T_B)}{\dfrac{M}{\mu}C_{V,m}(T_D - T_C)} = 1 - \frac{T_E - T_B}{T_D - T_C} \tag{a}$$

(2) 在过程 CD, DE 中,根据绝热方程 $TV^{\gamma-1} = C$ 有

$$T_B V_B^{\gamma-1} = T_C V_C^{\gamma-1}$$
$$T_E V_B^{\gamma-1} = T_D V_C^{\gamma-1}$$

由以上二式可得

$$\frac{T_E - T_B}{T_D - T_C} = \left(\frac{V_C}{V_B}\right)^{\gamma-1} \tag{b}$$

把式(b)代入式(a)得

$$\eta = 1 - \left(\frac{V_C}{V_B}\right)^{\gamma-1}$$

证毕.

5-24 设有一以理想气体为工作物质的热机,其循环如题 5-24 图所示,试证明其效率为

$$\eta = 1 - \gamma \frac{\left(\dfrac{V_1}{V_2}\right) - 1}{\left(\dfrac{p_1}{p_2}\right) - 1}$$

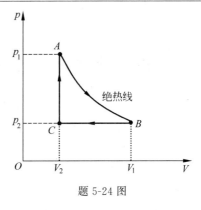

题 5-24 图

证明 该热机的循环效率为

$$\eta = 1 - \frac{Q_2}{Q_1} = 1 - \frac{|Q_{BC}|}{Q_{CA}}$$

其中

$$Q_{BC} = \frac{M}{\mu} C_{p,m}(T_C - T_B)$$

$$Q_{CA} = \frac{M}{\mu} C_{V,m}(T_A - T_C)$$

所以

$$\eta = 1 - \gamma \frac{|T_C - T_B|}{T_A - T_C} = 1 - \gamma \frac{\dfrac{T_B}{T_C} - 1}{\dfrac{T_A}{T_C} - 1}$$

在等压过程 BC 中和等体过程 CA 中分别有 $\dfrac{T_B}{V_1} = \dfrac{T_C}{V_2}$，$\dfrac{T_A}{p_1} = \dfrac{T_C}{p_2}$，代入上式得

$$\eta = 1 - \gamma \frac{\left(\dfrac{V_1}{V_2}\right) - 1}{\left(\dfrac{p_1}{p_2}\right) - 1}$$

证毕.

热学部分自我检测题

一、选择题(每题 2 分,共 30 分)

1. 在一封闭的容器中装有某理想气体,试问以下哪些情况是可能发生的?(   )
   A. 使气体的温度升高,同时体积减小
   B. 使气体的温度升高,同时压强增大
   C. 使气体的温度保持不变,但压强和体积同时增大
   D. 使气体的压强保持不变,而温度升高,体积减小

2. 若理想气体的体积为 V,压强为 p,热力学温度为 T,一个分子的质量为 m,k 为玻耳兹曼常量,R 为摩尔气体常量,则该理想气体的分子数为(   ).
   A. $\dfrac{pV}{m}$ B. $\dfrac{pV}{kT}$ C. $\dfrac{pV}{RT}$ D. $\dfrac{pV}{mT}$

3. 容器中盛有温度为 273 K 和压强为 1.01×10^3 Pa 的氧气,今假定容器的温度升高到 546 K,处于分子状态的氧被分离为处于原子状态的氧,则原子氧的方均根速率是分子氧的方均根速率的(   )倍.
   A. 0.5   B. 1   C. 2   D. $\sqrt{2}$

4. 在 0℃时氧分子热运动的速率恰好等于 500 m·s^{-1} 的分子数占分子总数的百分比为(   ).
   A. 10%   B. 50%   C. 0   D. 无法计算

5. 如果在同一固定容器内,将理想气体分子的平均速率提高为原来的 2 倍,则(   ).
   A. 温度和压强均提高为原来的 2 倍
   B. 温度和压强均提高为原来的 4 倍
   C. 温度提高为原来的 2 倍,压强提高为原来的 4 倍
   D. 温度提高为原来的 4 倍,压强提高为原来的 2 倍

6. 两种理想气体的温度相等,则它们的(   ).
   A. 热力学能相等   B. 分子的平均动能相等
   C. 分子的平均平动动能相等   D. 分子的平均转动动能相等

7. v_p 表示某气体分子的最概然速率,n_p 表示在速率 v_p 附近单位体积单位速率区间的气体分子数,若该气体的温度降低,则 v_p 和 n_p 如何变化(   ).
   A. v_p 变小,n_p 不变   B. v_p 和 n_p 均变小
   C. v_p 变小,n_p 变大   D. v_p 不变,n_p 变大

8. 一定量的理想气体,在温度不变的情况下,当压强降低时,分子的平均碰撞频率 $\bar{Z}$ 和平均自由程 $\bar{\lambda}$ 是如何变化的?(   )
   A. $\bar{Z}$ 和 $\bar{\lambda}$ 均增大   B. $\bar{Z}$ 和 $\bar{\lambda}$ 均变小
   C. $\bar{Z}$ 增大而 $\bar{\lambda}$ 减小   D. $\bar{Z}$ 减小而 $\bar{\lambda}$ 变大

9. 一定质量的理想气体经过压缩过程后,体积减小为原来的一半,这个过程可以是绝热、等温或等压过程. 如果要使外界所做的机械功为最大,那么这个过程应是(   ).

A. 绝热过程 B. 等温过程
C. 等压过程 D. 绝热过程或等温过程均可

10. 两相同容器,盛有不同的理想气体,若它们的热力学能相等,则它们的温度( ).

A. 一定相等 B. 一定不相等
C. 不一定相等 D. 在摩尔数相同时一定相等

11. 对于理想气体来说,在下列过程中,哪个过程系统所吸收的热量、热力学能的增量和对外所做的功三者均为负值?( )

A. 等体降压过程 B. 等温膨胀过程
C. 绝热膨胀过程 D. 等压压缩过程

12. 系统由一初态开始,进行等压膨胀过程,则系统的( ).

A. $dQ>0, dE<0, dW<0$ B. $dQ>0, dE>0, dW>0$
C. $dQ>0, dE>0, dW<0$ D. $dQ<0, dE>0, dW<0$

13. 某一定量的理想气体,起始温度为 T_1,体积为 V_0,气体经过下面 3 个过程完成一次逆循环,回到原来的状态:绝热膨胀至体积 $2V_0$;等体过程使其温度恢复为 T_1;再等温压缩到原体积 V_0.则经过循环过程以后( ).

A. 外界对气体做功,气体向外界放热
B. 气体从外界吸热,并对外界做功
C. 气体的热力学能增加
D. 气体的热力学能减小

14. 设一个卡诺循环,其高温热源的温度为 100℃,低温热源的温度为 0℃,则其循环效率为( ).

A. 26.8% B. 30% C. 40% D. 53.6%

15. 两个卡诺循环,一个工作于热力学温度为 T_1 和 T_2 的两个热源之间;另一个工作于热力学温度为 T_1 和 T_3 的两个热源之间,已知 $T_1<T_2<T_3$,而且这两个循环所包围的面积相等.由此可知,下述说法正确的是( ).

A. 两者的效率相等
B. 两者从高温热源吸收的热量相等
C. 两者向低温热源放出的热量相等
D. 两者吸取热量和放出热量的差值相等

二、填空题(每空 2 分,共 20 分)

1. 保持理想气体压强恒定,使其温度升高一倍,则每个分子施于器壁的冲量为原来的_____倍,每秒钟与器壁单位面积碰撞的分子数为原来的_____倍.

2. 两容器中各盛有氧气,二者的压强和温度相同,体积不同,则二者的分子数密度 n _____;二者的分子平均平动动能_____;二者的热力学能_____(填"相同"或"不同").

3. 某种理想气体在温度为 T_2 时的最概然速率与它在温度为 T_1 时的方均根速率相等,则 $\dfrac{T_1}{T_2}=$ _____.

4. 在_____过程中,系统传递的热量可以用 $p\text{-}V$ 图中过程曲线下的面积来表示.

5. 1 mol 的空气从热源吸收热量 $2.66×10^5$ J，其热力学能增加了 $4.18×10^5$ J，在这过程中外界对气体所做的功为_____．

6. 已知 1 mol 的某种理想气体（可视为刚性双原子分子），在等压过程中温度上升 1 K，热力学能增加了 20.78 J，则气体对外做功为_____J，气体吸收热量_____J．

三、计算题（每题 10 分，共 50 分）

1. 已知容器的压强为 $1.0×10^{-9}$ Pa，内部气体的温度为 27℃，试求容器中单位体积内的分子数．

2. 某真空管内的压强为 $1.33×10^{-3}$ Pa，试求在 27℃ 时管内气体分子的平均自由程？（已知分子的有效直径为 $3×10^{-10}$ m．）

3. 压强、体积和温度都相同的氧气和氦气，均可视为理想气体，它们在等压过程中吸收了相等的热量，求氧气和氦气对外所做的功之比．

4. 汽缸内储有 2 mol 的空气，温度为 27℃，若维持压强不变，而使空气的体积膨胀到原体积的 3 倍，求空气膨胀时做的功．

5. 一热机的高温热源的热力学温度是低温热源绝对温度的 n 倍，气体从高温热源吸收热量 Q_1，求经过一个卡诺循环后，气体传递给低温热源的热量 Q_2 是多少．

第6章 静电场

6.1 教学目标

1. 掌握描述静电场的两个物理量——电场强度和电势的概念,理解电场强度叠加原理和电势叠加原理,熟练掌握用微元分析法求解一些简单问题中的电场强度.

2. 理解静电场的两个重要定理——高斯定理和静电场的环路定理,熟练掌握利用高斯定理求解电场强度的条件和方法.

3. 掌握利用电势叠加原理和电势的定义式求解带电体系的电势.

4. 理解导体的静电平衡条件,了解电介质的极化现象及其微观解释,理解各向同性介质中的 D 和 E 之间的关系和区别. 理解电介质中的高斯定理和静电场的环路定理.

5. 理解电容的定义,并能计算简单几何形状的电容器的电容.

6. 了解电场能量密度和电场能量的概念,能用能量密度计算电场能量.

6.2 知识框架

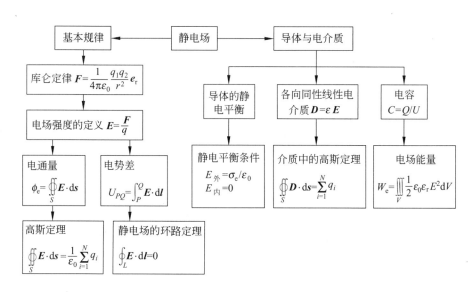

6.3 本章提要

1. 库仑定律：$F_{21}=k\dfrac{q_1 q_2}{r^2}e_{12}$

2. 电场强度：$E=\dfrac{F}{q}$

电场强度的叠加原理：$E=E_1+E_2+E_3+\cdots$

点电荷的电场：$E=\dfrac{1}{4\pi\varepsilon_0}\dfrac{q}{r^2}e_r$

连续电荷分布的电场：$E=\dfrac{1}{4\pi\varepsilon_0}\int\dfrac{\mathrm{d}q}{r^2}e_r$

(1) 线状分布：$E=\dfrac{1}{4\pi\varepsilon_0}\int_l\dfrac{\lambda\mathrm{d}l}{r^2}\dfrac{r}{r}$；   (2) 面状分布：$E=\dfrac{1}{4\pi\varepsilon_0}\iint_S\dfrac{\sigma\mathrm{d}S}{r^2}\dfrac{r}{r}$；

(3) 体状分布：$E=\dfrac{1}{4\pi\varepsilon_0}\iiint_V\dfrac{\rho\mathrm{d}V}{r^2}\dfrac{r}{r}$

3. 静电场的高斯定理：$\oiint_S E\cdot\mathrm{d}s=\dfrac{1}{\varepsilon_0}\sum_{i=1}^N q_i$

几种典型分布电荷的电场

无限大带电平面的电场：$E=\dfrac{\sigma}{2\varepsilon_0}$

无限长带电直线的电场：$E=\dfrac{\lambda}{2\pi r\varepsilon_0}$

均匀带电细圆环轴线上的电场：$E=\dfrac{1}{4\pi\varepsilon_0}\dfrac{qx}{(x^2+R^2)^{\frac{3}{2}}}$

4. 静电场的环路定理：$\oint_L E\cdot\mathrm{d}l=0$

5. 电势：$U_P=\int_P^\infty E\cdot\mathrm{d}l$

电势叠加原理：$U=U_1+U_2+U_3+\cdots$

由点电荷引起的电势：$U=\dfrac{1}{4\pi\varepsilon_0}\dfrac{q}{r}$

由连续电荷分布引起的电势：$U=\int\dfrac{1}{4\pi\varepsilon_0}\dfrac{\mathrm{d}q}{r}$

电荷连续分布的带电体的电势：

(1) 线状分布：$U=\dfrac{1}{4\pi\varepsilon_0}\int_l\dfrac{\lambda\mathrm{d}l}{r}$；   (2) 面状分布：$U=\dfrac{1}{4\pi\varepsilon_0}\iint_S\dfrac{\sigma\mathrm{d}S}{r}$；

(3) 体状分布：$U=\dfrac{1}{4\pi\varepsilon_0}\iiint_V\dfrac{\rho\mathrm{d}V}{r}$

几种典型分布电荷的电势

均匀带电细圆环轴线上的电势：$U = \dfrac{1}{4\pi\varepsilon_0} \dfrac{q}{\sqrt{R^2+x^2}}$

均匀带电球面的电势：$U = \begin{cases} \dfrac{1}{4\pi\varepsilon_0} \dfrac{Q}{R}, & r \leqslant R \\ \dfrac{1}{4\pi\varepsilon_0} \dfrac{Q}{r}, & r > R \end{cases}$

6. 导体的静电平衡条件

电场表述：(1)导体内部场强处处为零；(2)导体表面附近的场强方向处处与它的表面垂直，且 $E = \sigma_e/\varepsilon_0$.

电势表述：(1)导体是等势体；(2)导体表面是等势面.

7. 电介质中的高斯定理：$\oiint_S \boldsymbol{D} \cdot \mathrm{d}\boldsymbol{s} = \sum_{i=1}^{N} q_i$

各向同性线性电介质：$\boldsymbol{D} = \varepsilon_0 \varepsilon_r \boldsymbol{E} = \varepsilon \boldsymbol{E}$

8. 电容器的电容：$C = \dfrac{Q}{U}$

特例：平行板电容器的电容 $C = \dfrac{\varepsilon s}{d}$

电容器储能：$W = \dfrac{1}{2}\dfrac{Q^2}{C} = \dfrac{1}{2}QU = \dfrac{1}{2}CU^2$

9. 电场的能量密度：$\omega_e = \dfrac{1}{2}\varepsilon_0 \varepsilon_r E^2$

电场能量：$W_e = \iiint_V \omega_e \mathrm{d}V = \iiint_V \dfrac{1}{2}\varepsilon_0 \varepsilon_r E^2 \mathrm{d}V$，球体体积元：$\mathrm{d}V = 4\pi r^2 \mathrm{d}r$，柱体体积元：$\mathrm{d}V = 2\pi r l \mathrm{d}r$

6.4 检 测 题

检测点 1：如检 6-1 图所示，两个质子 p 和一个电子 e 在一个轴上．试问以下各力：(1)电子对中央质子的静电力；(2)另一个质子对中央质子的静电力；(3)对中央质子上的合静电力，它们各沿什么方向？

答：(1)向左；(2)向左；(3)向左．

检测点 2：最初，球 A 具有 $-50e$ 的电荷而球 B 具有 $+20e$ 的电荷，它们都由导电材料制成并且大小相同．如果两球接触一下，那么最终球 A 上的电荷是多少？

答：$-15e$（净电荷 $-30e$ 均分）．

检测点 3：库仑定律适用于所有的带电物体吗？

答：不是，适用于点电荷．

检测点 4：如检 6-4 图所示，在 x 轴上的一个质子 p 和一个电子 e.(1)在 S 点和 R 点，由该电子引起的电场沿什么方向？(2)在 S 点和 R 点，合电场沿什么方向？

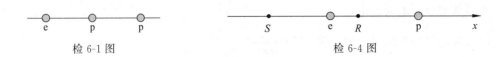

答：(1)S 点，向右；R 点，向左；(2)S 点，向右；R 点，向左(p 和 e 电荷量大小相等而 p 较远).

检测点 5：如检 6-5 图所示，带电粒子距原点等距离的四种情况. 按照原点的合电场大小由大到小把这些情况排序？

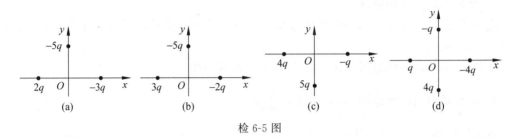

答：全相等.

检测点 6：如检 6-6 图所示，三根绝缘棒，一根半圆的和两根直的. 每根的上半部分和下半部分都各有大小为 Q 的均匀电荷分布，则每一根绝缘棒在 P 点的合电场沿什么方向？

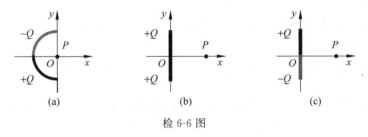

答：(a)指向正 y 方向；(b)指向正 x 方向；(c)指向负 y 方向.

检测点 7：如检 6-7 图所示，(a)由所示电场引起的作用在电子上的静电力沿什么方向？(b)如果在电子进入该电场前平行于 y 轴运动，则它将沿哪个方向加速？(c)如果换一种情况，电子最初向右运动，则其速率将增大、减小还是保持常量？

答：(a)向左；(b)向左；(c)减小.

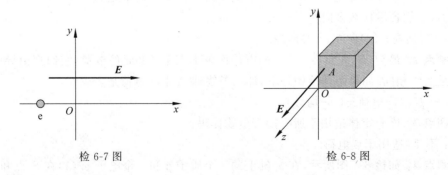

检测点 8：如检 6-8 图所示，在均匀电场 E 中的正面面积为 A 的正方形高斯面，E 沿 z

轴正方向.用 E 和 A 来表示穿过(a)前表面(在 xOy 平面内),(b)后表面,(c)上表面,及(d)整个立方体的电通量是什么?

答:(a)$+EA$;(b)$-EA$;(c)0;(d)0.

检测点 9:有一定的净电通量 ϕ_e 穿过半径为 r,包围有一孤立带电粒子的球形高斯面.如果该包围电荷的高斯面分别改变成(a)更大的高斯球面,(b)具有边长等于 r 的正立方体高斯面,(c)具有边长等于 $2r$ 的正立方体高斯面.在每种情况中,穿过新高斯面的净电通量大于、小于还是等于 ϕ_e?

答:(a)等于;(b)等于;(c)等于.

检测点 10:如检 6-10 图所示,具有相同(正)电荷面密度的两个大平行绝缘薄片和一个具有均匀(正)电荷体密度的球.按照有数字标记的四个点处的合电场的大小将它们由大到小排序.

答:3 和 4 相等,然后 2、1.

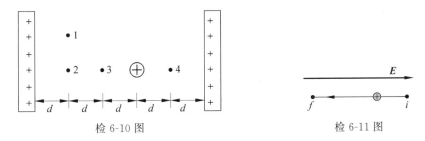

检 6-10 图   检 6-11 图

检测点 11:一质子在方向如检 6-11 图所示的电场中从点 i 移动到点 f.(a)质子所受外力做正功还是负功?(b)该质子是移动到电势较高还是较低的点?

答:(a)正功;(b)较高.

检测点 12:如检 6-12 图所示,一族平行的等势面(为横截面),把一个电子从一个等势面移到另一个等势面所走的五条路径.(a)与这些面相关联的电场沿什么方向?(b)对于每一条路径,外力所做的功是正、负还是零?(c)按照所做的功由大到小把这些路径排序?

答:(a)向右.(b)路径 1、2、3、5,正的;路径 4,负的.(c)3,然后 1、2 和 5 相同,最后 4.

检测点 13:一质子在方向如检 6-13 图所示的电场中从点 i 移动到点 f.(a)电场对质子做正功还是负功?(b)质子的电势能是增大还是减小?

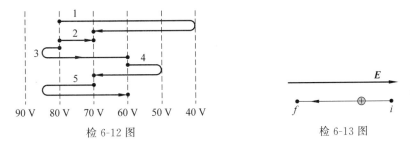

检 6-12 图   检 6-13 图

答:(a)负功;(b)增大.

检测点 14:如检 6-14 图所示,两个质子的三种排列.按照这些质子在 P 点引起的静电势由大到小把它们排序.

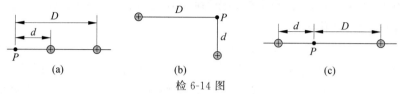

检 6-14 图

答：都一样.

检测点 15：三对具有相同间距的平行板和每个板的电势如检 6-15 图所示. 两板之间的电场是均匀的且垂直于板平面. (a)按照两板间电场的大小由大到小把这三对排序. (b)哪一对的电场指向右方？ (c)倘若一电子在两板之间的中间被释放，它是停在那里、匀速向右运动、匀速向左运动，向右加速还是向左加速？

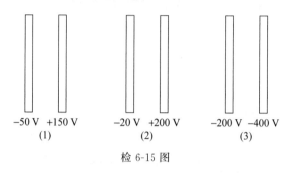

检 6-15 图

答：(a)2，然后 1 和 3 相同；(b)3；(c)向左加速.

检测点 16：一小带电球位于半径为 R 的金属球壳的空心内. 这里分别是关于小球和壳上净电荷的三种：(1) $+4q, 0$；(2) $-6q, +10q$；(3) $+16q, -12q$. 按照在(a)球壳内表面，(b)外表面上的电荷，把三种情况排顺序，哪种情况正电荷最多？

答：(a)(2)；(b)(1)、(2)和(3)相同.

检测点 17：一电荷为 $-50e$ 的小球位于空的球形金属壳的中心，球壳带有净电荷 $-100e$. 在球壳的内表面上及球壳的外表面上，电荷各为多少？

答：$+50e$；$-150e$.

检测点 18：如检 6-18 图所示，内半径为 R 的球形金属壳的截面，$-5\ \mu C$ 的点电荷位于距离壳中心为 $R/2$ 处. 如果壳是电中性的，则在其内和外表面的感应电荷各是多少？这些电荷是均匀分布的吗？

答：内表面的电荷 $+5.0\ \mu C$，外表面的电荷 $-5.0\ \mu C$；外表面上的电荷均匀分布.

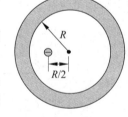

检 6-18 图

检测点 19：一极板间为空气的平行板电容器具有 $1.3\ \text{pF}$ 的电容. 在极板间插入石蜡后，电容变为 $2.6\ \text{pF}$，则石蜡的相对介电常数为多大？

答：2.

检测点 20：一平行板电容器由电池充电后仍保持连接，一电介质板插入两极板间，则下列各量是增大、减小还是保持不变. (a)电容器极板上的电荷；(b)间隙中的电场；(c)电介质板放好后，板中的电场.

答：(a)增大；(b)保持不变；(c)减小.

检测点 21：一平行板电容器由电池充电后断开，一厚度为 b 的电介质板放置在极板间．如果电介质板的厚度 b 增大，则下列各量是增大、减小还是保持不变．(a)电介质板中的电场；(b)极板间的电势差；(c)电容器的电容．

答：(a)保持不变；(b)减小；(c)增大．

检测点 22：对于用相同电池充电的一些电容器，它们所存储的电荷在下列几种情况下是增加、减少还是保持不变？(a)平行板电容器的板距增大；(b)圆柱形电容器内柱的半径增大；(c)球形电容器外壳的半径增大．

答：(a)减少；(b)增加；(c)减少．

检测点 23：电势差为 U 的电池使两个相同的电容器的组合存储电荷 q．在两个电容器是(a)并联、(b)串联的两种情况下，每一个电容器的电势差是多大？每一个电容器上的电荷是多少？

答：(a)U，$q/2$；(b)$U/2$，q．

检测点 24：一平行板电容器由电池保持连接充电，在极板间插入一瓷板($\varepsilon_r = 6.50$)后，下列各量是增大、减小还是保持不变．(a)电容器极板间的电势差；(b)电容；(c)电容器上的电荷；(d)该装置的电势能；(e)极板间的电场？

答：(a)保持不变；(b)、(c)、(d)增大；(e)保持不变(同样的电势差跨越同样的板间距)．

6.5 自我检测题

6.1 节 自我检测(库仑定律 电场强度)

6.1.1 判断题

6.1.1.1 判断下列说法是否正确．电场中某点场强的方向是将点电荷放在该点处所受到的电场力的方向．

答：错．

提示：场强方向为正点电荷在该点处所受电场力的方向．

6.1.1.2 判断下列说法是否正确．电荷在电场中某点受到的电场力很大，该点的场强一定很大．

答：错．

提示：有可能场强不很大，但电荷量很大．

6.1.1.3 判断下列说法是否正确．在以点电荷为中心，r 为半径的球面上，场强处处相等．

答：错．

提示：场强处处不相等，但场强的大小处处相等．

6.1.1.4 根据点电荷的场强公式 $\boldsymbol{E} = q\boldsymbol{r}/4\pi\varepsilon_0 r^3$，当所考察的场点和点电荷的距离 $r \to 0$ 时，场强 $\boldsymbol{E} \to \infty$，这是没有物理意义的，这种说法是否正确？

答：正确．

提示：点电荷的场强公式 $\boldsymbol{E} = q\boldsymbol{r}/4\pi\varepsilon_0 r^3$ 是由库仑定律 $\boldsymbol{F} = q_0 q\boldsymbol{r}/4\pi\varepsilon_0 r^3$ 推导而来，而库仑定律是实验公式，当 $r \to 0$ 时，库仑定律不成立．

6.1.2 选择题

6.1.2.1 如图所示五对平板,其中,A、B 和 D 是带正电的塑料板,而 C 是电中性的铜板.三对平板之间的静电力已画出,对于剩下的两对平板是相互排斥还是吸引(   ).

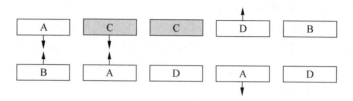

A. C 和 D 相互排斥;B 和 D 相互排斥
B. C 和 D 相互吸引;B 和 D 相互排斥
C. C 和 D 相互排斥;B 和 D 相互吸引
D. C 和 D 相互吸引;B 和 D 相互吸引

答案:D.

提示:由于静电感应,如果带正电的塑料板靠近中性铜板的一侧,则铜板中的传导电子被吸引到该侧,铜板远侧因为失去电子而带正电,铜板仍然是中性的.铜板和带正电的塑料板相互吸引.

6.1.2.2 带电粒子在电场中运动时(   ).
A. 速度总沿着电场线的切线,加速度不一定沿电场线切线
B. 加速度总沿着电场线的切线,速度不一定沿电场线切线
C. 速度和加速度都沿着电场线的切线
D. 速度和加速度都不一定沿着电场线的切线

答案:B.

提示:正电荷在某点受到的电场力方向即为该点的电场强度方向,而电场线上某点的切线方向为该点的电场强度方向.根据牛顿第二定律可知,加速度与合力方向相同,因此加速度总是沿着电场线的切线,而速度不一定,若电场线是直线,则速度可能与电场线切线平行.

6.2 节 自我检测(高斯定理及其应用)

6.2.1 判断题

6.2.1.1 判断下列说法是否正确.点电荷 q 如果只受到电场力的作用而运动,电场线就是点电荷在电场中运动的轨迹.

答:错误.

提示:不一定是运动轨迹.在点电荷电场中,如果释放一有初速度正电荷,电荷速度方向与点电荷电场方向有一夹角,则电荷不沿电场线运动.

6.2.1.2 判断下列说法是否正确.如果在高斯面上的场强 E 处处为零,面内一定没有净电荷.

答:正确.

提示:由高斯定理 $\oiint \boldsymbol{E} \cdot \mathrm{d}\boldsymbol{S} = \sum q_i/\varepsilon_0$ 知:高斯面上 E 处处为零,说明 $\sum q_i = 0$,即面内一定没有净电荷.

6.2.1.3 判断下列说法是否正确. 如果高斯面内没有净电荷,能否肯定面上所有各点的场强都等于零.

答:错误.

提示:若 $\sum q_i = 0$,只能说明高斯面上的电通量为零,不能认为面上所有各点的场强都等于零.

6.2.1.4 判断下列说法是否正确. 在高斯定理 $\oiint \boldsymbol{E} \cdot \mathrm{d}\boldsymbol{S} = \sum q_i / \varepsilon_0$ 中,在任何情况下,式中的 $\boldsymbol{E}$ 完全由电荷 q_i 所激发.

答:错误.

提示:若高斯面外无电荷,则 $\boldsymbol{E}$ 完全由电荷 q_i 激发;若高斯面外有电荷,则 $\boldsymbol{E}$ 还要包括高斯面外电荷的激发部分.

6.2.2 选择题

6.2.2.1 一均匀带电球面,电荷面密度为 σ,球面内电场强度处处为零,球面上面元 dS 带有 σdS 的电荷,该电荷在球面内各点产生的电场强度( ).

A. 处处为零
B. 不一定都为零
C. 处处不为零
D. 无法判定

答案:C.

提示:虽然球面内电场强度处处为零,但是任一面元 dS 电荷 σdS 的在球面内各点产生的电场强度不为零.

6.2.2.2 关于高斯定理的理解有下面几种说法,其中正确的是( ).

A. 如果高斯面上 $\boldsymbol{E}$ 处处为零,则该面内必无电荷
B. 如果高斯面内无电荷,则高斯面上 $\boldsymbol{E}$ 处处为零
C. 如果高斯面上 $\boldsymbol{E}$ 处处不为零,则高斯面内必有电荷
D. 如果高斯面内有净电荷,则通过高斯面的电场强度通量必不为零

答案:D.

提示:高斯定理的理解.

6.2.2.3 下面列出的真空中静电场的场强公式,其中正确的是( ).

A. 点电荷 q 的电场:$E = \dfrac{q}{4\pi\varepsilon_0 r^2}$($r$ 为点电荷到场点的距离)

B. "无限长"均匀带电直线(电荷线密度 λ)的电场:$\boldsymbol{E} = \dfrac{\lambda}{2\pi\varepsilon_0 r^3}\boldsymbol{r}$($\boldsymbol{r}$ 为带电直线到场点的垂直于直线的矢量)

C. "无限大"均匀带电平面(电荷面密度 σ)的电场:$E = \dfrac{\sigma}{2\varepsilon_0}$

D. 半径为 R 的均匀带电球面(电荷面密度 σ)外的电场:$\boldsymbol{E} = \dfrac{\sigma R^2}{\varepsilon_0 r^3}\boldsymbol{r}$($\boldsymbol{r}$ 为球心到场点的矢量)

答案:D.

提示:几种典型分布电荷的电场.

6.3 节　自我检测（电势）

6.3.1　判断题

6.3.1.1 判断下列说法是否正确. 一人站在绝缘地板上, 用手紧握静电起电机的金属电极, 同时使电极带电产生 10^5 V 的电势, 人是安全的.

答: 正确.

提示: 此人电势也是 10^5 V, 人与电极之间没有电势差, 故人安全.

6.3.1.2 判断下列说法是否正确. 一个半径为 R, 带电荷量为 Q 的金属球壳内为真空, 球壳外充满无限大均匀电介质 ε_r, 这时球壳的电势为 $U = Q/4\pi\varepsilon_0\varepsilon_r R$.

答: 正确.

提示: 若球壳外充满无限大均匀电介质 ε_r, 各点场强大小为 $E = Q/4\pi\varepsilon_0\varepsilon_r r^2$, 则 $U = Q/4\pi\varepsilon_0\varepsilon_r R$.

6.3.2　选择题

6.3.2.1 有一半径为 R 的金属球壳, 其内部充满相对介电常数为 ε_r 的均匀电介质, 球壳外部是真空. 当球壳上均匀带有电荷 Q 时, 此球壳面上的电势应为(　　).

A. $\dfrac{Q}{4\pi\varepsilon_0\varepsilon_r R}$　　　B. $\dfrac{Q}{4\pi\varepsilon_0 R}$　　　C. $\dfrac{Q}{4\pi R}\left(\dfrac{1}{\varepsilon_0} - \dfrac{1}{\varepsilon_r}\right)$　　　D. 0

答案: B.

提示: 静电场的高斯定理 $\oiint_S \boldsymbol{E} \cdot \mathrm{d}\boldsymbol{s} = \dfrac{1}{\varepsilon_0}\sum_{i=1}^{N} q_i$, $\oiint_S \boldsymbol{E} \cdot \mathrm{d}\boldsymbol{s} = E 4\pi R^2$, $\dfrac{1}{\varepsilon_0}\sum_{i=1}^{N} q_i = \dfrac{Q}{\varepsilon_0}$.

6.3.2.2 内外半径分别为 R_1 和 R_2 的同心球面上, 分别均匀带电 q_1 和 q_2, 设两球面的电势差为 ΔU, 则(　　).

A. ΔU 随 q_1 的增加而增加　　　　B. ΔU 随 q_2 的增加而增加

C. ΔU 不随 q_1 的增减而改变　　　D. ΔU 不随 q_2 的增减而改变

答案: A.

提示: 两同心球面间的场强为 $\dfrac{1}{4\pi\varepsilon_0}\dfrac{q_1}{r^2}$, 两球面的电势差为 $\Delta U = \int_{R_1}^{R_2} \dfrac{1}{4\pi\varepsilon_0}\dfrac{q_1}{r^2}\mathrm{d}r = \dfrac{q_1}{4\pi\varepsilon_0}\left(\dfrac{1}{R_1} - \dfrac{1}{R_2}\right)$.

6.3.2.3 一个未带电的空腔导体球壳, 如图 6.3.2.3 所示, 半径为 R. 在腔内离球心的距离为 d 处($d<R$), 固定一电荷量为 $+q$ 的点电荷, 用导线把球壳接地后, 再把地线撤去. 选无穷远处为电势零点, 则球心的电势为(　　).

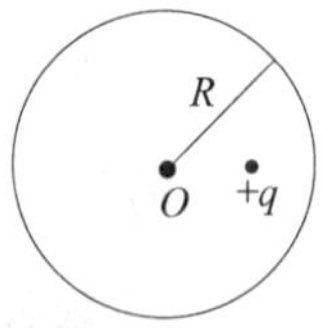

A. 0　　　　　　　　　　　B. $\dfrac{1}{4\pi\varepsilon_0}\dfrac{q}{d}$

C. $-\dfrac{1}{4\pi\varepsilon_0}\dfrac{q}{R}$　　　　D. $\dfrac{1}{4\pi\varepsilon_0}\left(\dfrac{q}{d} - \dfrac{q}{R}\right)$

图 6.3.2.3

答案: D.

提示: 用导线把球壳接地后, 再把地线撤去, 球壳所带电量为 $-q$. 点电荷 $+q$ 在球心的电势为 $\dfrac{1}{4\pi\varepsilon_0}\dfrac{q}{d}$, 球壳 $-q$ 在球心的电势为 $\dfrac{1}{4\pi\varepsilon_0}\dfrac{-q}{R}$.

6.4 节　自我检测(静电场中的导体和电介质)

6.4.1　判断题

6.4.1.1　判断下列说法是否正确.将一电中性的导体放在静电场中,在导体上感应出来的正负电荷的电荷量一定相等,这时导体是等势体.

答：正确.

提示：根据电荷守恒定律,正负电荷量一定相等,导体是等势体.

6.4.1.2　判断下列说法是否正确.将一电中性的导体放在静电场中,如果在电场中把导体分开为两部分,则一部分导体上带正电,另一部分上带负电,这时两部分导体的电势是相等的.

答：错误.

提示：两部分导体的电势不相等,带正电部分的电势高.

6.4.1.3　判断下列说法是否正确.一个孤立导体球带有电荷量 q,当我们把另一带电体移近该导体球时,球表面附近的场强将沿法线方向,其上电荷分布不再均匀,球体内任一点的场强无变化.

答：正确.

提示：另一带电体移近这个导体球时,球表面附近的场强沿法线方向；表面的电荷分布不再均匀；表面各点电势仍相等；电势有变化；球体内任一点的场强为零,无变化.

6.4.2　选择题

6.4.2.1　导体达到静电平衡时,其内部各点的场强为(　　),导体上各点的电势为(　　).

A. 零,零　　　　　　B. 零,相同　　　　　C. 相同,相同　　　　D. 相同,零

答案：B.

提示：导体的静电平衡条件.

6.4.2.2　一孤立带电导体球,其表面处场强的方向(　　)表面；当把另一带电体放在这个导体球附近时,该导体球表面处场强的方向(　　)表面.

A. 垂直于,垂直于　　　　　　　　B. 平行于,垂直于

C. 垂直于,平行于　　　　　　　　D. 平行于,平行于

答案：A.

提示：导体的静电平衡条件.

6.4.2.3　一带电导体放在封闭的金属壳内部.(1)若将另一带电导体从外面移近金属壳,壳内的电场(　　),金属壳及壳内带电体的电势要改变,金属壳和壳内带电体之间的电势差不改变.(2)若将金属壳内部的带电体在壳内移动或与壳接触时,壳外部的电场(　　).

A. 不改变,不改变　　　　　　　　B. 改变,不改变

C. 不改变,改变　　　　　　　　　D. 改变,改变

答：A.

提示：(1)壳内的电场不改变,系统的电势要改变,二者电势差不改变.(2)壳外的电场不改变.

6.5 节　自我检测(电容　电场能量)

6.5.1　判断题

6.5.1.1　判断下列说法是否正确.(1)当平行板电容器的两极板上分别带上等值同号

的电荷时,其电容值不改变.(2)当平行板电容器的两极板上分别带上同号不等值的电荷时,其电容值不改变.

答:正确.

提示:电容值与两极板是否带电无关.

6.5.1.2 判断下列说法是否正确.如果保持平行板电容器的电压不变(接上电源),增大极板间距离,则极板上的电荷减小、极板间的电场强度减小、平行板电容器的电容减小.

答:正确.

提示:$U=Q/C$,$C=\varepsilon S/d$,当 U 不变时,若 d 增大,C 减小,Q 减小,E 减小.

6.5.1.3 判断下列说法是否正确.一个半径为 R,带电荷量为 Q 的金属球壳里充满了均匀电介质 ε_r,球外是真空,此球壳的电势是为 $Q/4\pi\varepsilon_0\varepsilon_r R$.

答:错误.

提示:电势 $U=Q/4\pi\varepsilon_0 R$,因为 $U=\int_R^\infty \boldsymbol{E}\cdot d\boldsymbol{l}$,而球外场强分布不改变,故球的电势不改变.

6.5.2 选择题

6.5.2.1 一电荷量为 Q 的点电荷固定在真空某点上,将另一电荷量为 q 的点电荷放在与 Q 相距 r 处.若设两点电荷相距无限远时电势能为零,则此时的电势能 $W_e=($ $)$.

A. $\dfrac{Q}{4\pi\varepsilon_0 r}$ B. 0 C. $\dfrac{Qq}{4\pi\varepsilon_0 r}$ D. $\dfrac{Qq}{4\pi\varepsilon_0 r^2}$

答案:C.

提示:$W_e=qU$,$U=\dfrac{Q}{4\pi\varepsilon_0 r}$.

6.5.2.2 一平行板电容器,充电后切断电源,然后使两极板间充满相对介电常数为 ε_r 的各向同性均匀电介质.此时两极板间的电场强度是原来的(   )倍;电场能量是原来的(   )倍.

A. $\dfrac{1}{\varepsilon_r},\dfrac{1}{\varepsilon_r}$ B. $\dfrac{1}{\varepsilon_r},\varepsilon_r$ C. $\varepsilon_r,\varepsilon_r$ D. $\varepsilon_r,\dfrac{1}{\varepsilon_r}$

答案:A.

提示:$\oiint_S \boldsymbol{D}\cdot d\boldsymbol{s}=\sum_{i=1}^N q_i$,$\boldsymbol{D}=\varepsilon_0\varepsilon_r\boldsymbol{E}$,$W_e=\iiint_V \dfrac{1}{2}\varepsilon_0\varepsilon_r E^2 dV$.

6.5.2.3 一平行板电容器,充电后与电源保持连接,然后使两极板间充满相对介电常数为 ε_r 的各向同性均匀电介质,这时两极板上的电荷是原来的(   )倍;电场强度是原来的(   )倍;电场能量是原来的(   )倍.

A. $1,1,\varepsilon_r$ B. $\varepsilon_r,1,1$ C. $\varepsilon_r,\varepsilon_r,\varepsilon_r$ D. $\varepsilon_r,1,\varepsilon_r$

答案:D.

提示:充电后与电源保持连接的条件下,平行板电容器的两极板间电压保持不变,平行板电容器的两极板间电场保持不变.电介质中的高斯定理:$\oiint_S \boldsymbol{D}\cdot d\boldsymbol{s}=\sum_{i=1}^N q_i$,电场能量 $W_e=\iiint_V \dfrac{1}{2}\varepsilon_0\varepsilon_r E^2 dV$.

6.6 典型例题

例 6-1 真空中有一半径为 R 的均匀带正电球面,总电荷量为 Q,在球面上挖去一小面积 ΔS(包括其上的电荷).求挖去 ΔS 后,球心处的电场强度(假设挖去 ΔS 并不影响球面上的电荷分布).

解 用补偿法解此题.均匀带电球面上挖去一小面积 ΔS 时,它在球心处的场强可以看作由一个完整的均匀带电球面和在缺口处有一个带相反符号电荷的电场的叠加,即

$$E = E_{\Delta S} + E_{球面}$$

均匀带电球面在球心处的场强 $E_{球面} = 0$,所以 $E = E_{\Delta S}$.

由题意知,均匀带电球面的电荷面密度为 $\sigma = Q/4\pi R^2$.挖去小面积 ΔS 的电荷是 $\sigma \Delta S$,相应的在该处补偿的电荷是 $-\sigma \Delta S$,因为 ΔS 很小,它在球心处的场强可按点电荷计算,即

$$E_{\Delta S} = \frac{1}{4\pi\varepsilon_0} \frac{-\sigma \Delta S}{R^2} = \frac{-Q\Delta S}{16\pi^2\varepsilon_0 R^4}$$

所以 $E = E_{\Delta S} = \dfrac{-Q\Delta S}{16\pi^2\varepsilon_0 R^4}$,方向由圆心指向缺口.

例 6-2 一点电荷 q 处于边长为 a 的正方形平面的中垂线上,q 与平面中心 O 点相距 $a/2$,求通过该正方形平面的电通量 ϕ_e.

解 以正方形为一面,作一边长为 a 的正方体,如例 6-2 图所示,将点电荷 q 包围于正方体的中心.通过正方体面的电通量为

$$\oint_S \boldsymbol{E} \cdot \mathrm{d}\boldsymbol{S} = \frac{q}{\varepsilon_0}$$

由于点电荷的场强分布是球对称的,点电荷到 6 个平面的距离相等,故穿过 6 个平面的电通量均相等,各占总电通量的 $1/6$,可知通过该正方形平面的电通量 $\phi_e = \dfrac{q}{6\varepsilon_0}$.

例 6-3 如例 6-3 图(a)所示,一半径为 R 的无限长半圆柱面形薄筒均匀带电,单位长度上所带电荷量为 λ,试求圆柱轴线上任一点 P 的电场强度.

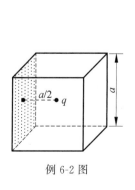
例 6-2 图

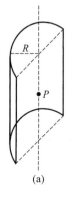

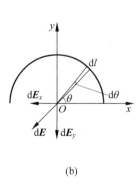

例 6-3 图

解 无限长半圆柱面形薄筒可以看成是由许多无限长窄条组成. 过 P 点做一与轴垂直的截面,此截面为半圆,如例 6-3 图(b)所示. 任一宽为 dl 的无限长窄条在 P 点产生的场强大小为

$$dE = \frac{1}{2\pi\varepsilon_0 R}\left(\frac{\lambda}{\pi R}dl\right)$$

方向如例 6-3 图(b)所示.

因为电荷分布对 y 轴呈对称性,电场分布也对 y 轴呈对称性,所以 P 点的电场强度为

$$E_x = 0$$

$$E_y = \int_0^\pi dE \sin\theta = \int_0^\pi \frac{1}{2\pi\varepsilon_0 R}\left(\frac{\lambda}{\pi R}\right)\sin\theta \, dl$$

$$= \int_0^\pi \frac{1}{2\pi\varepsilon_0 R}\left(\frac{\lambda}{\pi R}\right)\sin\theta R \, d\theta = \frac{\lambda}{\pi^2\varepsilon_0 R}$$

$$\boldsymbol{E} = -E_y \boldsymbol{j} = -\frac{\lambda}{\pi^2\varepsilon_0 R}\boldsymbol{j}$$

P 点场强的方向沿 y 轴负方向.

例 6-4 两个半径分别为 R 和 $2R$ 的同心均匀带电球面,内球面带电 q,外球面带电 Q,选无穷远处为电势零点,则内球面电势为多少?欲使内球面电势为零,则外球面上的电荷量 Q 应为多大?

解 由于电荷分布具有球对称性,利用高斯定理可求得空间的场强分布

$$E = \begin{cases} 0, & r < R \\ \dfrac{1}{4\pi\varepsilon_0}\dfrac{q}{r^2}, & R < r < 2R \\ \dfrac{1}{4\pi\varepsilon_0}\dfrac{q+Q}{r^2}, & r > 2R \end{cases}$$

选无穷远处为电势零点,则内球面电势为

$$U = \int_R^\infty \boldsymbol{E} \cdot d\boldsymbol{r} = \int_R^{2R} \frac{1}{4\pi\varepsilon_0}\frac{q}{r^2}dr + \int_{2R}^\infty \frac{1}{4\pi\varepsilon_0}\frac{q+Q}{r^2}dr$$

$$= \frac{q}{4\pi\varepsilon_0}\left(\frac{1}{R}-\frac{1}{2R}\right) + \frac{1}{4\pi\varepsilon_0}\frac{q+Q}{2R} = \frac{1}{8\pi\varepsilon_0 R}(2q+Q)$$

欲使内球面电势为零,则必须有

$$2q + Q = 0$$
$$Q = -2q$$

例 6-5 计算均匀带电球体的静电能. 设球的半径为 R,带电荷量为 q,球外是真空.

解 由于电场分布具有球对称性,利用高斯定理可求得球体内外的场强分布为

$$E = \begin{cases} \dfrac{1}{4\pi\varepsilon_0}\dfrac{qr}{R^3}, & r < R \\ \dfrac{1}{4\pi\varepsilon_0}\dfrac{q}{r^2}, & r > R \end{cases}$$

从上式可知，在任一半径为 r 的球面上，电场强度相等．取半径从 r 到 $r+\mathrm{d}r$ 之间的球壳为体积微元（如例 6-5 图所示），体积为 $4\pi r^2\mathrm{d}r$，其中电场能量为

$$\mathrm{d}W_\mathrm{e} = \frac{1}{2}\varepsilon_0 E^2 \mathrm{d}V = \frac{1}{2}\varepsilon_0 E^2 4\pi r^2 \mathrm{d}r$$

总电场能量为

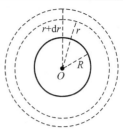

例 6-5 图

$$\begin{aligned}W_\mathrm{e} &= \iiint\limits_V \frac{1}{2}\varepsilon_0 E^2 \mathrm{d}V \\ &= \int_0^R \frac{1}{2}\varepsilon_0 \left(\frac{1}{4\pi\varepsilon_0}\frac{qr}{R^3}\right)^2 4\pi r^2 \mathrm{d}r + \int_R^\infty \frac{1}{2}\varepsilon_0 \left(\frac{1}{4\pi\varepsilon_0}\frac{q}{r^2}\right)^2 4\pi r^2 \mathrm{d}r \\ &= \frac{q^2}{40\pi\varepsilon_0 R^6}R^5 + \frac{q^2}{8\pi\varepsilon_0 R} = \frac{3q^2}{20\pi\varepsilon_0 R}\end{aligned}$$

6.7 练习题精解

6-1 两个距离相对固定的点电荷所带电荷量之和为 q，当它们各带电荷量为_____时，相互的作用力最大．

答案：$q/2$．

提示：$F = k\dfrac{(q-x)x}{r^2}$，$x = q/2$ 时，F 具有最大值．

6-2 如题 6-2 图，点电荷 $+q$ 和 $-q$ 被包围在高斯面 S 内，则通过该高斯面的电场强度通量 $\oiint\limits_S \boldsymbol{E} \cdot \mathrm{d}\boldsymbol{S} = $ _____，式中 $\boldsymbol{E}$ 为_____处的场强．

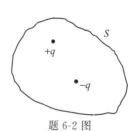

题 6-2 图

答案：0，高斯面上各点．

提示：$\oiint\limits_S \boldsymbol{E} \cdot \mathrm{d}\boldsymbol{S} = \dfrac{1}{\varepsilon_0}\sum\limits_{i=1}^{N} q_i$．

6-3 半径为 R 的球体均匀带电，电荷体密度为 ρ，则球体外距球心为 r 的点的场强大小为_____，球体内距球心为 r 处的点的场强大小为_____．

答案：$E = \dfrac{\rho \cdot R^3}{3\varepsilon} \dfrac{1}{r^2}$，$E = \dfrac{\rho \cdot r}{3\varepsilon}$．

提示：静电场的高斯定理 $\oiint\limits_S \boldsymbol{E} \cdot \mathrm{d}\boldsymbol{S} = \dfrac{1}{\varepsilon_0}\sum\limits_{i=1}^{N} q_i$．球体外 $\sum\limits_{i=1}^{N} q_i = \rho\dfrac{4}{3}\pi R^3$，球体内 $\sum\limits_{i=1}^{N} q_i = \rho\dfrac{4}{3}\pi r^3$．

6-4 在题 6-4 图中，一具有均匀电荷分布 $-Q$ 的塑料杆被弯成半径为 R 的圆弧，其圆心角为 $120°$．若以无穷远处电势 $U = 0$，在杆的曲率中心 P 处的电势是_____．

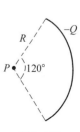

题 6-4 图

答案：$\dfrac{1}{4\pi\varepsilon_0}\dfrac{-Q}{R}$.

提示：电荷线状分布的带电体的电势：$U=\dfrac{1}{4\pi\varepsilon_0 R}\displaystyle\int_l \lambda\,\mathrm{d}l$.

6-5 若把均匀各向同性的线性电介质充满电场强度为 E_0 的电场，将发生＿＿＿＿现象，从而导致原电场发生变化，在介质内的合场强 E ＿＿＿＿（大于、小于或等于）E_0.

答案：电介质极化，小于.

提示：电介质极化的性质.

6-6 关于电场强度定义式 $\boldsymbol{E}=\boldsymbol{F}/q_0$，下列说法中，正确的是（　　）.

A. 场强 $\boldsymbol{E}$ 的大小与试探电荷 q_0 的大小成反比

B. 对场中某点，试探电荷受力 $\boldsymbol{F}$ 与 q_0 的比值不因 q_0 而变

C. 试探电荷受力 $\boldsymbol{F}$ 的方向就是场强 $\boldsymbol{E}$ 的方向

D. 若场中某点不放试探电荷 q_0，则 $\boldsymbol{F}=0$，从而 $\boldsymbol{E}=0$.

答案：B.

提示：电场强度由场点的位置确定，与试探电荷无关.

6-7 根据高斯定理的数学表达式 $\oint_S \boldsymbol{E}\cdot\mathrm{d}\boldsymbol{S}=\dfrac{1}{\varepsilon_0}\displaystyle\sum_{i=1}^{N}q_i$ 可知，下述各种说法中，正确的是（　　）.

A. 闭合面内的电荷代数和为零时，闭合面上各点场强一定为零

B. 闭合面内的电荷代数和不为零时，闭合面上各点场强一定处处不为零

C. 闭合面内的电荷代数和为零时，闭合面上各点场强不一定处处为零

D. 闭合面上各点场强均为零时，闭合面内一定处处无电荷

答案：C.

提示：高斯定理的理解.

6-8 如题 6-8 图所示，B 和 C 是同一圆周上的两点，A 为圆内的任意点，当在圆心处放一正点电荷时，则正确的答案为（　　）.

A. $\displaystyle\int_A^B \boldsymbol{E}\cdot\mathrm{d}\boldsymbol{l}>\int_A^C \boldsymbol{E}\cdot\mathrm{d}\boldsymbol{l}$　　B. $\displaystyle\int_A^B \boldsymbol{E}\cdot\mathrm{d}\boldsymbol{l}=\int_A^C \boldsymbol{E}\cdot\mathrm{d}\boldsymbol{l}$

C. $\displaystyle\int_A^B \boldsymbol{E}\cdot\mathrm{d}\boldsymbol{l}<\int_A^C \boldsymbol{E}\cdot\mathrm{d}\boldsymbol{l}$

答案：B.

提示：电势差的大小与初末位置有关，与积分路径或计算路径无关.

6-9 如题 6-9 图，AB 和 CD 为同心（在 O 点）的两段圆弧，它们所对的圆心角都是 φ. 两圆弧均匀带正电，并且电荷线密度也相等. 设 AB 和 CD 在 O 点产生的电势分别为 U_1 和 U_2，则正确的答案为（　　）.

A. $U_1>U_2$　　B. $U_1=U_2$　　C. $U_1<U_2$

答案：B.

提示：电荷线状连续分布的带电体的电势 $U=\dfrac{1}{4\pi\varepsilon_0}\displaystyle\int_l \dfrac{\lambda\,\mathrm{d}l}{r}=\dfrac{\lambda}{4\pi\varepsilon_0}\int_l \dfrac{\mathrm{d}l}{r}=\dfrac{\lambda}{4\pi\varepsilon_0}\varphi$.

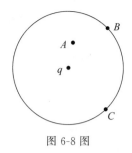
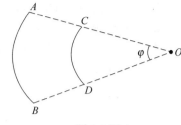

图 6-8 图   题 6-9 图

6-10 关于高斯定理,下列说法中正确的是(　　).
A. 高斯面内不包围自由电荷,则面上各点电位移矢量 D 为零
B. 高斯面上处处 D 为零,则面内必不存在自由电荷
C. 高斯面的 D 通量仅与面内自由电荷有关
D. 以上说法都不正确

答案：C.

提示：电介质中高斯定理的理解.

6-11 真空中一"无限大"均匀带电平面,其电荷面密度为 $\sigma(>0)$.在平面附近有一质量为 m、电荷为 $q(>0)$ 的粒子.试求当带电粒子在电场力作用下从静止开始沿垂直于平面方向运动一段距离 l 时的速率.设重力的影响可忽略不计.

解 应用动能定理,电场力做功等于粒子动能增量,即
$$q\int_a^{a+l} \boldsymbol{E}_0 \cdot \mathrm{d}\boldsymbol{l} = qEl = \frac{1}{2}mv^2$$

无限大带电平面的场强为
$$E = \frac{\sigma}{2\varepsilon_0}$$

由以上二式得
$$v = \sqrt{\sigma q l/(\varepsilon_0 m)}$$

6-12 在坐标原点及 $(\sqrt{3},0)$ 点分别放置电荷量 $Q_1 = -2.0\times 10^{-6}$ C 及 $Q_2 = 1.0\times 10^{-6}$ C 的点电荷,求点 $P(\sqrt{3},-1)$ 处的场强(坐标单位为 m).

解 如题 6-12 图所示,点电荷 Q_1 和 Q_2 在 P 点产生的场强分别为
$$\boldsymbol{E}_1 = \frac{1}{4\pi\varepsilon_0}\frac{Q_1}{r_1^2}\frac{\boldsymbol{r}_1}{r_1}, \quad \boldsymbol{E}_2 = \frac{1}{4\pi\varepsilon_0}\frac{Q_2}{r_2^2}\frac{\boldsymbol{r}_2}{r_2}$$

而 $\boldsymbol{r}_1 = \sqrt{3}\boldsymbol{i} - \boldsymbol{j}, \boldsymbol{r}_2 = -\boldsymbol{j}, r_1 = 2, r_2 = 1$,所以

题 6-12 图

$$\boldsymbol{E}_{总} = \boldsymbol{E}_1 + \boldsymbol{E}_2 = \frac{1}{4\pi\varepsilon_0}\frac{Q_1}{r_1^2}\frac{\boldsymbol{r}_1}{r_1} + \frac{1}{4\pi\varepsilon_0}\frac{Q_2}{r_2^2}\frac{\boldsymbol{r}_2}{r_2}$$

$$= \frac{1}{4\pi\varepsilon_0}\left(\frac{-2.0\times 10^{-6}}{2^2}\frac{\sqrt{3}\boldsymbol{i}-\boldsymbol{j}}{2} + \frac{1.0\times 10^{-6}}{1^2}\frac{-\boldsymbol{j}}{1}\right) \text{N} \cdot \text{C}^{-1}$$

$$\approx -(3.9\boldsymbol{i} + 6.8\boldsymbol{j})\times 10^3 \text{ N} \cdot \text{C}^{-1}$$

6-13 长 $l=15.0$ cm 的直导线 AB 上,设想均匀地分布着线密度 $\lambda=5.00\times10^{-9}$ C·m^{-1} 的正电荷,如题 6-13 图所示,求:

(1) 在导线的延长线上与 B 端相距 $d_1=5.0$ cm 处 P 点的场强;

(2) 在导线的垂直平分线上与导线中点相距 $d_2=5.0$ cm 处的 Q 点的场强.

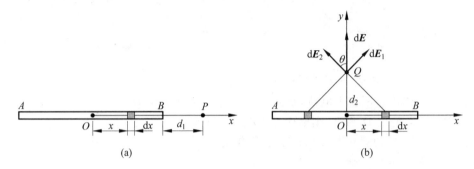

题 6-13 图

解 (1) 如题 6-13 图(a)所示,以 AB 中点为坐标原点,从 A 到 B 的方向为 x 轴正方向. 在导线 AB 上坐标为 x 处,取一线元 $\mathrm{d}x$,其上电荷为

$$\mathrm{d}q = \lambda\,\mathrm{d}x$$

它在 P 点产生的场强大小为

$$\mathrm{d}E = \frac{1}{4\pi\varepsilon_0}\frac{\mathrm{d}q}{r^2} = \frac{1}{4\pi\varepsilon_0}\frac{\lambda\,\mathrm{d}x}{\left(\dfrac{l}{2}+d_1-x\right)^2}$$

方向沿 x 轴正方向. 导线 AB 上所有线元在 P 点产生的电场的方向相同,因此 P 点的场强的大小为

$$E = \int_{-\frac{l}{2}}^{\frac{l}{2}}\frac{1}{4\pi\varepsilon_0}\frac{\lambda\,\mathrm{d}x}{\left(\dfrac{l}{2}+d_1-x\right)^2} = \frac{\lambda}{4\pi\varepsilon_0}\frac{1}{\left(\dfrac{l}{2}+d_1-x\right)}\bigg|_{-\frac{l}{2}}^{\frac{l}{2}} = \frac{\lambda}{4\pi\varepsilon_0}\left(\frac{1}{d_1}-\frac{1}{l+d_1}\right)$$

$$=5.00\times10^{-9}\times9\times10^{9}\times\left(\frac{1}{5\times10^{-2}}-\frac{1}{20\times10^{-2}}\right)\text{ V·m}^{-1}=6.75\times10^{2}\text{ V·m}^{-1}$$

方向沿 x 轴正方向.

(2) 如题 6-13 图(b)所示,以 AB 中点为坐标原点,从 A 到 B 的方向为 x 轴正方向,垂直于 AB 的轴为 y 轴. 在导线 AB 上坐标为 x 处,取一线元 $\mathrm{d}x$,其上电荷为

$$\mathrm{d}q = \lambda\,\mathrm{d}x$$

它在 Q 点产生电场的场强大小为

$$\mathrm{d}E_2 = \frac{1}{4\pi\varepsilon_0}\frac{\mathrm{d}q}{r^2} = \frac{1}{4\pi\varepsilon_0}\frac{\lambda\,\mathrm{d}x}{d_2^2+x^2}$$

方向如题 6-13 图(b)所示.

在导线 AB 上坐标为 $-x$ 处取另一线元 $\mathrm{d}x$,其上电荷为

$$\mathrm{d}q' = \lambda\,\mathrm{d}x$$

它在 Q 点产生的电场的场强大小为

$$dE_1 = \frac{1}{4\pi\varepsilon_0}\frac{dq'}{r^2} = \frac{1}{4\pi\varepsilon_0}\frac{\lambda dx}{d_2^2 + x^2}$$

方向与坐标 x 处电荷元在 Q 点产生的电场方向相对于 y 轴对称,因此

$$dE_{1x} + dE_{2x} = \frac{1}{4\pi\varepsilon_0}\frac{\lambda dx}{d_2^2 + x^2}\sin\theta - \frac{1}{4\pi\varepsilon_0}\frac{\lambda dx}{d_2^2 + x^2}\sin\theta = 0$$

dE_1 与 dE_2 的合场强 dE 的大小

$$dE = dE_{1y} + dE_{2y} = 2dE_1\cos\theta = \frac{1}{2\pi\varepsilon_0}\frac{\lambda dx}{d_2^2 + x^2}\frac{d_2}{\sqrt{d_2^2 + x^2}}$$

$$= \frac{1}{2\pi\varepsilon_0}\frac{\lambda d_2 dx}{(d_2^2 + x^2)^{3/2}}$$

方向沿 y 轴正方向. 因此 Q 点的场强的大小为

$$E = \int_0^{\frac{l}{2}} \frac{1}{2\pi\varepsilon_0}\frac{\lambda d_2 dx}{(d_2^2 + x^2)^{3/2}} = \frac{\lambda}{2\pi\varepsilon_0 d_2}\frac{x}{(d_2^2 + x^2)^{1/2}}\bigg|_0^{\frac{l}{2}}$$

$$= \frac{\lambda}{4\pi\varepsilon_0 d_2}\frac{l}{\left(d_2^2 + \frac{l^2}{4}\right)^{1/2}}$$

$$= \frac{9.00\times 10^9 \times 5.00\times 10^{-9} \times 0.15}{0.05\times\left(\frac{0.15^2}{4} + 0.05^2\right)^{1/2}}\ \text{V}\cdot\text{m}^{-1}$$

$$= 1.50\times 10^3\ \text{V}\cdot\text{m}^{-1}$$

方向沿 y 轴正方向.

6-14 一根细有机玻璃棒被弯成半径为 R 的半圆形,上半截均匀带有正电荷,电荷线密度为 λ;下半截均匀带有负电荷,电荷线密度为 $-\lambda$,如题 6-14 图所示. 求半圆中心 O 点的场强.

解 建立如题 6-14 图所示的坐标系,根据电荷分布的对称性,O 点的场强沿 y 轴正方向. 任意电荷元 dq 在 O 点产生场强大小为

$$dE = \frac{1}{4\pi\varepsilon_0}\frac{dq}{R^2}$$

此场强在 y 轴方向分量为

$$dE_y = dE\cos\theta = \frac{1}{4\pi\varepsilon_0}\frac{dq}{R^2}\cos\theta$$

$$= \frac{\lambda}{4\pi\varepsilon_0 R}\cos\theta d\theta$$

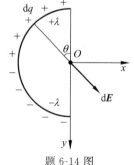

题 6-14 图

半圆形上半部分和下半部分在 O 点产生的场强,在 x 轴方向合场强为零,在 y 轴方向分量大小相等,方向相同,因此

$$E = E_y = 2\int_0^{\frac{\pi}{2}}\frac{\lambda}{4\pi\varepsilon_0 R}\cos\theta d\theta = \frac{\lambda}{2\pi\varepsilon_0 R}$$

方向沿 y 轴正方向.

6-15 电场强度为 $\boldsymbol{E}=(3x\boldsymbol{i}+4\boldsymbol{j})\text{N}\cdot\text{C}^{-1}$ 的非均匀电场穿过如题 6-15 图所示的正立方形高斯面,求通过右表面、左表面及上表面的电通量各是多少?

解 右表面:面积矢量 $\boldsymbol{S}$ 垂直于其表面并从高斯面内部指向外部.因而,对于正方形的右表面,矢量应该指向 x 轴正方向,贯穿右表面的电场强度 $\boldsymbol{E}_r=3x\boldsymbol{i}+4\boldsymbol{j}=3\times 3\boldsymbol{i}+4\boldsymbol{j}=9\boldsymbol{i}+4\boldsymbol{j}$,为均匀电场.穿过右表面的电通量

$$\phi_r=\boldsymbol{E}_r\cdot\boldsymbol{S}_r=(9\boldsymbol{i}+4\boldsymbol{j})\cdot 4\boldsymbol{i}=36\text{ N}\cdot\text{m}^2/\text{C}$$

左表面:与求出右表面的电通量类似.正方形的左表面矢量 $\boldsymbol{S}_1=-4\boldsymbol{i}$,电场强度 $\boldsymbol{E}_1=3x\boldsymbol{i}+4\boldsymbol{j}=3\times 1\boldsymbol{i}+4\boldsymbol{j}=3\boldsymbol{i}+4\boldsymbol{j}$,为均匀电场.穿过左表面的电通量

$$\phi_1=\boldsymbol{E}_1\cdot\boldsymbol{S}_1=(3\boldsymbol{i}+4\boldsymbol{j})\cdot(-4\boldsymbol{i})=-12\text{ N}\cdot\text{m}^2/\text{C}$$

上表面:正方形的上表面矢量 $\boldsymbol{S}_t=4\boldsymbol{j}$,电场强度 $\boldsymbol{E}_t=3x\boldsymbol{i}+4\boldsymbol{j}$,为非均匀电场.穿过上表面的电通量

$$\phi_t=\boldsymbol{E}_t\cdot\boldsymbol{S}_t=(3x\boldsymbol{i}+4\boldsymbol{j})\cdot(4\boldsymbol{j})=16\text{N}\cdot\text{m}^2/\text{C}$$

6-16 (1)一半径为 R 的带电球体,其上电荷分布的体密度 ρ 为一常数,试求此带电球体内、外的场强分布;(2)若(1)中带电球体上电荷分布的体密度为 $\rho=\rho_0\left(1-\dfrac{r}{R}\right)$,其中 ρ_0 为一常数,r 为球上任一点到球心的距离,试求此带电球体内、外的场强分布.

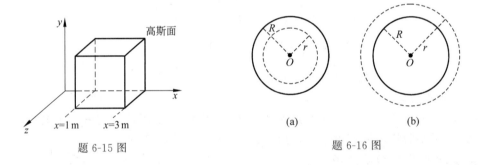

题 6-15 图　　　　题 6-16 图

解 (1)当 $r<R$ 时,建立如题 6-16 图(a)所示的高斯面,根据高斯定理

$$\oiint_S \boldsymbol{E}\cdot\mathrm{d}\boldsymbol{S}=\dfrac{q}{\varepsilon_0}$$

式中 $q=\iiint_V \rho\,\mathrm{d}V=\rho\iiint_V \mathrm{d}V=\rho\,\dfrac{4}{3}\pi r^3$,所以

$$E=\dfrac{\rho r}{3\varepsilon_0}$$

当 $r>R$ 时,建立如题 6-16 图(b)所示的高斯面,根据高斯定理

$$\oiint_S \boldsymbol{E}\cdot\mathrm{d}\boldsymbol{S}=\dfrac{q}{\varepsilon_0}$$

式中 $q=\iiint_V \rho\,\mathrm{d}V=\rho\iiint_V \mathrm{d}V=\rho\,\dfrac{4}{3}\pi R^3$,所以

$$E=\dfrac{\rho R^3}{3\varepsilon_0 r^2}$$

(2) 当 $r<R$ 时,建立如题 6-16 图(a)所示的高斯面,根据高斯定理

$$\oiint_S \boldsymbol{E} \cdot \mathrm{d}\boldsymbol{S} = \frac{q}{\varepsilon_0}$$

式中 $q = \iiint_V \rho \mathrm{d}V = \int_0^r \rho_0 \left(1 - \frac{r}{R}\right) 4\pi r^2 \mathrm{d}r = \frac{\rho_0 \pi r^3}{3\varepsilon_0}\left(4 - \frac{3r}{R}\right)$,所以

$$E = \frac{\rho_0 r}{3\varepsilon_0}\left(1 - \frac{3r}{4R}\right)$$

当 $r>R$ 时,建立如题 6-16 图(b)所示的高斯面,根据高斯定理

$$\oiint_S \boldsymbol{E} \cdot \mathrm{d}\boldsymbol{S} = \frac{q}{\varepsilon_0}$$

式中 $q = \iiint_V \rho \mathrm{d}V = \int_0^R \rho_0 \left(1 - \frac{r}{R}\right) 4\pi r^2 \mathrm{d}r = \frac{\rho_0 \pi R^3}{3\varepsilon_0}$,所以

$$E = \frac{\rho_0 R^3}{12\varepsilon_0 r^2}$$

6-17 根据量子力学,正常状态的氢原子可以看成由一个电荷量为 $+e$ 的点电荷,以及球对称地分布在其周围的电子云构成.已知电子云的电荷密度为 $\rho = -Ce^{-2r/a_0}$,其中 $a_0 = 5.3 \times 10^{-11}$ m,称为玻尔半径,$C = e/(\pi a_0^3)$ 是为了使电荷总量等于 $-e$ 所需的常量.试问在半径为 a_0 的球内净电荷是多少?距核 a_0 远处的电场强度是多大?

解 半径为 a_0 的球内净电荷为

$$q = e + \iiint_V \rho \mathrm{d}V = e + \int_0^{a_0} -Ce^{-2r/a_0} 4\pi r^2 \mathrm{d}r = 0.667e = 1.08 \times 10^{-19} (\mathrm{C})$$

在距核 a_0 远处作半径为 a_0 球形高斯面,根据高斯定理

$$\oiint_S \boldsymbol{E} \cdot \mathrm{d}\boldsymbol{S} = \frac{q}{\varepsilon_0}$$

所以

$$E = \frac{1}{4\pi a_0^2}\frac{q_0}{\varepsilon_0} = 3.46 \times 10^{11} (\mathrm{V} \cdot \mathrm{m}^{-1})$$

6-18 如题 6-18 图所示,一半径为 R 的均匀带电球体,电荷体密度为 ρ.今在球内挖去一半径为 $r(r<R)$ 的球体,如果带电球体球心 O 指向球形空腔球心 O' 的矢量用 $\boldsymbol{a}$ 来表示,试证明球形空腔中任意点的电场强度为

$$\boldsymbol{E} = \frac{\rho}{3\varepsilon_0}\boldsymbol{a}$$

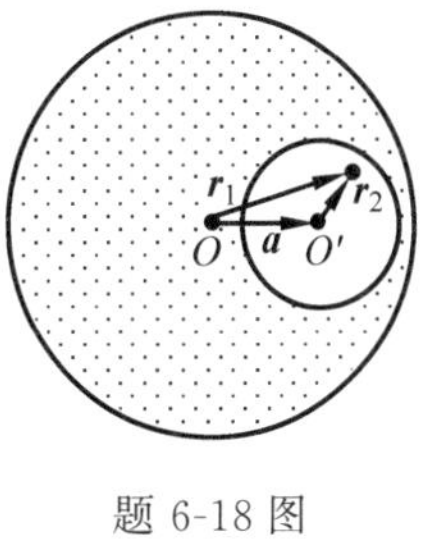

解 利用补偿法求解.球形空腔中任意点的电场强度 $\boldsymbol{E}$ 可看作半径为 R、体密度为 ρ 的均匀带电球体和半径为 r、体密度为 $-\rho$ 的均匀带电球体所分别产生的场强 $\boldsymbol{E}_1$ 和 $\boldsymbol{E}_2$ 的矢量和.

题 6-18 图

$$\boldsymbol{E}_1 = \frac{\rho \boldsymbol{r}_1}{3\varepsilon_0}, \quad \boldsymbol{E}_2 = -\frac{\rho \boldsymbol{r}_2}{3\varepsilon_0}$$

所以

$$E = E_1 + E_2 = \frac{\rho r_1}{3\varepsilon_0} - \frac{\rho r_2}{3\varepsilon_0} = \frac{\rho}{3\varepsilon_0}(r_1 - r_2)$$

而 $r_1 - r_2 = a$，上式可改写为

$$E = \frac{\rho}{3\varepsilon_0}a$$

6-19 假想从无限远处陆续移来微量电荷使一半径为 R 的导体球带电.

(1) 当球上已带有电荷 q 时，再将一个电荷元 dq 从无限远处移到球上的过程中，外力做多少功？

(2) 使球上电荷从零开始增加到 Q 的过程中，外力共做多少功？

解 (1) 令无限远处电势为零，则带电荷为 q 的导体球，其电势为

$$U = \frac{q}{4\pi\varepsilon_0 R}$$

将 dq 从无限远处搬到球上过程中，外力做的功等于该电荷元在球上所具有的电势能

$$dW = \frac{q}{4\pi\varepsilon_0 R}dq$$

(2) 带电球体的电荷从零增加到 Q 的过程中，外力做功为

$$W = \int dW = \int_0^Q \frac{q\,dq}{4\pi\varepsilon_0 R} = \frac{Q^2}{8\pi\varepsilon_0 R}$$

6-20 有一对点电荷，所带电荷量的大小都为 q，它们之间的距离为 $2l$. 试就下述两种情形求这两点电荷连线中点的场强和电势：(1) 两点电荷带同种电荷；(2) 两点电荷带异种电荷.

解 (1) 以两点电荷连线中点为原点，建立如题 6-20 图(a)所示的坐标系.

题 6-20 图

两点电荷在原点 O 产生的场强大小相等，方向相反，合场强为零.

两点电荷在原点 O 电势大小相等，合电势为

$$U = \frac{1}{4\pi\varepsilon_0}\frac{q}{l} + \frac{1}{4\pi\varepsilon_0}\frac{q}{l} = \frac{q}{2\pi\varepsilon_0 l}$$

(2) 以两点电荷连线中点为原点，建立如题 6-20 图(b)所示的坐标系.

两点电荷在原点 O 产生的场强大小相等，方向相同，合场强为

$$\boldsymbol{E} = \frac{q}{4\pi\varepsilon_0 l^2}(-\boldsymbol{i}) + \frac{q}{4\pi\varepsilon_0 l^2}(-\boldsymbol{i}) = \frac{q}{2\pi\varepsilon_0 l^2}(-\boldsymbol{i})$$

两点电荷在原点 O 的合电势为

$$U = \frac{1}{4\pi\varepsilon_0}\frac{-q}{l} + \frac{1}{4\pi\varepsilon_0}\frac{q}{l} = 0$$

6-21 电荷 Q 均匀分布在半径为 R 的球体内，试证明：离球心 $r(r<R)$ 处的电势为

$$V = \frac{Q(3R^2 - r^2)}{8\pi\varepsilon_0 R^3}$$

解 利用高斯定理可求得球体内、外的电场强度大小分别为

$$E = \begin{cases} \dfrac{Qr}{4\pi\varepsilon_0 R^3}, & r < R \\ \dfrac{Q}{4\pi\varepsilon_0 r^2}, & r > R \end{cases}$$

选取无穷远处为电势零点,球内任一点的电势为

$$V = \int_r^\infty \boldsymbol{E} \cdot \mathrm{d}\boldsymbol{r} = \int_r^R \boldsymbol{E} \cdot \mathrm{d}\boldsymbol{r} + \int_R^\infty \boldsymbol{E} \cdot \mathrm{d}\boldsymbol{r} = \int_r^R \frac{Qr}{4\pi\varepsilon_0 R^3}\mathrm{d}r + \int_R^\infty \frac{Q}{4\pi\varepsilon_0 r^2}\mathrm{d}r$$

$$= \frac{Qr^2}{8\pi\varepsilon_0 R^3}\bigg|_r^R + \frac{Q}{4\pi\varepsilon_0 R} = \frac{Q(3R^2 - r^2)}{8\pi\varepsilon_0 R^3}$$

6-22 如题 6-22 图所示,两同心的均匀带电球面,半径分别为 R_1 和 R_2,大球面带电荷量 Q_2,小球面带电量 Q_1,求空间任一点的场强的大小和电势.

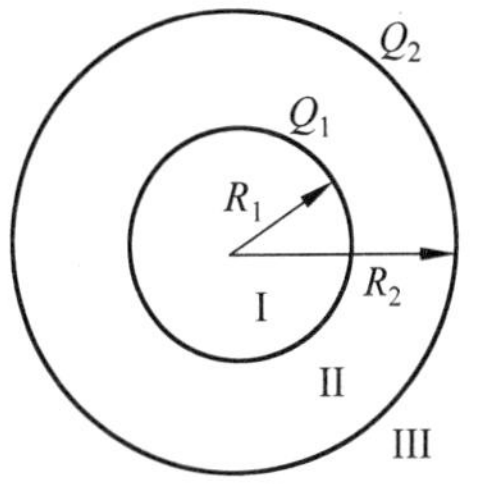

解 由于电场分布具有球对称性,利用高斯定理可求得不同空间的场强大小为

当 $r < R_1$ 时,

$$\oiint_S \boldsymbol{E} \cdot \mathrm{d}\boldsymbol{S} = 0, \quad E_1 = 0$$

当 $R_1 < r < R_2$ 时,

$$\oiint_S \boldsymbol{E} \cdot \mathrm{d}\boldsymbol{S} = \frac{Q_1}{\varepsilon_0}, \quad E_2 = \frac{1}{4\pi\varepsilon_0}\frac{Q_1}{r^2}$$

当 $r > R_2$ 时,

$$\oiint_S \boldsymbol{E} \cdot \mathrm{d}\boldsymbol{S} = \frac{Q_1 + Q_2}{\varepsilon_0}, \quad E_3 = \frac{1}{4\pi\varepsilon_0}\frac{Q_1 + Q_2}{r^2}$$

题 6-22 图

利用电势的定义可以求得不同空间的电势大小为

当 $r < R_1$ 时,

$$U_1 = \int_r^\infty \boldsymbol{E} \cdot \mathrm{d}\boldsymbol{r} = \int_r^{R_1} \boldsymbol{E}_1 \cdot \mathrm{d}\boldsymbol{r} + \int_{R_1}^{R_2} \boldsymbol{E}_2 \cdot \mathrm{d}\boldsymbol{r} + \int_{R_2}^\infty \boldsymbol{E}_3 \cdot \mathrm{d}\boldsymbol{r}$$

$$= \frac{Q_1}{4\pi\varepsilon_0}\left(\frac{1}{R_1} - \frac{1}{R_2}\right) + \frac{Q_1 + Q_2}{4\pi\varepsilon_0}\frac{1}{R_2}$$

当 $R_1 < r < R_2$ 时,

$$U_2 = \int_r^\infty \boldsymbol{E} \cdot \mathrm{d}\boldsymbol{r} = \int_r^{R_2} \boldsymbol{E}_2 \cdot \mathrm{d}\boldsymbol{r} + \int_{R_2}^\infty \boldsymbol{E}_3 \cdot \mathrm{d}\boldsymbol{r}$$

$$= \frac{Q_1}{4\pi\varepsilon_0}\left(\frac{1}{r} - \frac{1}{R_2}\right) + \frac{Q_1 + Q_2}{4\pi\varepsilon_0}\frac{1}{R_2}$$

当 $r > R_2$ 时,

$$U_3 = \int_r^\infty \boldsymbol{E} \cdot \mathrm{d}\boldsymbol{r} = \int_r^\infty \boldsymbol{E}_3 \cdot \mathrm{d}\boldsymbol{r} = \frac{Q_1 + Q_2}{4\pi\varepsilon_0}\frac{1}{r}$$

6-23 如题 6-23 图所示,一均匀带电细棒,电荷线密度为 λ,棒长为 l.求图中 P 点处的电势(P 点到棒的距离为 a).

解 建立如题 6-23 图所示的坐标系,在细棒上任一位置 x 处取一电荷元 $\mathrm{d}q$,$\mathrm{d}q = \lambda \mathrm{d}x$.则 $\mathrm{d}q$ 在 P 点的电势为

$$\mathrm{d}U_P = \frac{1}{4\pi\varepsilon_0}\frac{\mathrm{d}q}{r} = \frac{1}{4\pi\varepsilon_0}\frac{\mathrm{d}q}{\sqrt{x^2+a^2}}$$

整个细棒在 P 点的电势为

$$U_P = \int_{-\frac{l}{3}}^{\frac{2l}{3}} \frac{1}{4\pi\varepsilon_0}\frac{\mathrm{d}q}{\sqrt{x^2+a^2}} = \int_{-\frac{l}{3}}^{\frac{2l}{3}} \frac{1}{4\pi\varepsilon_0}\frac{\lambda \mathrm{d}x}{\sqrt{x^2+a^2}} = \ln(x+\sqrt{x^2+a^2})\Big|_{-\frac{l}{3}}^{\frac{2l}{3}}$$

$$= \frac{\lambda}{4\pi\varepsilon_0}\ln\frac{\sqrt{\frac{4}{9}l^2+a^2}+\frac{2}{3}l}{\sqrt{\frac{1}{9}l^2+a^2}-\frac{1}{3}l}$$

6-24 如题 6-24 图所示,半径为 R 的塑料圆盘,其上表面具有均匀电荷面密度为 σ 的正电荷.在沿盘的中心轴距离盘为 z 的 P 点处,电势为多大?

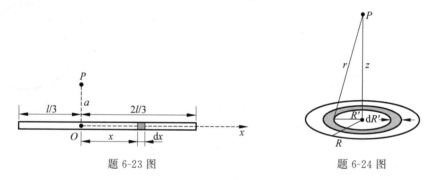

题 6-23 图   题 6-24 图

解 在题 6-24 图中,一由半径 R' 且径向宽度为 $\mathrm{d}R'$ 的扁平圆环构成的微元,其电荷的大小为

$$\mathrm{d}q = \sigma(2\pi R')(\mathrm{d}R')$$

其中 $(2\pi R')(\mathrm{d}R')$ 是环的上表面面积.该电荷微元的所有部分都与盘轴上的 P 点有相同的距离 r,这个环在 P 点的电势为

$$\mathrm{d}V = \frac{1}{4\pi\varepsilon_0}\frac{\mathrm{d}q}{r} = \frac{1}{4\pi\varepsilon_0}\frac{\sigma(2\pi R')(\mathrm{d}R')}{\sqrt{z^2+R'^2}}$$

我们把所有从 $R'=0$ 到 $R'=R$ 的电荷微元的贡献加起来(通过积分),求得 P 点的电势为

$$V = \int \mathrm{d}V = \frac{\sigma}{2\varepsilon_0}\int_0^R \frac{R'\mathrm{d}R'}{\sqrt{z^2+R'^2}} = \frac{\sigma}{2\varepsilon_0}(\sqrt{z^2+R^2}-z)$$

6-25 如题 6-25 图所示,3 块平行金属板 A,B 和 C,面积都是 $20\ \mathrm{cm}^2$,A 和 B 相距 $4.0\ \mathrm{mm}$,A 和 C 相距 $2.0\ \mathrm{mm}$,B 和 C 两板都接地.如果使 A 板带正电,电荷量为 $3.0\times10^{-7}\ \mathrm{C}$,并忽略边缘效应,试求:(1)金属板 B 和 C 上的感应电荷量;(2)A 板

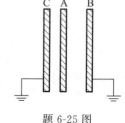

题 6-25 图

相对于地的电势.

解 (1) 设 A 板右侧面电荷量为 q_1,左侧面电荷量为 q_2,则
$$q_1 + q_2 = q \tag{1}$$
B 板上的感应电荷量为 $-q_1$,C 板上的感应电荷量为 $-q_2$,均匀分布于与 A 板相对的侧面上.因此 A,B 两板间场强及 A,C 两板间场强分别为
$$E_{AB} = \frac{\sigma_1}{\varepsilon_0} = \frac{q_1}{\varepsilon_0 S}, \quad E_{AC} = \frac{\sigma_2}{\varepsilon_0} = \frac{q_2}{\varepsilon_0 S} \tag{2}$$
A,B 两板间及 A,C 两板间电势差分别为
$$U_{AB} = E_{AB} d_{AB}, \quad U_{AC} = E_{AC} d_{AC}$$
而 $U_{AB} = U_{AC}$,所以
$$E_{AB} d_{AB} = E_{AC} d_{AC} \tag{3}$$
联立式(1)~式(3),代入数值 $S = 20 \text{ cm}^2$,$d_{AB} = 4.0 \text{ mm}$,$d_{AC} = 2.0 \text{ mm}$,$q = 3.0 \times 10^{-7} \text{ C}$,得
$$q_1 = 1.0 \times 10^{-7} \text{ C}, \quad q_2 = 2.0 \times 10^{-7} \text{ C}$$
相应地,B 板上的感应电荷量为 $-q_1 = -1.0 \times 10^{-7} \text{ C}$,C 板上的感应电荷量为 $-q_2 = -2.0 \times 10^{-7} \text{ C}$.

(2) A 板相对于地的电势为
$$U_A = U_{AB} = E_{AB} d_{AB} = \frac{q_1}{\varepsilon_0 S} d_{AB} = \frac{1.0 \times 10^{-7} \times 4.0 \times 10^{-3}}{8.85 \times 10^{-12} \times 20 \times 10^{-4}} \text{ V}$$
$$= 2.27 \times 10^4 \text{ V}$$

6-26 如题 6-26 图所示,2 个均匀带电的金属同心球壳,内球壳(厚度不计)半径 $R_1 = 5.0 \text{ cm}$,带电荷 $q_1 = 0.6 \times 10^{-8} \text{ C}$;外球壳内半径 $R_2 = 7.5 \text{ cm}$,外半径 $R_3 = 9.0 \text{ cm}$,所带总电荷 $q_2 = -2.0 \times 10^{-8} \text{ C}$,求:(1)距离球心 3.0 cm,6.0 cm,8.0 cm,10.0 cm 各点处的场强和电势;(2)如果用导线把 2 个球壳联结起来,结果又如何?

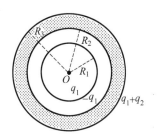

题 6-26 图

解 由于静电感应,外球壳内表面上均匀分布着电荷 $-q_1$,球壳外表面上均匀分布着电荷 $q_1 + q_2$.

(1) 根据高斯定理,可求得不同空间的场强分布.

当 $r < R_1$ 时,
$$\oiint_S \boldsymbol{E} \cdot \mathrm{d}\boldsymbol{S} = 0$$
所以
$$E_1 = 0$$
当 $R_1 < r < R_2$ 时,
$$\oiint_S \boldsymbol{E} \cdot \mathrm{d}\boldsymbol{S} = \frac{q_1}{\varepsilon_0}$$
所以

$$E_2 = \frac{1}{4\pi\varepsilon_0}\frac{q_1}{r^2}$$

当 $R_2 < r < R_3$ 时,

$$\oiint_S \boldsymbol{E} \cdot \mathrm{d}\boldsymbol{S} = 0$$

所以

$$E_3 = 0$$

当 $r > R_3$ 时,

$$\oiint_S \boldsymbol{E} \cdot \mathrm{d}\boldsymbol{S} = \frac{q_1 + q_2}{\varepsilon_0}$$

所以

$$E_4 = \frac{1}{4\pi\varepsilon_0}\frac{q_1 + q_2}{r^2}$$

利用电势的定义,可求得不同空间的电势分布.

当 $r < R_1$ 时,

$$U_1 = \int_r^\infty \boldsymbol{E} \cdot \mathrm{d}\boldsymbol{r} = \int_r^{R_1} \boldsymbol{E}_1 \cdot \mathrm{d}\boldsymbol{r} + \int_{R_1}^{R_2} \boldsymbol{E}_2 \cdot \mathrm{d}\boldsymbol{r} + \int_{R_2}^{R_3} \boldsymbol{E}_3 \cdot \mathrm{d}\boldsymbol{r} + \int_{R_3}^\infty \boldsymbol{E}_4 \cdot \mathrm{d}\boldsymbol{r}$$

$$= \frac{1}{4\pi\varepsilon_0}\frac{q_1}{R_1} - \frac{1}{4\pi\varepsilon_0}\frac{q_1}{R_2} + \frac{1}{4\pi\varepsilon_0}\frac{q_1 + q_2}{R_3}$$

当 $R_1 < r < R_2$ 时,

$$U_2 = \int_r^\infty \boldsymbol{E} \cdot \mathrm{d}\boldsymbol{r} = \int_r^{R_2} \boldsymbol{E}_2 \cdot \mathrm{d}\boldsymbol{r} + \int_{R_2}^{R_3} \boldsymbol{E}_3 \cdot \mathrm{d}\boldsymbol{r} + \int_{R_3}^\infty \boldsymbol{E}_4 \cdot \mathrm{d}\boldsymbol{r}$$

$$= \frac{1}{4\pi\varepsilon_0}\frac{q_1}{r} - \frac{1}{4\pi\varepsilon_0}\frac{q_1}{R_2} + \frac{1}{4\pi\varepsilon_0}\frac{q_1 + q_2}{R_3}$$

当 $R_2 < r < R_3$ 时,

$$U_3 = \int_r^\infty \boldsymbol{E} \cdot \mathrm{d}\boldsymbol{r} = \int_r^{R_3} \boldsymbol{E}_3 \cdot \mathrm{d}\boldsymbol{r} + \int_{R_3}^\infty \boldsymbol{E}_4 \cdot \mathrm{d}\boldsymbol{r} = \frac{1}{4\pi\varepsilon_0}\frac{q_1 + q_2}{R_3}$$

当 $r > R_3$ 时,

$$U_4 = \int_r^\infty \boldsymbol{E} \cdot \mathrm{d}\boldsymbol{r} = \int_r^\infty \boldsymbol{E}_4 \cdot \mathrm{d}\boldsymbol{r} = \frac{1}{4\pi\varepsilon_0}\frac{q_1 + q_2}{r}$$

代入相应的数值:

$r = 0.03 \text{ m}(r < R_1)$ 时,

$$E = 0$$

$$U = \frac{1}{4\pi\varepsilon_0}\frac{q_1}{R_1} - \frac{1}{4\pi\varepsilon_0}\frac{q_1}{R_2} + \frac{1}{4\pi\varepsilon_0}\frac{q_1 + q_2}{R_3}$$

$$= 9 \times 10^9 \left(\frac{0.60 \times 10^{-8}}{0.05} - \frac{0.60 \times 10^{-8}}{0.075} + \frac{0.60 \times 10^{-8} - 2.00 \times 10^{-8}}{0.09}\right) \text{ V}$$

$$= -1.04 \times 10^3 \text{ V}$$

$r = 0.06 \text{ m}(R_1 < r < R_2)$ 时,

$$E = \frac{1}{4\pi\varepsilon_0} \frac{q_1}{r^2} = \frac{9\times10^9 \times 0.60\times10^{-8}}{(0.60)^2} \text{ V}\cdot\text{m}^{-1} = 1.5\times10^4 \text{ V}\cdot\text{m}^{-1}$$

$$U = \frac{1}{4\pi\varepsilon_0}\frac{q_1}{r} - \frac{1}{4\pi\varepsilon_0}\frac{q_1}{R_2} + \frac{1}{4\pi\varepsilon_0}\frac{q_1+q_2}{R_3}$$

$$= 9\times10^9 \left(\frac{0.60\times10^{-8}}{0.06} - \frac{0.60\times10^{-8}}{0.075} + \frac{0.60\times10^{-8} - 2.00\times10^{-8}}{0.09} \right) \text{ V}$$

$$= -1.22\times10^3 \text{ V}$$

$r = 0.08$ m$(R_2 < r < R_3)$时,

$$E = 0$$

$$U = \frac{1}{4\pi\varepsilon_0}\frac{q_1+q_2}{R_3} = 9.0\times10^9 \left(\frac{0.60\times10^{-8} - 2.00\times10^{-8}}{0.09} \right) \text{ V}$$

$$= -1.40\times10^3 \text{ V}$$

$r = 0.10$ m$(r > R_3)$时,

$$E = \frac{1}{4\pi\varepsilon_0}\frac{q_1+q_2}{r^2} = 9\times10^9 \left(\frac{0.60\times10^{-8} - 2.00\times10^{-8}}{0.10^2} \right) \text{ V}\cdot\text{m}^{-1}$$

$$= -1.26\times10^4 \text{ V}\cdot\text{m}^{-1}$$

$$U = \frac{1}{4\pi\varepsilon_0}\frac{q_1+q_2}{r} = 9\times10^9 \left(\frac{0.60\times10^{-8} - 2.00\times10^{-8}}{0.10} \right) \text{ V}$$

$$= -1.26\times10^3 \text{ V}$$

(2) 如果用导线把两个球壳联结起来,则部分电荷中和,剩余电荷 q_1+q_2 分布于大球壳的外表面上. 在大球壳外表面以内的 3 点,场强均为零,在 $r=0.10$ m 处,场强仍为

$$E = \frac{1}{4\pi\varepsilon_0}\frac{q_1+q_2}{r^2} = -1.26\times10^4 \text{ V}\cdot\text{m}^{-1}$$

在大球壳外表面以内的 3 点电势相等,为

$$U = \frac{1}{4\pi\varepsilon_0}\frac{q_1+q_2}{R_3} = -1.40\times10^3 \text{ V}$$

在 $r=0.10$ m 处,电势仍为

$$U = \frac{1}{4\pi\varepsilon_0}\frac{q_1+q_2}{r} = -1.26\times10^3 \text{ V}$$

6-27 如题 6-27 图所示,一导体球带电 $q=1.0\times10^{-8}$ C,半径为 $R=10.0$ cm,球外有两种均匀电介质,其中一种介质($\varepsilon_{r1}=5.00$)的厚度为 $d=10.0$ cm,另一种介质为空气($\varepsilon_{r2}=1.00$),充满其余整个空间. 求:

(1) 距球心 O 为 r 处的电场强度 E 和电位移矢量 D,分别取 $r=5.0$ cm,15.0 cm 及 25.0 cm,算出相应的 E,D 的量值;

(2) 距球心 O 为 r 处的电势 V,分别取 $r=5.0$ cm,10.0 cm,15.0 cm,20.0 cm 及 25.0 cm,算出相应的 V 的量值.

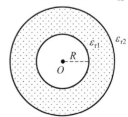

题 6-27 图

解 (1) 导体球的内部场强为零,因而电位移矢量也为零. 在导体球的外部,电场分布具有球对称性,选以 O 为球心,$r(r>R)$

为半径的球面为高斯面,根据高斯定理

$$\oiint_S \boldsymbol{D} \cdot \mathrm{d}\boldsymbol{S} = q$$

可得

$$D = \frac{q}{4\pi r^2}, \quad E = \frac{q}{4\pi\varepsilon_0\varepsilon_r r^2}$$

$\boldsymbol{D}, \boldsymbol{E}$ 的方向沿半径向外.

$r_1 = 0.050$ m,导体球之内,

$$D_1 = 0, \quad E_1 = 0$$

$r_2 = 0.150$ m,第一种介质之内,

$$D_2 = \frac{q}{4\pi r_2^2} = \frac{1.0 \times 10^{-8}}{4 \times 3.14 \times (0.150)^2} \ \mathrm{C \cdot m^{-2}} = 3.5 \times 10^{-8} \ \mathrm{C \cdot m^{-2}},$$

$$E_2 = \frac{q}{4\pi\varepsilon_0\varepsilon_{r1} r_2^2} = \frac{9 \times 10^9 \times 1.0 \times 10^{-8}}{5.00 \times (0.150)^2} \ \mathrm{V \cdot m^{-1}} = 800 \ \mathrm{V \cdot m^{-1}}$$

$r_3 = 0.250$ m,第二种介质之内,

$$D_3 = \frac{q}{4\pi r_3^2} = \frac{1.0 \times 10^{-8}}{4 \times 3.14 \times (0.250)^2} \ \mathrm{C \cdot m^{-2}} = 1.3 \times 10^{-8} \ \mathrm{C \cdot m^{-2}},$$

$$E_3 = \frac{q}{4\pi\varepsilon_0\varepsilon_{r2} r_3^2} = \frac{9 \times 10^9 \times 1.0 \times 10^{-8}}{1.00 \times (0.250)^2} \ \mathrm{V \cdot m^{-1}} = 1.44 \times 10^3 \ \mathrm{V \cdot m^{-1}}$$

(2) $r < R$ 时,

$$V = \int_r^\infty \boldsymbol{E} \cdot \mathrm{d}\boldsymbol{r} = \int_r^R \boldsymbol{E}_1 \cdot \mathrm{d}\boldsymbol{r} + \int_R^{R+d} \boldsymbol{E}_2 \cdot \mathrm{d}\boldsymbol{r} + \int_{R+d}^\infty \boldsymbol{E}_3 \cdot \mathrm{d}\boldsymbol{r}$$

$$= 0 + \frac{q}{4\pi\varepsilon_0\varepsilon_{r1}}\left(\frac{1}{R} - \frac{1}{R+d}\right) + \frac{1}{4\pi\varepsilon_0\varepsilon_{r2}}\frac{q}{R+d}$$

$$= \frac{q}{4\pi\varepsilon_0\varepsilon_{r1}}\left(\frac{1}{R} + \frac{\varepsilon_{r1}-1}{R+d}\right)$$

$R < r < R+d$ 时,

$$V = \int_r^\infty \boldsymbol{E} \cdot \mathrm{d}\boldsymbol{r} = \int_r^{R+d} \boldsymbol{E}_2 \cdot \mathrm{d}\boldsymbol{r} + \int_{R+d}^\infty \boldsymbol{E}_3 \cdot \mathrm{d}\boldsymbol{r}$$

$$= \frac{q}{4\pi\varepsilon_0\varepsilon_{r1}}\left(\frac{1}{r} - \frac{1}{R+d}\right) + \frac{1}{4\pi\varepsilon_0\varepsilon_{r2}}\frac{q}{R+d}$$

$$= \frac{q}{4\pi\varepsilon_0\varepsilon_{r1}}\left(\frac{1}{r} + \frac{\varepsilon_{r1}-1}{R+d}\right)$$

$r > R+d$ 时,

$$V = \int_r^\infty \boldsymbol{E} \cdot \mathrm{d}\boldsymbol{r} = \int_r^\infty \boldsymbol{E}_3 \cdot \mathrm{d}\boldsymbol{r} = \frac{1}{4\pi\varepsilon_0\varepsilon_{r2}}\frac{q}{r}$$

所以 $r = 0.05$ m($r < R$)时,

$$V = \frac{q}{4\pi\varepsilon_0\varepsilon_{r1}}\left(\frac{1}{R} + \frac{\varepsilon_{r1}-1}{R+d}\right) = \frac{9 \times 10^9 \times 1.0 \times 10^{-8}}{5.00}\left(\frac{1}{0.010} + \frac{5-1}{0.10+0.10}\right) \ \mathrm{V}$$

$$= 5.4 \times 10^2 \ \mathrm{V}$$

$r=0.10$ m$(r \leqslant R)$时，
$$V = 5.4 \times 10^2 \text{ V}$$

$r=0.15$ m$(R < r < R+d)$时，
$$V = \frac{q}{4\pi\varepsilon_0 \varepsilon_{r1}}\left(\frac{1}{r} + \frac{\varepsilon_{r1}-1}{R+d}\right) = \frac{9\times 10^9 \times 1.0 \times 10^{-8}}{5.00}\left(\frac{1}{0.015} + \frac{5-1}{0.10+0.10}\right) \text{ V}$$
$$= 4.8 \times 10^2 \text{ V}$$

$r=0.20$ m $(r>R+d)$时，
$$V = \frac{1}{4\pi\varepsilon_0 \varepsilon_{r2}}\frac{q}{r} = \frac{9\times 10^9 \times 1.0 \times 10^{-8}}{0.20} \text{ V} = 4.5 \times 10^2 \text{ V}$$

$r=0.25$ m $(r>R+d)$时，
$$V = \frac{1}{4\pi\varepsilon_0 \varepsilon_{r2}}\frac{q}{r} = \frac{9\times 10^9 \times 1.0 \times 10^{-8}}{0.25} \text{ V} = 3.6 \times 10^2 \text{ V}$$

6-28 在一半径为 a 的长直导线的外面，套有半径为 b 的同轴导体薄圆筒，它们之间充以相对电容率为 ε_r 的均匀电介质，设导线和圆筒都均匀带电，且沿轴线单位长度所带电荷分别为 λ 和 $-\lambda$．(1)求空间各点的场强大小；(2)求导线和圆筒间电势差．

解 （1）以导线为轴，在空间不同区域做半径为 r，高为 l 的圆柱面形高斯面．根据高斯定理：

当 $r<a$ 时，
$$\oiint_S \boldsymbol{E} \cdot \mathrm{d}\boldsymbol{S} = 0$$
所以
$$E_1 = 0$$

当 $a<r<b$ 时，
$$\oiint_S \boldsymbol{E} \cdot \mathrm{d}\boldsymbol{S} = \frac{\lambda l}{\varepsilon_0 \varepsilon_r}$$
所以
$$E_2 2\pi r l = \frac{\lambda l}{\varepsilon_0 \varepsilon_r}$$
$$E_2 = \frac{\lambda}{2\pi r \varepsilon_0 \varepsilon_r}$$

当 $r>b$ 时，
$$\oiint_S \boldsymbol{E} \cdot \mathrm{d}\boldsymbol{S} = 0$$
所以
$$E_3 = 0$$

（2）导线和圆筒间电势差
$$U = \int_a^b \boldsymbol{E}_2 \cdot \mathrm{d}\boldsymbol{r} = \int_a^b \frac{\lambda}{2\pi r \varepsilon_0 \varepsilon_r} \mathrm{d}r = \frac{\lambda}{2\pi \varepsilon_0 \varepsilon_r} \ln \frac{b}{a}$$

6-29 一空气平行板电容器的电容 $C=1.0$ pF，充电到电荷量 $Q=1.0\times 10^{-6}$ C 后，将

电源切断.(1)求极板间的电势差和电场能量;(2)将两极板拉开,使距离增到原距离的2倍,试计算拉开前后电场能量的改变,并解释其原因.

解 (1) 由电容器的电容定义式

$$C = \frac{Q}{U}$$

可得

$$U = \frac{Q}{C} = \frac{1.0 \times 10^{-6}}{1.0 \times 10^{-12}} \text{ V} = 1.0 \times 10^6 \text{ V}$$

电场能量

$$W_e = \frac{1}{2} \frac{Q^2}{C} = \frac{1}{2} \frac{(1.0 \times 10^{-6})^2}{1.0 \times 10^{-12}} \text{ J} = 0.5 \text{ J}$$

(2) 平行板电容器的电容

$$C = \frac{\varepsilon_0 S}{d}$$

而 $d' = 2d$,所以

$$C' = \frac{\varepsilon_0 S}{d'} = \frac{1}{2} C$$

拉开前后电场能量的改变

$$\Delta W_e = W'_e - W_e = \frac{1}{2} \frac{Q^2}{C'} - \frac{1}{2} \frac{Q^2}{C} = 0.5 \text{ J}$$

电场能量发生改变的原因是,将电容器两极板拉开的过程中,由于极板上的电荷保持不变,极板间的电场强度也不变,但电场所占的空间增大,总的电场能量也相应地增加.根据功能原理,所增加的电场能量应等于拉开过程中外力克服两极板间的静电力所做的功.

6-30 在电容率为 ε 的无限大均匀电介质中,一半径为 R 的导体球所带电荷量 Q. 求电场的能量.

解 在导体球上电荷均匀分布在其表面,球内无电场,球外的场强大小为

$$E = \frac{q}{4\pi\varepsilon r^2}$$

取半径从 r 到 $r+dr$ 之间的球壳为体积微元(如题 6-30 图所示),体积为 $4\pi r^2 dr$,故电场能量为

$$W_e = \iiint_V \frac{1}{2} \varepsilon E^2 dV = \int_R^\infty \frac{1}{2} \varepsilon \left(\frac{q}{4\pi\varepsilon r^2}\right)^2 4\pi r^2 dr = \frac{q^2}{8\pi\varepsilon R}$$

6-31 一平行板电容器的极板面积为 S,分别带有电荷 $\pm Q$ 的两极板的间距为 d,若将一厚度为 d,电容率为 ε 的电介质插入极板间隙.试求:(1)静电能的改变量;(2)电场力对电介质所做的功.

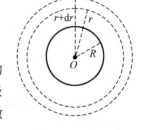

题 6-30 图

解 (1) 平行板电容器两极板间为真空时,电容器的电容为

$$C = \frac{\varepsilon_0 S}{d}$$

两极板间插入电介质时,电容器的电容为

$$C' = \frac{\varepsilon S}{d}$$

插入电介质前后,静电能的改变量为

$$\Delta W_e = \frac{1}{2}\frac{Q^2}{C'} - \frac{1}{2}\frac{Q^2}{C} = \frac{Q^2 d}{2S}\left(\frac{1}{\varepsilon} - \frac{1}{\varepsilon_0}\right)$$

(2) 电场力对电介质所做的功,来源于电容器静电能的减少,即

$$A = -\Delta W_e = -\frac{Q^2 d}{2S}\left(\frac{1}{\varepsilon} - \frac{1}{\varepsilon_0}\right)$$

6-32 平行板电容器两极板间的空间(体积为 V)被相对电容率为 ε_r 的均匀电介质填满.极板上电荷面密度为 σ.试计算将电介质从电容器中取出过程中外力所做的功.

解 平行板电容器两极板间为真空时,电容器的电容为

$$C = \frac{\varepsilon_0 S}{d}$$

两极板间插入电介质时,电容器的电容为

$$C' = \frac{\varepsilon_0 \varepsilon_r S}{d}$$

插入电介质前后,静电能的改变量为

$$\Delta W_e = \frac{1}{2}\frac{Q^2}{C'} - \frac{1}{2}\frac{Q^2}{C} = \frac{Q^2 d}{2S}\left(\frac{1}{\varepsilon_0 \varepsilon_r} - \frac{1}{\varepsilon_0}\right) = \frac{Q^2 dS}{2S^2}\left(\frac{1}{\varepsilon_0 \varepsilon_r} - \frac{1}{\varepsilon_0}\right)$$

$$= \frac{\sigma^2 V}{2}\left(\frac{1}{\varepsilon_0 \varepsilon_r} - \frac{1}{\varepsilon_0}\right)$$

将电介质从电容器中取出过程中外力所做的功

$$A = -\Delta W_e = -\frac{\sigma^2 V}{2}\left(\frac{1}{\varepsilon_0 \varepsilon_r} - \frac{1}{\varepsilon_0}\right)$$

6-33 半径为 2.0 cm 的导体球 A 外套有一个与它同心的导体球壳 B,球壳 B 的内外半径分别为 4.0 cm 和 5.0 cm,球 A 与壳 B 间是空气,壳 B 外也是空气,当球 A 带电荷量为 3.0×10^{-8} C 时,(1)试求此系统激发的电场的总能量(取空气的 $\varepsilon_r = 1$);(2)如果用导线把壳 B 与球 A 相连,结果又如何?

解 (1) 当内球体带电 $+Q$ 时,由静电平衡和电荷守恒可知,球壳内表面带电 $-Q$,球壳外表面带电 $+Q$,由于电场分布具有球对称性,利用高斯定理求出各区域电场强度:

$$\boldsymbol{E} = \begin{cases} 0, & r < 0.02 \\ \dfrac{Q}{4\pi\varepsilon_0 r^2}\dfrac{\boldsymbol{r}}{r}, & 0.02 < r < 0.04 \\ 0, & 0.04 < r < 0.05 \\ \dfrac{Q}{4\pi\varepsilon_0 r^2}\dfrac{\boldsymbol{r}}{r}, & r > 0.05 \end{cases}$$

总电场能量

$$W_e = \iiint_V \frac{1}{2}\varepsilon E^2 \, dV = \int_{0.02}^{0.04} \frac{1}{2}\varepsilon_0 \left(\frac{Q}{4\pi\varepsilon_0 r^2}\right)^2 4\pi r^2 \, dr + \int_{0.05}^{\infty} \frac{1}{2}\varepsilon_0 \left(\frac{Q}{4\pi\varepsilon_0 r^2}\right)^2 4\pi r^2 \, dr$$

$$= \frac{Q^2}{8\pi\varepsilon_0}\left(\frac{1}{0.02} - \frac{1}{0.04} + \frac{1}{0.05}\right)$$

$$= \frac{1}{2} \times 9 \times 10^9 \times (3 \times 10^{-8})^2 \times \left(\frac{1}{0.02} - \frac{1}{0.04} + \frac{1}{0.05}\right) \text{ J}$$

$$= 1.82 \times 10^{-4} \text{ J}$$

（2）若用导线把壳 B 与球 A 相连，导体球上的电荷与球壳内表面上的电荷中和，只有球壳外表面带电 $+Q$. 利用高斯定理求出各区域电场强度：

$$\boldsymbol{E} = \begin{cases} 0, & r < 0.05 \\ \dfrac{Q}{4\pi\varepsilon_0 r^2}\dfrac{\boldsymbol{r}}{r}, & r > 0.05 \end{cases}$$

总电场能量

$$W_e = \iiint_V \frac{1}{2}\varepsilon E^2 \, dV = \int_{0.05}^{\infty} \frac{1}{2}\varepsilon_0 \left(\frac{Q}{4\pi\varepsilon_0 r^2}\right)^2 4\pi r^2 \, dr$$

$$= \frac{Q^2}{8\pi\varepsilon_0}\frac{1}{0.05} = \frac{1}{2} \times 9 \times 10^9 \times (3 \times 10^{-8})^2 \times \frac{1}{0.05} \text{ J}$$

$$= 8.1 \times 10^{-5} \text{ J}$$

第7章 稳恒磁场

7.1 教学目标

1. 理解磁感应强度的概念. 理解毕奥-萨伐尔定律, 能熟练利用毕奥-萨伐尔定律计算一些简单问题中的磁感应强度.

2. 理解稳恒磁场的规律: 磁场高斯定理和安培环路定理. 熟练掌握安培环路定理的一般应用计算磁感应强度的条件和方法.

3. 理解洛伦兹力公式和安培定律, 能分析电荷在均匀电场和磁场中的受力和运动, 会计算简单几何形状载流导体和载流平面线圈在均匀磁场中, 或在无限长直载流导线产生的非均匀磁场中所受的力和力矩.

4. 了解磁介质的磁化现象及其微观解释, 了解各向同性介质中的 H 和 B 之间的关系和区别. 了解磁介质中的高斯定理和安培环路定理.

7.2 知识框架

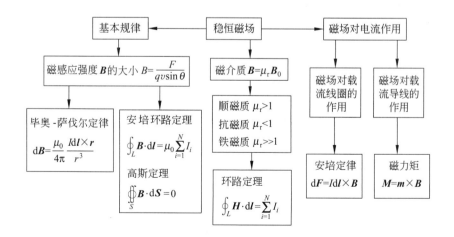

7.3 本章提要

1. 磁感应强度 B 的大小：$B = \dfrac{F_{\max}}{qv}$，方向为该点小磁针 N 极的指向.

2. 毕奥-萨伐尔定律：$\mathrm{d}\boldsymbol{B} = \dfrac{\mu_0}{4\pi} \dfrac{I\mathrm{d}\boldsymbol{l} \times \boldsymbol{r}}{r^3}$

3. 磁场的高斯定理：$\oiint_S \boldsymbol{B} \cdot \mathrm{d}\boldsymbol{S} = 0$

4. 安培环路定理：$\oint_L \boldsymbol{B} \cdot \mathrm{d}\boldsymbol{l} = \mu_0 \sum\limits_{i=1}^{N} I_i$

几种典型稳恒电流磁场的磁感应强度

载流长直导线的磁场：$B = \dfrac{\mu_0 I}{4\pi r_0}(\cos\theta_1 - \cos\theta_2)$

圆形电流轴线上的磁场：$B = \dfrac{\mu_0 I R^2}{2(R^2 + x^2)^{\frac{3}{2}}}$

圆弧电流圆心处的磁场：$B = \dfrac{\mu_0 i \phi}{4\pi R}$

长直螺线管内的磁场：$B = \mu_0 n I$

环形螺线管内的磁场：$B = \dfrac{\mu_0 NI}{2\pi r}$

5. 洛伦兹力：$\boldsymbol{F} = q\boldsymbol{v} \times \boldsymbol{B}$

6. 霍耳电压：$U_{AA'} = K\dfrac{IB}{d}$，$K = \dfrac{1}{nq}$

7. 安培定律

电流元所受安培力：$\mathrm{d}\boldsymbol{F} = I\mathrm{d}\boldsymbol{l} \times \boldsymbol{B}$

任意形状载流导线所受安培力：$\boldsymbol{F} = \int_L I\mathrm{d}\boldsymbol{l} \times \boldsymbol{B}$

载流线圈的磁力矩：$\boldsymbol{M} = \boldsymbol{m} \times \boldsymbol{B}$，其中磁矩 $\boldsymbol{m} = NIS\boldsymbol{e}_\mathrm{n}$

8. 磁介质

磁介质的分类：(1)顺磁质，$\mu_\mathrm{r} > 1$；(2)抗磁质，$\mu_\mathrm{r} < 1$；(3)铁磁质，$\mu_\mathrm{r} \gg 1$.

磁介质中的高斯定理：$\oiint_S \boldsymbol{B} \cdot \mathrm{d}\boldsymbol{S} = 0$

磁介质中的环路定理：$\oint_L \boldsymbol{H} \cdot \mathrm{d}\boldsymbol{l} = \sum\limits_{i=1}^{N} I_i$

各向同性磁介质：$\boldsymbol{B} = \mu_\mathrm{r}\mu_0 \boldsymbol{H} = \mu\boldsymbol{H}$

7.4 检 测 题

检测点 1：当你用小磁铁把便条固定在冰箱门上时,或者当你意外地把一个计算机磁盘拿近磁铁而使之被清除时,你得到了什么暗示？

答：磁铁借助于其磁场对冰箱门或磁盘起作用.

检测点 2：有人根据 $B=F/IL$ 提示：一个磁场中某点的磁感应强度 B 与磁场力 F 成正比，与电流强度 I 和导线长度 L 的乘积 IL 成反比. 这种说法有什么问题？

答：这种说法不对. 磁场中某点的磁感应强度由磁场本身决定，与外界因素，即与检验电流的大小、方向，通电导线的长度和受到的安培力大小无关.

检测点 3：如检 7-3 图所示为带电粒子以速度 v 穿过一均匀磁场 B 的三种情况. 在每一种情况中，粒子上洛伦兹力 F 沿什么方向？

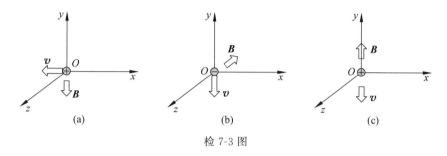

检 7-3 图

答：(a) z 轴正方向；(b) x 轴负方向；(c) 零.

检测点 4：如检 7-4 图所示，在均匀磁场 B 中通过一导线的电流 i 以及作用在导线上的力 F. 磁场的取向使该力最大，磁场应沿什么方向？

答：y 轴负方向.

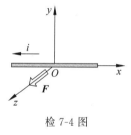

检 7-4 图

检测点 5：如检 7-5 图所示为三个由同心圆弧(半径为 r、$2r$ 及 $3r$ 的半圆或 1/4 圆)及它们的径向线段组成的回路，电路中载有相同的电流. 按照在曲率中心(图中小点)产生的磁场的大小把它们由大到小排序.

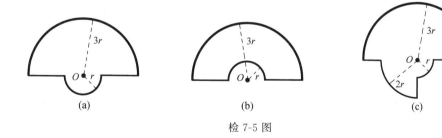

检 7-5 图

答：(a)、(c)和(b).

检测点 6：一个运动电荷 q，质量为 m，以初速度 v_0 进入均匀磁场中，若 v_0 与磁感线间的夹角为 α. 运动电荷的动能和动量是否发生变化？

答：动能不变，动量改变.

检测点 7：磁场的高斯定理：$\oiint_S \boldsymbol{B} \cdot \mathrm{d}\boldsymbol{S} = 0$，表明了磁感线的什么性质？磁单极子是否存在？

答：磁感线是闭合曲线，磁单极子不存在.

检测点 8：如检 7-8 图所示为三个相等的电流 i（两个同向，一个反向）和 4 个安培回路. 按照各个回路 $\oint \mathbf{B} \cdot \mathrm{d}\mathbf{l}$ 的大小把它们由大到小排序.

答：a, c 和 d 相同，然后 b.

检测点 9：某螺线管的长度 $L = 1.23$ m，内径 $d = 3.55$ cm，载有电流 $i = 5.57$ A. 它包含五个密绕的层，每层沿长度 L 方向有 850 匝. 其中央处的 B 是多大？

答：$B = \mu_0 i n = 4\pi \times 10^{-7} \times 5.57 \times \dfrac{5 \times 850}{1.23}$ T $= 2.42 \times 10^{-2}$ T.

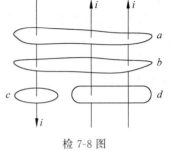

检 7-8 图

检测点 10：如检 7-10 图所示，在垂直纸面向内的均匀磁场 $\mathbf{B}$ 中，检 7-10 图的右图示出以相同速率运动的两个粒子的圆形路径. 其中一个粒子是质子，另一个是电子（它较轻）. (1)哪个粒子沿较小的圆周运动？(2)该粒子是顺时针还是逆时针运动？

答：(1)电子；(2)顺时针方向.

检测点 11：如检 7-11 图所示，一个金属的长方体，它以某一速率 v 通过均匀磁场 $\mathbf{B}$，长方体的各边都是 d 的倍数. 对于长方体速度的方向你有六种选择：它可以平行于 x、y 或 z 轴；沿正方向或负方向. (1)按照将跨越该长方体建立的电势差由大到小把这六种选择排序；(2)对于哪种选择前表面处于较低的电势？

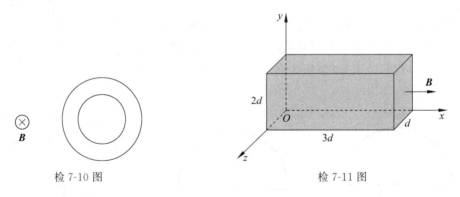

检 7-10 图   检 7-11 图

答：(1)$+z$ 和 $-z$ 相同，然后 $+y$ 和 $-y$ 相同，再后 $+x$ 和 $-x$ 相同（零）；(2)$+y$.

检测点 12：回旋加速器 D 形盒的半径为 r，匀强磁场的磁感应强度为 $\mathbf{B}$. 一个质量为 m、电荷量为 q 的粒子在加速器的中央从速度为零开始加速. 根据回旋加速器的这些数据，估算该粒子离开回旋加速器时获得的动能.

答：因为 $r = mv/qB$，所以 $E = \dfrac{1}{2} mv^2 = q^2 B^2 r^2 / 2m$.

检测点 13：如检 7-13 图所示为三条长而平行且等间距的导线，其中流过进入页面或从页面向外的、大小相等的电流. 按照每条导线中电流受力的大小，由大到小将其排列.

答：b, c, a.

检 7-13 图

检测点 14：一段直的、水平铜导线载有 $I=28\,\text{A}$ 的电流．要使导线悬浮——即让作用在导线上的磁场力与重力平衡，所需最小的磁场的大小？ 导线的线密度为 $46.6\,\text{g/m}$．

答：因为 $BIL=mg$，所以 $B=mg/IL=1.6\times10^{-2}\,\text{T}$．

检测点 15：如检 7-15 图所示为通过均匀电场 E（方向垂直纸面向外并用画圆圈的小点表示）与均匀磁场 B 运动的带正电粒子速度矢量 v 的四个方向．(1)按照粒子受的合力的大小由大到小把方向 1、2 及 3 排序；(2)所有这四个方向中，哪个可能导致为零的合力？

答：(1)2，然后 1 和 3 相同(零)；(2)4．

检测点 16：如检 7-16 图所示为置于一根磁棒 S 极附近的两个抗磁性小球．(1)作用于小球的分子磁矩是指向还是指离磁棒？(2)对小球 1 的磁力是大于、小于，还是等于小球 2 的磁力？

检 7-15 图　　　　　　　检 7-16 图

答：(1)指离；(2)小于．

检测点 17：如检 7-17 图所示为置于一根磁棒 S 极附近的两个顺磁性小球．(1)作用于小球的分子磁矩是指向还是指离磁棒？(2)对小球 1 的磁力是大于、小于，还是等于小球 2 的磁力？

检 7-17 图

答：(1)指向；(2)小于．

检测点 18：当闪电通过一条条曲折的路线把电流送到地面，电流产生的强磁场能够突然磁化周围石块中的任何铁磁质，为什么？

答：由于磁滞，在闪电打击之后(电流消失之后)，这些石块里的物质仍然具有一些磁化的记忆．

7.5　自我检测题

7.1 节　自我检测(磁场　磁感应强度)

7.1.1　判断题

7.1.1.1　判断下列说法是否正确．磁感应强度 B 的方向定义为作用于运动电荷的磁力方向．

答案：错误．

提示：因为当运动电荷以不同的速度通过磁场中同一点时，所受磁力的大小、方向是不同的，即磁力方向并不是由 B 的方向唯一决定的，还与运动电荷速度方向有关，故不能把作用于运动电荷的磁力方向定义为磁感应强度 B 的方向．

7.1.1.2 判断下列说法是否正确. 如果一带电粒子作匀速直线运动通过某区域,可以断定该区域的磁场为零.

答案:错误.

提示:例如,当带电粒子以任一速度沿着磁感应强度的方向进入匀强磁场,则粒子所受的磁场力为零,粒子作匀速直线运动通过该区域,而该区域的磁感应强度的大小可为任意值.

7.1.2 选择题

7.1.2.1 一正电荷在磁场中运动,已知其速度 v 沿着 x 轴方向,下列说法不正确的是( ).

A. 如果电荷不受力,则磁感应强度 B 的方向平行于 x 轴方向

B. 如果所受磁力的方向沿 z 轴方向,且此时磁力的值最大,则磁感应强度 B 的方向为 y 轴方向

C. 如果所受磁力的方向沿 $-z$ 轴方向,且此时磁力的值是最大值的一半,磁感应强度 B 在 xy 平面内第三或第四象限,且与 x 轴的夹角为 150°或 30°

D. 如果电荷不受力,则磁感应强度 B 的方向平行于 z 轴方向

答案:D.

提示:利用洛伦兹力公式.

7.2 节 自我检测(毕奥-萨伐尔定律及其应用)

7.2.1 判断题

7.2.1.1 判断下列说法是否正确. 在载有电流 I 的圆形回路中,回路平面内各点磁感应强度的方向不相同,回路内各点磁感应强度的大小相同.

答:错误.

提示:回路平面内各点磁感应强度的方向不相同,磁感应强度的大小也不相同.

7.2.1.2 对于位于坐标原点,方向沿 x 轴正方向的电流元 $I\mathrm{d}l$,它在 x 轴上 a 点(a 点距离原点为 r)产生的磁感应强度的大小为( ).

A. 0　　　　　　　　　　　B. $\mu_0 I\mathrm{d}l/4\pi r^2$

C. $\mu_0 I\mathrm{d}l/8\pi r^2$　　　　　　　D. $\mu_0 I\mathrm{d}l/16\pi r^2$

答案:A.

提示:因为电流元 $I\mathrm{d}l$ 的方向与 $I\mathrm{d}l$ 到 a 点的距离方向夹角为零,依据毕奥-萨伐尔定律,磁感应强度的大小为零.

7.2.2 选择题

7.2.2.1 如图所示,AB 和 CD 为两条材料和截面积都相同的同心圆弧形导线,所张的圆心角都为 θ,半径分别为 r_1 和 r_2,导线中的电流分别为 I_1 和 I_2,它们在圆心 O 产生的磁感应强度大小分别为 B_1 和 B_2. 若电压 $U_{AB}=U_{CD}$,则 $B_1:B_2=$( ).

A. $r_1^2:r_2^2$　　　　　　　　B. $r_1:r_2$

C. $r_2:r_1$　　　　　　　　D. $r_2^2:r_1^2$

答案:D.

提示：圆弧电流圆心处的磁场：$B=\dfrac{\mu_0 i\phi}{4\pi R}$，欧姆定律 $I=\dfrac{U}{R}$，电阻 $R=\rho\dfrac{l}{s}$，圆弧弧长 $l=r\theta$，$\phi=\theta$.

7.2.2.2 对于圆电流轴线上的磁场，以下描述正确的是（   ）.

A．其磁场可以由毕奥-萨伐尔定律求解

B．圆电流轴线上的磁场方向和电流的流向并不成右手螺旋关系

C．圆电流轴线上的磁场大小保持不变

D．以上说法都不对

答案：A.

提示：毕奥-萨伐尔定律.

7.3 自我检测（磁场的高斯定理和安培环路定理）

7.3.1 判断题

7.3.1.1 判断下列说法是否正确．如果一闭合曲面包围条形磁棒的一个磁极，则通过该闭合曲面的磁通量是零．

答：正确．

提示：磁单极子不存在，通过该闭合曲面的磁通量为零．

7.3.1.2 判断下列说法是否正确．用安培环路定理不能求出有限长一段载流直导线周围的磁场．

答：正确．

提示：安培环路定理只能适用于恒定电流所产生的磁场情况，即涉及载流导线必须是闭合的，否则是不能使用的．

7.3.1.3 判断下列说法是否正确．两条通有大小相等、方向相反电流的导线扭在一起能减小杂散磁场．

答：正确．

提示：由安培环路定理 $\oint_l \boldsymbol{B}\cdot\mathrm{d}\boldsymbol{l}=0$，并不能说导线外的任一点 $B=0$，只有当两条导线具有高度对称性时（如同轴电缆），$B=0$．当把两条导线扭在一起时，可增加对称性，减小导线外的磁感应强度，即减小杂散磁场．

7.3.2 选择题

7.3.2.1 一磁场的磁感应强度为 $\boldsymbol{B}=a\boldsymbol{i}+b\boldsymbol{j}+c\boldsymbol{k}$（单位为 T），通过一半径为 R，开口向 z 轴正方向的半球壳表面的磁通量的大小为（   ）Wb.

A．$\pi R^2 c$ B．0   C．$\pi R^2 a$ D．$-\pi R^2 c$

答案：D.

提示：根据磁场的高斯定理：$\oiint_S \boldsymbol{B}\cdot\mathrm{d}\boldsymbol{S}=0$，通过半球壳表面的磁通量和底圆面的磁通量之和为零，求底圆面的磁通量即可．

7.3.2.2 设图 7.3.2.2 中两导线中的电流 I_1 和 I_2 均为 8 A，则如图所示的三个闭合线 L_1、L_2 和 L_3 的环路积分分别为 $\int_{L_1}\boldsymbol{B}\cdot\mathrm{d}\boldsymbol{l}=($ $)$，$\int_{L_2}\boldsymbol{B}\cdot\mathrm{d}\boldsymbol{l}=($ $)$，$\int_{L_3}\boldsymbol{B}\cdot\mathrm{d}\boldsymbol{l}=($ $)$．

A．$8\mu_0, 0, 8\mu_0$ B．$0, 0, 0$ C．$8\mu_0, 0, 0$ D．$0, 0, -8\mu_0$

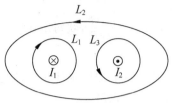

图 7.3.2.2

答：A.

提示：安培环路定理，$\oint_{L_1} \boldsymbol{B} \cdot \mathrm{d}\boldsymbol{l} = \mu_0 I_1$；$\oint_{L_2} \boldsymbol{B} \cdot \mathrm{d}\boldsymbol{l} = \mu_0 (I_2 - I_1) = 0$；$\oint_{L_3} \boldsymbol{B} \cdot \mathrm{d}\boldsymbol{l} = \mu_0 I_2$.

7.4 节　自我检测（磁场对运动电荷和载流导线的作用）

7.4.1　判断题

7.4.1.1　判断下列说法是否正确．一束质子发生了侧向偏转，造成这个偏转的原因可能是电场或者磁场作用．

答：正确．

提示：质子带正电，在电场中将受到电场力作用，运动的质子在磁场中将受到洛伦兹力作用，故一束质子在电场或磁场中皆可发生侧向偏转．到底是哪一种场，可由粒子的运动轨道或粒子动能是否变化来判断．

7.4.1.2　判断下列说法是否正确．如图 7.4.1.2 所示，一对正、负电子同时在同一点射入一均匀磁场中，已知它们的速度分别为 $2v$ 和 v，且都和磁场垂直．经磁场偏转后，则正电子先回到出发点．

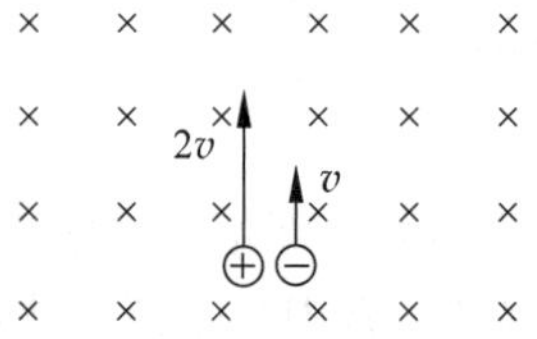

答：错误．

提示：因为它们的运动周期 $T = 2\pi m/qB$，与速度无关，所以它们将同时到达出发点．

图 7.4.1.2

7.4.1.3　判断下列说法是否正确．一个弯曲的载流导线的起点到终端的连线沿着磁感应强度 $\boldsymbol{B}$ 的方向，即与磁感应强度 $\boldsymbol{B}$ 平行，则作用在此弯曲的载流导线的磁场力为零．

答：正确．

提示：根据安培定律．

7.4.2　选择题

7.4.2.1　如图 7.4.2.1 所示，一对正、负电子同时在同一点射入一均匀磁场中，已知它们的速度分别为 $2v$ 和 v，且都和磁场垂直，则正、负电子的偏转方向分别为（　　）．

A. 正、负电子将同时向左偏转
B. 正电子将向左偏转，负电子将向右偏转
C. 正、负电子将同时向右偏转
D. 正电子将向右偏转，负电子将向左偏转

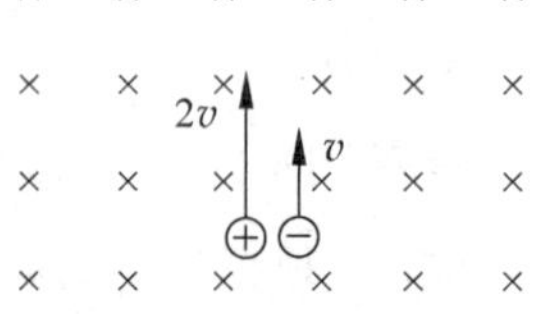

图 7.4.2.1

答：B.

提示：电子在磁场中受到洛伦兹力的作用，正电子将向左偏转，负电子将向右偏转．

7.4.2.2　在一均匀磁场中，有两个面积相等、通有相同电流的线圈，一个是三角形，一个是圆形．这两个线圈所受的磁力矩（　　），所受的最大磁力矩（　　），所受磁场力的合力（　　）．

A. 可能不相等,为零,为零　　B. 一点相等,相等,为零

C. 可能不相等,相等,为零　　D. 可能不相等,相等,不相等

答：C.

提示：载流线圈的磁力矩 $\boldsymbol{M} = \boldsymbol{m} \times \boldsymbol{B}$,其中磁矩 $\boldsymbol{m} = IS\boldsymbol{e}_n$,两个线圈的 $|\boldsymbol{m}|$ 相同,但如果 $\boldsymbol{m}$ 的方向不同,则线圈所受的磁力矩可能不相等,但最大磁力矩相等.显然,所受磁场力的合力皆为零.

7.5 节　自我检测(磁介质中的磁场)

7.5.1　判断题

7.5.1.1　判断下列说法是否正确.若闭合曲线内不包围传导电流,则曲线上各点的 $\boldsymbol{H}$ 必为零.

答：错误.

提示：当 $\sum I = 0$,则 $\oint_L \boldsymbol{H} \cdot d\boldsymbol{l} = 0$,并不能得出 L 上各点的 $\boldsymbol{H}$ 都为零的结论,因为闭合曲线外的电流对 L 上各点的 $\boldsymbol{H}$ 也有贡献.

7.5.1.2　判断下列说法是否正确.若闭合曲线上各点的 $\boldsymbol{H}$ 为零,则该曲线所包围的传导电流的代数和为零.

答：正确.

提示：当 L 上各点的 $\boldsymbol{H}$ 都为零,则 $\oint_L \boldsymbol{H} \cdot d\boldsymbol{l} = 0$,所以 $\sum I = 0$,即 L 所包围的传导电流的代数和为零.

7.5.1.3　判断下列说法是否正确.通过以闭合回路 L 为边界的任意曲面的磁感应强度通量均相等.

答：正确.

提示：由 $\oiint \boldsymbol{B} \cdot d\boldsymbol{S} = 0$ 可以证明以 L 为边界的任意曲面的磁感应强度通量均相等.

7.5.2　选择题

7.5.2.1　磁介质有三种,用相对磁导率表征它们各自的特性是(　　).

A. 顺磁质 $\mu_r > 0$,抗磁质 $\mu_r < 0$,铁磁质 $\mu_r \gg 1$

B. 顺磁质 $\mu_r > 1$,抗磁质 $\mu_r = 1$,铁磁质 $\mu_r \gg 1$

C. 顺磁质 $\mu_r > 0$,抗磁质 $\mu_r < 1$,铁磁质 $\mu_r \gg 1$

D. 顺磁质 $\mu_r > 0$,抗磁质 $\mu_r < 0$,铁磁质 $\mu_r > 1$

答：C.

提示：磁介质的分类.

7.6　典型例题

例 7-1　两种载流导线在平面内的分布如例 7-1 图所示,电流强度均为 I,求它们在 O 点的磁感应强度?

解　(1) 如例 7-1 图(a)所示,两段半无限长直载流导线在 O 点的磁感应强度分别为

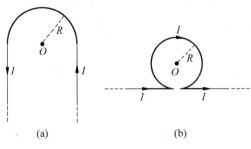

例 7-1 图

$$B_1 = B_2 = \frac{\mu_0 I}{4\pi R}$$

方向垂直纸面向外.

$\frac{1}{2}$ 圆弧在 O 点的磁感应强度为

$$B_3 = \int_0^{\pi R} \frac{\mu_0}{4\pi} \frac{I\,\mathrm{d}l}{R^2} = \frac{\mu_0 I}{4R}$$

方向垂直纸面向外.

该段载流导线在 O 点的总磁感应强度为

$$B = B_1 + B_2 + B_3 = \frac{\mu_0 I}{4\pi R} + \frac{\mu_0 I}{4\pi R} + \frac{\mu_0 I}{4R} = \frac{\mu_0 I}{2\pi R} + \frac{\mu_0 I}{4R}$$

方向垂直纸面向外.

(2) 如例 7-1 图(b)所示,长直载流导线在 O 点的磁感应强度为

$$B_1 = \frac{\mu_0 I}{2\pi R}$$

方向垂直纸面向外.

圆周在 O 点的磁感应强度为

$$B_2 = \int_0^{2\pi R} \frac{\mu_0}{4\pi} \frac{I\,\mathrm{d}l}{R^2} = \frac{\mu_0 I}{2R}$$

方向垂直纸面向里.

该段载流导线在 O 点的总磁感应强度为

$$B = B_1 + B_2 = \frac{\mu_0 I}{2R} - \frac{\mu_0 I}{2\pi R}$$

方向垂直纸面向里.

例 7-2 如例 7-2 图所示,一半径为 R 的无限长半圆柱面形金属薄片,其上沿轴线方向均匀分布着电流强度为 I 的电流.求该半圆柱面形金属薄片在轴线上任一点处的磁感应强度 B.

解 将半圆柱面形通电金属薄片分割为无穷多条平行于轴线的无限长载流导线,每条直导线的电流为

$$\mathrm{d}I = \frac{I}{\pi R}\mathrm{d}l = \frac{I}{\pi R}R\,\mathrm{d}\theta = \frac{I}{\pi}\mathrm{d}\theta$$

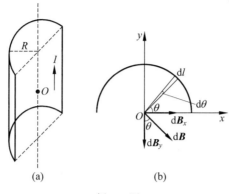

例 7-2 图

该直载流导线在 O 点产生的磁场为

$$dB = \frac{\mu_0 dI}{2\pi R} = \frac{\mu_0 I}{2\pi^2 R}d\theta$$

由对称性分析可知,无穷多条平行于轴线的无限长载流导线在 O 点产生的磁场叠加: y 轴方向的分量和为零,x 轴方向的分量和为

$$B = \int_0^\pi \frac{\mu_0 I}{2\pi^2 R}\sin\theta d\theta = \frac{\mu_0 I}{\pi^2 R}$$

总磁感应强度的方向为 x 轴正方向.

例 7-3 如例 7-3 图所示,一根半径为 R_1 的无限长圆柱形导体棒,棒内有半径为 R_2 的圆柱状空心部分,空心部分的轴线与导体棒的轴线平行,两轴间距为 a,且 $a > R_2$. 现有电流 I 沿导体棒的轴向流动,电流均匀分布在棒的横截面上,求:(1)导体棒轴线上的磁感应强度的大小;(2)空心部分轴线上的磁感应强度的大小.

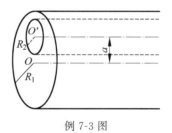

例 7-3 图

解 利用补偿法解题.圆柱形导体棒产生的磁场可以看作半径为 R_1,通有电流的大实心圆柱形导体棒和半径为 R_2,通有反向电流的小实心圆柱形导体棒两者产生的磁场叠加.

(1) 大实心圆柱形导体棒在自己轴线上产生磁场为

$$B_{大O} = 0$$

小实心圆柱形导体棒在大实心圆柱形导体棒轴线上产生磁场,由安培环路定理有

$$\oint_L \boldsymbol{B}'_{小O} \cdot d\boldsymbol{l} = \mu_0 \frac{I}{\pi(R_1^2 - R_2^2)}\pi R_2^2$$

$$B'_{小O} = \frac{\mu_0 I R_2^2}{2\pi a(R_1^2 - R_2^2)}$$

导体棒轴线上的磁感应强度的大小为

$$B_0 = B_{大O} + B'_{小O} = \frac{\mu_0 I R_2^2}{2\pi a(R_1^2 - R_2^2)}$$

(2) 小实心圆柱形导体棒在自己轴线上产生磁场为
$$B'_{小O'}=0$$
大实心圆柱形导体棒在小实心圆柱形导体棒轴线上产生磁场,由安培环路定理有
$$\oint_L \boldsymbol{B}_{大O'} \cdot \mathrm{d}\boldsymbol{l} = \mu_0 \frac{I}{\pi(R_1^2-R_2^2)}\pi a^2$$
$$B_{大O'} = \frac{\mu_0 Ia}{2\pi(R_1^2-R_2^2)}$$
空心部分轴线上的磁感应强度的大小为
$$B_{O'} = B_{大O'} + B'_{小O'} = \frac{\mu_0 Ia}{2\pi(R_1^2-R_2^2)}$$

例 7-4 求无限大平面电流的磁场.如例 7-4 图所示,设一无限大导体薄平板垂直于纸面放置,其上有方向垂直于纸面向外的电流通过,电流面密度(即通过与电流方向垂直的单位长度的电流)处处均匀,大小为 j.

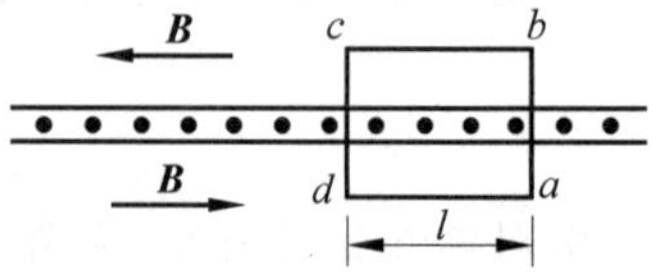

解 无限大平面电流的磁场方向平行于电流平面,且电流平面两侧磁场方向相反,与电流平面等距离的各点磁场大小相等.

例 7-4 图

作矩形安培环路 $abcda$,其中 da 和 bc 两边与电流平面平行,且距电流平面等距离.该环路所包围的电流为 jl,由安培环路定理有
$$\oint_L \boldsymbol{B} \cdot \mathrm{d}\boldsymbol{l} = \mu_0 jl$$
所以
$$B = \frac{\mu_0 j}{2}$$
这个结果表明,无限大平面电流两侧的磁场为均匀磁场.

例 7-5 将半径 R 的圆电流 I_2 置于无限长直电流 I_1 的磁场中,长直导线与圆电流直径重合且相互绝缘,求圆电流 I_2 所受的磁力.

解 建立如例 7-5 图所示的坐标系.无限长直电流 I_1 产生的磁场大小为
$$B = \frac{\mu_0 I_1}{2\pi x}$$
磁场的方向为:在 $x>0$ 的区域,垂直纸面向里;在 $x<0$ 的区域,垂直纸面向外.

在圆电流 I_2 上取一电流元 $I_2\mathrm{d}l$,此电流元所受磁力的方向沿半径指向圆心,其大小为
$$\mathrm{d}F = BI_2\mathrm{d}l = \frac{\mu_0 I_1}{2\pi x}I_2\mathrm{d}l$$
圆电流所受合力的 x 分量为
$$F_x = \int_0^{2\pi R} -\frac{\mu_0 I_1}{2\pi x}I_2\mathrm{d}l\cos\theta = -\int_0^{2\pi R}\frac{\mu_0 I_1}{2\pi x}I_2\frac{x}{R}\mathrm{d}l = -\mu_0 I_1 I_2$$

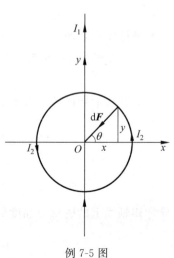

例 7-5 图

圆电流所受合力的 y 分量为

$$F_y = \int_0^{2\pi R} -\frac{\mu_0 I_1}{2\pi x} I_2 \mathrm{d}l \sin\theta = -\int_0^{2\pi R} \frac{\mu_0 I_1}{2\pi x} I_2 \frac{y}{R} \mathrm{d}l = -\frac{\mu_0 I_1 I_2}{2\pi} \int_0^{2\pi} \tan\theta \mathrm{d}\theta = 0$$

圆电流所受合力的大小为

$$F = -\mu_0 I_1 I_2$$

方向沿 x 轴负方向.

7.7 练习题精解

7-1 一电子以速度 v 射入如题 7-1 图所示的均匀磁场中，它所受的洛伦兹力 $\boldsymbol{F}=$ _____，其大小为_____，方向为_____，该电子在此力的作用下将作_____运动.

答案：$-e\boldsymbol{v}\times\boldsymbol{B}$，$evB$，向下，圆周.

提示：洛伦兹力 $\boldsymbol{F}=q\boldsymbol{v}\times\boldsymbol{B}$，$q=-e$.

7-2 磁场环路定理的表达式为_____，它表明磁场是_____场，在题 7-2(a) 图中 $\oint_L \boldsymbol{B}\cdot\mathrm{d}\boldsymbol{l}=$ _____；在题 7-2(b) 图中 $\oint_L \boldsymbol{B}\cdot\mathrm{d}\boldsymbol{l}=$ _____.

答案：$\oint_L \boldsymbol{B}\cdot\mathrm{d}\boldsymbol{l}=\mu_0\sum_{i=1}^N I_i$，非保守，$\mu_0(I_1-I_2)$，$-\mu_0(I_1+I_2)$

提示：安培环路定理：$\oint_L \boldsymbol{B}\cdot\mathrm{d}\boldsymbol{l}=\mu_0\sum_{i=1}^N I_i$，磁感应强度和电流满足右手螺旋关系时电流为正，不满足为负.

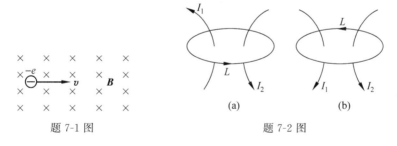

题 7-1 图   题 7-2 图

7-3 一无限长载流导线弯成题 7-3 图所示的形状，则环心 O 点处的磁感应强度的大小为 $B=$ _____，方向_____.

答案：$\dfrac{\mu_0 I}{2\pi R}+\dfrac{\mu_0 I}{2R}$，垂直纸面向外.

提示：圆弧电流圆心处的磁场：$B=\dfrac{\mu_0 i\phi}{4\pi R}$，$\phi=2\pi$；载流长直导线的磁场：

$$B=\frac{\mu_0 I}{4\pi r_0}(\cos\theta_1-\cos\theta_2),\quad \theta_1=0,\quad \theta_2=180°.$$

7-4 三条直载流导线 A、B 和 C 平行地放置于同一平面内，分别载有恒定电流 I、$2I$ 和 $3I$，电流方向相同，如题 7-4 图所示. 导线 A 与 C 的距离为 d，要使导线 B 所受力为零，则

导线 B 与 A 之间的距离应为_____.

答案：$d/4$.

提示：要使导线 B 所受力为零,载流导线 A 和 C 在 B 处产生的磁场应相等,长直导线的磁场 $B=\dfrac{\mu_0 I}{2\pi r}$.

7-5 半圆形载流线圈,半径为 R,载有电流 I,磁感应强度为 B,如题 7-5 图所示.则 ab 边所受的安培力大小为_____,方向_____;此线圈的磁矩大小为_____,方向_____.

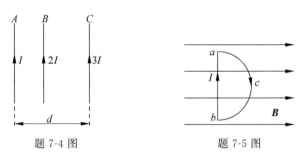

题 7-4 图　　　　题 7-5 图

答案：$2BIR$,垂直纸面向里,$I\dfrac{\pi R^2}{2}$,垂直纸面向里,$I\dfrac{\pi R^2}{2}B$,垂直向下.

提示：任意形状载流导线所受安培力：$\boldsymbol{F}=\displaystyle\int_L I\,\mathrm{d}\boldsymbol{l}\times\boldsymbol{B}$；载流线圈的磁力矩：$\boldsymbol{M}=\boldsymbol{m}\times\boldsymbol{B}$,其中磁矩 $\boldsymbol{m}=IS\boldsymbol{e}_n$.

7-6 一条无限长细导线载有电流 I,折成题 7-6 图所示的形状,圆弧部分的半径为 R,则圆心处磁感应强度 $\boldsymbol{B}$ 的大小为(　　).

A. $\dfrac{\mu_0 I}{4\pi R}+\dfrac{3\mu_0 I}{8R}$　　B. $\dfrac{\mu_0 I}{2\pi R}+\dfrac{3\mu_0 I}{8\pi R}$　　C. $\dfrac{\mu_0 I}{4\pi R}-\dfrac{3\mu_0 I}{8R}$　　D. $\dfrac{\mu_0 I}{4R}+\dfrac{\mu_0 I}{2\pi R}$

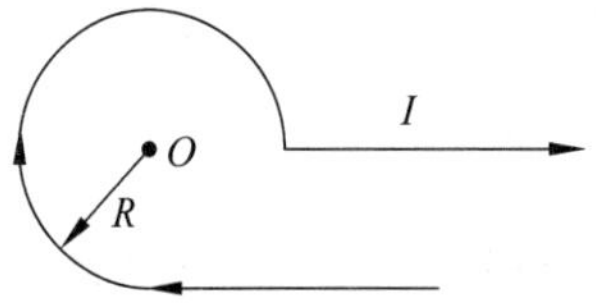

题 7-6 图 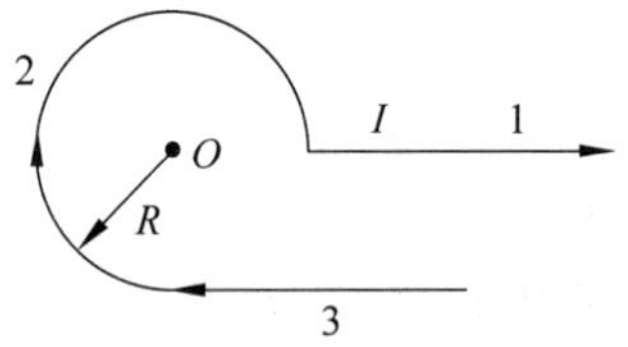　　　　题 7-6 解图

答案：A.

提示：O 点的磁场可以看成是由三段载流导线的磁场叠加.

直导线 1：$B_1=\dfrac{\mu_0 I}{4\pi R}(0-0)=0$.

直导线 2：$B_2=\dfrac{\mu_0 I}{4\pi R}\dfrac{3\pi}{2}$,方向垂直纸面向里.

直导线 3：$B_3=\dfrac{\mu_0 I}{4\pi R}\left(\cos\dfrac{\pi}{2}-\cos 0\right)$,方向垂直纸面向里.

所以，$B = \dfrac{\mu_0 I}{4\pi R} + \dfrac{3\mu_0 I}{8R}$，方向垂直纸面向里．

7-7 如题 7-7 图所示，圆形回路 L 和圆电流 I 同心共面，则磁场强度沿 L 的环流为（　　）．

A. $\oint_L \boldsymbol{H} \cdot \mathrm{d}\boldsymbol{l} = 0$，因为 L 上 $\boldsymbol{H}$ 处处为零

B. $\oint_L \boldsymbol{H} \cdot \mathrm{d}\boldsymbol{l} = 0$，因为 L 上 $\boldsymbol{H}$ 处处与 $\mathrm{d}\boldsymbol{l}$ 垂直

C. $\oint_L \boldsymbol{H} \cdot \mathrm{d}\boldsymbol{l} = I$，因为 L 包围电流 I

D. $\oint_L \boldsymbol{H} \cdot \mathrm{d}\boldsymbol{l} = -I$，因为 L 包围电流 I 且绕向与 I 相反

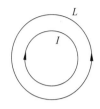

题 7-7 图

答案：B．

提示：由右手螺旋定则知，圆电流在环路 L 处产生的磁场处处与环路垂直．

7-8 对于安培环路定理的理解（所讨论的空间处在稳恒磁场中），以下表述正确的是（　　）．

A. 若 $\oint_L \boldsymbol{H} \cdot \mathrm{d}\boldsymbol{l} = 0$，则在环路 L 上必定是 $\boldsymbol{H}$ 处处为零

B. 若 $\oint_L \boldsymbol{H} \cdot \mathrm{d}\boldsymbol{l} = 0$，则在环路 L 必定是不包围电流

C. 若 $\oint_L \boldsymbol{H} \cdot \mathrm{d}\boldsymbol{l} = 0$，则在环路 L 所包围传导电流的代数和为零

D. 环路 L 上各点的 $\boldsymbol{H}$ 仅与环路 L 包围的电流有关

答案：C．

提示：(1) 环路 L 上某些地方 $\boldsymbol{H}$ 与 $\mathrm{d}\boldsymbol{l}$ 夹角 $\theta < \pi/2$，另一些地方 $\boldsymbol{H}$ 与 $\mathrm{d}\boldsymbol{l}$ 夹角 $\theta > \pi/2$，在整个环路上就有 $\oint_L \boldsymbol{H} \cdot \mathrm{d}\boldsymbol{l} = 0$．(2) 环路 L 包围电流的代数和为零．(3) 由场强叠加原理可知，$\boldsymbol{H}$ 与环路 L 外的电流有关．

7-9 如题 7-9 图所示，将一均匀分布着电流的无限大载流平面放入均匀磁场中，电流方向与该磁场垂直．现已知载流平面两侧的磁感应强度分别为 $\boldsymbol{B}_1$ 和 $\boldsymbol{B}_2$，则该载流平面上的电流密度 j 为（　　）．

A. $\dfrac{B_2 - B_1}{2\mu_0}$　　B. $\dfrac{B_2 - B_1}{\mu_0}$　　C. $\dfrac{B_1 + B_2}{2\mu_0}$　　D. $\dfrac{B_1 + B_2}{\mu_0}$

答案：B．

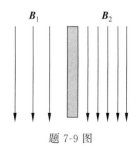

题 7-9 图

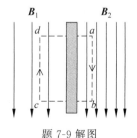

题 7-9 解图

提示：由安培环路定理

$$\oint_L \boldsymbol{B} \cdot d\boldsymbol{l} = \int_{ab} B_2 dl + \int_{bc} \boldsymbol{B} \cdot d\boldsymbol{l} - \int_{cd} B_1 dl + \int_{da} \boldsymbol{B} \cdot d\boldsymbol{l} = B_2 \overline{ab} - B_1 \overline{cd} = \mu_0 j \overline{ab}$$

因为 $\overline{ab} = \overline{cd}$，所以有 $j = \dfrac{B_2 - B_1}{\mu_0}$.

7-10 如题 7-10 图所示，通有电流 I 的金属薄片，置于垂直于薄片的均匀磁场 $\boldsymbol{B}$ 中，则金属片上 a 和 b 两端点的电势相比为（　　）.

A. $U_a > U_b$　　　　B. $U_a = U_b$　　　　C. $U_a < U_b$　　　　D. 无法确定

答案：C.

提示：金属薄片中的载流子是电子，电子的运动方向沿电流的反方向，在磁场中受到洛伦兹力作用，故电子将向金属薄片 a 端漂移，从而使 a 端积累负电荷，b 端因缺少电子而积累正电荷，$U_a < U_b$.

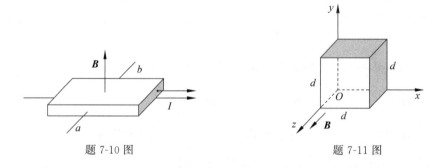

题 7-10 图　　　　题 7-11 图

7-11 如题 7-11 图所示，一边长 $d = 1.5$ cm 的实心金属立方块，它以大小为 4.0 m/s 沿正 y 轴方向的恒定速度 v 通过大小为 0.050 T，指向正 z 轴方向的均匀磁场 $\boldsymbol{B}$.

(1) 由于通过磁场的运动，立方块哪个表面的电势较低？哪个表面的电势较高？

(2) 电势较高与较低的表面之间的电势差是多少？

解　(1) 由于立方块在磁场中运动，立方块中的电子受到的磁力为

$$\boldsymbol{F} = q\boldsymbol{v} \times \boldsymbol{B}$$

因为 q 为负，$\boldsymbol{F}$ 沿 x 轴的负方向作用，朝向立方块的左表面，使得该表面带负电，右表面带正电. 因而，左表面的电势较低，右表面的电势较高.

(2) 电子受力平衡时，电场力和磁力相等，即

$$|q|E = |q|vB$$

而 $U = Ed$，所以有

$$U = vBd = 4.0 \times 0.050 \times 0.015 = 0.0030 \text{ V}$$

7-12 一条无限长直导线在一处弯折成半径为 R 的圆弧，如题 7-12 图所示，若已知导线中电流强度为 I，试利用毕奥-萨伐尔定律求：(1) 当圆弧为半圆周时，圆心 O 处的磁感应强度；(2) 当圆弧为 1/4 圆周时，圆心 O 处的磁感应强度.

解　(1) 如题 7-12 图(a)所示，圆心 O 处的磁感应强度可看作由 3 段载流导线的磁场叠加而成. 因为圆心 O 位于直线电流 AB 和 DE 的延长线上，直线电流上的任一电流元在 O 点产生的磁感应强度均为零，所以直线电流 AB 和 DE 段在 O 点不产生磁场.

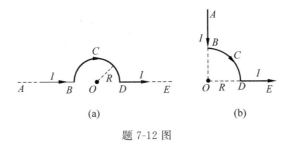

题 7-12 图

根据毕奥-萨伐尔定理,半圆弧上任一电流元在 O 点产生的磁感应强度为

$$\mathrm{d}B = \frac{\mu_0}{4\pi}\frac{I\mathrm{d}l}{R^2}$$

方向垂直纸面向里. 半圆弧电流在 O 点产生的磁感应强度为

$$B = \int_0^{\pi R}\frac{\mu_0}{4\pi}\frac{I\mathrm{d}l}{R^2} = \frac{\mu_0}{4\pi}\frac{I}{R^2}\pi R = \frac{\mu_0 I}{4R}$$

方向垂直纸面向里.

(2) 如题 7-12 图(b)所示,同样,圆心 O 处的磁感应强度可看作由 3 段载流导线的磁场叠加而成. 因为圆心 O 位于直线电流 AB 和 DE 的延长线上,直线电流上的任一电流元在 O 点产生的磁感应强度均为零,所以直线电流 AB 和 DE 段在 O 点不产生磁场.

根据毕奥-萨伐尔定理,1/4 圆弧上任一电流元在 O 点产生的磁感应强度为

$$\mathrm{d}B = \frac{\mu_0}{4\pi}\frac{I\mathrm{d}l}{R^2}$$

方向垂直纸面向里. 1/4 圆弧电流在 O 点产生的磁感应强度为

$$B = \int_0^{\frac{\pi R}{2}}\frac{\mu_0}{4\pi}\frac{I\mathrm{d}l}{R^2} = \frac{\mu_0}{4\pi}\frac{I}{R^2}\frac{\pi R}{2} = \frac{\mu_0 I}{8R}$$

方向垂直纸面向里.

7-13 如题 7-13 图所示,有一被折成直角的无限长直导线载有 20 A 电流,P 点在折线的延长线上,设 a 为 5 cm,试求 P 点磁感应强度.

解 P 点的磁感应强度可看作由两段载流直导线 AB 和 BC 所产生的磁场叠加而成.

AB 段在 P 点所产生的磁感应强度为零,BC 段在 P 点所产生的磁感应强度为

$$B = \frac{\mu_0 I}{4\pi r_0}(\cos\theta_1 - \cos\theta_2)$$

式中,$\theta_1 = \pi/2, \theta_2 = \pi, r_0 = a$. 所以

$$B = \frac{\mu_0 I}{4\pi a}\left(\cos\frac{\pi}{2} - \cos\pi\right) = 4.0\times 10^{-5}\text{ T}$$

方向垂直纸面向里.

7-14 如题 7-14 图所示,用毕奥-萨伐尔定律计算图中 O 点的磁感应强度.

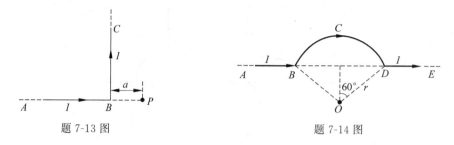

题 7-13 图　　　　　　　　题 7-14 图

解　圆心 O 处的磁感应强度可看作由 3 段载流导线的磁场叠加而成.
AB 段在 P 点所产生的磁感应强度为

$$B = \frac{\mu_0 I}{4\pi r_0}(\cos\theta_1 - \cos\theta_2)$$

式中，$\theta_1 = 0$，$\theta_2 = \dfrac{\pi}{6}$，$r_0 = r/2$. 所以

$$B = \frac{\mu_0 I}{2\pi r}\left(\cos 0 - \cos\frac{\pi}{6}\right) = \frac{\mu_0 I}{2\pi r}\left(1 - \frac{\sqrt{3}}{2}\right)$$

方向垂直纸面向里.

同样，DE 段在 P 点所产生的磁感应强度为

$$B = \frac{\mu_0 I}{2\pi r}\left(\cos\frac{5\pi}{6} - \cos\pi\right) = \frac{\mu_0 I}{2\pi r}\left(1 - \frac{\sqrt{3}}{2}\right)$$

圆弧 $\overset{\frown}{BCD}$ 段在 P 点所产生的磁感应强度为

$$B = \int_0^{\frac{2\pi}{3}r}\frac{\mu_0}{4\pi}\frac{I\,\mathrm{d}l}{r^2} = \frac{\mu_0}{4\pi}\frac{I}{r^2}\frac{2\pi}{3}r = \frac{\mu_0 I}{6r}$$

O 点总的磁感应强度为

$$B = B_1 + B_2 + B_3 = \frac{\mu_0 I}{2\pi r}\left(1 - \frac{\sqrt{3}}{2}\right) + \frac{\mu_0 I}{2\pi r}\left(1 - \frac{\sqrt{3}}{2}\right) + \frac{\mu_0 I}{6r}$$

$$= \frac{2.63}{r}I \times 10^{-7}\ \mathrm{T}$$

方向垂直纸面向里.

7-15　如题 7-15 图所示，两条长直导线沿半径方向接到粗细均匀的铁环上的 A，B 两点，并与很远处的电源相接. 试求环中心 O 点的磁感应强度.

解　因为 O 点在两条长直导线的延长线上，所以两条长直导线在 O 点不产生磁场.
设第 1 段圆弧的长为 l_1，电流强度为 I_1，电阻为 R_1；第 2 段圆弧的长为 l_2，电流强度为 I_2，电阻为 R_2. 因为 1，2 两段圆弧两端电压相等，可得

$$I_1 R_1 = I_2 R_2$$

电阻 $R = \rho\dfrac{l}{S}$，而同一铁环的截面积 S 和电阻率 ρ 是相同的，于是有

$$I_1 l_1 = I_2 l_2$$

由于第 1 段圆弧上的任一线元在 O 点所产生的磁感应强

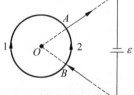

题 7-15 图

度为

$$dB_1 = \frac{\mu_0}{4\pi} \frac{I_1 dl}{R^2}$$

方向垂直纸面向里.

第1段圆弧在 O 点所产生的磁感应强度为

$$B_1 = \int_0^{l_1} \frac{\mu_0}{4\pi} \frac{I_1 dl}{R^2} = \frac{\mu_0}{4\pi} \frac{I_1 l_1}{R^2}$$

方向垂直纸面向里.

同样,第2段圆弧在 O 点所产生的磁感应强度为

$$B_2 = \int_0^{l_2} \frac{\mu_0}{4\pi} \frac{I_2 dl}{R^2} = \frac{\mu_0}{4\pi} \frac{I_2 l_2}{R^2}$$

方向垂直纸面向外.

铁环在 O 点所产生的总磁感应强度为

$$B = B_1 - B_2 = \frac{\mu_0}{4\pi} \frac{I_1 l_1}{R^2} - \frac{\mu_0}{4\pi} \frac{I_2 l_2}{R^2} = 0$$

7-16 在真空中有两条互相平行的载流长直导线 L_1 和 L_2,相距 0.1 m,通有方向相反的电流, $I_1 = 20$ A, $I_2 = 10$ A,如题 7-16 图所示,求 L_1, L_2 所决定的平面内位于 L_2 两侧各距 L_2 为 0.05 m 的 a, b 两点的磁感应强度 **B**.

解 载流长直导线在空间产生磁感应强度为

$$B = \frac{\mu_0 I}{2\pi x}$$

长直导线 L_1 在 a, b 两点产生磁感应强度为

$$B_{1a} = \frac{\mu_0 I_1}{2\pi \times 0.05}, \quad B_{1b} = \frac{\mu_0 I_1}{2\pi \times 0.15}$$

方向垂直纸面向里.

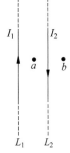

题 7-16 图

长直导线 L_2 在 a, b 两点产生磁感应强度为

$$B_{2a} = \frac{\mu_0 I_2}{2\pi \times 0.05}, \quad B_{2b} = \frac{\mu_0 I_2}{2\pi \times 0.05}$$

长直导线 L_2 在 a 点产生磁感应强度方向垂直纸面向里,在 b 点产生磁感应强度方向垂直纸面向外.

a 点总的磁感应强度为

$$B_a = B_{1a} + B_{2a} = \frac{\mu_0 I_1}{2\pi \times 0.05} + \frac{\mu_0 I_2}{2\pi \times 0.05}$$

$$= \frac{4\pi \times 10^{-7} \times 20}{2\pi \times 0.05} + \frac{4\pi \times 10^{-7} \times 10}{2\pi \times 0.05} \text{ T}$$

$$= 1.2 \times 10^{-4} \text{ T}$$

方向垂直纸面向里.

b 点总的磁感应强度为

$$B_b = B_{1b} + B_{2b} = \frac{\mu_0 I_1}{2\pi \times 0.15} - \frac{\mu_0 I_2}{2\pi \times 0.05} \text{ T}$$

$$= \frac{4\pi \times 10^{-7} \times 20}{2\pi \times 0.15} - \frac{4\pi \times 10^{-7} \times 10}{2\pi \times 0.05} \text{ T}$$

$$\approx -1.33 \times 10^{-5} \text{ T}$$

方向垂直纸面向外.

7-17 如题 7-17 图(a)所示,载流长直导线中的电流为 I. 求通过矩形面积 $CDEF$ 的磁通量.

解 在矩形平面上取一矩形面元 $dS = l\,dx$(题 7-17 图(b)),载流长直导线的磁场穿过该面元的磁通量为

$$d\phi_m = \frac{\mu_0 I}{2\pi x}dS = \frac{\mu_0 I}{2\pi x}l\,dx$$

通过矩形面积的总磁通量为

$$\phi_m = \int_a^b \frac{\mu_0 I}{2\pi x}l\,dx = \frac{\mu_0 I l}{2\pi}\ln\frac{b}{a}$$

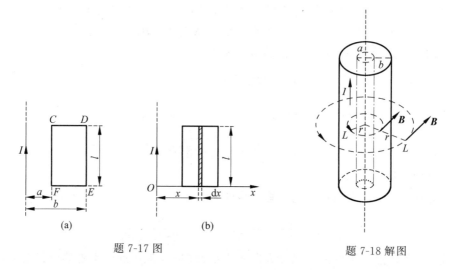

题 7-17 图   题 7-18 解图

7-18 一载流无限长直圆筒,内半径为 a,外半径为 b,传导电流为 I,电流沿轴线方向流动并均匀地分布在圆筒的横截面上. 求磁感应强度的分布.

解 建立如题 7-18 解图所示半径为 r 的安培环路. 由电流分布的对称性,L 上各点 B 值相等,方向沿圆的切线,根据安培环路定理有

$$\oint_L \mathbf{B} \cdot d\mathbf{l} = \oint_L B\cos\theta\,dl = B\oint_L dl = B 2\pi r = \mu_0 I'$$

可得

$$B = \frac{\mu_0 I'}{2\pi r}$$

其中 I' 是通过圆周 L 内部的电流.

当 $r<a$ 时，$I'=0$，$B=0$；

当 $a<r<b$ 时，$I'=\dfrac{I(r^2-a^2)}{b^2-a^2}$，$B=\dfrac{\mu_0 I}{2\pi r}\dfrac{r^2-a^2}{b^2-a^2}$；

当 $r>b$ 时，$I'=I$，$B=\dfrac{\mu_0 I}{2\pi r}$。

7-19 如题 7-19 图所示为长导电圆柱的横截面，内径 $a=2.0$ cm，外径 $b=4.0$ cm．圆柱截面中有从纸面流出的电流，且在横截面中的电流密度由 $J=cr^2$ 给出，其中，$c=3.0\times10^6$ A/m^4，r 按 m 计算．在距离圆柱中轴为 3.0 cm 的某点处 B 的大小是多少？

解 由于电流分布的具有圆柱轴对称性，相应地，磁场分布也具有圆柱轴对称性．建立如题 7-19 图所示的安培环路，根据安培环路定理有

$$\oint_L \boldsymbol{B}\cdot\mathrm{d}\boldsymbol{l}=-\mu_0 I$$

因为这里电流不是均匀分布的，电流大小为

$$I=\int_0^r J\,\mathrm{d}s=\int_0^r cr^2(2\pi r\,\mathrm{d}r)=2\pi c\int_0^r r^3\,\mathrm{d}r=\dfrac{\pi c(r^4-a^4)}{2}$$

可得

$$B(2\pi r)=\dfrac{\pi c(r^4-a^4)}{2}$$

解出 B 并代入已知数据，可得

$$B=-\dfrac{\mu_0 c}{4r}(r^4-a^4)=-\dfrac{4\pi\times10^{-7}\times3.0\times10^6}{4\times0.03}(0.03^4-0.02^4)\text{ T}$$

$$=-2.0\times10^{-5}\text{ T}$$

这样，距离圆柱中轴为 3.0 cm 处 B 的大小是

$$B=-2.0\times10^{-5}\text{ T}$$

B 的方向为逆时针方向．

7-20 一条很长的同轴电缆，由一导体圆柱（半径为 a）和一同轴的导体圆管（内、外半径分别为 b、c）构成．使用时，电流 I 从一导体流出，从另一导体流回．设电流都是均匀分布在导体的横截面上，求：(1)导体圆柱内 $(r<a)$；(2)两导体之间 $(a<r<b)$；(3)导体圆管内 $(b<r<c)$；(4)电缆外 $(r>c)$ 各点处磁感应强度的大小．

解 如题 7-20 图所示，由电流分布具有轴对称性可知，相应的磁场分布也具有轴对称性．根据安培环路定理有

$$\oint_L \boldsymbol{B}\cdot\mathrm{d}\boldsymbol{l}=B\oint_L \mathrm{d}l=B2\pi r=\mu_0 I'$$

可得

$$B=\dfrac{\mu_0 I'}{2\pi r}$$

其中 I' 是通过圆周 L 内部的电流

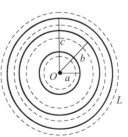

题 7-20 图

(1) 当 $r<a$ 时，$I'=\dfrac{Ir^2}{a^2}$，$B=\dfrac{\mu_0 I}{2\pi}\dfrac{r}{a^2}$；

(2) 当 $a<r<b$ 时，$I'=I$，$B=\dfrac{\mu_0 I}{2\pi r}$；

(3) 当 $b<r<c$ 时，$I'=I-\dfrac{I(r^2-b^2)}{c^2-b^2}=\dfrac{I(c^2-r^2)}{c^2-b^2}$，$B=\dfrac{\mu_0 I}{2\pi r}\dfrac{c^2-r^2}{c^2-b^2}$；

(4) 当 $r>c$ 时，$I'=0$，$B=0$.

7-21 一载有电流 $I=7.0$ A 的硬导线，转折处为半径 $r=0.10$ m 的 1/4 圆周 ab. 均匀外磁场的大小为 $B=1.0$ T，其方向垂直于导线所在的平面，如题 7-21 图所示，求圆弧 ab 部分所受的力.

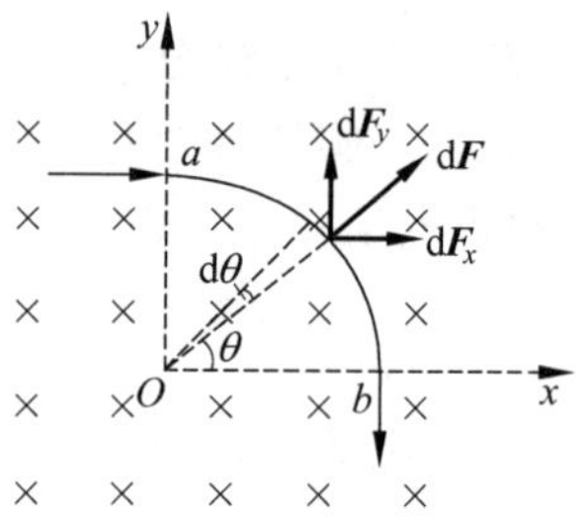

解 在圆弧 ab 上取一电流元 $Id\boldsymbol{l}$，此电流元所受安培力为

$$d\boldsymbol{F}=Id\boldsymbol{l}\times\boldsymbol{B}$$

把 $d\boldsymbol{F}$ 沿 x，y 轴正交分解，由题 7-21 图有

$$dF_x=dF\cos\theta=BI\cos\theta dl$$
$$dF_y=dF\sin\theta=BI\sin\theta dl$$

由于 $dl=Rd\theta$，所以

$$dF_x=BI\cos\theta Rd\theta$$
$$dF_y=BI\sin\theta Rd\theta$$

因此

$$F_x=\int dF_x=\int_0^{\frac{\pi}{2}}BI\cos\theta Rd\theta=BIR$$

$$F_y=\int dF_y=\int_0^{\frac{\pi}{2}}BI\sin\theta Rd\theta=BIR$$

整个圆弧 ab 所受的安培力为

$$\boldsymbol{F}=F_x\boldsymbol{i}+F_x\boldsymbol{j}=BIR\boldsymbol{i}+BIR\boldsymbol{j}$$

题 7-21 图

7-22 用铅丝制作成半径 $R=0.05$ m 的圆环，圆环中载有电流 $I=7$ A，把圆环放在磁场中，磁场的方向与环面垂直. 磁感应强度的大小为 1.0 T. 试问：圆环静止时，铅丝内部张力为多少？

解 如题 7-22 图所示，整个圆环所受的合力为零，圆环静止不动. 欲求圆环内部任意一点的张力，可把圆环沿直径分为左右两部分，其中左半部分所受的安培力为 $BI2R$，而左半部分又保持静止不动，则必有

$$BI2R=2T$$

铅丝内部张力为

$$T=BIR=0.35\text{ N}$$

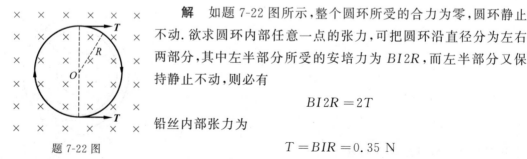

题 7-22 图

7-23 通以电流 I 的导线 $abcd$ 形状如题 7-23 图所示,$\overline{ab}=\overline{cd}=l$,$bc$ 弧是半径为 R 的半圆周,置于磁感应强度为 B 的均匀磁场中,B 的方向垂直纸面向里.求此导线受到安培力的大小和方向.

解 建立如题 7-23 图所示的坐标系.由安培定律得两线段 $\overline{ab}$ 和 $\overline{cd}$ 受力大小相等,方向相反,二力合力为零,导线所受力即为半圆弧所受力.

在 bc 弧上任取一电流元 $I\,\mathrm{d}\boldsymbol{l}$,其受力为

$$\mathrm{d}\boldsymbol{F} = I\,\mathrm{d}\boldsymbol{l} \times \boldsymbol{B}$$

由对称性知

$$F_x = \int_0^\pi \mathrm{d}F_x = 0$$

$$F_y = \int_0^\pi \mathrm{d}F_y = \int_0^\pi BIR\sin\theta\,\mathrm{d}\theta = 2BIR$$

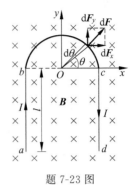

题 7-23 图

导线所受力为 $\boldsymbol{F} = 2BIR\boldsymbol{j}$.

7-24 直径 $d=0.02$ m 的圆形线圈,共 10 匝,通以 0.1 A 的电流时,问:(1)它的磁矩是多少?(2)若将该线圈置于 1.5 T 的磁场中,它受到的最大磁力矩是多少?

解 (1)载流圆形线圈的磁矩大小为

$$m = NIS = 10 \times 0.1 \times \pi \times \left(\frac{0.02}{2}\right)^2 \text{ A} \cdot \text{m}^2 = 3.1 \times 10^{-4} \text{ A} \cdot \text{m}^2$$

(2)线圈置于 1.5 T 的磁场中,它受到的最大磁力矩是

$$M_{\max} = mB = 3.1 \times 10^{-4} \times 1.5 \text{ N} \cdot \text{m} = 4.7 \times 10^{-4} \text{ N} \cdot \text{m}$$

7-25 一电子的动能为 10 eV,在垂直于匀强磁场的平面内作圆周运动,已知磁感应强度 $B=1.0 \times 10^{-4}$ T,试求电子的轨道半径和回旋周期.

解 电子的轨道半径

$$R = \frac{mv}{eB} = \frac{\sqrt{2mE}}{eB} = \frac{\sqrt{2 \times 9.109\,389\,8 \times 10^{-31} \times 10 \times 1.6 \times 10^{-19}}}{1.6 \times 10^{-19} \times 1.0 \times 10^{-4}} \text{ m}$$

$$= 0.11 \text{ m}$$

电子的回旋周期

$$T = \frac{2\pi m}{eB} = \frac{2 \times 3.14 \times 9.109\,389\,8 \times 10^{-31}}{1.6 \times 10^{-19} \times 1.0 \times 10^{-4}} \text{ s} = 3.6 \times 10^{-7} \text{ s}$$

7-26 正电子的质量和电量都与电子相同,但它带的是正电荷,有一个正电子在 $B=0.10$ T 的均匀磁场中运动,其动能为 $E_k = 2.0 \times 10^3$ eV,它的速度 $\boldsymbol{v}$ 与 $\boldsymbol{B}$ 成 $60°$.试求该正电子所作的螺旋线运动的周期 T、半径 R 和螺距 h.

解 将 $\boldsymbol{v}$ 分解为平行和垂直于 $\boldsymbol{B}$ 的分量,分别为

$$v_\perp = v\sin\theta = \sin 60° \sqrt{\frac{2E_k}{m}},$$

$$v_{/\!/} = v\cos\theta = \cos 60° \sqrt{\frac{2E_k}{m}}$$

回旋周期为

$$T = \frac{2\pi R}{v_\perp} = \frac{2\pi m}{eB} = 3.6 \times 10^{-10} \text{ s}$$

螺旋线的半径为

$$R = \frac{mv_\perp}{eB} = 1.3 \times 10^{-3} \text{ m}$$

螺旋线的螺距为

$$h = v_{/\!/} T = \frac{2\pi m v_{/\!/}}{eB} = 4.7 \times 10^{-3} \text{ m}$$

7-27 如题 7-27 图所示，一块长方形半导体样品平放在 xy 面上，其长、宽和厚度依次沿 x, y 和 z 轴方向. 沿 x 轴方向有电流 I 通过，在 z 轴方向加有均匀磁场. 现测得 $a=1.0$ cm, $b=0.35$ cm, $d=0.10$ cm, $I=1.0$ mA, $B=0.30$ T. 在宽度为 0.35 cm，两侧的电势差 $U_{AA'} = 6.55$ mV. (1) 试问这块半导体是正电荷导电(p 型)还是负电荷导电(n 型)？(2) 试求载流子的浓度.

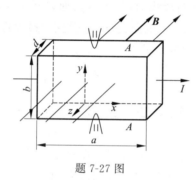

题 7-27 图

解 (1) 这块半导体是正电荷导电(p 型).
(2) 利用霍耳效应的公式可得

$$n = \frac{IB}{qdU_{AA'}} = \frac{1.0 \times 10^{-3} \times 0.30}{1.6 \times 10^{-19} \times 0.10 \times 10^{-2} \times 6.55 \times 10^{-3}} \text{ m}^{-3}$$
$$= 2.9 \times 10^{20} \text{ m}^{-3}$$

7-28 螺绕环中心周长为 10 cm，环上均匀密绕线圈 200 匝，线圈中通有电流 0.1 A. 若管内充满相对磁导率 $\mu_r = 4200$ 的均匀磁介质，管内的 **B** 和 **H** 的大小各是多少？

解 以螺绕环中心为轴，作半径为 r 的圆周. 根据磁介质中的安培环路定理有

$$\oint_L \boldsymbol{H} \cdot \mathrm{d}\boldsymbol{l} = \sum_{i=1}^{N} I_i = NI$$

所以

$$H = \frac{NI}{2\pi r} = \frac{200 \times 0.1}{0.1} \text{ A} \cdot \text{m}^{-1} = 200 \text{ A} \cdot \text{m}^{-1}$$

$$B = \mu H = 4\pi \times 10^{-7} \times 4200 \times 200 \text{ T} = 1.06 \text{ T}$$

7-29 一无限长圆柱形直导线外包一层磁导率为 μ 的圆筒形磁介质，导线半径为 R_1，

磁介质的外半径为 R_2,导线内有电流 I 通过,且电流沿导线横截面均匀分布.求磁介质内外的磁场强度和磁感应强度的分布.

解 以圆柱形直导线中心为轴,作半径为 r 的圆周.根据磁介质中的安培环路定理有

$$\oint_L \boldsymbol{H} \cdot \mathrm{d}\boldsymbol{l} = I'$$

当 $r < R_1$ 时,$I' = \dfrac{r^2}{R_1^2} I$,$H = \dfrac{Ir}{2\pi R_1^2}$,$B = \dfrac{\mu_0 Ir}{2\pi R_1^2}$;

当 $R_1 < r < R_2$ 时,$I' = I$,$H = \dfrac{I}{2\pi r}$,$B = \dfrac{\mu I}{2\pi r}$;

当 $r > R_2$ 时,$I' = I$,$H = \dfrac{I}{2\pi r}$,$B = \dfrac{\mu_0 I}{2\pi r}$.

第 8 章 电磁感应

8.1 教学目标

1. 熟练掌握法拉第电磁感应定律和楞次定律,并应用其计算感应电动势.
2. 理解动生电动势和感生电动势的本质,了解有旋电场的概念.
3. 了解自感和互感现象,会计算简单几何形状的导体的互感系数和自感系数.
4. 了解磁能密度和磁场能量的概念,会计算均匀磁场和对称磁场的能量.
5. 了解位移电流的概念以及麦克斯韦方程组的积分形式.

8.2 知识框架

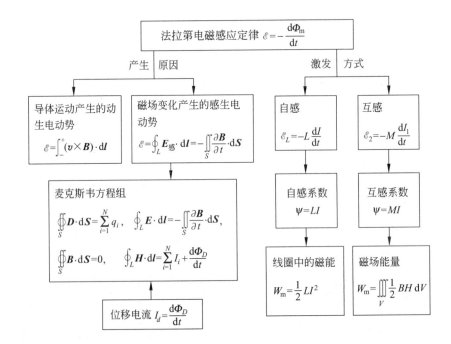

8.3 本章提要

1. 法拉第电磁感应定律：$\mathscr{E} = -\dfrac{d\Phi_m}{dt}$

2. 动生电动势：$\mathscr{E} = \int_-^+ (\boldsymbol{v} \times \boldsymbol{B}) \cdot d\boldsymbol{l}$

感生电动势：$\mathscr{E} = \oint_L \boldsymbol{E}_{感} \cdot d\boldsymbol{l} = -\iint_S \dfrac{\partial \boldsymbol{B}}{\partial t} \cdot d\boldsymbol{S}$

3. 电磁感应定律的普遍形式：$\oint_L \boldsymbol{E} \cdot d\boldsymbol{l} = -\iint_S \dfrac{\partial \boldsymbol{B}}{\partial t} \cdot d\boldsymbol{S}$

4. 自感：$\Psi_m = LI$，$\mathscr{E}_L = -L \dfrac{dI}{dt}$

自感磁能：$W_m = \dfrac{1}{2} L I^2$

互感：$\Psi_2 = M I_1$，$\mathscr{E}_2 = -M \dfrac{dI_1}{dt}$

5. 磁能密度：$w_m = \dfrac{1}{2} \dfrac{B^2}{\mu} = \dfrac{1}{2} \mu H^2 = \dfrac{1}{2} BH$

磁场能量：$W_m = \iiint_V w_m dV = \iiint_V \dfrac{1}{2} BH \, dV$

6. 位移电流：$I_d = \dfrac{d\Phi_D}{dt}$

全电流 I = 传导电流 I_0 + 位移电流 I_d

7. 安培环路定理的普遍形式：$\oint_L \boldsymbol{H} \cdot d\boldsymbol{l} = \sum_{i=1}^N I_i + \dfrac{d\Phi_D}{dt}$

8. 麦克斯韦方程组：

（1）两个基本假设

感生电场假设：变化的磁场产生感生电场；

位移电流假设：变化的电场产生磁场．

（2）麦克斯韦方程组积分形式

$$\oiint_S \boldsymbol{D} \cdot d\boldsymbol{S} = \sum_{i=1}^N q_i, \quad \oint_L \boldsymbol{E} \cdot d\boldsymbol{l} = -\iint_S \dfrac{\partial \boldsymbol{B}}{\partial t} \cdot d\boldsymbol{S};$$

$$\oiint_S \boldsymbol{B} \cdot d\boldsymbol{S} = 0, \quad \oint_L \boldsymbol{H} \cdot d\boldsymbol{l} = \sum_{i=1}^N I_i + \dfrac{d\Phi_D}{dt}$$

8.4 检 测 题

检测点 1：如检 8-1 图所示，载有电流 i 的长直导线经过（无接触）具有边长为 L、$1.5L$ 及 $2L$ 的三个矩形导线回路．三个回路被远距离地隔开（以便相互不影响）．回路 1 和 3 相对于长导线是对称的.当(a)电流恒定或(b)电流增大时,按照在三个回路中所感应的电流的大小,由大到小将其排列.

答:(a)都相同(零);(b)2,然后 1 和 3 相同(零).

检测点 2:如检 8-2 图所示,穿过一导电回路且垂直回路平面的均匀磁场的大小 $B(t)$ 的曲线.按照在回路中所感应的电动势的大小,由大到小把该图线的五个区域排序.

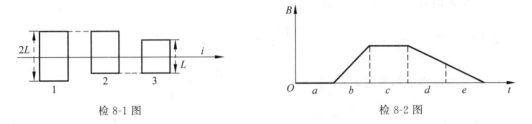

检 8-1 图　　　　　检 8-2 图

答:b,d 和 e 相同,然后 a 和 c 相同(零).

检测点 3:如检 8-3 图所示三种情况,相同的圆形导电回路处在以相同的速率或增大(增)或减小(减)的均匀磁场中.在每种情况中,虚线都与回路直径重合.按照在回路中所感应的电流的大小,由大到小将它们排序.

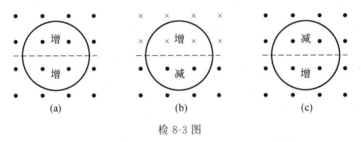

检 8-3 图

答:(a)和(b)相同,然后(c)(零).

检测点 4:如检 8-4 图所示,具有边长为 L 或 $2L$ 的四个导线回路.四个回路都将以相同的恒定速度穿过磁场 **B** 的区域(**B** 垂直指向页面外).按照它们穿过磁场时感应的电动势值的最大值从大到小将其排序.

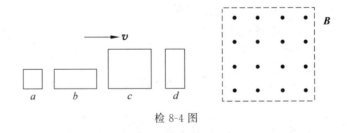

检 8-4 图

答:c 和 d 相同,然后 a 和 b 相同.

检测点 5:四个均匀磁场的大小 B 对时间 t 的变化率如检 8-5 图所示,四个磁场根据它们在区域边缘处感应的感生电场量值从大到小排序.

答:a、c、b、d(零).

检测点 6:如检 8-6 图所示为线圈中产生的电动势 ε_L.试问下列的哪个说法能描述通

过线圈的电流：(a)恒定并向右；(b)恒定并向左；(c)增大并向右；(d)减小并向右；(e)增大并向左；(f)减小并向左.

答：(d)和(e).

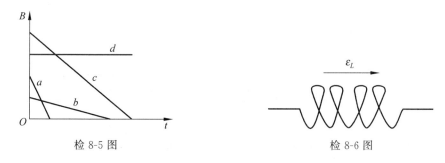

检 8-5 图   检 8-6 图

检测点 7：两个相距不太远的平面圆线圈，怎样放置可使其互感系数近似为零（设其中一线圈的轴线恰通过另一线圈的圆心）？

答：两线圈的轴线相互垂直.

检测点 8：下表列出了三个螺线管每单位长度的匝数、电流及横截面积. 按照螺线管内部的磁能密度从大到小将其排序.

螺线管	单位长度的匝数	电流	横截面积
a	$2n$	I	$2S$
b	n	$2I$	S
c	n	I	$6S$

答：a 和 b 相同，然后 c.

检测点 9：检 8-9 图示是从平行板电容器内部看到的它的一个极板. 虚线表示三个积分路径. 根据在电容器充电时 $\oint \boldsymbol{H} \cdot \mathrm{d}\boldsymbol{l}$ 沿着各路径的值的大小，将各路径从大到小排序.

答：b 和 c 相同，然后 a.

检测点 10：检 8-10 图给出了一列电磁波在某一时刻的电场. 波沿 z 轴负方向传输能量，在该时刻、该地点波的磁场方向如何？

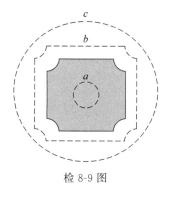
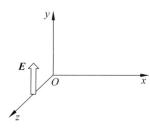

检 8-9 图   检 8-10 图

答：x 轴正向.

8.5 自我检测题

8.1 节　自我检测（电磁感应的基本定律）

8.1.1　判断题

8.1.1.1　判断下列说法是否正确. 将一磁铁插入一个由导线组成的闭合回路线圈中，一次迅速插入，另一次缓慢地插入，那么，两次插入在线圈中的感生电荷量相同.

答：正确.

提示：相同. 因为 $\dfrac{\mathrm{d}q}{\mathrm{d}t}R = -\dfrac{\mathrm{d}\phi}{\mathrm{d}t}$，则 $q = (\phi_1 - \phi_2)/R$，两次插入磁通量的变化量 $\Delta\phi = (\phi_1 - \phi_2)$ 相同，故感生电荷量相同.

8.1.1.2　判断下列说法是否正确. 将一磁铁插入一个由导线组成的闭合回路线圈中，一次迅速插入，另一次缓慢地插入，两次手推磁铁的力所做的功相同.

答：错误.

提示：不相同. $W = \int \dfrac{\varepsilon^2}{R}\mathrm{d}t = \int \dfrac{1}{R}\left(\dfrac{\mathrm{d}\phi}{\mathrm{d}t}\right)^2 \mathrm{d}t = \int \dfrac{1}{R}\dfrac{(\mathrm{d}\phi)^2}{\mathrm{d}t} = \int q\dfrac{\mathrm{d}\phi}{\mathrm{d}t}$，$\dfrac{\mathrm{d}\phi}{\mathrm{d}t}$ 与插入速度成正比.

8.1.2　选择题

8.1.2.1　根据电磁感应定律，下列说法正确的是（　　）.

A. 电流通过一个螺线管时，不会产生磁场

B. 当磁场的方向改变时，通过一个闭合线圈的磁通量也会改变

C. 如果一个导体在均匀磁场中以匀速运动，感应电动势将始终为零

D. 一个匀强磁场对一个闭合线圈的感应电动势没有影响

答案：B.

提示：法拉第电磁感应定律.

8.1.2.2　根据楞次定律可知，感应电流的磁场一定是（　　）.

A. 阻碍引起感应电流的磁通量

B. 与引起感应电流的磁场方向相反

C. 阻碍引起感应电流的磁通量的变化

D. 与引起感应电流的磁场方向相同

答案：C.

提示：根据楞次定律，所以 A 错、C 对. 感应电流的磁场方向在磁通量增加时与原磁场反向，在磁通量减小时与原磁场同向，所以 B、D 错.

8.2 节　自我检测（动生电动势　感生电动势）

8.2.1　判断题

8.2.1.1　判断下列说法是否正确. 将尺寸完全相同的铜环和木环适当放置，使通过两环内的磁通量变化量相等，则这两个环中的感生电动势及感生电场相等.

答：正确.

提示：由于磁通量变化产生的感生电动势及感生电场与环是导体还是非导体无关，但

在木环中不会形成电流.

8.2.1.2 判断下列说法是否正确.法拉第圆盘发电机是一个在磁场中转动的导体圆盘,如图 8.2.1.2 所示,盘边与盘心间的电势差为 ΔU_1.如果盘挖空成辐条式,盘边与盘心间的电势差为 ΔU_2,并且有 $\Delta U_1 = \Delta U_2$.

答案：正确.

提示：$\Delta U = \int_0^R vB \, dl = \int_0^R \omega r B \, dr = \frac{1}{2} B\omega R^2$.

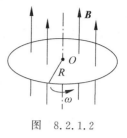

图 8.2.1.2

8.2.2 选择题

8.2.2.1 法拉第圆盘发电机是一个在磁场中转动的导体圆盘,如图 8.2.2.1 所示,盘边与盘心间的电势差 ΔU 为( ).

A. $\frac{1}{2} B\omega R^2$ B. $\frac{1}{2} B\omega R$

C. $\frac{1}{2} B\omega^2 R$ D. $B\omega R^2$

答案：A.

提示：$\Delta U = \int_0^R vB \, dl = \int_0^R \omega r B \, dr = \frac{1}{2} B\omega R^2$.

8.2.2.2 在局限于半径为 R 的圆柱形空间内,有一垂直纸面向里的轴向均匀磁场,如图 8.2.2.2 所示.设磁感应强度为 $\boldsymbol{B}$,正以 $dB/dt = C > 0$ 的变化率增加,现将一电子 $(-e)$ 置于 D 点,则其加速度的大小 $|a_D| = ($),加速度的方向( ).

A. $\frac{er_1}{2m_e} C$,在纸面内垂直于 r_1 向左   B. $\frac{er_1}{2Rm_e} C$,在纸面内垂直于 r_1 向右

C. $\frac{eR}{2m_e} C$,在纸面内垂直于 r_1 向右   D. $\frac{er_1}{2m_e} C$,在纸面内垂直于 r_1 向右

答案：D.

提示：$|a_D| = \frac{E_{感} e}{m_e} = \frac{e}{m_e} \frac{r_1}{2} \frac{dB}{dt} = \frac{er_1}{2m_e} C$,方向：在纸面内垂直于 r_1 向右.

8.2.2.3 在局限于半径为 R 的圆柱形空间内,有一垂直纸面向里的轴向均匀磁场,如图 8.2.2.3 所示.设磁感应强度为 $\boldsymbol{B}$,正以 $dB/dt = C > 0$ 的变化率增加,现将一电子 $(-e)$ 置于 C 点,则加速度的大小 $|a_C| = ($),加速度的方向( ).

图 8.2.2.2

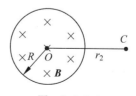

图 8.2.2.3

A. $\frac{eR^2}{2m_e r_2} C$,在纸面内垂直于 r_2 向下

B. $\frac{eR^2}{2m_e r_2} C$,在纸面内垂直于 r_2 向上

C. $\dfrac{eR^2}{2m_e r_2}C$,在纸面内垂直于 r_2 向下

D. $\dfrac{eR^2}{2m_e r_2}C$,在纸面内垂直于 r_2 向下

答案:D.

提示:$|a_C| = \dfrac{E'_{感}e}{m_e} = \dfrac{e}{m_e}\dfrac{R^2}{2r_2}\dfrac{dB}{dt} = \dfrac{eR^2}{2m_e r_2}C$,方向:在纸面内垂直于 r_2 向下.

8.3 节 自我检测(自感 互感 磁场的能量)

8.3.1 判断题

8.3.1.1 判断下列说法是否正确.有两个半径相接近的线圈,当两线圈平面相互平行放置时,其互感最大.

答案:正确.

提示:两线圈平面相互垂直时互感最小,两线圈平面相互平行时互感最大.

8.3.1.2 判断下列说法是否正确.两螺线管 A、B,其长度与直径都相同,都只有一层绕线,相邻各匝紧密相靠,绝缘层厚度可忽略,螺线管 A 由细导线绕成,螺线管 B 则由粗导线绕成,则螺线管 B 的自感系数较大.

答案:错误.

提示:A 螺线管的自感系数大.因为自感系数 $L = \mu n^2 V$,n 为单位长度上的线圈匝数.

8.3.1.3 判断下列说法是否正确.磁场能量的两种表达式 $W_m = \dfrac{1}{2}LI^2$ 和 $W_m = \dfrac{1}{2}\dfrac{B^2}{\mu}V$ 的物理意义相同,式中 V 是均匀磁场所占体积.

答案:错误.

提示:前式表示自感线圈储存的能量;后式表示磁场具有的能量,可以脱离电流而存在.

8.3.2 选择题

8.3.2.1 有两个线圈,线圈 1 对线圈 2 的互感系数为 M_{21},而线圈 2 对线圈 1 的互感系数为 M_{12}.若它们分别流过 i_1 和 i_2 的变化电流且 $\left|\dfrac{di_1}{dt}\right| < \left|\dfrac{di_2}{dt}\right|$,并设由 i_2 变化在线圈 1 中产生的互感电动势为 ε_{12},由 i_1 变化在线圈 2 中产生的互感电动势为 ε_{21},下述表述正确的是( ).

A. $M_{12} = M_{21}$,$\varepsilon_{21} = \varepsilon_{12}$ B. $M_{12} \neq M_{21}$,$\varepsilon_{21} \neq \varepsilon_{12}$

C. $M_{12} = M_{21}$,$\varepsilon_{21} > \varepsilon_{12}$ D. $M_{12} = M_{21}$,$\varepsilon_{21} < \varepsilon_{12}$

答案:D.

提示:教材中已经证明 $M_{12} = M_{21}$,电磁感应定律 $\varepsilon_{21} = M_{21}\left|\dfrac{di_1}{dt}\right|$,$\varepsilon_{12} = M_{12}\left|\dfrac{di_2}{dt}\right|$.

8.3.2.2 在同时存在电场和磁场的空间区域中,某点 P 的电场强度为 $\boldsymbol{E}$,磁感应强度为 $\boldsymbol{B}$,此空间区域介质的介电常数 $\varepsilon \approx \varepsilon_0$,磁导率 $\mu \approx \mu_0$.点 P 处电场和磁场的总能量体密度 w 为( ).

A. $\dfrac{1}{2}\varepsilon_0 E^2$ B. $\dfrac{1}{2}\dfrac{B^2}{\mu_0}$

C. $\varepsilon_0 E^2 + \dfrac{B^2}{\mu_0}$ D. $\dfrac{1}{2}\varepsilon_0 E^2 + \dfrac{1}{2}\dfrac{B^2}{\mu_0}$

答案：D.

提示：总能量体密度为电能量体密度和磁能量体密度之和.

8.4 节 自我检测（麦克斯韦方程组）

8.4.1 判断题

8.4.1.1 判断下列说法是否正确. 位移电流与传导电流都是起源于电荷的定向运动.

答案：错误.

提示：传导电流起源于电荷的定向运动，而位移电流不涉及电荷运动，本质上就是变化的电场.

8.4.1.2 判断下列说法是否正确. 位移电流与传导电流通过导体时都要产生焦耳热.

答案：错误.

提示：传导电流通过导体时要产生焦耳热，而位移电流则无热效应.

8.4.1.3 判断下列说法是否正确. 位移电流与传导电流都只能在导体中存在.

答案：错误.

提示：传导电流只能在导体中存在，而位移电流可以在导体、电介质甚至真空中存在.

8.4.1.4 判断下列说法是否正确. 真空静电场中的高斯定理 $\oiint_S \boldsymbol{E} \cdot \mathrm{d}\boldsymbol{S} = \sum_{i=1}^{N} q_i/\varepsilon_0$ 和真空中电磁场的高斯定理 $\oiint_S \boldsymbol{E} \cdot \mathrm{d}\boldsymbol{S} = \sum_{i=1}^{N} q_i/\varepsilon_0$ 形式是相同的，真空中静电场的场强 E 和真空中电磁场的电场场强 E 都是保守场.

答案：错误.

提示：静电场的高斯定理中的 E 是静电场场强，即是静止电荷产生的电场，是保守场. 真空中电磁场的高斯定理中的 E 是总电场，即是电荷产生的电场和变化磁场产生的电场的叠加，其中变化磁场产生的电场是涡旋场，不是保守场.

8.4.2 选择题

8.4.2.1 下列各种场中不是涡旋场的是（　　）.

A. 静电场　　　B. 稳恒磁场　　　C. 感应电场　　　D. 位移电流激发的磁场

答案：A.

提示：电场和磁场的性质.

8.4.2.2 位移电流的实质是（　　）.

A. 变化的磁场　　B. 变化的电场　　C. 变化的电磁场　　D. 运动的电荷

答案：B.

提示：位移电流的定义.

8.6 典 型 例 题

例 8-1 一铁芯上绕有线圈 100 匝，已知铁芯中磁通量与时间的关系为 $\Phi_\mathrm{m} = 8.0 \times 10^{-5} \cdot \sin 200\pi t$ Wb，求 $t = 1.0 \times 10^{-2}$ s 时，线圈中的感应电动势.

解 根据法拉第电磁感应定律，线圈中的感应电动势为

$$\mathscr{E} = -N \frac{\mathrm{d}\Phi_\mathrm{m}}{\mathrm{d}t} = -1.6\pi \cos 200\pi t \text{ V}$$

$t=1.0\times 10^{-2}$ s 时,$\mathscr{E}=-1.6\pi$ V ≈ -5.03 V.

例 8-2 三角形金属框 abc 放在均匀磁场中,磁感应强度 $\boldsymbol{B}$ 平行于边 ab,如例 8-2 图所示.当金属框绕 ab 边以角速度 ω 转动时,求各边的动生电动势和金属框 abc 中的总感应电动势.

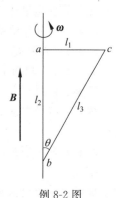

例 8-2 图

解 ac 边的动生电动势:

在 ac 边上距 a 点 l 处沿 ac 方向取线元 dl,dl 的运动速度大小为 $v=\omega l$,方向垂直纸面向里,$v \perp B$. ac 边的动生电动势为

$$\mathscr{E}_{ac}=\int_a^c (\boldsymbol{v}\times\boldsymbol{B})\cdot\mathrm{d}\boldsymbol{l}=\int_0^{l_1} vB\sin 90°\cos 0°\mathrm{d}l$$

$$=\int_0^{l_1}\omega lB\mathrm{d}l=\frac{1}{2}\omega Bl_1^2$$

bc 边的动生电动势:

在 bc 边上距 b 点 l 处沿 bc 方向取线元 dl,dl 的运动速度大小为 $v=\omega l\sin\theta$,方向垂直纸面向里,$v\perp B$,$v\times B$ 的方向与 dl 的方向的夹角为 $90°-\theta$. bc 边的动生电动势为

$$\mathscr{E}_{bc}=\int_b^c (\boldsymbol{v}\times\boldsymbol{B})\cdot\mathrm{d}\boldsymbol{l}=\int_0^{l_3} vB\sin 90°\cos(90°-\theta)\mathrm{d}l$$

$$=\int_0^{l_3}\omega Bl\sin^2\theta\mathrm{d}l=\frac{1}{2}\omega Bl_3^2\sin^2\theta=\frac{1}{2}\omega Bl_1^2$$

ab 边不动,因此 ab 边的动生电动势为

$$\mathscr{E}_{ab}=0$$

金属框 abc 中的总感应电动势

$$\mathscr{E}_{abc}=\mathscr{E}_{ab}+\mathscr{E}_{bc}+\mathscr{E}_{ca}=\mathscr{E}_{bc}-\mathscr{E}_{ac}=0$$

例 8-3 一个平均半径 $R=8.0$ cm,截面积 $S=1.0$ cm^2 的空心螺绕环,共绕有 $N=1000$ 匝线圈.(1)求螺绕环的自感系数;(2)若线圈中通有 $I=1.0$ A 的电流,其磁能密度和磁场能量各是多少?

解 (1) 螺绕环内磁场 $\boldsymbol{B}$ 的大小为

$$B=\mu nI=\frac{\mu IN}{l}$$

通过每匝线圈的磁通量为

$$\Phi_\mathrm{m}=BS=\frac{\mu INS}{l}$$

通过螺绕环的磁链为

$$\Psi_\mathrm{m}=N\Phi_\mathrm{m}=\frac{\mu IN^2 S}{l}$$

由自感系数的定义得螺绕环的自感系数为

$$L=\frac{\Psi_\mathrm{m}}{I}=\frac{\mu N^2 S}{l}=4\pi\times 10^{-7}\times\frac{1000^2}{2\pi\times 0.08}\times 1.0\times 10^{-4}\text{ H}$$

$$=2.5\times 10^{-4}\text{ H}$$

(2) 磁场能量为

$$W_\mathrm{m}=\frac{1}{2}LI^2=\frac{1}{2}\times 2.5\times 10^{-4}\times 1.0^2\text{ J}=1.25\times 10^{-4}\text{ J}$$

磁能密度为

$$w_\mathrm{m} = \frac{W_\mathrm{m}}{V} = \frac{W_\mathrm{m}}{lS} = \frac{1.25 \times 10^{-4}}{2\pi \times 0.08 \times 1.0 \times 10^{-4}} \mathrm{J \cdot m^{-3}} = 2.5 \mathrm{\ J \cdot m^{-3}}$$

例 8-4 无限长螺线管的电流随时间作线性变化,已知 $\mathrm{d}\boldsymbol{B}/\mathrm{d}t$ 的数值,求管内外的感生电场.

解 如例 8-4 图所示,变化的磁场产生感生电场的电场线是以圆柱轴线为圆心的一系列同心圆,因此有

$$\oint_L \boldsymbol{E}_\text{感} \cdot \mathrm{d}\boldsymbol{l} = -\iint_S \frac{\partial \boldsymbol{B}}{\partial t} \cdot \mathrm{d}\boldsymbol{S}$$

而 $\oint_L \boldsymbol{E}_\text{感} \cdot \mathrm{d}\boldsymbol{l} = E_\text{感} 2\pi r$,$-\iint_S \dfrac{\partial \boldsymbol{B}}{\partial t} \cdot \mathrm{d}\boldsymbol{S} = -\dfrac{\mathrm{d}B}{\mathrm{d}t} \pi r^2$

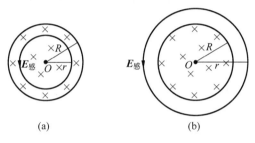

例 8-4 图

(1) 管内的感生电场,即 $r < R$,如例 8-4 图(a)所示:

$$E_\text{感} 2\pi r = -\frac{\mathrm{d}B}{\mathrm{d}t} \pi r^2$$

$$E_\text{感} = -\frac{1}{2} r \frac{\mathrm{d}B}{\mathrm{d}t}$$

(2) 管外的感生电场,即 $r \geqslant R$,如例 8-4 图(b)所示:

$$E_\text{感} 2\pi r = -\frac{\mathrm{d}B}{\mathrm{d}t} \pi R^2$$

$$E_\text{感} = -\frac{R^2}{2r} \frac{\mathrm{d}B}{\mathrm{d}t}$$

例 8-5 一平行圆板空气电容器,圆板的半径为 $R = 5.0$ cm. 在充电时,两极板间的电场强度随时间的变化率为 $1.0 \times 10^5 \mathrm{\ V \cdot m^{-1} \cdot s^{-1}}$. 求:(1)两极板间的位移电流;(2)圆板边缘处感生磁场的磁感应强度.

解 (1) 由位移电流的定义,得两极板间的位移电流为

$$I_d = \frac{\mathrm{d}\Phi_D}{\mathrm{d}t} = S \frac{\mathrm{d}D}{\mathrm{d}t} = \pi R^2 \varepsilon_0 \frac{\mathrm{d}E}{\mathrm{d}t} = 7.0 \times 10^{-9} \mathrm{\ A} = 7.0 \mathrm{\ nA}$$

(2) 两极板之间位移电流产生的磁场对于两极板中心连线具有对称性. 以两极板中心连线为轴,在平行于极板的平面内作半径为 r 圆形回路,由全电流安培环路定理有

$$\oint_L \boldsymbol{H} \cdot \mathrm{d}\boldsymbol{l} = I_d$$

而
$$\oint_L \boldsymbol{H} \cdot d\boldsymbol{l} = H 2\pi R$$

所以
$$H = \frac{I_d}{2\pi R}$$

$$B = \mu_0 H = \frac{\mu_0 I_d}{2\pi R} = 2.8 \times 10^{-14} \,(\text{T})$$

8.7 练习题精解

8-1 已知在一个面积为 S 的平面闭合线圈的范围内,有一随时间变化的均匀磁场 $B(t)$,线圈平面垂直于磁场,则此闭合线圈内的感应电动势为_____.

答案: $-S\dfrac{dB(t)}{dt}$.

提示: 因为 $\mathscr{E} = -\dfrac{d\Phi_m}{dt}$, $\Phi_m = B(t)S$, 所以 $\mathscr{E} = -S\dfrac{dB(t)}{dt}$.

8-2 尺寸相同的铁环和铜环所包围的面积中,通以相同变化率的磁通量,环中感应电动势为_____,感应电流为_____.

答案: 相同,不同.

提示: 因为 $\mathscr{E} = -\dfrac{d\Phi_m}{dt}$,铁环和铜环的磁通量 Φ_m 变化率相同,所以铁环和铜环中感应电动势相同. 因为 $I = \dfrac{\mathscr{E}}{R}$,铁环和铜环的电阻 R 不相同,所以铁环和铜环中感应电流不同.

8-3 半径为 r 的小导线环,置于半径为 R 的大导线环中心,二者在同一平面内,且 $r \ll R$,如题 8-3 图所示. 在大导线环中通有交流电流 $I = I_0 \sin\omega t$,其中 ω 和 I_0 为常数,t 为时间,则任一时刻小环中感应电动势的大小为_____.

答案: $\dfrac{\mu_0 \pi r^2}{2R} I_0 \omega \cos\omega t$.

提示: 带电圆环圆心处的磁场 $B = \dfrac{\mu_0 I}{2R}$,小导线环的磁通量 $\Phi_m = BS = B\pi r^2$,感应电动势

$$\mathscr{E} = -\frac{d\Phi_m}{dt} = -\frac{\mu_0 \pi r^2}{2R} I_0 \omega \cos\omega t$$

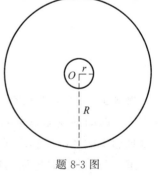

题 8-3 图

8-4 一无铁芯的长直螺线管,在保持其半径和总匝数不变的情况下,把螺线管拉长一些,则它的自感系数将_____.

答案: 减小.

提示: 长直螺线管的自感系数 $L = \dfrac{\mu N^2 S}{l^2}$,把螺线管拉长一些,则它的自感系数将减小.

8-5 中子星表面的磁感应强度估计为 10^8 T,该表面的磁能密度为_____.

答案:$3.98×10^{21}$ J·m^{-3}.

提示:由磁场能量密度 $w_m = \dfrac{B^2}{2\mu_0} = 3.98×10^{21}$ J·m^{-3}.

8-6 一条无限长平行直导线载有电流 I,一矩形线圈位于导线平面内沿垂直于载流导线方向以恒定速率运动,如题 8-6 图所示,则( ).

A. 线圈中无感应电流 B. 线圈中感应电流为顺时针方向
C. 线圈中感应电流为逆时针方向 D. 线圈中感应电流方向无法确定

答案:B.

提示:由右手螺旋定则可以判断,在矩形线圈附近磁场垂直纸面朝里,磁场是非均匀场,距离长直载流导线越远,磁场越弱.因而当矩形线圈朝下运动时,在线圈中产生感应电流,感应电流方向由法拉第电磁感应定律可以判定.

8-7 一长直螺线管中电流 $I=I(t)$、$dI/dt=c<0$,如题 8-7 图是它的横截面图,在螺线管外距其轴线 O 为 r 处有一电子,则以下哪些表述是正确的?( ).

题 8-6 图　　　　　　　　　题 8-7 图

A. 螺线管内分布着变化的磁场和变化的电场
B. 螺线管内外分布着稳恒电场
C. 通过螺线管内任一闭曲面磁通量 $\Phi_m = 0$
D. 电子不运动
E. 电子以 r 为半径作顺时针运动
F. 电子作逆时针运动

答案:B、C、F.

提示:感生电场 $\oint_L \mathbf{E} \cdot d\mathbf{l} = -\iint_S \dfrac{\partial \mathbf{B}}{\partial t} \cdot d\mathbf{S}$,长直螺线管内的磁场 $B = \mu_0 nI$,

$$\iint_S \dfrac{\partial \mathbf{B}}{\partial t} \cdot d\mathbf{S} = \mu_0 n\pi R^2 \dfrac{\partial I}{\partial t} = \mu_0 n\pi R^2 c < 0.$$

8-8 在以下矢量场中,属于保守场的是( ).

A. 静电场　　B. 涡旋电场　　C. 稳恒磁场　　D. 变化磁场

答案:A.

提示:静电场本身的性质.

8-9 对位移电流,下述四种说法中正确的是( ).

A. 位移电流的实质是变化的电场
B. 位移电流和传导电流一样是定向运动的电荷

C. 位移电流服从传导电流遵循的所有定律

D. 位移电流的磁效应不服从安培环路定理

答案：A.

提示：位移电流的实质是变化的电场. 变化的电场激发磁场，但是位移电流不是定向运动的电荷，也就不服从焦耳热效应.

8-10 下列概念正确的是( ).

A. 感应电场是保守场

B. 感应电场的电场线是一组闭合曲线

C. $\Psi_m = LI$，因而线圈的自感系数与回路的电流成反比

D. $\Psi_m = LI$，回路的磁通量越大，回路的自感系数也一定大

答案：B.

提示：对照感应电场的性质，感应电场的电场线是一组闭合曲线.

8-11 一无限长直导线通有交变电流 $i = I_0 \sin \omega t$，它旁边有一与它共面的矩形线圈 $ABCD$，如题 8-11 图所示，长为 l 的 AB 和 CD 两边与直导线平行，它们到直导线的距离分别为 a 和 b. 试求矩形线圈所围面积的磁通量，以及线圈中的感应电动势.

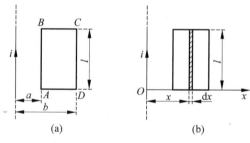

题 8-11 图

解 建立如题 8-11 图所示的坐标系. 在矩形平面上取一矩形面元 $dS = l\,dx$，载流长直导线的磁场穿过该面元的磁通量为

$$d\Phi_m = \boldsymbol{B} \cdot d\boldsymbol{S} = \frac{\mu_0 i}{2\pi x} l\,dx$$

通过矩形面积 $ABCD$ 的总磁通量为

$$\Psi_m = \int_a^b \frac{\mu_0 i}{2\pi x} l\,dx = \frac{\mu_0 i l}{2\pi} \ln \frac{b}{a}$$

由法拉第电磁感应定律有

$$\mathscr{E} = -\frac{d\Psi_m}{dt} = -\frac{\mu_0 I_0 l \omega}{2\pi} \ln \frac{b}{a} \cos \omega t$$

8-12 有一无限长直螺线管，单位长度上线圈的匝数为 n，在管的中心放置一绕了 N 圈，半径为 r 的圆形小线圈，其轴线与螺线管的轴线平行，设螺线管内电流变化率为 dI/dt，求小线圈中的感应电动势.

解 无限长直螺线管内部的磁场为

$$B = \mu_0 nI$$

通过 N 匝圆形小线圈的磁通量为

$$\Psi_m = NBS = N\mu_0 nI\pi r^2$$

由法拉第电磁感应定律有

$$\mathcal{E} = -\frac{d\Psi_m}{dt} = -N\mu_0 n\pi r^2 \frac{dI}{dt}$$

8-13 一面积为 S 的小线圈在一单位长度线圈匝数为 n，通过电流为 i 的长螺线管内，并与螺线管共轴。若 $i = i_0 \sin \omega t$，求小线圈中感生电动势的表达式。

解 通过小线圈的磁通量为

$$\Phi_m = BS = \mu_0 niS$$

由法拉第电磁感应定律有

$$\mathcal{E} = -\frac{d\Phi_m}{dt} = -\mu_0 nS\frac{di}{dt} = -\mu_0 nSi_0\omega\cos\omega t$$

8-14 如题 8-14 图所示，矩形线圈 $ABCD$ 放在 $B = 6.0 \times 10^{-1}$ T 的均匀磁场中，磁场方向与线圈平面的法线方向之间的夹角为 $\alpha = 60°$，长为 0.20 m 的 AB 边可左右滑动。若令 AB 边以速率 $v = 5.0$ m·s^{-1} 向右运动，试求线圈中感应电动势的大小及感应电流的方向。

解 利用动生电动势公式

$$\mathcal{E} = \int_A^B (\boldsymbol{v} \times \boldsymbol{B}) \cdot d\boldsymbol{l} = \int_0^{0.20} 5 \times 0.6 \times \sin\left(\frac{\pi}{2} - 60°\right) dl = 0.30 \text{ V}$$

感应电流的方向从 $A \to B$。

8-15 如题 8-15 图所示，两段导体 AB 和 BC 的长度均为 10 cm，它们在 B 处相接成 $30°$；磁场方向垂直于纸面向里，其大小为 $B = 2.5 \times 10^{-2}$ T。若使该导体在均匀磁场中以速率 $v = 1.5$ m·s^{-1} 运动，方向与 AB 段平行，试问：AC 间的电势差是多少？哪一端的电势高？

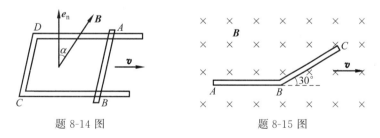

题 8-14 图 题 8-15 图

解 导体 AB 段与运动方向平行，不切割磁场线，没有电动势产生。BC 段产生的动生电动势为

$$\mathcal{E} = \int_B^C (\boldsymbol{v} \times \boldsymbol{B}) \cdot d\boldsymbol{l} = \int_0^{0.10} 1.5 \times 2.5 \times 10^{-2} \times \cos 60° dl = 1.9 \times 10^{-3} \text{ V}$$

AC 间的电势差是

$$U_{AC} = -\mathcal{E} = -1.9 \times 10^{-3} \text{ V}$$

C 端的电势高。

8-16 长为 l 的一金属棒 ab，水平放置在均匀磁场 $\boldsymbol{B}$ 中，如题 8-16 图所示，金属棒可绕 O 点在水平面内以角速度 ω 旋转，O 点离 a 端的距离为 l/k。试求 a,b 两端的电势差，并指

出哪端电势高(设 $k>2$).

解 建立如题 8-16 图所示的坐标系. 在 Ob 棒上任一位置 x 处取一线元 dx, 该线元产生的动生电动势为

$$d\mathcal{E} = (\boldsymbol{v} \times \boldsymbol{B}) \cdot d\boldsymbol{x} = -\omega x B \, dx$$

Ob 棒产生的动生电动势为

$$\mathcal{E}_{Ob} = \int_0^{l-\frac{l}{k}} -\omega x B \, dx = -\frac{1}{2}\omega B l^2 \left(1 - \frac{1}{k}\right)^2$$

同样, Oa 棒产生的动生电动势为

$$\mathcal{E}_{Oa} = \int_0^a (\boldsymbol{v} \times \boldsymbol{B}) \cdot d\boldsymbol{x} = \int_0^{\frac{l}{k}} -\omega x B \, dx = -\frac{1}{2}\omega B \frac{l^2}{k^2}$$

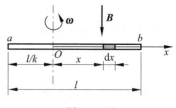

题 8-16 图

金属棒 a, b 两端的电势差

$$U_{ab} = -\mathcal{E}_{ab} = -(\mathcal{E}_{aO} + \mathcal{E}_{Ob}) = \mathcal{E}_{Oa} - \mathcal{E}_{Ob}$$

$$= -\frac{1}{2}\omega B \frac{l^2}{k^2} + \frac{1}{2}\omega B l^2 \left(1 - \frac{1}{k}\right)^2 = \frac{1}{2}\omega B l^2 \left(1 - \frac{2}{k}\right)$$

因 $k>2$, 所以 a 端电势高.

8-17 如题 8-17 图所示, 真空中一载有稳恒电流 I 的无限长直导线旁有一半圆形导线回路, 其半径为 r, 回路平面与长直导线垂直, 且半圆形直径 cd 的延长线与长直导线相交, 导线与圆心 O 之间距离为 l. 无限长直导线的电流方向垂直纸面向内, 当回路以速度 v 垂直纸面向外运动时, 求:

(1) 回路中感应电动势的大小;

(2) 半圆弧导线 cd 中感应电动势的大小.

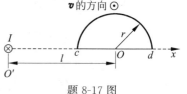

题 8-17 图

解 (1) 由于无限长直导线所产生的磁场方向与半圆形导线所在平面平行, 因此当导线回路运动时, 通过它的磁通量不随时间改变, 导线回路中感应电动势 $\mathcal{E}=0$.

(2) 半圆形导线中的感应电动势与直导线 $\overline{cd}$ 中的感应电动势大小相等, 方向相反, 所以可由直导线 $\overline{cd}$ 计算感应电动势的大小.

选取 x 轴如题 8-17 图所示, 在 x 处取线元 dx, dx 中产生感应电动势大小为

$$d\mathcal{E} = (\boldsymbol{v} \times \boldsymbol{B}) \cdot d\boldsymbol{l} = vB \, dx$$

其中 $B = \dfrac{\mu_0 I}{2\pi x}$.

导线 $\overline{cd}$ 及半圆弧 $\overset{\frown}{cd}$ 产生感应电动势的大小均为

$$\mathcal{E} = \int_{l-r}^{l+r} vB \, dx = \frac{\mu_0 I v}{2\pi} \int_{l-r}^{l+r} \frac{dx}{x} = \frac{\mu_0 I v}{2\pi} \ln \frac{l+r}{l-r}$$

8-18 在半径 $R = 0.50$ m 的圆柱体内有均匀磁场, 其方向与圆柱体的轴线平行, 且 $dB/dt = 1.0 \times 10^{-2}$ T·s^{-1}, 圆柱体外无磁场. 试求离开中心 O 的距离分别为 0.10 m, 0.25 m, 0.50 m 和 1.0 m 各点的有旋电场的场强.

解 变化的磁场产生的感生电场的电场线是以圆柱轴线为圆心的一系列同心圆, 因此有

$$\oint_L \boldsymbol{E}_{\text{感}} \cdot d\boldsymbol{l} = -\iint_S \frac{\partial \boldsymbol{B}}{\partial t} \cdot d\boldsymbol{S}$$

而 $\oint_L \boldsymbol{E}_{\text{感}} \cdot d\boldsymbol{l} = E_{\text{感}} 2\pi r$，$-\iint_S \frac{\partial \boldsymbol{B}}{\partial t} \cdot d\boldsymbol{S} = -\frac{dB}{dt}\pi r^2$

当 $r<R$ 时，

$$E_{\text{感}} 2\pi r = -\frac{dB}{dt}\pi r^2$$

$$E_{\text{感}} = -\frac{1}{2}r\frac{dB}{dt}$$

所以 $r=0.1$ m 时，$E_{\text{感}} = 5.0 \times 10^{-4}$ V·m^{-1}；$r=0.25$ m 时，$E_{\text{感}} = 1.3 \times 10^{-3}$ V·m^{-1}.

当 $r>R$ 时，

$$E_{\text{感}} 2\pi r = -\frac{dB}{dt}\pi R^2$$

$$E_{\text{感}} = -\frac{R^2}{2r}\frac{dB}{dt}$$

所以 $r=0.50$ m 时，$E_{\text{感}} = 2.5 \times 10^{-3}$ V·m^{-1}；$r=1.0$ m 时，$E_{\text{感}} = 1.25 \times 10^{-3}$ V·m^{-1}.

8-19 如题 8-19 图所示，磁感应强度为 B 的均匀磁场充满在半径为 R 的圆柱体内，有一长为 l 的金属棒 ab 放在该磁场中，如果 B 以速率 dB/dt 变化，试证：由变化磁场所产生并作用于棒两端的电动势等于 $\frac{dB}{dt}\frac{l}{2}\sqrt{R^2-\left(\frac{l}{2}\right)^2}$.

证明 方法一 设想连接 Oa，Ob，Oab 构成闭合回路，由于 Oa，Ob 沿半径方向，与通过该处的感生电场处处垂直，所以 Oa，Ob 两段均无电动势，这样由法拉第电磁感应定律求出的闭合回路 Oab 的总电动势就是棒 ab 两端电动势. 根据法拉第电磁感应定律

$$\mathscr{E}_{ab} = \mathscr{E}_{Oab} = -S\frac{dB}{dt} = \frac{dB}{dt}\frac{l}{2}\sqrt{R^2-\left(\frac{l}{2}\right)^2}$$

方法二 变化磁场在圆柱体内产生的感生电场为

$$E_{\text{感}} = -\frac{1}{2}r\frac{dB}{dt}$$

棒 ab 两端的电动势为

$$\mathscr{E}_{ab} = \int_0^l E_{\text{感}} \cdot d\boldsymbol{x} = \int_0^l E_{\text{感}} \cos\theta\, dx = \int_0^l -\frac{1}{2}rl\frac{dB}{dt}\frac{\sqrt{R^2-\left(\frac{l}{2}\right)^2}}{r}dx$$

$$= \frac{dB}{dt}\frac{l}{2}\sqrt{R^2-\left(\frac{l}{2}\right)^2}$$

8-20 如题 8-20 图所示，两条横截面半径均为 a 的平行长直导线，中心相距 d，它们载有大小相等、方向相反的电流，属于同一回路. 设导线内部的磁通量可以忽略不计，试证明这样一对导线长为 l 的一段的自感为 $L = \frac{\mu_0 l}{\pi}\ln\frac{d-a}{a}$（两导线间磁介质的 $\mu_r = 1$）.

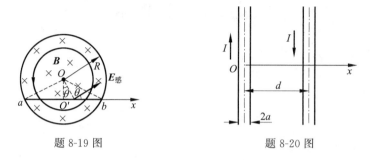

题 8-19 图 题 8-20 图

解 两条平行长直导线在它们之间产生的磁感应强度为

$$B = \frac{\mu_0 I}{2\pi x} + \frac{\mu_0 I}{2\pi(d-x)}$$

穿过两条导线间长为 l 的一段的磁通量为

$$\Phi_m = \int_a^{d-a} \boldsymbol{B} \cdot \mathrm{d}\boldsymbol{S} = \int_a^{d-a}\left[\frac{\mu_0 I}{2\pi x} + \frac{\mu_0 I}{2\pi(d-x)}\right] l\,\mathrm{d}x$$

$$= \frac{\mu_0 l I}{\pi}\ln\frac{d-a}{a}$$

所以,一对长为 l 的一段导线的自感为

$$L = \frac{\Phi_m}{I} = \frac{\mu_0 l}{\pi}\ln\frac{d-a}{a}$$

8-21 一均匀密绕的环形螺线管,环的平均半径为 R,管的横截面积为 S,环的总匝数为 N,管内充满磁导率为 μ 的磁介质.求此环形螺线管的自感系数 L.

解 当环形螺线管中通有电流 I 时,管中的磁感应强度为

$$B = \mu n I = \frac{\mu I N}{2\pi R}$$

通过环形螺线管的磁链为

$$\Psi_m = N\Phi_m = \frac{\mu I N^2 S}{2\pi R}$$

则环形螺线管的自感系数为

$$L = \frac{\Psi_m}{I} = \frac{\mu N^2 S}{2\pi R}$$

8-22 如题 8-22 图所示,两同轴单匝线圈 A、C 的半径分别为 R 和 r,两线圈相距为 d.若 r 很小,可认为线圈 A 在线圈 C 处所产生的磁场是均匀的.求两线圈的互感.若线圈 C 的匝数为 N 匝,则互感又为多少?

解 设线圈 A 中有电流 I 通过,它在线圈 C 所包围的平面内各点产生的磁感强度近似为

$$B = \frac{\mu_0 I R^2}{2(R^2+d^2)^{3/2}}$$

穿过线圈 C 的磁通量为

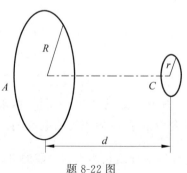

题 8-22 图

$$\Psi = B \cdot S_C = \frac{\mu_0 I R^2}{2(R^2+d^2)^{3/2}} \pi r^2$$

则两线圈的互感为

$$M = \frac{\Psi}{I} = \frac{\mu_0 \pi r^2 R^2}{2(R^2+d^2)^{3/2}}$$

若线圈 C 的匝数为 N 匝,则互感为上述值的 N 倍.

8-23 一由两薄圆筒构成的同轴电缆,内筒半径为 R_1,外筒半径为 R_2,两筒间的介质 $\mu_r=1$. 设内圆筒和外圆筒中的电流方向相反,而电流强度 I 相等,求长度为 l 的一段同轴电缆所储磁能为多少?

解 由安培环路定理可求得同轴电缆在空间不同区域的磁感应强度为

$r < R_1$ 时, $\qquad B_1 = 0$

$R_1 < r < R_2$ 时, $\qquad B_2 = \dfrac{\mu_0 I}{2\pi r}$

$r > R_2$ 时, $\qquad B_3 = 0$

在长为 l,内径为 r,外径为 $r+\mathrm{d}r$ 的同轴薄圆筒的体积 $\mathrm{d}V = 2\pi r l \,\mathrm{d}r$ 中的磁场能量为

$$\mathrm{d}W_\mathrm{m} = \frac{1}{2}\frac{B_2^2}{\mu_0}\mathrm{d}V = \frac{\mu_0 I^2 l}{4\pi r}\mathrm{d}r$$

所以,长度为 l 的一段同轴电缆所储磁能为

$$W_\mathrm{m} = \int_{R_1}^{R_2} \frac{\mu_0 I^2 r}{4\pi r}\mathrm{d}r = \frac{\mu_0 I^2 l}{4\pi} \ln\frac{R_2}{R_1}$$

8-24 一长为 85.0 cm 的螺线管具有 17.0 cm² 的横截面积,有 950 匝线圈,载有 6.60 A 的电流.(1)计算螺线管内磁场的能量密度;(2)求螺线管磁场中存储的全部能量(忽略端部效应).

解 (1) 当长直螺线管中通有电流 I 时,管中的磁感应强度为

$$B = \mu_0 n I$$

磁场能量密度为

$$w_\mathrm{m} = \frac{1}{2}\frac{B^2}{\mu_0} = \frac{1}{2}\mu_0 n^2 I^2$$

$$= \frac{1}{2} \times 4\pi \times 10^{-7} \times \left(\frac{950}{0.85}\right)^2 \times 6.60^2 \text{ J} \cdot \text{m}^{-3} = 34.2 \text{ J} \cdot \text{m}^{-3}$$

(2) 长直螺线管中的磁场为均匀磁场,螺线管中存储的全部磁场能量为

$$W_\mathrm{m} = w_\mathrm{m} V = w_\mathrm{m} S l = 34.2 \times 0.0017 \times 0.85 \text{ J} = 49.4 \text{ mJ}$$

8-25 一小圆线圈面积为 $S_1 = 4.0$ cm²,由表面绝缘的细导线绕成,其匝数为 $N_1 = 50$,把它放在另一个半径 $R_2 = 20$ cm,$N_2 = 100$ 匝的圆线圈中心,两线圈同轴共面. 如果把大线圈在小线圈中产生的磁场看成是均匀的,试求这两个线圈之间的互感;如果大线圈导线中的电流每秒减小 50 A,试求小线圈中的感应电动势.

解 当大圆形线圈通有 I_2 时,它在小圆形线圈中心处的磁感应强度大小为

$$B_2 = N_2 \frac{\mu_0 I_2}{2R_2}$$

若把大圆形线圈在小圆形线圈中产生的磁场看成是均匀的,则通过小圆形线圈的磁链为

$$\Psi_m = N_1 B_2 S_1 = N_1 \frac{N_2 \mu_0 I_2}{2R_2} S_1$$

两个线圈之间的互感为

$$M = \frac{\Psi_m}{I_2} = \frac{N_1 N_2 \mu_0 S_1}{2R_2} = \frac{50 \times 100 \times 4\pi \times 10^{-7} \times 4.0 \times 10^{-4}}{2 \times 0.2} \mu H = 6.28 \ \mu H$$

如果大线圈导线中的电流每秒减小 50 A,则小线圈中的感应电动势为

$$\mathscr{E} = -M \frac{di}{dt} = 6.28 \times 10^{-6} \times 50 \ V = 3.14 \times 10^{-4} \ V$$

8-26 一螺线管长为 30 cm,由 2500 匝漆包导线均匀密绕而成,其中铁芯的相对磁导率 $\mu_r = 100$. 当它的导线中通有 2.0 A 的电流时,求螺线管中心处的磁场能量密度.

解 螺线管中的磁感应强度为

$$B = \mu_0 \mu_r nI = \mu_0 \mu_r \frac{N}{l} I$$

螺线管中的磁场能量密度为

$$w_m = \frac{1}{2} \frac{B^2}{\mu_0 \mu_r} = \frac{\mu_0 \mu_r N^2 I^2}{2l^2} = 1.7 \times 10^5 \ J \cdot m^{-3}$$

8-27 一条长直导线载有电流 I,且 I 均匀地分布在导线的横截面上,试求在长度为 l 的一段导线内部的磁场能量.

解 由安培环路定理可得长直导线内部的磁感应强度为

$$B = \frac{\mu_0 Ir}{2\pi R^2}$$

在长度为 l 的一段导线内部的磁场能量

$$W_m = \iiint \frac{1}{2} \frac{B^2}{\mu_0} dV = \int_0^R \frac{\mu_0 I^2 r^2}{4\pi^2 R^4} 2\pi r l \, dr = \frac{\mu_0 I^2 l}{16\pi}$$

8-28 未来可能会利用超导线圈中持续大电流建立的磁场来储存能量. 要储存 1 kW·h 的能量,利用 1.0 T 的磁场,需要多大体积的磁场? 若利用线圈中 500 A 的电流储存上述能量,则该线圈的自感系数应该多大?

解 由磁感强度与磁场能量间的关系可得

$$V = \frac{W_m}{B^2/2\mu_0} = 9.0 \ m^3$$

所需线圈的自感系数为

$$L = \frac{2W_m}{I^2} = 29 \ H$$

8-29 一同轴线由很长的直导线和套在它外面的同轴圆筒构成,它们之间充满了相对磁导率为 $\mu_r = 1$ 的介质. 假定导线的半径为 R_1,圆筒的内外半径分别为 R_2 和 R_3. 电流 I 由圆筒流出,由直导线流回,并均匀地分布在它们的横截面上. 试求:(1)在空间各个范围内的磁能密度表达式;(2)当 $R_1 = 10$ mm, $R_2 = 4.0$ mm, $R_3 = 5.0$ mm, $I = 10$ A 时,在每米长度的同轴线中所储存的磁场能量.

解 (1) 由安培环路定理可得在空间各个范围内的磁感应强度为

$r<R_1$ 时， $\qquad B_1=\dfrac{\mu_0 I r}{2\pi R_1^2}$

$R_1<r<R_2$ 时， $\qquad B_2=\dfrac{\mu_0 I}{2\pi r}$

$R_2<r<R_3$ 时， $\qquad B_3=\dfrac{\mu_0 I}{2\pi r}\dfrac{R_3^2-r^2}{R_3^2-R_2^2}$

$r>R_3$ 时， $\qquad B_4=0$

相应地，空间各个范围内的磁能密度为

$r<R_1$ 时， $\qquad w_{1m}=\dfrac{1}{2}\dfrac{B_1^2}{\mu_0}=\dfrac{\mu_0 I^2 r^2}{8\pi^2 R_1^4}$

$R_1<r<R_2$ 时， $\qquad w_{2m}=\dfrac{\mu_0 I^2}{8\pi^2 r^2}$

$R_2<r<R_3$ 时， $\qquad w_{3m}=\dfrac{\mu_0 I^2}{8\pi^2 r^2}\left(\dfrac{R_3^2-r^2}{R_3^2-R_2^2}\right)^2$

$r>R_3$ 时， $\qquad w_{4m}=0$

(2) 每米长度的同轴线中所储存的磁场能量为

$$W_m=\iiint w_m \mathrm{d}V=\iiint w_{1m}\mathrm{d}V+\iiint w_{2m}\mathrm{d}V+\iiint w_{3m}\mathrm{d}V+\iiint w_{4m}\mathrm{d}V$$

$$=\int_0^{R_1}\dfrac{\mu_0 I^2 r^2}{8\pi^2 R_1^4}2\pi r\mathrm{d}r+\int_{R_1}^{R_2}\dfrac{\mu_0 I^2}{8\pi^2 r^2}2\pi r\mathrm{d}r+\int_{R_2}^{R_3}\dfrac{\mu_0 I^2}{8\pi^2 r^2}\left(\dfrac{R_3^2-r^2}{R_3^2-R_2^2}\right)^2 2\pi r\mathrm{d}r+0$$

$$=\dfrac{\mu_0 I^2}{4\pi}\left[\dfrac{1}{4}+\ln\dfrac{R_2}{R_1}+\dfrac{R_3^4\ln(R_3/R_2)}{(R_3^2-R_2^2)^2}-\dfrac{R_3^2}{R_3^2-R_2^2}+\dfrac{R_3^4-R_2^4}{4(R_3^2-R_2^2)^2}\right]=1.7\times 10^{-5}\ \mathrm{J}$$

8-30 证明：电容为 C 的平行板电容器，其极板间的位移电流强度 $I_d=C\dfrac{\mathrm{d}U}{\mathrm{d}t}$，$U$ 是电容器两极板间的电势差．

证明 由于平行板电容器中 $D=\sigma$，所以穿过极板的电位移通量

$$\Phi_D=\iint_S \boldsymbol{D}\cdot\mathrm{d}\boldsymbol{S}=\sigma S=q=CU$$

平行板电容器中的位移电流强度

$$I_d=\dfrac{\mathrm{d}\Phi_D}{\mathrm{d}t}=\dfrac{\mathrm{d}(CU)}{\mathrm{d}t}=C\dfrac{\mathrm{d}U}{\mathrm{d}t}$$

8-31 设圆形平行板电容器的交变电场为 $E=720\sin(10^5\pi t)\ \mathrm{V}\cdot\mathrm{m}^{-1}$，电荷在电容器极板上均匀分布，且边缘效应可以忽略，试求：(1) 电容器两极板间的位移电流密度；(2) 在距离电容器极板中心连线为 $r=1.0\ \mathrm{cm}$ 处，经过时间 $t=2.0\times10^{-5}\ \mathrm{s}$ 时磁感应强度的大小．

解 (1) 电容器两极板间的位移电流密度为

$$j_d=\dfrac{\partial D}{\partial t}=\varepsilon_0\dfrac{\mathrm{d}E}{\mathrm{d}t}=2.00\times 10^{-3}\cos(10^5\pi t)\ \mathrm{A}\cdot\mathrm{m}^{-2}$$

(2) 以电容器极板中心连线为圆心,以 $r=1.0$ cm 为半径作一圆周.由全电流安培环路定理有

$$\oint_L \boldsymbol{H} \cdot \mathrm{d}\boldsymbol{l} = \frac{\mathrm{d}\Phi_D}{\mathrm{d}t}$$

所以

$$H 2\pi r = \pi r^2 \varepsilon_0 \frac{\mathrm{d}E}{\mathrm{d}t}$$

$$H = \frac{1}{2} r \varepsilon_0 \frac{\mathrm{d}E}{\mathrm{d}t}$$

经过时间 $t=2.0\times10^{-5}$ s 时,磁感应强度的大小为

$$B = \mu_0 H = \frac{\mu_0 r \varepsilon_0}{2} \frac{\mathrm{d}E}{\mathrm{d}t} = 1.26 \times 10^{-11} \text{ T}$$

8-32 试确定哪一个麦克斯韦方程相当于或包括下列事实,写出其方程及对应关系.
(1) 电场线仅起始或终止于电荷或无穷远处;
(2) 位移电流;
(3) 在静电平衡条件下,导体内不可能有任何电荷;
(4) 一个变化的电场,必定有一个磁场伴随它;
(5) 闭合面的磁通量始终为零;
(6) 一个变化的磁场,必定有一个电场伴随它;
(7) 磁感应线是无头无尾的;
(8) 通过一个闭合面的净电通量与闭合面内部的总电荷成正比;
(9) 不存在磁单极子;
(10) 库仑定律;
(11) 静电场是保守场.

解 $\oiint_S \boldsymbol{D} \cdot \mathrm{d}\boldsymbol{S} = \sum_{i=1}^{N} q_i$ 相当于或包括事实:(1),(3),(8),(10);

$\oint_L \boldsymbol{E} \cdot \mathrm{d}\boldsymbol{l} = -\iint_S \frac{\partial \boldsymbol{B}}{\partial t} \cdot \mathrm{d}\boldsymbol{S}$ 相当于或包括事实:(6),(11);

$\oiint_S \boldsymbol{B} \cdot \mathrm{d}\boldsymbol{S} = 0$ 相当于或包括事实:(5),(7),(9);

$\oint_L \boldsymbol{H} \cdot \mathrm{d}\boldsymbol{l} = \sum_{i=1}^{N} I_i + \frac{\mathrm{d}\Phi_D}{\mathrm{d}t}$ 相当于或包括事实:(2),(4).

电磁学部分自我检测题

一、选择题(每题5分,共30分)

1. 如测题1-1图所示,B 和 C 是同一圆周上的两点,A 为圆内的任意点,当在圆心处放一正点电荷时,则正确的答案为(   ).

A. $\int_A^B \boldsymbol{E} \cdot \mathrm{d}\boldsymbol{l} > \int_A^C \boldsymbol{E} \cdot \mathrm{d}\boldsymbol{l}$
B. $\int_A^B \boldsymbol{E} \cdot \mathrm{d}\boldsymbol{l} = \int_A^C \boldsymbol{E} \cdot \mathrm{d}\boldsymbol{l}$
C. $\int_A^B \boldsymbol{E} \cdot \mathrm{d}\boldsymbol{l} < \int_A^C \boldsymbol{E} \cdot \mathrm{d}\boldsymbol{l}$

2. 如测题1-2图,AB 和 CD 为同心(在 O 点)的两段圆弧,它们所对的圆心角都是 φ. 两圆弧均匀带正电,并且电荷线密度也相等. 设 AB 和 CD 在 O 点产生的电势分别为 U_1 和 U_2,则正确的答案为(   ).

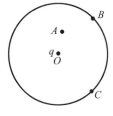

测题1-1图

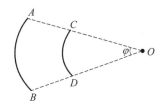

测题1-2图

A. $U_1 > U_2$ B. $U_1 = U_2$ C. $U_1 < U_2$

3. 一块半导体样品薄板的形状如测题1-3图所示,沿 x 轴正方向通有电流 I,沿 z 轴正方向加有均匀磁场 $\boldsymbol{B}$,则实验测得样品薄板两侧的电势差 $U_a - U_b = U_{ab} < 0$,则(   ).

A. 此样品是p型半导体   B. 此样品是n型半导体
C. 无法判断载流子类型

4. 如测题1-4图所示,磁感应强度为 B 的均匀磁场中作一半径为 r 的半球面 S,S 边线所在平面的法线方向单位矢量 $\boldsymbol{n}$ 与 $\boldsymbol{B}$ 的夹角为 α,则通过半球面 S 的磁通量为(   ).

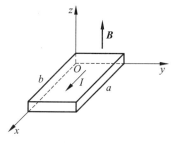

测题1-3图

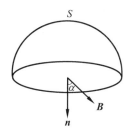

测题1-4图

A. $\pi r^2 B$ B. $2\pi r^2 B$ C. $\pi r^2 B \sin\alpha$ D. $-\pi r^2 B \cos\alpha$

5. 在以下矢量场中,属于保守场的是(   ).
A. 静电场   B. 涡旋电场   C. 稳恒磁场   D. 变化磁场

6. 已知平行板电容器的电容为 C，两极板间的电势差 U 随时间 t 变化，其间的位移电流为（　　）.

A. $C\dfrac{\mathrm{d}U}{\mathrm{d}t}$　　　　B. $\dfrac{\mathrm{d}D}{\mathrm{d}t}$　　　　C. CU　　　　D. 0

二、填空题(每空 2 分，共 20 分)

1. 半径为 R 的球体均匀带电，电荷体密度为 ρ，则球体外距球心为 r 的点的场强大小为（　　），球体内距球心为 r 处的点的场强大小为（　　）.

2. 如测题 2-2 图所示，2 个闭合回路 a，b，分别写出安培环路定理等式右端的电流代数和.

(1) $\oint_a \boldsymbol{H}\cdot\mathrm{d}\boldsymbol{l}=$（　　）;　　　(2) $\oint_b \boldsymbol{H}\cdot\mathrm{d}\boldsymbol{l}=$（　　）.

3. 如测题 2-3 图所示，AB 和 CD 为两条材料和截面积都相同的同心圆弧形导线，所张的圆心角都为 θ，半径分别为 r_1 和 r_2，导线中的电流分别为 I_1 和 I_2，它们在圆心 O 产生的磁感应强度大小分别为 B_1 和 B_2.

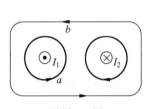

测题 2-2 图

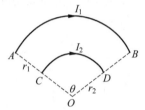

测题 2-3 图

(1) 若 $U_{AB}=U_{CD}$，则 $B_1:B_2=$（　　）;

(2) 若 $I_1=I_2$，则 $B_1:B_2=$（　　）.

4. 试相应地写出哪一个麦克斯韦方程相当于或包括下列事实.

(1) 一个变化的电场，必定有一个磁场伴随它.方程是（　　）;

(2) 一个变化的磁场，必定有一个电场伴随它.方程是（　　）;

(3) 不存在磁单极子，方程是（　　）;

(4) 在静电平衡条件下，导体内部不可能有电荷分布.方程是（　　）.

三、计算与证明题(每题 10 分，共 50 分)

1. 如测题 3-1 图所示，一半径为 R 的半球面，电荷均匀分布，电荷面密度为 σ，求球心处的电场强度.

2. 均匀带电细线 $ABCD$ 弯成如测题 3-2 图所示的形状，电荷线密度为 λ，试证明圆心 O 处的电势为

$$U=\dfrac{\lambda}{4\pi\varepsilon_0}(2\ln 2+\pi)$$

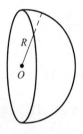

测题 3-1 图

测题 3-2 图

3. 一边长为 a 的正方形线圈,通过的电流为 I,如测题 3-3 图所示,试计算其中心 O 处的磁感应强度.

4. 一载流无限长直圆筒,内半径为 R_1,外半径为 R_2,传导电流为 I,电流沿轴线方向流动并均匀地分布在圆筒的横截面上.试证导线内部各点($R_1 < r < R_2$)的磁场强度的大小为

$$H = \frac{\mu_0 I}{2\pi r} \frac{r^2 - R_1^2}{R_2^2 - R_1^2}$$

5. 长为 l 的导体棒与通有电流 I 的长直载流导线共面,导体棒可绕通过 O 点,垂直于纸面的轴以角速度 ω 作顺时针转动,当棒转到与直导线垂直的位置 OA 时,如测题 3-5 图所示.导体棒的感应电动势大小为多少,O 点与 A 点哪一点的电势高?

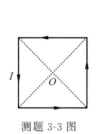

测题 3-3 图

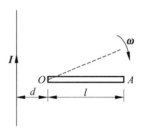

测题 3-5 图

第9章 振动学基础

9.1 教学目标

1. 掌握简谐振动的定义,描述简谐振动的各物理量及其相互关系,会根据定义来判断一个物体的运动是不是简谐振动.
2. 掌握简谐振动的旋转矢量表示法.
3. 掌握简谐振动的基本特征,能根据一定的初始条件写出简谐振动的运动学方程.
4. 掌握同方向、同频率的两个简谐振动的合成,了解相互垂直同频率的简谐振动的合成.

9.2 知识框架

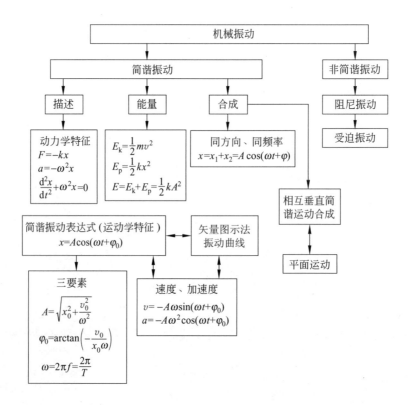

9.3 本章提要

1. 简谐振动的表达式(运动学方程)
$$x = A\cos(\omega t + \varphi)$$

三个特征量:
振幅 A,决定于振动的能量;
角频率 ω,决定于振动系统的固有属性;
初相位 φ,决定于振动系统初始时刻的状态.
简谐运动可以用旋转矢量来表示.

2. 振动的相位:$\omega t + \varphi$
两个振动的相位差:同相 $\Delta\varphi = 2k\pi$,反相 $\Delta\varphi = (2k+1)\pi$

3. 简谐振动的微分方程
$$\frac{d^2 x}{dt^2} + \omega^2 x = 0$$

4. 简谐振动的实例

弹簧振子:$\dfrac{d^2 x}{dt^2} + \dfrac{k}{m}x = 0$, $T = 2\pi\sqrt{\dfrac{m}{k}}$

单摆小角度振动:$\dfrac{d^2 \theta}{dt^2} + \dfrac{g}{l}\theta = 0$, $T = 2\pi\sqrt{\dfrac{l}{g}}$

LC 振荡:$\dfrac{d^2 q}{dt^2} + \dfrac{1}{LC}q = 0$, $T = 2\pi\sqrt{LC}$

5. 简谐振动的能量
$$E = E_k + E_p = \frac{1}{2}m\left(\frac{dx}{dt}\right)^2 + \frac{1}{2}kx^2 = \frac{1}{2}kA^2$$

6. 阻尼振动、受迫振动、共振
$$m\frac{d^2 x}{dt^2} + b\frac{dx}{dt} + kx = 0, \quad \omega = \omega_d$$

7. 两个简谐振动的合成
(1) 同方向同频率的简谐振动的合成
合振动是简谐振动,合振动的振幅和初相位分别由下式决定.
$$A = \sqrt{A_1^2 + A_2^2 + 2A_1 A_2 \cos(\varphi_2 - \varphi_1)}$$
$$\tan\varphi = \frac{A_1 \sin\varphi_1 + A_2 \sin\varphi_2}{A_1 \cos\varphi_1 + A_2 \cos\varphi_2}$$

(2) 相互垂直的两个同频率的简谐振动的合成
合运动的轨迹一般为椭圆,其具体形状决定于两个分振动的相位差和振幅.当 $\Delta\varphi = 2k\pi$ 或 $(2k+1)\pi$ 时,合运动的轨迹为直线,这时质点在作简谐振动.

9.4 检 测 题

检测点 1：在电梯中并排悬挂一弹簧振子和一单摆,在它们的振动过程中,电梯突然从静止开始自由下落.试分别讨论两个振动系统的运动情况.

答：弹簧振子,以弹簧不伸长时位置为平衡位置作简谐振动；单摆,作圆周运动.

检测点 2：分析下列表述是否正确,为什么?

若物体受到一个总是指向平衡位置的合力,则物体必然作振动,但不一定是简谐振动.

答：正确.合力不一定为准弹性力.

检测点 3：三个完全相同的单摆,一个放在教室里,一个放在匀速运动的火车上,另一个放在匀加速上升的电梯中,试问它们的周期是否相同? 大小如何?

答：它们的周期分别为：$T_1=2\pi\sqrt{\dfrac{l}{g}}$, $T_2=2\pi\sqrt{\dfrac{l}{g}}$, $T_3=2\pi\sqrt{\dfrac{l}{g+a}}$. 所以放在教室里和放在匀速运动的火车上的单摆的周期相等,放在匀加速上升的电梯中的单摆的周期减小了.

检测点 4：LC 振荡回路中的电流是否按简谐振动规律变化?

答：是,振荡电路中的电荷量 q 是按简谐振动规律变化的,方程对时间求导数 $\dfrac{\mathrm{d}}{\mathrm{d}t}\left(\dfrac{\mathrm{d}^2q}{\mathrm{d}t^2}+\omega^2 q\right)=0$, 化简得：$\dfrac{\mathrm{d}^2}{\mathrm{d}t^2}\left(\dfrac{\mathrm{d}q}{\mathrm{d}t}\right)+\omega^2\left(\dfrac{\mathrm{d}q}{\mathrm{d}t}\right)=0$, 即 $\dfrac{\mathrm{d}^2 I}{\mathrm{d}t^2}+\omega^2 I=0$.

检测点 5：下列有关质点加速度和位移的关系中,哪一个属于简谐振动? (1) $a=0.5x$, (2) $a=400x^2$, (3) $a=-3x^2$, (4) $a=-20x$.

答：(4) $a=-20x$ 属于简谐振动.

检测点 6：同一个弹簧振子在地面上的振动周期与在月球上的振动周期相同吗?

答：相同,周期由质量和弹簧的劲度系数决定.

检测点 7：一弹簧振子作简谐振动,总能量为 E_1, 如果简谐振动振幅增加为原来的两倍,重物的质量不变,则它的总能量会发生变化吗?

答：会发生变化,变为原来的 4 倍.

检测点 8：一物体作谐振动,当它的位置在振幅一半处时,试利用旋转矢量计算它的相位可能为哪几个值? 并作出这些旋转矢量.

解 根据题意作旋转矢量如检 9-8 图所示.

由检 9-8 图可知,当它的位置在振幅的一半时,它的可能相位是：

$$\pm\dfrac{\pi}{3}, \quad \pm\dfrac{2\pi}{3}.$$

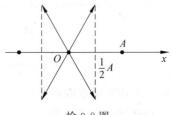

检 9-8 图

检测点 9：弹簧振子的无阻尼自由振动是简谐振动,同一弹簧振子在简谐策动力持续作用下的稳态受迫振动也是简谐振动,这两种简谐振动有什么不同?

答：前者谐振过程中 $E=\dfrac{1}{2}kA^2$ 为定值,不受外界影响,周期为振子的固有周期,后者谐振过程中需不停地受外力作用,补充能量才能保证获得稳态受迫振动,周期为策动力的周期.

检测点 10:两个同方向同频率的简谐振动的相位差为 12π 时,合振动的振幅为多少?

答:合振动的振幅为两个分振动的振幅之和.

检测点 11:质点参与两个方向互相垂直的、同相位、同频率的谐振动.质点的合振动是否是简谐振动?

答:根据题意,假设两个分振动的振动方程分别为:
$$x = A_x \cos(\omega t + \varphi)$$
$$y = A_y \cos(\omega t + \varphi)$$

合成的轨迹是直线 $y = \dfrac{A_y}{A_x}x$,在任意时刻质点离开平衡位置的距离为
$$x' = \sqrt{x^2 + y^2} = \sqrt{A_x^2 + A_y^2}\cos(\omega t + \varphi)$$

所以质点的合振动是简谐振动.

9.5 自我检测题

9.1 节　自我检测(简谐振动)

9.1.1　判断题

9.1.1.1　判断下列说法是否正确.两个竖直的弹簧振子,$k_1 = k_2$,$m_1 = m_2$,其中一个在地球,一个在月球,则地球上弹簧振子的周期 T_1 小于月球上弹簧振子的周期 T_2.

答案:错误.

提示:它们的周期为:$T = 2\pi\sqrt{\dfrac{k}{m}}$,所以 $T_1 = T_2$.

9.1.1.2　判断下列说法是否正确.小球在地面上作完全弹性的上下跳动是简谐振动.

答案:错误.

提示:简谐振动的特点是物体运动始终受一个弹性力或准弹性力的作用,使其离开平衡位置的位移(或角位移)按余弦函数(或正弦函数)的规律随时间变化.因为小球和地面发生接触时,力瞬时发生巨大变化,且 $\sum F \neq -kx$,小球所受的力不是一个弹性力或准弹性力.

9.1.1.3　判断下列说法是否正确.一个质点在一个使它返回平衡位置的力的作用下,它是一定作简谐运动.

答案:错误.

提示:当质点在一个使它返回平衡位置的弹性力(或准弹性力)的作用下,它一定作简谐运动.

9.1.2　选择题

9.1.2.1　在单摆实验中,如把摆球从平衡位置拉开,使悬线与竖直方向成一小角 $\varphi(\varphi \leqslant 5°)$,然后放手任其自由摆动,若以放手之时为计时起点,对应的初相位 φ_0 应该是(　　).

A. 0　　　　　　B. π　　　　　　C. $3\pi/2$　　　　　　D. $\pi/2$

答案：A 和 B.

提示：根据已知,当开始计时时,摆球处在正的最大位移或负的最大位移处,对应的初相位应该是 $\varphi_0=0$ 或 $\varphi_0=\pi$.

9.1.2.2 如图 9.1.2.2 所示,劲度系数分别为 k_1 和 k_2 的两个轻弹簧串联在一起,下面挂着质量为 m 的物体,构成一个竖挂的弹簧振子,则该系统的振动周期为（ ）.

A. $2\pi\sqrt{\dfrac{m(k_1+k_2)}{k_1k_2}}$

B. $2\pi\sqrt{\dfrac{mk_1k_2}{k_1+k_2}}$

C. $2\pi\sqrt{\dfrac{m}{k_1+k_2}}$

D. $2\pi\sqrt{\dfrac{k_1+k_2}{m}}$

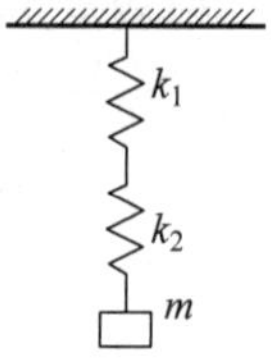

图 9.1.2.2

答案：A.

提示：从弹簧的劲度系数 $\dfrac{1}{k}=\dfrac{1}{k_1}+\dfrac{1}{k_2}$ 和弹簧振子的周期 $T=2\pi\sqrt{\dfrac{m}{k}}$,可得 $T=2\pi\sqrt{\dfrac{m(k_1+k_2)}{k_1k_2}}$.

9.2 节 自我检测（简谐振动的规律）

9.2.1 判断题

9.2.1.1 判断下列说法是否正确.简谐振动的周期由振动系统本身的特性确定,与初始条件无关.

答案：正确.

提示：简谐振动的周期由振动系统本身的特性确定,例如弹簧振子的周期为 $T=2\pi\sqrt{\dfrac{m}{k}}$（由弹簧的劲度系数和振子的质量决定）,单摆的周期为 $T=2\pi\sqrt{\dfrac{l}{g}}$（由摆长和当地的重力加速度决定）,与初始条件无关.

9.2.1.2 判断下列说法是否正确.简谐振动的过程能量是守恒的.

答案：正确.

提示：简谐振动的过程 $E=\dfrac{1}{2}kA^2$,能量是守恒的.但是能量是守恒的过程不一定是简谐振动.例如,自由落体运动.

9.2.2 选择题

9.2.2.1 有两个完全相同的弹簧振子 A 和 B,并排地放在光滑的水平面上,测得它们的周期都是 2 s.现将两个物体从平衡位置向右拉开 5 cm,然后先释放 A 振子,经过 0.5 s 后,再释放 B 振子,如图 9.2.2.1 所示.若以 B 振子释放的瞬时作为时间的起点,它们的相位差为（ ）.

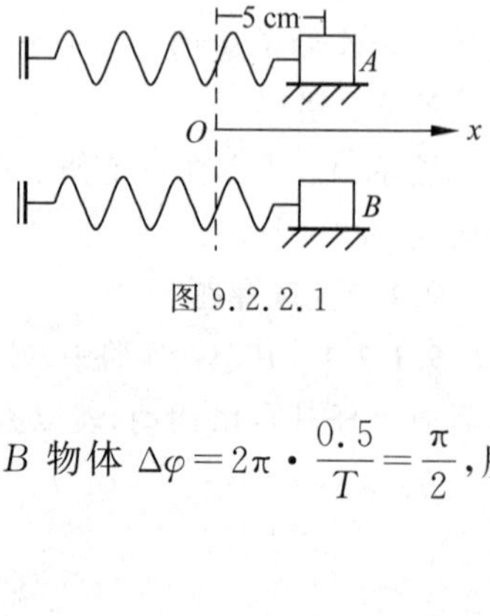

A. 0

B. π

C. $-\pi$

D. $\pi/2$

图 9.2.2.1

答案：D.

提示：由于 A 物体先释放 0.5 s 的时间,所以相位超前 B 物体 $\Delta\varphi=2\pi\cdot\dfrac{0.5}{T}=\dfrac{\pi}{2}$,所

以它们的相位差为 $\Delta\varphi = \dfrac{\pi}{2}$.

9.2.2.2 一物体作简谐振动,振动方程为 $x = A\cos\left(\omega t + \dfrac{1}{4}\pi\right)$. 在 $t = \dfrac{T}{4}$(T 为周期)时刻,物体的加速度为( ).

A. $-\dfrac{1}{2}\sqrt{2}A\omega^2$ B. $\dfrac{1}{2}\sqrt{2}A\omega^2$ C. $-\dfrac{1}{2}\sqrt{3}A\omega^2$ D. $\dfrac{1}{2}\sqrt{3}A\omega^2$

答案:B.

提示:$a = \dfrac{\mathrm{d}^2 x}{\mathrm{d}t^2}$.

9.2.2.3 弹簧振子在光滑水平面上作简谐振动时,弹性力在半个周期内所做的功为( ).

A. kA^2 B. $\dfrac{1}{2}kA^2$ C. $\dfrac{1}{4}kA^2$ D. 0

答案:D.

提示:弹力做的总功是 0. 半个周期分两个阶段:(1)质点远离中点,弹力在做正功,(2)质点靠近中点,弹力在做负功. 半周期时间内,总功为 0.

9.3 节 自我检测(简谐振动的合成)

9.3.1 判断题

9.3.1.1 判断下列说法是否正确. 两个同方向不同频率的简谐振动合成后合振动不是简谐振动.

答案:正确.

提示:不是简谐振动. 当两个简谐振动的频率不相同时,它们的相位差为 $\Delta\varphi = (\omega_2 t + \varphi_2) - (\omega_1 t + \varphi_1) = f(t)$,相位差随时间变化,因此合振幅、圆频率也都将随时间变化,合振动不是简谐振动.

9.3.1.2 判断下列说法是否正确. 两个相互垂直的分振动的频率不同,但频率之间成整数比,其合运动的轨迹是闭合图形.

答案:正确.

提示:合运动的轨迹是规则的稳定的闭合曲线(李萨如图形),而且闭合曲线的形状和分振动频率之比紧密相关.

9.3.2 选择题

9.3.2.1 两个同方向同频率的简谐振动合成后,合振动的振幅由分振动的( )决定.

A. 振幅   B. 频率   C. 初相位   D. 速度

答案:A 和 C.

提示:合振动的振幅为 $A = \sqrt{A_1^2 + A_2^2 + 2A_1 A_2 \cos(\varphi_2 - \varphi_1)}$,由分振动的振幅和初相位决定.

9.3.2.2 两个相互垂直的同频率的简谐振动,当两个分振动的初相位差为( )时,它们的合振动仍然是简谐振动.

A. 0　　　　　B. π　　　　　C. 3π/2　　　　　D. π/2

答案：A 和 B.

提示：简谐振动的合成. 当两个分振动的初相位差为 $\Delta\varphi = \varphi_y - \varphi_x = 0$ 或 π 时,它们的合振动仍然是简谐振动.

9.6 典型例题

例 9-1　一质量为 0.1 kg 的物体悬于弹簧的下端,把物体从平衡位置向下拉 0.1 m 后释放,测得其周期为 2 s,试求:

(1) 物体的振动方程;

(2) 物体首次向上经过平衡位置时的速度;

(3) 第二次经过平衡位置上方 0.05 m 处的加速度;

(4) 物体从平衡位置下方 0.05 m 处向上运动到平衡位置上方 0.05 m 处所需的最短时间.

解　以弹簧挂上物体后的平衡位置为坐标原点,向上为 y 轴的正方向. 由 $T = 2$ s 可知 $\omega = \dfrac{2\pi}{T} = \pi\,\text{s}^{-1}$.

(1) 以释放物体时作为起始时刻,则根据题意有

$$t = 0 \text{ 时,}\quad y_0 = -0.1 \text{ m},\quad v_0 = 0$$

$$A = \sqrt{y_0^2 + \left(\dfrac{v_0}{\omega}\right)^2} = 0.1 \text{ m}$$

$$\tan\varphi_0 = -\dfrac{v_0}{y_0\omega} = 0$$

$$\varphi_0 = 0 \quad \text{或} \quad \varphi_0 = \pi$$

因为 $y_0 < 0$,所以 φ_0 应取 π,这时弹簧的振动方程为 $y = 0.1\cos(\pi t + \pi)$ m.

假若选取向下为 y 轴的正向,初相位应为 $\varphi_0 = 0$,弹簧的振动方程为 $y = 0.1\cos \pi t$ m.

(2) 物体首次经过平衡位置时, $y = 0, v > 0$, 此时对应的相位应为 $\omega t + \varphi_0 = \dfrac{3}{2}\pi$. 所以此时对应的速度为 $v = -A\omega\sin(\omega t + \varphi_0) = -0.1 \times \pi\sin\dfrac{3}{2}\pi = 0.314 \text{ m}\cdot\text{s}^{-1}$.

(3) 物体第二次经过平衡位置上方 0.05 m 处时, $y = 0.05$ m, $v < 0$, 此时对应的相位应为 $\omega t + \varphi = 2\pi + \dfrac{\pi}{3}$, 此时的加速度为

$$a = -A\omega^2\cos(\omega t + \varphi) = -0.493 \text{ m}\cdot\text{s}^{-2}$$

负号表示加速度的方向与 y 轴正向相反.

(4) 物体在平衡位置下方 0.05 m 并向上运动时所对应的相位为 $\omega t_1 + \varphi = \dfrac{4}{3}\pi$, 当物体第一次经过平衡位置上方 0.05 m 时对应的相位为 $\omega t_2 + \varphi = \dfrac{5}{3}\pi$,

$$\Delta\varphi = \frac{5}{3}\pi - \frac{4}{3}\pi = \frac{1}{3}\pi$$

所需要的时间为
$$\Delta t = \frac{\Delta\varphi}{\omega} = 0.33 \text{ s}$$

例 9-2 一水平放置的弹簧振子,若其振动方程为 $x = A\cos(\omega t + \varphi)$,问:当初相 $\varphi = 0$, $\frac{\pi}{2}$, $\frac{\pi}{4}$ 时求该物体的初位置和初速度.

解 速度 $v = \dfrac{\mathrm{d}x}{\mathrm{d}t} = -\omega A\sin(\omega t + \varphi)$

$\varphi = 0°$, $\quad x_0 = A\cos 0° = A$, $\quad v_0 = -\omega A\sin 0° = 0$

$\varphi = \dfrac{\pi}{2}$, $\quad x_0 = A\cos\dfrac{\pi}{2} = 0$, $\quad v_0 = -\omega A\sin\dfrac{\pi}{2} = -\omega A$

$\varphi = \dfrac{\pi}{4}$, $\quad x_0 = A\cos\dfrac{\pi}{4} = \dfrac{\sqrt{2}}{2}A$, $\quad v_0 = -A\omega\sin\dfrac{\pi}{4} = -\dfrac{\sqrt{2}}{2}\omega A$

解题线索:(1)根据已知条件,求振动方程.根据题意建立坐标系,由已知条件求出简谐振动的三要素,写出振动方程.(2)已知振动方程求基本物理量.根据已知的振动方程 $x = A\cos(\omega t + \varphi)$ 可求出振动的振幅、周期、圆频率、初相位.还可求出速度 $v = -A\omega\sin(\omega t + \varphi)$,加速度 $a = -A\omega^2\sin(\omega t + \varphi) = -\omega^2 x$,将已知条件代入便可知对应时刻的位置、速度、加速度.

例 9-3 已知两同方向、同频率的简谐运动的运动方程分别为 $x_1 = 0.05\cos\left(10t + \dfrac{3}{4}\pi\right)$ m, $x_2 = 0.06\cos\left(10t + \dfrac{1}{4}\pi\right)$ m.求:(1)合振动的振幅及初相.(2)若有另一同方向同频率的简谐运动 $x_3 = 0.07\cos(10t + \varphi_3)$ m,则 φ_3 为多少时 $x_1 + x_3$ 的振幅最大?又 φ_3 为多少时 $x_2 + x_3$ 的振幅最小?

解 (1)因为 $\Delta\varphi = \varphi_2 - \varphi_1 = -\dfrac{\pi}{2}$,所以合振动的振幅为
$$A = \sqrt{A_1^2 + A_2^2 + 2A_1 A_2 \cos\left(-\dfrac{\pi}{2}\right)} = 7.8 \times 10^{-2} \text{ m}$$

合振动的初相位
$$\varphi = \arctan\frac{A_1\sin\varphi_1 + A_2\sin\varphi_2}{A_1\cos\varphi_1 + A_2\cos\varphi_2} = \arctan 11 = 1.48 \text{ rad}$$

(2)要使 $x_1 + x_3$ 振幅最大,即两振动同相,则由 $\Delta\varphi = 2k\pi$ 得
$$\varphi_3 = \varphi_1 + 2k\pi = 2k\pi + \frac{3}{4}\pi$$

要使 $x_2 + x_3$ 振幅最小,即两振动反相,则由 $\Delta\varphi = (2k+1)\pi$ 得
$$\varphi_3 = \varphi_2 + (2k+1)\pi = 2k\pi + \frac{5}{4}\pi$$

解题线索:同方向同频率简谐振动的合成.简谐振动的合成主要看合振幅,而合振幅取决于两分振动的相位差 $\Delta\varphi$,$A = \sqrt{A_1^2 + A_2^2 + 2A_1 A_2 \cos\Delta\varphi}$.至于初相位可由 $\tan\varphi =$

$\dfrac{A_1\sin\varphi_1+A_2\sin\varphi_2}{A_1\cos\varphi_1+A_2\cos\varphi_2}$ 求出.

例 9-4 一质量为 $M=2.5$ kg 的物体放在光滑的水平面上,并与水平弹簧相连,物体作简谐振动,弹簧的劲度系数为 $k=250$ N·m^{-1},设开始计时起,系统具有的动能为 0.2 J,势能为 0.6 J. 求:(1)振动的振幅、周期和圆频率.(2)计时起的位移.(3)写出振动方程.

解 (1) 由 $\dfrac{1}{2}kA^2=E_k+E_p=0.8$ 得 $A=0.08$ m

$$\omega=\sqrt{\dfrac{k}{M}}=\sqrt{\dfrac{250}{2.5}}=10, \quad T=\dfrac{2\pi}{\omega}=\dfrac{\pi}{5}$$

(2) 由 $\dfrac{1}{2}kx^2=0.6$ 得 $x=0.07$ m

(3) 振动方程为 $x=0.08\cos(10t+\varphi)$. 其中 $\varphi=\pm\arccos\dfrac{7}{8}$

解题线索:已知振动系统的能量及其他条件求简谐振动的振动方程. 解此类问题,一定要熟悉 $E=E_k+E_p=\dfrac{1}{2}m\left(\dfrac{\mathrm{d}x}{\mathrm{d}t}\right)^2+\dfrac{1}{2}kx^2=\dfrac{1}{2}kA^2$,再结合其他已知条件求出三要素,写出振动方程.

9.7 练习题精解

9-1 一竖直弹簧振子,$T=0.5$ s,现将它从平衡位置向下拉 4 cm 释放,让其自由振动. 则振动方程为_____.

答案:$y=4\cos 4\pi t$ cm.

提示:选择竖直向下为坐标轴的正方向,利用简谐振动的定义.

9-2 一个作简谐运动的物体,在水平方向运动,振幅为 8 cm,周期为 0.50 s. $t=0$ 时,物体位于离平衡位置 4 cm 处向正方向运动,则简谐运动方程为_____.

答案:$x=8\cos\left(4\pi t-\dfrac{\pi}{3}\right)$ cm.

提示:利用简谐振动的定义.

9-3 已知简谐运动方程 $y=2\cos\dfrac{\pi}{2}t$ cm,则 $t=$_____时,动能 E_k 为最大. $t=$_____时,势能 E_p 为最大. 则 $t=$_____时,$E_k=E_p$.

答案:$t=2n+1$;$t=2n$;$t=2n+\dfrac{1}{2}$.

提示:利用简谐振动的动能 E_k 与势能 E_p 的计算式.

9-4 已知简谐运动方程 $x=2\cos\left(\pi t+\dfrac{\pi}{2}\right)$ cm,则物体从 $x=2$ cm 运动到 $x=-2$ cm 所用时间为_____. 从 $x=1$ cm 运动到 $x=-1$ cm 所用时间为_____.

答案:1 s;$\dfrac{1}{3}$ s.

提示：把 $x=2\,\text{cm}$；$x=-2\,\text{cm}$ 带入简谐运动方程 $x=2\cos\left(\pi t+\dfrac{\pi}{2}\right)\text{cm}$ 得相应的时间.

9-5 已知两简谐运动的振动方程为 $x_1=4\cos\left(\pi t+\dfrac{\pi}{6}\right)\text{cm}$，$x_2=2\cos\left(\pi t-\dfrac{5\pi}{6}\right)\text{cm}$ 则合振动的振动方程为_____.

答案：$x=2\cos\left(\pi t+\dfrac{\pi}{6}\right)\text{cm}$.

提示：简谐振动的合成规则.

9-6 一个弹簧振子和一个单摆（只考虑小幅度摆动），在地面上的固有振动周期分别为 T_1 和 T_2. 将它们拿到月球上去，相应的周期分别为 T_1' 和 T_2'. 则有（　　）.

A. $T_1'>T_1$ 且 $T_2'>T_2$　　　　　　B. $T_1'<T_1$ 且 $T_2'<T_2$
C. $T_1'=T_1$ 且 $T_2'=T_2$　　　　　　D. $T_1'=T_1$ 且 $T_2'>T_2$

答案：D.

提示：弹簧振子的周期：$T=2\pi\sqrt{\dfrac{k}{m}}$；单摆的周期 $T=2\pi\sqrt{\dfrac{l}{g}}$.

9-7 一弹簧振子，重物的质量为 m，弹簧的劲度系数为 k，该振子作振幅为 A 的简谐振动. 当重物通过平衡位置且向规定的正方向运动时，开始计时. 则其振动方程为（　　）.

A. $x=A\cos\left(\sqrt{k/m}\,t+\dfrac{1}{2}\pi\right)$　　　　B. $x=A\cos\left(\sqrt{k/m}\,t-\dfrac{1}{2}\pi\right)$

C. $x=A\cos\left(\sqrt{m/k}\,t+\dfrac{1}{2}\pi\right)$　　　　D. $x=A\cos\left(\sqrt{m/k}\,t-\dfrac{1}{2}\pi\right)$

答案：A.

提示：简谐振动的定义.

9-8 一质点作简谐振动，振动方程为 $x=A\cos(\omega t+\varphi)$，当时间 $t=\dfrac{T}{2}$（T 为周期）时，质点的速度为（　　）.

A. $-A\omega\sin\varphi$　　B. $A\omega\sin\varphi$　　C. $-A\omega\cos\varphi$　　D. $A\omega\cos\varphi$

答案：B.

提示：$v=\dfrac{\mathrm{d}x}{\mathrm{d}t}$.

9-9 一弹簧振子作简谐振动，总能量为 E_1，如果简谐振动振幅增加为原来的 2 倍，重物的质量增加为原来的 4 倍，则它的总能量 E_2 变为（　　）.

A. $\dfrac{E_1}{4}$　　　　B. $\dfrac{E_1}{2}$　　　　C. $2E_1$　　　　D. $4E_1$

答案：D.

提示：能量只和振幅有关系.

9-10 两个相互垂直的同频率的简谐振动的相位差满足什么条件时，它们的合振动仍然是简谐振动？（　　）

A. 0 或 π　　　　B. 0 或 $\dfrac{\pi}{2}$　　　　C. 0　　　　D. $\dfrac{3\pi}{2}$

答案：A.

提示：简谐振动的合成规则.

9-11 在气垫导轨上质量为 m 的物体由两个轻弹簧分别固定在气垫导轨的两端,如题 9-11 图所示,试证明物体 m 的左右运动为简谐振动,并求其振动周期.设弹簧的劲度系数分别为 k_1 和 k_2.

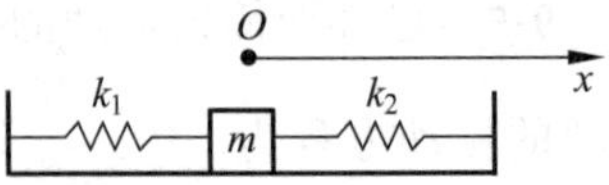

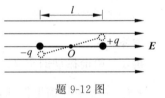

题 9-11 图

解 取物体处在平衡位置时为坐标原点,则物体在任意位置时受的力为

$$F = -(k_1 + k_2)x$$

根据牛顿第二定律有

$$F = -(k_1 + k_2)x = ma = m\frac{d^2 x}{dt^2}$$

化简得

$$\frac{d^2 x}{dt^2} + \frac{k_1 + k_2}{m} x = 0$$

令 $\omega^2 = \dfrac{k_1 + k_2}{m}$,则 $\dfrac{d^2 x}{dt^2} + \omega^2 x = 0$ 所以物体作简谐振动,其周期

$$T = \frac{2\pi}{\omega} = 2\pi\sqrt{\frac{m}{k_1 + k_2}}$$

9-12 如题 9-12 图所示,在电场强度为 E 的匀强电场中,放置一电偶极矩 $P = ql$ 的电偶极子,$+q$ 和 $-q$ 相距 l,且 l 不变.若有一外界扰动使这对电荷偏过一微小角度,扰动消失后,这对电荷会以垂直于电场并通过 l 的中心点 O 的直线为轴来回摆动.试证明这种摆动是近似的简谐振动,并求其振动周期.设电荷的质量皆为 m,重力忽略不计.

题 9-12 图

解 取逆时针的力矩方向为正方向,当电偶极子在如题 9-12 图所示位置时,电偶极子所受的力矩为

$$M = -qE\frac{l}{2}\sin\theta - qE\frac{l}{2}\sin\theta = -qEl\sin\theta$$

电偶极子对中心 O 点的转动惯量为

$$J = m\left(\frac{l}{2}\right)^2 + m\left(\frac{l}{2}\right)^2 = \frac{1}{2}ml^2$$

由转动定律知

$$M = -qEl\sin\theta = J\beta = \frac{1}{2}ml^2 \cdot \frac{d^2\theta}{dt^2}$$

化简得

$$\frac{d^2\theta}{dt^2} + \frac{2qE}{ml}\sin\theta = 0$$

当角度很小时,$\sin\theta \approx \theta$,若令 $\omega^2 = \dfrac{2qE}{ml}$,则上式变为

$$\frac{d^2\theta}{dt^2} + \omega^2\theta = 0$$

所以电偶极子的微小摆动是简谐振动,而且其周期为

$$T = \frac{2\pi}{\omega} = 2\pi\sqrt{\frac{ml}{2qE}}$$

9-13 汽车的质量一般支承在固定于轴承的若干条弹簧上,成为一倒置的弹簧振子.汽车在开动时,上下自由振动的频率应保持在 $\nu = 1.3$ Hz 附近,与人的步行频率接近,才能使乘客没有不适之感.问汽车正常载重时,每条弹簧长度比松弛状态下压缩了多少?

解 设汽车正常载重时的质量为 m,振子总劲度系数为 k,则振动的周期为 $T = 2\pi\sqrt{\frac{m}{k}}$,频率为 $\nu = \frac{1}{T} = \frac{1}{2\pi}\sqrt{\frac{k}{m}}$.

正常载重时弹簧的压缩量为

$$x = \frac{mg}{k} = \frac{T^2}{4\pi^2}g = \frac{g}{4\pi^2\nu^2} = 0.15 \text{ m}$$

9-14 一条质量为 m,长为 l 的均匀细棒,一端悬挂在水平轴 O 点,如题 9-14 图所示. 开始棒在垂直位置 OO',处于平衡状态.将棒拉开微小角度后放手,棒将在重力矩的作用下,绕 O 点在竖直平面内来回摆动.此装置是最简单的物理摆(又称复摆).若不计棒与轴的摩擦力和空气的阻力,棒将摆动不止.试证明在摆角很小的情况下,细棒的摆动为简谐振动,并求其振动周期.

题 9-14 图

解 设在某一时刻,细棒偏离铅直线的角位移为 θ,并规定细棒在平衡位置向右时 θ 为正,向左时为负,则力矩为

$$M = -mg\frac{1}{2}l\sin\theta$$

负号表示力矩方向与角位移的方向相反,细棒对 O 点的转动惯量为 $J = \frac{1}{3}ml^2$,根据转动定律有

$$M = -\frac{1}{2}mgl\sin\theta = J\beta = \frac{1}{3}ml^2\frac{d^2\theta}{dt^2}$$

化简得

$$\frac{d^2\theta}{dt^2} + \frac{3g}{2l}\sin\theta = 0$$

当 θ 很小时,$\sin\theta \approx \theta$,若令 $\omega^2 = \frac{3g}{2l}$,则上式变为

$$\frac{d^2\theta}{dt^2} + \omega^2\theta = 0$$

所以细棒的摆动为简谐振动,其周期为 $T = \frac{2\pi}{\omega} = 2\pi\sqrt{\frac{2l}{3g}}$.

9-15 一放置在水平光滑桌面上的弹簧振子,振幅 $A=2\times10^{-2}$ m,周期 $T=0.50$ s,当 $t=0$ 时,求以下各种情况的振动方程.

(1) 物体在正方向的端点;

(2) 物体在负方向的端点;

(3) 物体在平衡位置,向负方向运动;

(4) 物体在平衡位置,向正方向运动;

(5) 物体在 $x=1.0\times10^{-2}$ m 处向负方向运动;

(6) 物体在 $x=-1.0\times10^{-2}$ m 处向正方向运动.

解 由题意知 $A=2\times10^{-2}$ m, $T=0.5$ s, $\omega=\dfrac{2\pi}{T}=4\pi$ s^{-1}.

(1) 由初始条件得初相位是 $\varphi_1=0$,所以振动方程为
$$x=2\times10^{-2}\cos 4\pi t \text{ m}$$

(2) 由初始条件得初相位是 $\varphi_2=\pi$,所以振动方程为
$$x=2\times10^{-2}\cos(4\pi t+\pi) \text{ m}$$

(3) 由初始条件得初相位是 $\varphi_3=\dfrac{\pi}{2}$,所以振动方程为
$$x=2\times10^{-2}\cos\left(4\pi t+\dfrac{\pi}{2}\right) \text{ m}$$

(4) 由初始条件得初相位是 $\varphi_4=\dfrac{3\pi}{2}$,所以振动方程为
$$x=2\times10^{-2}\cos\left(4\pi t+\dfrac{3\pi}{2}\right) \text{ m}$$

(5) 因为 $\cos\varphi_5=\dfrac{x_0}{A}=\dfrac{1\times10^{-2}}{2\times10^{-2}}=0.5$,所以 $\varphi_5=\dfrac{\pi}{3},\dfrac{5\pi}{3}$,取 $\varphi_5=\dfrac{\pi}{3}$(因为速度小于零),所以振动方程为
$$x=2\times10^{-2}\cos\left(4\pi t+\dfrac{\pi}{3}\right) \text{ m}$$

(6) $\cos\varphi_6=\dfrac{x_0}{A}=\dfrac{-1\times10^{-2}}{2\times10^{-2}}=-0.5$,所以 $\varphi_6=\dfrac{2\pi}{3},\dfrac{4\pi}{3}$,取 $\varphi_6=\dfrac{4\pi}{3}$(因为速度大于零),所以振动方程为
$$x=2\times10^{-2}\cos\left(4\pi t+\dfrac{4\pi}{3}\right) \text{ m}$$

9-16 一质点沿 x 轴作简谐振动,振幅为 0.12 m,周期为 2 s,当 $t=0$ 时,质点的位置在 0.06 m 处,且向 x 轴正方向运动,求:(1)质点振动的运动方程;(2)$t=0.5$ s 时,质点的位置、速度、加速度;(3)质点在 $x=-0.06$ m 处,且向 x 轴负方向运动,再回到平衡位置所需的最短时间.

解 (1) 由题意可知:

$A=0.12$ m, $\omega=\dfrac{2\pi}{T}=\pi$, $x_0=A\cos\varphi_0$,可求得 $\varphi_0=-\dfrac{\pi}{3}$(初速度大于零),所以质点的运动方程为

$$x = 0.12\cos\left(\pi t - \frac{\pi}{3}\right) \text{ m}$$

(2) $x_{t=0.5} = 0.12\cos\left(0.5\pi - \frac{\pi}{3}\right) = 0.1$ m

任意时刻的速度为

$$v = -0.12\pi\sin\left(\pi t - \frac{\pi}{3}\right) \text{ m}\cdot\text{s}^{-1}$$

所以 $\quad v_{t=0.5} = -0.12\pi\sin\left(0.5\pi - \frac{\pi}{3}\right) = -0.19$ m·s^{-1}

任意时刻的加速度为

$$a = -0.12\pi^2\cos\left(\pi t - \frac{\pi}{3}\right) \text{ m}\cdot\text{s}^{-2}$$

所以 $\quad a_{t=0.5} = -0.12\pi^2\cos\left(0.5\pi - \frac{\pi}{3}\right) = -1.0$ m·s^{-2}

(3) 根据题意画旋转矢量图如题 9-16 图所示.

由题 9-16 图可知,质点在 $x = -0.06$ m 处,且向 x 轴负方向运动,再回到平衡位置相位的变化为

$$\Delta\varphi = \frac{3}{2}\pi - \frac{2}{3}\pi = \frac{5}{6}\pi$$

所以 $\quad \Delta t = \frac{\Delta\varphi}{\omega} = \frac{5}{6} \approx 0.833$ s

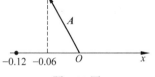

题 9-16 图

9-17 一弹簧悬挂 0.01 kg 砝码时伸长 8 cm,现在这根弹簧下悬挂 0.025 kg 的物体,使它作自由振动.请建立坐标系,分别对下述 3 种情况列出初始条件,求出振幅和初相位,最后建立振动方程.(1)开始时,使物体从平衡位置向下移动 4 cm 后松手;(2)开始时,物体在平衡位置,给以向上 21 cm·s^{-1} 的初速度,使其振动;(3)把物体从平衡位置向下拉动 4 cm 后,又给以向上 21 cm·s^{-1} 的初速度,同时开始计时.

解 (1) 取物体处在平衡位置为坐标原点,向下为 x 轴正方向,建立如题 9-17 解图所示坐标系.

系统振动的角频率为

$$\omega = \sqrt{\frac{k}{m}} = \sqrt{\frac{m_1 g/x_1}{m}} = \sqrt{\frac{0.01\times g/0.08}{0.025}} = 7 \text{ s}^{-1}$$

根据题意,初始条件为

$$\begin{cases} x_0 = 4 \text{ cm} \\ v_0 = 0 \end{cases}$$

题 9-17 解图

振幅 $A = \sqrt{x_0^2 + \dfrac{v_0^2}{\omega^2}} = 4$ cm,初相位 $\varphi_1 = 0$.

振动方程为

$$x = 4\cos 7t \text{ m}$$

(2) 根据题意，初始条件为

$$\begin{cases} x_0 = 0 \\ v_0 = -21 \text{ cm} \cdot \text{s}^{-1} \end{cases}$$

振幅 $A = \sqrt{x_0^2 + \dfrac{v_0^2}{\omega^2}} = 3$ cm，初相位 $\varphi_2 = \dfrac{\pi}{2}$.

振动方程为

$$x = 3\cos\left(7t + \dfrac{\pi}{2}\right) \text{ cm}$$

(3) 根据题意，初始条件为

$$\begin{cases} x_0 = 4 \text{ cm} \\ v_0 = -21 \text{ cm} \cdot \text{s}^{-1} \end{cases}$$

振幅 $A = \sqrt{x_0^2 + \dfrac{v_0^2}{\omega^2}} = 5$ cm，$\tan\varphi_3 = -\dfrac{v_0}{x_0 \omega} = 0.75$，得 $\varphi_3 = 0.64$.

振动方程为

$$x = 5\cos(7t + 0.64) \text{ cm}$$

9-18 质量为 0.1 kg 的物体，以振幅 $A = 1.0 \times 10^{-2}$ m 作简谐振动，其最大加速度为 4.0 m·s^{-2}，求：(1) 振动周期；(2) 通过平衡位置时的动能；(3) 总能量.

解 (1) 简谐振动的物体的最大加速度为

$$a_{\max} = A\omega^2$$

$$\omega = \sqrt{\dfrac{a_{\max}}{A}} = \sqrt{\dfrac{4.0}{1.0 \times 10^{-2}}} = 20 \text{ s}^{-1}，\text{所以周期为 } T = \dfrac{2\pi}{\omega} = \dfrac{2\pi}{20} = 0.314 \text{ s}.$$

(2) 作简谐振动的物体通过平衡位置时具有最大速度

$$|v_{\max}| = A\omega$$

所以动能为

$$E_k = \dfrac{1}{2} m v_{\max}^2 = \dfrac{1}{2} m A^2 \omega^2 = \dfrac{1}{2} \times 0.1 \times (1.0 \times 10^{-2})^2 \times 20^2 \text{ J} = 2 \times 10^{-3} \text{ J}$$

(3) 总能量为

$$E_{总} = E_k = 2 \times 10^{-3} \text{ J}$$

9-19 弹簧振子在光滑的水平面上作振幅为 A_0 的简谐振动，如题 9-19 图所示. 物体的质量为 M，弹簧的劲度系数为 k，当物体到达平衡位置且向负方向运动时，一质量为 m 的小泥团以速度 v' 从右方打来，并粘附于物体之上，若以此时刻作为起始时刻，求：

(1) 系统振动的圆频率；(2) 按题 9-19 图示坐标列出初始条件；(3) 写出振动方程.

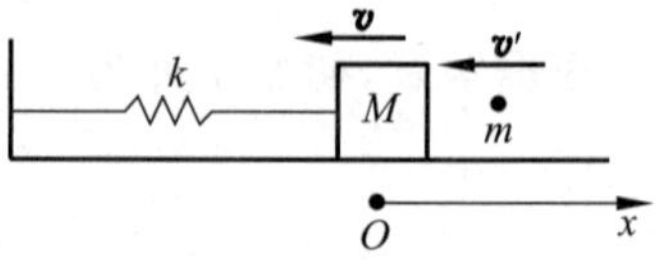

题 9-19 图

解 (1) 小泥团粘附于物体之上后与物体一起作简谐振动，总质量为 $M+m$，弹簧的劲度系数为 k，所以系统振动的角频率为

$$\omega = \sqrt{\dfrac{k}{M+m}}$$

(2) 小泥团粘附于物体之上后动量守恒,所以有

$$-Mv - mv' = (M+m)v_0$$

$$v_0 = -\frac{Mv + mv'}{M+m}$$

按题 9-19 图所示坐标初始条件为 $\begin{cases} x_0 = 0 \\ v_0 = -\dfrac{Mv + mv'}{M+m} \end{cases}$

(3) 根据初始条件,系统振动的初相位为 $\varphi = \dfrac{\pi}{2}$;假设系统的振动振幅为 A,根据能量守恒,有

$$\frac{1}{2}kA^2 = \frac{1}{2}(M+m)v_0^2 = \frac{1}{2}\frac{(Mv+mv')^2}{M+m}$$

其中

$$\frac{1}{2}Mv^2 = \frac{1}{2}kA_0^2$$

故得

$$A = \frac{mv' + MA_0\sqrt{\dfrac{k}{M}}}{\sqrt{(M+m)k}}$$

振动方程为

$$x = \frac{mv' + MA_0\sqrt{\dfrac{k}{M}}}{\sqrt{(M+m)k}}\cos\left(\sqrt{\dfrac{k}{M+m}} \cdot t + \dfrac{\pi}{2}\right) \text{ m}$$

9-20 有一个弹簧振子,振幅 $A = 2\times 10^{-2}$ m,周期 $T = 1$ s,初相位 $\varphi = \dfrac{3}{4}\pi$.(1)写出它的振动方程;(2)利用旋转矢量图,作 x-t 图.

解 (1) 由题意可知,$\omega = \dfrac{2\pi}{T} = 2\pi$ rad·s^{-1},所以弹簧振子的振动方程为

$$x = 2\times 10^{-2}\cos\left(2\pi t + \frac{3}{4}\pi\right) \text{ m}$$

(2) 利用旋转矢量作 x-t 图,如题 9-20 图所示.

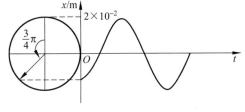

题 9-20 图

弹簧振子的加速度方程为

$$a = -2 \times 10^{-2} \times 2\pi \times 2\pi \times \cos\left(2\pi t + \frac{3}{4}\pi\right)$$
$$= 8\pi^2 \times 10^{-2} \times \cos\left(2\pi t + \frac{7}{4}\pi\right) \text{ m·s}^{-2}$$

9-21 一物体作简谐振动,(1)当它的位置在振幅一半处时,试利用旋转矢量计算它的相位可能为哪几个值？做出这些旋转矢量；(2)谐振子在这些位置时,其动能、势能各占总能量的百分比是多少？

解 (1)根据题意作旋转矢量如题 9-21 解图所示. 由图可知,当它的位置在振幅的一半时,它的可能相位是

$$\pm\frac{\pi}{3}, \quad \pm\frac{2\pi}{3}$$

(2)物体作简谐振动时的总能量为 $E = \frac{1}{2}kA^2$, 在任意位置时的势能为 $E_p = \frac{1}{2}kx^2$, 所以当它的位置在振幅

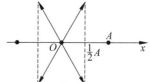

题 9-21 解图

的一半时的势能为 $E_p = \frac{1}{2}k\left(\frac{1}{2}A\right)^2 = \frac{1}{8}kA^2$, 势能占总能量的百分比为 25%, 动能占总能量的百分比为 75%.

9-22 手持一块平板,平板上放一质量为 0.5 kg 的砝码. 现使平板在竖直方向上下振动,设该振动是简谐振动,频率为 2 Hz,振幅是 0.04 m, 问：(1)位移最大时,砝码对平板的正压力多大？(2)以多大的振幅振动时,会使砝码脱离平板？(3)如果振动频率加快一倍,则砝码随板保持一起振动的振幅上限是多大？

解 (1)由题可知, $\omega = 2\pi\nu = 4\pi \text{s}^{-1}$, $A = 0.04$ m. 因为物体在作简谐振动,物体在最大位移时加速度大小 $a_{\max} = A\omega^2 = 0.04 \times 16\pi^2 \text{ m·s}^{-2} = 0.64\pi^2 \text{ m·s}^{-2}$.

根据牛顿第二定律有
$$N_1 - mg = ma_{\max}$$
$$mg - N_2 = ma_{\max}$$

解得 $N_1 = 8.06$ N(最低位置); $N_2 = 1.74$ N(最高位置).

(2)当 $mg = ma_{\max} = mA\omega^2$, 即 $A = 0.062$ m 时会使砝码脱离平板.

(3)频率增大一倍,把 $\omega_1 = 2\omega$ 代入 $mg = ma_{\max} = mA_1\omega_1^2$ 得
$$A_1 = \frac{1}{4}A = 1.55 \times 10^{-2} \text{ m}.$$

9-23 有两个完全相同的弹簧振子 A 和 B,并排地放在光滑的水平面上,测得它们的周期都是 2 s. 现将两个物体从平衡位置向右拉开 5 cm,然后先释放 A 振子,经过 0.5 s 后,再释放 B 振子,如题 9-23 图所示,若以 B 振子释放的瞬时作为时间的起点,(1)分别写出两个物体的振动方程；(2)它们的相位差为多少？分别画出它们的 x-t 图.

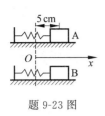

题 9-23 图

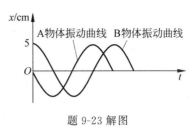

题 9-23 解图

解 (1) 由题可知,两物体作简谐振动的圆频率为 $\omega=\dfrac{2\pi}{T}=\pi$. 若以 B 振子释放的瞬时作为时间的起点,则 B 物体振动的初相位是 $\varphi_B=0$,振动方程应为

$$x_B=5\cos\pi t \text{ cm}$$

由于 A 物体先释放 0.5 s 的时间,所以相位超前 B 物体 $\Delta\varphi=2\pi\cdot\dfrac{0.5}{T}=\dfrac{\pi}{2}$,所以 A 物体振动的初相位是 $\varphi_A=\dfrac{\pi}{2}$,振动方程应为

$$x_A=5\cos\left(\pi t+\dfrac{\pi}{2}\right) \text{ cm}$$

(2) 它们的相位差为

$$\Delta\varphi=\dfrac{\pi}{2}$$

作 A,B 两物体的振动曲线如题 9-23 解图所示.

9-24 一质点同时参与两个同方向、同频率的简谐振动,它们的振动方程分别为

$$x_1=6\cos\left(2t+\dfrac{\pi}{6}\right) \text{ cm}$$

$$x_2=8\cos\left(2t-\dfrac{\pi}{3}\right) \text{ cm}$$

试用旋转矢量法求出合振动方程.

解 作旋转矢量如题 9-24 解图所示.

由平面几何关系可知

$$A=\sqrt{A_1^2+A_2^2}=10 \text{ cm}$$

$$\tan\varphi=\dfrac{A_1}{A_2}=\dfrac{6}{8}=0.75$$

合振动的初相位是

$$\alpha=-\left(\dfrac{\pi}{3}-\varphi\right)=-0.4$$

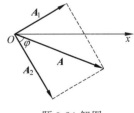

题 9-24 解图

所以合振动的振动方程为

$$x=10\cos(2t-0.4) \text{ cm}$$

9-25 有两个同方向、同频率的简谐振动,其合振动的振幅为 0.2 m,合振动的相位与第一个振动的相位之差为 $\dfrac{\pi}{6}$,若第一个振动的振幅为 0.173 m,求第二个振动的振幅,第一、

第二两振动的相位差.

解 作旋转矢量如题 9-25 解图所示.
由平面几何关系可知

$$A_2 = \sqrt{A^2 + A_1^2 - 2AA_1\cos\frac{\pi}{6}} = 0.1 \text{ m}$$

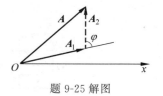

题 9-25 解图

假设 A_1 和 A_2 的夹角为 φ,则由平面几何可知

$$A = \sqrt{A_1^2 + A_2^2 + 2A_1A_2\cos\varphi}$$

把已知数代入解得,$\varphi = \frac{\pi}{2}$.

9-26 质量为 0.4 kg 的质点同时参与互相垂直的两个振动:

$$x = 0.08\cos\left(\frac{\pi}{3}t + \frac{\pi}{6}\right), \quad y = 0.06\cos\left(\frac{\pi}{3}t - \frac{\pi}{3}\right)$$

式中 x,y 的单位为 m,t 的单位为 s.(1)求运动轨迹方程;(2)质点在任一位置所受的力.

解 (1)由振动方程消去时间因子得轨迹方程为

$$\frac{x^2}{0.08^2} + \frac{y^2}{0.06^2} = 1$$

(2)质点在任意时刻的加速度为

$$\boldsymbol{a} = \frac{d^2x}{dt^2}\boldsymbol{i} + \frac{d^2y}{dt^2}\boldsymbol{j} = -0.08\left(\frac{\pi}{3}\right)^2\cos\left(\frac{\pi}{3}t + \frac{\pi}{6}\right)\boldsymbol{i} - 0.06\left(\frac{\pi}{3}\right)^2\cos\left(\frac{\pi}{3}t - \frac{\pi}{3}\right)\boldsymbol{j} \text{ m·s}^{-2}$$

质点在任一位置所受的力为

$$\boldsymbol{F} = m\boldsymbol{a} = \left[-32\left(\frac{\pi}{3}\right)^2\cos\left(\frac{\pi}{3}t + \frac{\pi}{6}\right)\boldsymbol{i} - 24\left(\frac{\pi}{3}\right)^2\cos\left(\frac{\pi}{3}t - \frac{\pi}{3}\right)\boldsymbol{j}\right] \times 10^{-3} \text{ N}$$

9-27 质点参与两个方向互相垂直的、同相位、同频率的简谐振动.(1)证明质点的合振动是简谐振动;(2)求合振动的振幅和频率.

解 (1)根据题意,假设两个分振动的振动方程分别为

$$x = A_x\cos(\omega t + \varphi)$$
$$y = A_y\cos(\omega t + \varphi)$$

合成的轨迹是直线 $y = \frac{A_y}{A_x}x$,在任意时刻质点离开平衡位置的距离为

$$x' = \sqrt{x^2 + y^2} = \sqrt{A_x^2 + A_y^2}\cos(\omega t + \varphi)$$

所以质点的合振动是简谐振动.

(2)合振动的振幅为 $A = \sqrt{A_x^2 + A_y^2}$,角频率为 ω.

第10章 波动学基础

10.1 教学目标

1. 掌握描述平面简谐波的各物理量及各量之间的关系.
2. 理解机械波产生的条件.掌握由已知质点的简谐振动方程得出平面简谐波的波动方程的方法及波动方程的物理意义.理解波形图,了解波的能量、能流、能量密度.
3. 理解惠更斯原理,波的相干条件,能应用相位差和波程差分析、确定相干波叠加后振幅加强和减弱的条件.
4. 了解驻波及其形成条件,了解半波损失.
5. 了解多普勒效应及其产生的原因.

10.2 知识框架

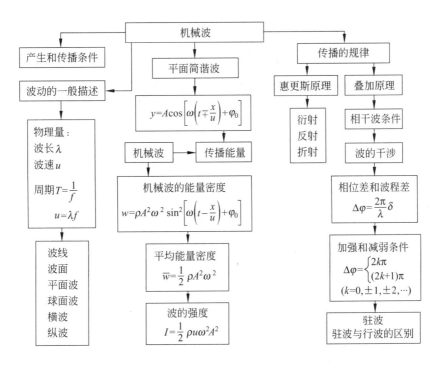

10.3 本章提要

1. 波长、频率与波速的关系

$$u = \frac{\lambda}{T}, \quad u = \lambda\nu$$

2. 平面简谐波的波动方程

$$y = A\cos\left[2\pi\left(\nu t \mp \frac{x}{\lambda}\right) + \varphi\right] \quad 或 \quad y = A\cos\left[\omega\left(t \mp \frac{x}{u}\right) + \varphi\right]$$

当 $\varphi = 0$ 时上式变为

$$y = A\cos 2\pi\left(\nu t \mp \frac{x}{\lambda}\right) \quad 或 \quad y = A\cos\omega\left(t \mp \frac{x}{u}\right)$$

3. 波的能量、能量密度，波的吸收

(1) 平均能量密度：$\bar{w} = \frac{1}{2}\rho A^2 \omega^2$

(2) 平均能流密度：$I = \frac{1}{2}\rho A^2 \omega^2 u = \bar{w}u$

(3) 波的吸收：$I = I_0 e^{-\alpha x}$

4. 惠更斯原理

介质中波动传播到的各点，都可以看作是发射子波的波源，在以后任意时刻，这些子波的包迹就是新的波阵面.

5. 波的干涉

$$\begin{cases} \Delta\varphi = \pm 2k\pi, \quad k = 0,1,2,\cdots. \quad A = A_1 + A_2 & \text{（干涉相长）} \\ \Delta\varphi = \pm(2k+1)\pi, \quad k = 0,1,2,\cdots. \quad A = |A_1 - A_2| & \text{（干涉相消）} \end{cases}$$

$$\begin{cases} \delta = \pm k\lambda, \quad k = 0,1,2,\cdots. \quad A = A_1 + A_2 & \text{（干涉相长）} \\ \delta = \pm(2k+1)\frac{\lambda}{2}, \quad k = 0,1,2,\cdots. \quad A = |A_1 - A_2| & \text{（干涉相消）} \end{cases}$$

6. 驻波

两列频率、振动方向和振幅都相同而传播方向相反的简谐波叠加形成驻波，其表达式为

$$y = 2A\cos\frac{2\pi x}{\lambda}\cos\omega t$$

7. 多普勒效应

(1) 波源静止，观测者运动 $\quad \nu = \left(1 + \frac{V_0}{u}\right)\nu_0$

(2) 观测者静止，波源运动 $\quad \nu = \frac{u}{\lambda'} = \frac{u}{u - V_s}\nu_0$

(3) 波源和观测者都运动 $\quad \nu = \frac{u + V_0}{\lambda'} = \frac{u + V_0}{u - V_s}\nu_0$

10.4 检 测 题

检测点 1：把一条十分长的绳子拉成水平,用手握其一端,维持拉力恒定,使绳端在垂直于绳子的方向上作简谐振动,形成的是横波还是纵波?

答：横波.

检测点 2：点波源在各向同性均匀介质中向各个方向发出的波的波阵面是球面还是平面?

答：球面.

检测点 3：根据波长、频率、波速的关系式 $u=\lambda\nu$,有人认为频率高的波传播速度大,你认为对否?

答：错,如光波,频率不同,相应的波长也不同,与 u 无关,对于机械波的波速 u 只与介质本身的特性有关.

检测点 4：这里有三个波的方程：

(1) $y=2\sin(4x-2t)$；(2) $y=\sin(3x-4t)$；(3) $y=2\sin(3x-3t)$；按照它们的波速由大到小将这些波排序.

答：(2)、(3)、(1).

检测点 5：当一平面简谐机械波在弹性介质中传播时,介质质元在到达其平衡位置处时,其弹性势能如何变化?

答：其弹性势能达到最大.

检测点 6：惠更斯原理适合于平面波吗?

答：惠更斯原理适合于任何波动过程.

检测点 7：波在前进中到达障碍物上的一条狭缝时,要发生明显的衍射现象,对狭缝的要求是什么?

答：要求狭缝的尺度和波长接近.

检测点 8：S_1 和 S_2 是波长为 λ 的两个相干波的波源,相距 $\dfrac{3\lambda}{4}$,S_1 的相位比 S_2 超前 $\dfrac{\pi}{2}$,若两波单独传播时,在过 S_1 和 S_2 的直线上各点的强度相同,不随距离变化,且两波的强度都是 I_0,则在 S_1、S_2 连线上 S_1 外侧和 S_2 外侧各点,合成波的强度分别是多少?

答：分别是 $4I_0$, 0.

检测点 9：有两列振幅相同波长相同的波在三种不同情况下干涉产生的合成波公式如下：(1) $y=4\sin(5x-4t)$；(2) $y=4\sin(5x)\cos(4t)$；(3) $y=4\sin(5x+4t)$,哪一种情况下,是两个结合的波沿正 x 轴方向运动；沿负 x 轴方向运动；沿相反方向运动?

答：情况(1)是两个结合的波沿正 x 轴方向运动；情况(3)是两个结合的波沿负 x 方向运动；情况(2)是两个结合的波沿相反方向运动.

检测点 10：在一根很长的弦线上形成的驻波的条件是什么?

答：两列振幅相等的相干波,沿着反方向传播叠加形成驻波.

检测点 11：多普勒效应是由于波源和观察者之间有相对运动产生的,那么观察者接收到的频率与二者(波源和观察者)之间的相对运动有什么关系?

答：当二者的运动方向垂直时,观察者接收到的频率与运动没关系;当二者作相向运动时,观察者接收到的频率高于波源发出的频率;当二者作背向运动时,观察者接收到的频率低于波源发出的频率.

10.5 自我检测题

10.1 节 自我检测（机械波的产生及描述）

10.1.1 判断题

10.1.1.1 关于波长的说法是否正确.在波传播方向上,波长是相邻两个振动相位相同点的距离.

答：正确.

提示：波长的定义.

10.1.1.2 判断下列说法是否正确.波速和质元振动的速度是相同的.

答：错误.

提示：波速是波在传播过程中相位传播的速度,而质元振动的速度是质元在自己平衡位置附近来回运动的速度.

10.1.2 选择题

10.1.2.1 横波以波速 u 沿 x 轴负方向传播. t 时刻波形曲线如图 10.1.2.1 所示.则该时刻（　　）.

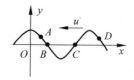

图 10.1.2.1

A. A 点振动速度大于零
B. B 点静止不动
C. C 点向下运动
D. D 点振动速度小于零

答案：D.

提示：波动方程的物理意义.

10.2 节 自我检测（平面简谐波）

10.2.1 判断题

10.2.1.1 判断下列说法是否正确.在波的传播过程中,每个质元的能量随时间而变化,这违反能量守恒定律.

答案：错误.

提示：因为波源的能量在不断地向前传播,介质间也同样相互传递,导致能量有起伏,但并不违反守恒定律.

10.2.1.2 一平面简谐波在弹性介质中传播,在介质质元从最大位移处回到平衡位置的过程中是依靠惯性.

答案：错误.

提示：不是依靠惯性.它是从相邻的一段介质质元获得能量,其能量逐渐增加.

10.2.2 选择题

10.2.2.1 一列平面简谐波的频率为 500 Hz,其传播速度为 $u = 350 \text{ m} \cdot \text{s}^{-1}$,则波长为( ).

A. 7 m　　　　B. 1 m　　　　C. 0.7 m　　　　D. 0.2 m

答案:C.

提示:根据 $u = \dfrac{\lambda}{T} = \lambda\nu$,则 $\lambda = \dfrac{u}{\nu}$,$\lambda = 0.7$ m.

10.2.2.2 一平面简谐波在弹性介质中传播时,某一时刻介质中某质元在负的最大位移处,则它的能量是( ).

A. 动能为零,势能最大　　　　B. 动能为零,势能为零

C. 动能最大,势能最大　　　　D. 动能最大,势能为零

答案:B.

提示:波的能量.

10.3节　自我检测(波的衍射和干涉)

10.3.1 判断题

10.3.1.1 判断下列说法是否正确. 驻波中,两波节间各个质点均作同相位的简谐振动,那么,每个振动质点的能量保持不变.

答:错误.

提示:在波进行过程中,能量不断由波腹附近转移到波节附近,再由波节移到波腹附近,每个质点在平衡位置附近作简谐振动. 例如,波腹处质点位移达最大值时,其速度为零,动能为零,而此时该处介质相对形变为零,势能为零,所以质点能量为零. 此时波节处相对形变最大,该处质点势能最大. 各质点在平衡位置时,波腹处质点速度最大,动能最大,而波节处质点势能为零,动能也为零.

10.3.1.2 判断下列说法是否正确. 当火车进站鸣笛时,我们在车站听到的声调变高是由于多普勒效应引起的.

答:正确.

提示:多普勒效应的原理.

10.3.2 选择题

10.3.2.1 两列简谐波叠加,能发生干涉的情况为( ).

A. 若两波的振动方向相同,初相位也相同,但频率不同

B. 若两波的频率相同,初相位也相同,但振动方向不同

C. 若两波的频率相同,振动方向也相同,但相位差不能保持恒定

D. 若两波的频率相同,振动方向相同,初相位也相同,但振幅不同

答案:D.

提示:波的相干条件.

10.3.2.2 在波长为 λ 的驻波中,两个相邻波腹之间的距离为( ).

A. $\dfrac{\lambda}{4}$　　　　B. $\dfrac{\lambda}{2}$　　　　C. $\dfrac{3\lambda}{4}$　　　　D. λ

答案：B.

提示：驻波的波动方程 $y = 2A\cos\dfrac{2\pi x}{\lambda}\cos\omega t$.

10.6 典型例题

例 10-1 一平面波沿 x 轴正方向传播，已知其波函数为 $y = 0.02\cos\pi(25t - 0.1x)$ m，求：(1)波的振幅、波长、周期及波速；(2)质点振动的最大速度.

解 方法一 比较系数法.

将题给的波函数改写成 $y = 0.02\cos 2\pi\left(\dfrac{25}{2}t - \dfrac{0.1}{2}x\right)$，把它与波函数的标准式 $y = A\cos\left[2\pi\left(\dfrac{t}{T} - \dfrac{x}{\lambda}\right) + \varphi_0\right]$ 相比较得

$$A = 0.02\text{ m},\quad T = \dfrac{2}{25} = 0.08\text{ s},\quad \lambda = \dfrac{2}{0.1} = 20\text{ m},\quad u = \dfrac{\lambda}{T} = 250\text{ m}\cdot\text{s}^{-1},\quad \varphi_0 = 0$$

质点在任意时刻的速度为

$$v = \dfrac{\partial y}{\partial t} = -0.02 \times 25\pi\sin\pi(25t - 0.1x)\text{ m}\cdot\text{s}^{-1}$$

其最大值为

$$v_{\max} = 0.02 \times 25\pi\text{ m}\cdot\text{s}^{-1} = 1.57\text{ m}\cdot\text{s}^{-1}$$

方法二 对于第一问也可以用各物理量的定义来求.

振幅 A：即位移的最大值，所以 $A = 0.02$ m.

周期 T：由于波的周期等于质点振动的周期，也就是等于质点振动相位变化 2π 所经历的时间. 设 x 处的质元在 $T = t_2 - t_1$ 的时间内相位改变 2π，则有 $\pi(25t_2 - 0.1x) - \pi(25t_1 - 0.1x) = 2\pi$，得

$$T = t_2 - t_1 = 0.08\text{ s}$$

波长 λ：即一个完整波的长度，就是指在某一时刻的波形图上相位差为 2π 的两点间的距离. 设 t 时刻 x_1 和 x_2 处两质点的相位差为 2π 则有

$$\pi(25t - 0.1x_2) - \pi(25t - 0.1x_1) = 2\pi$$

即

$$\lambda = x_2 - x_1 = 20\text{ m}$$

波速 u：即质点振动相位的传播速度，也就是单位时间内某一振动状态（相位）传过的距离. 设 t_1 时刻 x_1 处的相位在时刻 t_2 传到 x_2，则有

$$\pi(25t_2 - 0.1x_2) = \pi(25t_1 - 0.1x_1)$$

得

$$u = \dfrac{x_2 - x_1}{t_2 - t_1} = 250\text{ m}\cdot\text{s}^{-1}$$

这种方法是根据各物理量的意义，通过对相位关系的分析而求得各量值，对初学者来说，有利于加深对基本概念的理解.

例 10-2 一平面简谐波以 400 m·s^{-1} 的速度在均匀介质中沿一直线传播. 已知波源的振动周期为 $T = 0.01$ s，振幅为 $A = 0.2$ m，设以波源振动经平衡位置向正方向运动时作为计时起点，写出以距波源 2 m 处为坐标原点的波动方程.

解 根据题给条件,在 $t=0$ 时,波源的振动状态及其振幅、周期都为已知,因此,无论是用解析法还是旋转矢量法,都容易写出振源的振动方程.

在 $t=0$ 时,波源的 $y_0=0, v_0>0$ 由此初始条件可确定出波源振动的初相位是 $\varphi_0 = -\frac{\pi}{2}$(或 $\frac{3}{2}\pi$),所以波源的振动方程为

$$y_0 = 0.2\cos\left(200\pi t - \frac{\pi}{2}\right)$$

再求距波源 2 m 处质点的振动方程,从波源传到 2 m 处的质点所需要的时间为

$$\Delta t = \frac{\Delta x}{u} = \frac{2}{400} = 0.005 \text{ s}$$

所以距波源 2 m 处质点的振动方程为

$$y = A\cos[\omega(t-\Delta t) + \varphi_0] = 0.2\cos\left(200\pi t - \frac{3}{2}\pi\right)$$

若以距波源 2 m 处为坐标原点,则波动方程为

$$y(x,t) = A\cos\left[\omega\left(t-\frac{x}{u}\right)+\varphi\right] = 0.2\cos\left[200\pi\left(t-\frac{x}{400}\right)-\frac{3}{2}\pi\right]$$

解题线索:根据一定的初始条件,写出波动方程.首先根据初始条件求出波源的振动方程,再写出相应的波方程,关键是要求出振源振动的三要素.

例 10-3 两波在同一细绳上传播,它们的方程分别为 $y_1 = 0.06\cos(\pi x - 4\pi t)$ m 和 $y_2 = 0.06\cos(\pi x + 4\pi t)$ m.(1)证明这细绳是作驻波式振动,并求波节和波腹的位置;(2)波腹处的振幅多大?在 $x=1.2$ m 处,振幅多大?

解 (1)将两波方程改写为

$$y_1 = 0.06\cos 2\pi\left(\frac{t}{0.5} - \frac{x}{2}\right) \text{ m}$$

$$y_2 = 0.06\cos 2\pi\left(\frac{t}{0.5} + \frac{x}{2}\right) \text{ m}$$

可见,它们的振幅 $A=0.06$ m,周期 $T=0.5$ s,波长 $\lambda=2$ m.
两波的合运动方程为

$$y = y_1 + y_2 = 0.12\cos\left(2\pi\frac{x}{\lambda}\right)\cos 4\pi t$$

上式与驻波方程具有相同形式,所以这细绳是作驻波式振动.

由 $\left|2A\cos 2\pi\dfrac{x}{\lambda}\right| = 0$,得波节位置的坐标为 $x = \dfrac{(2k+1)\lambda}{4} = (k+0.5)$ m

由 $\left|2A\cos 2\pi\dfrac{x}{\lambda}\right| = 2A = 0.12$ m,得波腹位置的坐标为 $x = \dfrac{k\lambda}{2} = k$ m

(2)驻波振幅 $A' = \left|2A\cos 2\pi\dfrac{x}{\lambda}\right|$,在波腹处 $A' = 0.12$ m.在 $x=0.12$ m 处,振幅为

$$A' = \left|2A\cos 2\pi\frac{x}{\lambda}\right| = |0.12\cos 0.12\pi| = 0.097 \text{ m}$$

解题线索:证明某绳索在作驻波式振动.首先将在绳索上传播的两列等振幅、等频率传播方向相反的两列波叠加的波方程写出来,与标准的驻波方程 $y = 2A\cos\dfrac{2\pi x}{\lambda}\cos\omega t$ 比较,

形式相同则为驻波式振动. 若还要求波腹波节的位置,可根据波腹波节的定义直接求.

例 10-4 设两相干波源 S_1、S_2 的振动方程分别为

$$y_{10} = 0.1\cos 2\pi t \text{ cm}$$

$$y_{20} = 0.1\cos(2\pi t + \pi) \text{ cm}$$

它们传播到 P 点相遇而叠加(如例 10-4 图所示). 已知:波速 $u = 20 \text{ cm} \cdot \text{s}^{-1}$,$r_1 = 40 \text{ cm}$,$r_2 = 50 \text{ cm}$ 说明 P 点是干涉加强还是减弱?

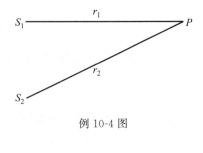

例 10-4 图

解 两列波的波动方程分别为

$$y_1 = 0.1\cos\left[2\pi\left(t - \frac{r_1}{20}\right)\right],$$

$$y_2 = 0.1\cos\left[2\pi\left(t - \frac{r_2}{20}\right) + \pi\right]$$

两列波传播到 P 点相遇时,该处质元同时参与两个振动,方程分别为

$$y_{P1} = 0.1\cos\left[2\pi\left(t - \frac{40}{20}\right)\right], \quad y_{P2} = 0.1\cos\left[2\pi\left(t - \frac{50}{20}\right) + \pi\right]$$

于是得两者的相位差为

$$\Delta\varphi = \left[2\pi\left(t - \frac{50}{20}\right) + \pi\right] - \left[2\pi\left(t - \frac{40}{20}\right)\right] = 0$$

满足 $\Delta\varphi = \pm 2k\pi$ 加强的条件,所以 P 点的振动是加强的. 合振幅为 $A = A_{P1} + A_{P2} = 0.2 \text{ cm}$.

解题线索:两列波在相遇点干涉加强还是减弱?要求两列波在相遇点干涉加强还是减弱,就是求相遇点振动是加强还是减弱(看合振幅),而合振幅取决于两列相干波在相遇点的相位差 $\Delta\varphi$,求出 $\Delta\varphi$ 判断合振幅的大小,即可知道干涉的强弱.

10.7 练习题精解

10-1 已知一平面简谐波的波方程是 $y = 0.20\cos(2.5\pi t - \pi x) \text{ m}$,则波的振幅为 _____,波速为 _____,频率为 _____,波长为 _____.

答案:$A = 0.2 \text{ m}$,$u = 2.5 \text{ m} \cdot \text{s}^{-1}$,$\nu = 1.25 \text{ Hz}$,$\lambda = 2.0 \text{ m}$.

提示:波动方程中各物理量的意义.

10-2 一波源作简谐振动,其振动方程为 $y = 0.04\cos 240\pi t \text{ m}$,它所形成的波以 $30 \text{ m} \cdot \text{s}^{-1}$ 的速度沿一直线传播,则该波的波方程为 _____.

答案:$y = 0.04\cos(240\pi t - 8\pi x) \text{ m}$.

提示:波的传播.

10-3 一弦上的驻波方程式为 $y = 0.03\cos 1.6\pi x \cos 550\pi t \text{ m}$,则相邻两波节间的距离为 _____.

答案:$\Delta x = 0.625 \text{ m}$.

提示:驻波的形成及驻波方程.

10-4 波在介质中传播时,任一质元的 E_p、E_k 均随时间变化,E_p、E_k _____ 为零,_____ 到达最大值,具有 _____ 的相位.

答案：同时；同时；相同.

提示：波的能量.

10-5 一汽车汽笛的频率为 650 Hz,当汽车以 72 km·h^{-1} 的速度向着观测者运动时,观测者听到的声音的频率为_____.(声速为 340 m·s^{-1}.)

答案：691 Hz.

提示：多普勒效应.

10-6 当波从一种介质透入另一个介质时,波长、频率、波速、振幅各量中,哪些量会改变？哪些量不会改变？(　　)

A. λ、u 均改变,但 A、ν 不变　　　　B. λ、u、A、ν 均改变

C. λ、u、A 均改变,但 ν 不变　　　　D. λ、u、A、ν 均不变

答：C.

提示：波在介质中的传播.

10-7 波动方程分别为 $y=6\cos 2\pi(5t-0.1x)$(SI)和 $y=6\cos 2\pi(5t-0.01x)$(SI)两个等幅波,两波的波长 λ_1 和 λ_2 应为(　　).

A. $\lambda_1=100$ cm,$\lambda_2=10$ cm　　　　B. $\lambda_1=10$ cm,$\lambda_2=100$ cm

C. $\lambda_1=5\pi$ cm,$\lambda_2=50\pi$ cm　　　　D. $\lambda_1=50\pi$ cm,$\lambda_2=5\pi$ cm

答案：B.

提示：把波动方程化为标准的 $y=A\cos\left[\omega\left(t-\dfrac{x}{u}\right)+\varphi_0\right]$,得到波速和频率,根据 ω、λ、ν、u 之间的关系,得波长 λ.

10-8 在简谐波传播过程中,沿传播方向相距为 $\dfrac{1}{2}\lambda$(λ 为波长)的两点的振动速度必定(　　).

A. 大小相同,而方向相反　　　　B. 大小和方向均相同

C. 大小不同,方向相同　　　　D. 大小不同,而方向相反

答案：A.

提示：波传播的图像,相差半个波长,从图像上找关系.

10-9 如题 10-9 图所示,S_1 和 S_2 为两相干波源,它们的振动方向均垂直于图面,发出波长为 λ 的简谐波,P 点是两列波相遇区域中的一点,已知 $\overline{S_1P}=2\lambda$,$\overline{S_2P}=2.2\lambda$,两列波在 P 点发生相消干涉.若 S_1 的振动方程为 $y_1=A\cos\left(2\pi t+\dfrac{1}{2}\pi\right)$,则 S_2 的振动方程为(　　).

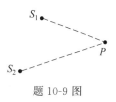

题 10-9 图

A. $y_2=A\cos\left(2\pi t-\dfrac{1}{2}\pi\right)$　　　　B. $y_2=A\cos(2\pi t-\pi)$

C. $y_2=A\cos\left(2\pi t+\dfrac{1}{2}\pi\right)$　　　　D. $y_2=2A\cos(2\pi t-0.1\pi)$

答案：D.

提示：波的干涉,$\Delta\varphi=\varphi_1-\varphi_2-2\pi\dfrac{r_2-r_1}{\lambda}$.

10-10 在弦线上有一简谐波,其表达式是

$$y_1=2.0\times10^{-2}\cos\left[2\pi\left(\dfrac{t}{0.02}-\dfrac{x}{20}\right)+\dfrac{\pi}{3}\right]\text{ m}$$

为了在此弦线上形成驻波,并且在 $x=0$ 处为一波节,此弦线上还应有一简谐波,其表达式为( ).

A. $y_2 = 2.0 \times 10^{-2} \cos \left[2\pi \left(\dfrac{t}{0.02} + \dfrac{x}{20} \right) + \dfrac{\pi}{3} \right]$ m

B. $y_2 = 2.0 \times 10^{-2} \cos \left[2\pi \left(\dfrac{t}{0.02} + \dfrac{x}{20} \right) + \dfrac{2\pi}{3} \right]$ m

C. $y_2 = 2.0 \times 10^{-2} \cos \left[2\pi \left(\dfrac{t}{0.02} + \dfrac{x}{20} \right) + \dfrac{4\pi}{3} \right]$ m

D. $y_2 = 2.0 \times 10^{-2} \cos \left[2\pi \left(\dfrac{t}{0.02} + \dfrac{x}{20} \right) - \dfrac{\pi}{3} \right]$ m

答案:C.

提示:驻波的形成.

10-11 在平面简谐波的波射线上,A,B,C,D 各点离波源的距离分别是 $\dfrac{\lambda}{4}$,$\dfrac{\lambda}{2}$,$\dfrac{3}{4}\lambda$,λ. 设振源的振动方程为 $y = A\cos\left(\omega t + \dfrac{\pi}{2}\right)$,振动周期为 T. (1)这四点与振源的振动相位差各为多少?(2)这四点的初相位各为多少?(3)这四点开始运动的时刻比振源落后多少?

解 (1) $\Delta\varphi_1 = 2\pi \dfrac{\Delta x}{\lambda} = \dfrac{\pi}{2}$, $\quad \Delta\varphi_2 = 2\pi \dfrac{\Delta x}{\lambda} = \pi$,

$\Delta\varphi_3 = 2\pi \dfrac{\Delta x}{\lambda} = \dfrac{3\pi}{2}$, $\quad \Delta\varphi_4 = 2\pi \dfrac{\Delta x}{\lambda} = 2\pi$

(2) $\varphi_1 = \dfrac{\pi}{2} - \Delta\varphi_1 = 0$, $\quad \varphi_2 = \dfrac{\pi}{2} - \Delta\varphi_2 = -\dfrac{\pi}{2}$,

$\varphi_3 = \dfrac{\pi}{2} - \Delta\varphi_3 = -\pi$, $\quad \varphi_4 = \dfrac{\pi}{2} - \Delta\varphi_4 = -\dfrac{3}{2}\pi$

(3) $\Delta t_1 = T \cdot \dfrac{\Delta\varphi_1}{2\pi} = \dfrac{1}{4}T$, $\quad \Delta t_2 = T \cdot \dfrac{\Delta\varphi_2}{2\pi} = \dfrac{1}{2}T$,

$\Delta t_3 = T \cdot \dfrac{\Delta\varphi_3}{2\pi} = \dfrac{3}{4}T$, $\quad \Delta t_4 = T \cdot \dfrac{\Delta\varphi_4}{2\pi} = T$

10-12 波源作简谐振动,周期为 0.01 s,振幅为 1.0×10^{-2} m,经平衡位置向 y 轴正方向运动时,作为计时起点,设此振动以 $u = 400$ m·s^{-1} 的速度沿 x 轴的正方向传播,试写出波动方程.

解 根据题意可知,波源振动的初相位为 $\varphi = \dfrac{3}{2}\pi$,

$\omega = \dfrac{2\pi}{T} = \dfrac{2\pi}{0.01} = 200\pi$, $\quad A = 1.0 \times 10^{-2}$ m, $\quad u = 400$ m·s^{-1}

波动方程为

$$y = 1.0 \times 10^{-2} \cos\left[200\pi\left(t - \dfrac{x}{400}\right) + \dfrac{3}{2}\pi\right] \text{ m}$$

10-13 一平面简谐波的波动方程为 $y = 0.05\cos(4\pi x - 10\pi t)$ m,(1)求此波的频率、周期、波长、波速和振幅;(2)求 x 轴上各质元振动的最大速度和最大加速度.

解 (1) 比较系数法

将波动方程改写成

$$y = 0.05\cos 10\pi\left(t - \frac{x}{2.5}\right) \text{ m}$$

与 $y = A\cos\omega\left(t - \frac{x}{u}\right)$ 比较得

$$A = 0.05 \text{ m}; \quad \omega = 10\pi; \quad T = \frac{2\pi}{\omega} = \frac{2\pi}{10\pi} = 0.2 \text{ s};$$

$$\nu = \frac{1}{T} = 5 \text{ s}^{-1}; \quad u = 2.5 \text{ m}\cdot\text{s}^{-1}; \quad \lambda = u\cdot T = 0.5 \text{ m}$$

(2) 各质元的速度为

$$v = 0.05 \times 10\pi\sin(4\pi x - 10\pi t) \text{ m}\cdot\text{s}^{-1}$$

所以

$$v_{\max} = 0.05 \times 10\pi = 1.57 \text{ m}\cdot\text{s}^{-1}$$

各质元的加速度为

$$a = -0.05 \times (10\pi)^2\cos(4\pi x - 10\pi t) \text{ m}\cdot\text{s}^{-2}$$

所以

$$a_{\max} = 0.05 \times (10\pi)^2 = 49.3 \text{ m}\cdot\text{s}^{-2}$$

10-14 设在某一时刻的横波波形曲线的一部分如题 10-14 图所示. 若波向 x 轴正方向传播, (1) 试分别用箭头表明原点 $O,1,2,3,4$ 等点在此时的运动趋势; (2) 确定此时刻这些点的振动初相位; (3) 若波向 x 轴负方向传播, 这些点的振动初相位为多少?

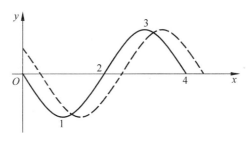

题 10-14 图

解 (1) 因为波是沿 x 正向传播的, 所以下一个时刻的波形如题 10-14 图中的虚线所示. 由图可知: O 点的运动趋势向 y 轴正方向; 1 点的运动趋势向 y 轴正方向; 2 点的运动趋势向 y 轴负方向; 3 点的运动趋势向 y 轴负方向; 4 点的运动趋势向 y 轴正方向.

(2) 各点振动的初相位分别为

$$\varphi_0 = \frac{3}{2}\pi; \quad \varphi_1 = \pi; \quad \varphi_2 = \frac{1}{2}\pi; \quad \varphi_3 = 0; \quad \varphi_4 = \frac{3}{2}\pi$$

(3) 若波向 x 轴负方向传播, 则各点振动的初相位分别为

$$\varphi'_0 = \frac{1}{2}\pi; \quad \varphi'_1 = \pi; \quad \varphi'_2 = \frac{3}{2}\pi; \quad \varphi'_3 = 0; \quad \varphi'_4 = \frac{1}{2}\pi$$

10-15 一平面简谐波的波动方程为 $y = 0.02\cos(500\pi t - 200\pi x)$ m, (1) 求该波的振幅、圆频率、频率、周期、波速和波长; (2) 设 $x = 0$ 处为波源. 求距波源 0.125 m 及 1 m 处的

振动方程,并分别绘出它们的 y-t 图;(3)求 $t=0.01$ s 及 $t=0.02$ s 时的波动方程,并绘出对应时刻的波形图.

解 (1)将波动方程变为

$$y = 0.02\cos 500\pi \left(t - \frac{x}{2.5}\right) \text{ m}$$

与 $y = A\cos\omega\left(t - \frac{x}{u}\right)$ m 相比较得

$$A = 0.02 \text{ m}, \quad \omega = 500\pi \text{ s}^{-1}, \quad \nu = \frac{\omega}{2\pi} = 250 \text{ Hz};$$

$$T = \frac{1}{\nu} = 0.004 \text{ s}, \quad u = 2.5 \text{ m} \cdot \text{s}^{-1}, \quad \lambda = uT = 0.1 \text{ m}$$

(2)将 $x=0.125$ m 及 $x=1$ m 代入波动方程,得振动方程分别为

$$y_1 = 0.02\cos(500\pi t - 25\pi) \text{ m}$$
$$y_2 = 0.02\cos(500\pi t - 200\pi) \text{ m}$$

绘 y-t 图如题 10-15 解图(a)所示.

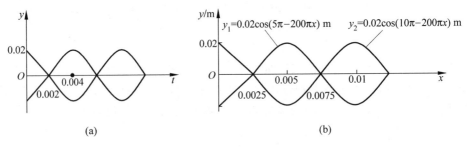

(a)   (b)

题 10-15 解图

(3)将 $t=0.01$ s 及 $t=0.02$ s 代入波动方程,得两时刻的波方程分别为

$$y_1 = 0.02\cos(5\pi - 200\pi x) \text{ m}$$
$$y_2 = 0.02\cos(10\pi - 200\pi x) \text{ m}$$

两时刻的波形图如题 10-15 解图(b)所示.

10-16 一平面简谐波的波动方程为

$$y = 8\times 10^{-2}\cos(4\pi t - 2\pi x) \text{ m}$$

(1) $x=0.2$ m 处的质元在 $t=2.1$ s 时刻的振动相位 φ 为多少?此相位所描述的运动状态如何?(2)此相位值在哪一时刻传至 0.4 m 处?

解 (1)将 $x=0.2$ m 及 $t=2.1$ s 代入波动方程得

$$\varphi = 4\pi\times 2.1 - 2\pi\times 0.2 = 8\pi$$

此质元在此时刻的位置为

$$y = 8\times 10^{-2}\cos 8\pi = 8\times 10^{-2} \text{ m}$$

速度为

$$v = -4\pi\times 8\times 10^{-2}\sin 8\pi = 0$$

(2)将 $x=0.4$ m 代入 φ,有

$$\varphi = 4\pi t - 2\pi\times 0.4 = 8\pi$$

得
$$t = 2.2 \text{ s}$$

10-17 一波源作简谐振动,周期为 0.01 s,振幅为 0.1 m,经平衡位置向正方向运动时为计时起点.设此振动以 400 m·s^{-1} 的速度沿直线传播.(1)写出波动方程;(2)求距波源 16 m 处和 20 m 处的质元的振动方程和初相位;(3)求距波源 15 m 处和 16 m 处的两质元的相位差是多少?

解 (1)取波的传播方向为 x 轴的正向,由题可知波源振动的初相位为 $\varphi = \dfrac{3}{2}\pi$. $\omega = \dfrac{2\pi}{T} = 200\pi$,所以波方程为

$$y = 0.1\cos\left[200\pi\left(t - \dfrac{x}{400}\right) + \dfrac{3}{2}\pi\right] \text{ m}$$

(2)将 $x = 16$ m,$x = 20$ m 代入波动方程得振动方程为

$$y_1 = 0.1\cos(200\pi t - 6.5\pi) \text{ m}$$
$$y_2 = 0.1\cos(200\pi t - 8.5\pi) \text{ m}$$

所以初相位分别是
$$\varphi_{10} = -6.5\pi$$
$$\varphi_{20} = -8.5\pi$$

(3)距波源 15 m 处和 16 m 处的两质元的相位差为

$$\Delta\varphi = 200\pi\left(t - \dfrac{x_1}{400}\right) - 200\pi\left(t - \dfrac{x_2}{400}\right) = -200\pi\dfrac{x_1 - x_2}{400} = \dfrac{\pi}{2}$$

10-18 有一波在介质中传播,其波速 $u = 1 \times 10^3$ m·s^{-1},振幅 $A = 1.0 \times 10^{-4}$ m,频率 $\nu = 10^3$ Hz,若介质的密度为 800 kg·m^{-3}.(1)求该波的平均能流密度;(2)求 1 min 内垂直通过一面积为 $S = 4 \times 10^{-4}$ m^2 的总能量.

解 (1)由 $\nu = 10^3$ Hz 知道 $\omega = 2\pi\nu = 2 \times 10^3 \pi$ s^{-1},该波的平均能流密度为

$$I = \dfrac{1}{2}\rho A^2 \omega^2 u = \dfrac{1}{2} \times 800 \times (1.0 \times 10^{-4})^2 \times (2 \times 10^3 \pi)^2 \times 10^3 \text{ J·s}^{-1}\cdot\text{m}^{-2}$$
$$= 1.58 \times 10^5 \text{ J·s}^{-1}\cdot\text{m}^{-2}$$

(2) 1 min 内垂直通过一面积为 $S = 4 \times 10^{-4}$ m^2 的总能量为

$$E = ISt = 3.79 \times 10^3 \text{ J}$$

10-19 一平面简谐波沿直径为 0.14 m 的圆柱形管行进(管中充满空气),波的强度为 18×10^{-3} J·s^{-1}·m^{-2},频率为 300 Hz,波速为 300 m·s^{-1},问:(1)波的平均能量密度和最大能量密度是多少?(2)每两个相邻的,相位差为 2π 的波阵面之间的波段中有多少能量?

解 (1)波的平均能量密度为

$$\overline{w} = \dfrac{I}{u} = \dfrac{18 \times 10^{-3}}{300} = 6 \times 10^{-5} \text{ J·m}^{-3}$$

最大能量密度
$$w_{\max} = 2\overline{w} = 1.2 \times 10^{-4} \text{ J·m}^{-3}$$

(2)波长
$$\lambda = uT = \dfrac{u}{\nu} = 1 \text{ m}$$

所以每两个相邻的,相位差为 2π 的波阵面之间的波段中的能量为

$$E = \overline{w} \cdot V = \overline{w} \cdot S \cdot \lambda = 6 \times 10^{-5} \times \pi \left(\frac{0.14}{2}\right)^2 \times 1 \text{ J} = 9.24 \times 10^{-7} \text{ J}$$

10-20 两相干波源分别在 P,Q 两处,它们相距 $\frac{3}{2}\lambda$,如题 10-20 图所示. 由 P,Q 发出频率为 ν,波长为 λ 的相干波. R 为 PQ 连线上的一点,分别求下面两种情况下,两波在 R 点的合振幅:(1)设两波源有相同的初相位;(2)两波源初相位差为 π.

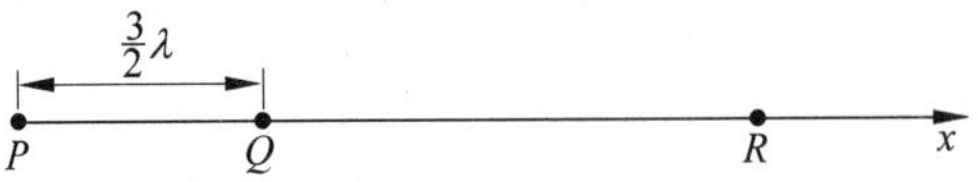

题 10-20 图

解 (1) 因为两波源有相同的初相位,P,Q 两波源在 R 点引起振动的相位差为

$$\Delta\varphi = -2\pi \cdot \frac{PR - QR}{\lambda} = -3\pi$$

所以合振幅为

$$A = |A_1 - A_2|$$

(2) 因为两波源的初相位差为 π(假设 P 振动相位超前 Q 振动相位),P,Q 两波源在 R 点引起振动的相位差为

$$\Delta\varphi = \pi - 2\pi \cdot \frac{PR - QR}{\lambda} = -2\pi$$

所以合振幅为

$$A = A_1 + A_2$$

10-21 两个波在一根很长的细绳上传播,它们的方程分别为

$$y_1 = 0.06\cos\pi(x - 4t)$$
$$y_2 = 0.06\cos\pi(x + 4t)$$

式中,x,y 单位为 m,t 单位为 s.(1)试证明这细绳实际上作驻波式振动,并求波节和波腹的位置;(2)波腹处的振幅为多大? 在 $x = 1.2$ m 处质元的振幅多大?

解 (1) 任意质元在任意时刻的位移为

$$y = y_1 + y_2 = 0.12\cos\pi x \cos 4\pi t \text{ m}$$

所以这细绳实际上作驻波式振动.

波节位置为 $\cos\pi x = 0$,即 $x = \frac{1}{2}, \frac{3}{2}, \frac{5}{2}, \cdots$ m 处;

波腹位置为 $\cos\pi x = \pm 1$,即 $x = 0, 1, 2, 3, \cdots$ m 处.

(2) 波腹处的振幅为

$$A_{波腹} = 0.12 \text{ m}$$

在 $x = 1.2$ m 处质元的振幅为

$$A = |0.12\cos 1.2\pi| = 0.097 \text{ m}$$

10-22 绳索上的驻波公式为:$y = 0.08\cos 2\pi x \cos 50\pi t$ m,求形成该驻波的两反向行进波的振幅、波长和波速.

解 把 $y = 0.08\cos 2\pi x \cos 50\pi t$ m 与驻波的标准形式 $y = 2A\cos\dfrac{2\pi x}{\lambda}\cos \omega t$ m 相比较得：

$$A = 0.04 \text{ m}, \quad \lambda = 1 \text{ m}, \quad u = \frac{\lambda}{T} = \frac{\lambda\omega}{2\pi} = \frac{1\times 50\pi}{2\pi} = 25 \text{ m}\cdot\text{s}^{-1}$$

10-23 一警笛发射频率为 1500 Hz 的声波，并以 22 m·s^{-1} 的速度向着观测者运动，观测者相对于空气静止，求观测者听到的警笛发出声音的频率是多少？

解 观测者听到的警笛发出声音的频率为

$$\nu = \frac{u}{u - v_s}\nu_0 = \frac{340}{340 - 22} \times 1500 = 1604 \text{ Hz}$$

振动学与波动学部分自我检测题

一、填空题(每题6分,共30分)

1. 已知波源在坐标原点($x=0$)处的平面简谐波的波动方程为$y=A\cos(bt-cx)$,其中 A,b,c为正值常数,则此波的振幅为(　　),波速为(　　),周期为(　　),波长为(　　),在任意时刻,在波的传播方向上相距为d的两点间的相位差为(　　).

2. 频率为500 Hz的波,其传播速度为$u=350 \text{ m}\cdot\text{s}^{-1}$,则波长为(　　),相位差为$\frac{2}{3}\pi$的两点间距离为(　　).

3. 一汽车汽笛的频率为650 Hz,当汽车以54 km·h^{-1}的速度向着观测者运动时,观测者听到的声音的频率为(　　).(声速为340 m·s^{-1}.)

4. 一质点作简谐振动,速度最大值为5 cm·s^{-1},振幅为2 cm,若在速度具有正的最大值的那一时刻开始计时,则质点的振动方程应为(　　).

5. 已知一个质点同时参与两个同方向、同频率的简谐振动,它们的振动方程分别为: $x_1=6\cos\left(2t+\frac{\pi}{6}\right)\text{cm}$; $x_2=8\cos\left(2t-\frac{\pi}{3}\right)\text{cm}$.则合振动的振动方程为(　　).

二、选择题(每题6分,共30分)

1. 一质点作简谐振动,周期为T,当它由平衡位置向x轴正方向运动过程中,从1/2最大位移处到最大位移处这段路程所需要的时间为(　　).

A. $\frac{T}{4}$　　　　B. $\frac{T}{12}$　　　　C. $\frac{T}{6}$　　　　D. $\frac{T}{8}$

2. 两个质量相同的物体挂在两个不同的弹簧上,弹簧的伸长量分别为ΔL_1和ΔL_2,而且$\Delta L_1=2\Delta L_2$,则两弹簧振子的周期之比$T_1:T_2$应为(　　).

A. 2　　　　B. $\sqrt{2}$　　　　C. $\frac{1}{2}$　　　　D. $\frac{1}{\sqrt{2}}$

3. 一平面简谐波沿x轴负向传播,已知$x=b$处的质点的振动方程为$y=A\cos(\omega t+\varphi_0)$,波速为$u$,则波方程为(　　).

A. $y=A\cos\left[\omega\left(t+\frac{b+x}{u}\right)+\varphi_0\right]$　　　　B. $y=A\cos\left[\omega\left(t-\frac{b+x}{u}\right)+\varphi_0\right]$

C. $y=A\cos\left[\omega\left(t+\frac{b-x}{u}\right)+\varphi_0\right]$　　　　D. $y=A\cos\left[\omega\left(t+\frac{x-b}{u}\right)+\varphi_0\right]$

4. 一平面简谐波,其振幅为A,频率为ν,波沿x轴正向传播,假设$t=t_0$时刻的波形如测题2-4图所示,则$x=0$质元的振动方程为(　　).

A. $y=A\cos\left[2\pi\nu(t+t_0)+\frac{\pi}{2}\right]$　　　　B. $y=A\cos\left[2\pi\nu(t+t_0)-\frac{\pi}{2}\right]$

C. $y=A\cos\left[2\pi\nu(t-t_0)+\frac{\pi}{2}\right]$　　　　D. $y=A\cos\left[2\pi\nu(t-t_0)-\frac{\pi}{2}\right]$

5. 有一简谐振动曲线如测题 2-5 图所示,则振动的初相位是( ).

A. $\dfrac{\pi}{3}$ B. $-\dfrac{\pi}{3}$ C. $\dfrac{\pi}{6}$ D. $-\dfrac{\pi}{6}$

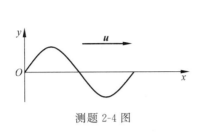

测题 2-4 图

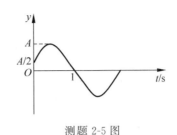

测题 2-5 图

三、计算题(每题 10 分,共 40 分)

1. 设一小球在 x 轴上作简谐振动,平衡位置在坐标原点,已知其振幅为 $A=2$ cm,振动速度的最大值为 $v_{\max}=3$ cm·s^{-1},若选取速度具有正的最大值时作为计时起点,试写出该小球的振动方程.

2. 已知两个互相垂直、同频率的简谐振动合成的轨迹为 $\dfrac{x^2}{6^2}+\dfrac{y^2}{9^2}=1$,质点沿逆时针方向运动,已知 x 方向的振动方程为 $x=6\cos 2\pi t$,试写出质点在 y 方向的振动方程.

3. 一平面简谐波的振幅为 $A=1$ cm,频率为 100 Hz,速度为 $u=400$ m·s^{-1},以波源处的质点经平衡位置向正方向运动时作为计时起点,试写出其波动方程及距波源 800 cm 处介质质点的振动方程.

4. 一平面简谐波的波方程为 $y=5\cos\left(8t+3x+\dfrac{\pi}{4}\right)$,式中各量采用 SI 制,(1)波向什么方向传播?(2)波的频率、波长、波速各是多少?(3)质点振动的最大速度、最大加速度各是多少?(4)$x=2$ m 处质元振动的初相位是多少?

第11章 波动光学

11.1 教学目标

1. 理解光的相干条件及获得相干光的两类方法；掌握干涉明、暗纹的条件；掌握光程和光程差的计算方法，熟悉光程差和相位差之间的关系；理解什么情况下有半波损失，什么情况下没有半波损失；掌握杨氏双缝干涉的条纹间距及条纹位置；掌握劈尖干涉及其应用；了解牛顿环；了解迈克耳孙干涉仪的工作原理和应用.

2. 了解惠更斯-菲涅耳原理及其在光衍射现象中的应用；了解菲涅耳衍射和夫琅禾费衍射的区别；理解单缝夫琅禾费衍射的规律及半波带分析法；了解单缝夫琅禾费衍射的条纹特点；了解夫琅禾费圆孔衍射；了解瑞利判据和光学仪器的分辨率.

3. 掌握光栅方程，能确定光栅衍射谱线的位置；理解光栅常数和波长对光栅衍射谱线的影响；了解 X 射线的衍射，了解布拉格公式；了解全息技术及应用.

4. 理解自然光、线偏振光、部分偏振光；理解线偏振光的起偏和检偏的方法. 掌握马吕斯定律和布儒斯特定律.

5. 了解激光的基本原理，了解激光器的基本构造，了解激光的特点及应用.

11.2 知识框架

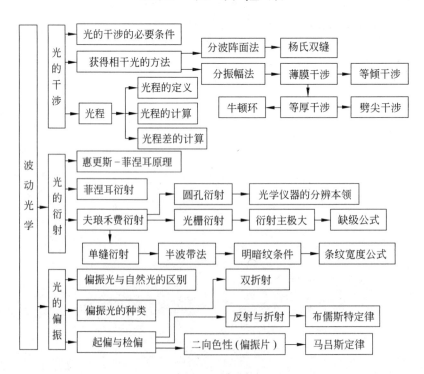

11.3 本章提要

1. 光的干涉

(1) 光程：几何路程与介质折射率的乘积(nr).

光程差：两列光波在不同路径中传播的光程之差
$$\delta = n_2 r_2 - n_1 r_1$$

(2) 相位差与光程差的关系：$\Delta\varphi = 2\pi\delta/\lambda$

(3) 相干光：能够产生干涉现象的光. 相干光源的条件是：频率相同，振动方向相同，相位差恒定.

(4) 干涉加强和减弱的条件：

$$\Delta\varphi = \begin{cases} \pm 2k\pi, & k=0,1,2,\cdots \quad \text{加强} \\ \pm(2k-1)\pi, & k=1,2,\cdots \quad \text{减弱} \end{cases}$$

或

$$\delta = \begin{cases} \pm k\lambda, & k=0,1,2,\cdots \quad \text{加强} \\ \pm(2k-1)\lambda/2, & k=1,2,\cdots \quad \text{减弱} \end{cases}$$

(5) 半波损失：由光疏介质到光密介质的反射光，在反射点有相位 π 的突变，相当于有 $\lambda/2$ 的光程差.

(6) 获得相干光的方法：分波振面法；分振幅法.

(7) 杨氏双缝干涉(分波阵面法).

明暗纹公式：

$$\delta = \frac{d}{D}x = \begin{cases} \pm k\lambda, & k=0,1,2,\cdots \quad \text{明纹} \\ \pm(2k-1)\lambda/2, & k=1,2,\cdots \quad \text{暗纹} \end{cases}$$

$$\begin{cases} x_{\text{明}} = \pm k\dfrac{D}{d}\lambda, & k=0,1,2,\cdots \\ x_{\text{暗}} = \pm(2k-1)\dfrac{D}{d}\dfrac{\lambda}{2}, & k=1,2,\cdots \end{cases}$$

条纹间距：$\Delta x = \dfrac{D}{d}\lambda$.

如果整个装置在介质中，上面公式中的 λ 用 λ/n 置换即可.

(8) 薄膜干涉.

平行薄膜

① 单色光以各种角度入射到薄膜上，产生等倾干涉，干涉花样是明暗相间的同心圆形条纹.

② 单色光垂直入射时，反射光的光程差
$$\delta = 2n_2 e + \lambda/2$$

式中右边第二项 $\lambda/2$ 为选择项，当上下表面都有或都没有半波损失时，无此项；只有一个表面上有半波损失时有此项.

$$\begin{cases} \delta = k\lambda, & k=0,1,2,\cdots \quad \text{增反膜} \\ \delta = (2k+1)\lambda/2, & k=0,1,2,\cdots \quad \text{增透膜} \end{cases}$$

劈尖形薄膜

单色光垂直入射时：

$$\delta = 2n_2 e + \lambda/2 = \begin{cases} k\lambda, & k=1,2,\cdots & \text{明纹} \\ (2k+1)\lambda/2, & k=0,1,2,\cdots & \text{暗纹} \end{cases}$$

在劈尖上不同的厚度 e 处，干涉情况不同.

相邻明纹（或相邻暗纹）对应的薄膜厚度差：

$$\Delta e = e_{k+1} - e_k = \lambda/2n_2$$

相邻明纹（或相邻暗纹）的间距：

$$l = \frac{\lambda}{2n_2 \sin\theta} \approx \frac{\lambda}{2n_2 \theta}$$

牛顿环：
$$\begin{cases} r_{\text{明}} = \sqrt{\dfrac{(2k-1)R\lambda}{2n_2}}, & k=1,2,\cdots \\ r_{\text{暗}} = \sqrt{\dfrac{kR\lambda}{n_2}}, & k=0,1,2,\cdots \end{cases}$$

用白光入射，则产生彩色条纹.

迈克耳孙干涉仪

当 M_1 平移 Δd 距离时，干涉条纹移动 N 条

$$\Delta d = N \frac{\lambda}{2}$$

在任一光路中放入折射率为 n，厚度为 e 的透明介质片，光程差改变量：

$$\Delta \delta = 2(n-1)e$$

条纹移动数：$N = \dfrac{2(n-1)e}{\lambda}$.

2. 光的衍射

(1) 惠更斯-菲涅耳原理：同一波阵面上发出的子波在空间任一点相遇时，产生相干叠加.

(2) 单缝夫琅禾费衍射：

由半波带法分析得

$$\begin{cases} a\sin\phi = \pm(2k+1)\dfrac{\lambda}{2}, & k=1,2,\cdots & \text{明纹} \\ a\sin\phi = \pm k\lambda, & k=1,2,\cdots & \text{暗纹} \end{cases}$$

中央明纹的角宽度：$\Delta\phi = \dfrac{2\lambda}{a}$

k 级明纹的角宽度：$\Delta\phi = \dfrac{\lambda}{a}$

屏上明暗纹位置：
$$\begin{cases} x_{\text{明}} = \pm(2k+1)\dfrac{f\lambda}{2a}, \\ x_{\text{暗}} = \pm k\dfrac{f\lambda}{a}, \end{cases} \quad k=1,2,\cdots$$

中央明纹宽度：$2\dfrac{f\lambda}{a}$；k 级明纹宽度：$\dfrac{f\lambda}{a}$.

当用白光入射时，形成单缝衍射光谱，中央是白色亮纹，其他各级明纹均为彩色光谱，二级以上光谱会重叠．

(3) 圆孔夫琅禾费衍射：条纹是同心圆，中央是一个亮斑（爱里斑）．第一暗环对应角度

$$\theta_0 = 0.61\dfrac{\lambda}{a}, \quad a\text{ 为圆孔半径．}$$

(4) 光栅衍射：光栅衍射是单缝衍射与多缝干涉的综合效果．

光栅方程：$d\sin\phi = \pm k\lambda, k=0,1,2,\cdots$；$d=a+b$——光栅常数．

主极大最高级次：
$$k_{\max} \leqslant d/\lambda$$

缺级次：
$$k = \dfrac{d}{a}j$$

其中，j 应满足两个条件：①正整数；②应使 k 为小于 d/λ 的正整数．

当用白光入射时，产生光栅光谱，只有第一级不重叠．

X 射线衍射的布拉格公式：
$$2d\sin\theta = k\lambda, \quad k=1,2,\cdots$$

d 为晶格常数，θ 为掠射角．

3. 光的偏振

(1) 自然光和偏振光

自然光：在垂直于光传播方向的平面内，光矢量沿任一方向振动的概率相等．

线偏振光：在垂直于光传播方向的平面内，光矢量只沿一固定方向振动．

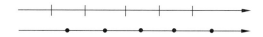

部分偏振光：在垂直于光传播方向的平面内，互相垂直的两个方向上的光振动强弱不等．

(2) 偏振光的获得

偏振片起偏；反射起偏；双折射起偏．

(3) 马吕斯定律：$I = I_0\cos^2\alpha$

(4) 布儒斯特定律：$\tan i_0 = \dfrac{n_2}{n_1}$

4. 激光简介

(1) 激光的基本原理：受激辐射光放大．

(2) 增益系数 G：反映增益介质对光的放大能力，$\mathrm{d}I = GI\mathrm{d}x$.

(3) 光学谐振腔的作用：提高激光增益；选择激光方向；选择激光频率.

(4) 激光器的基本构成：激光工作物质；激励能源；光学谐振腔.

(5) 激光的特点：方向性强；单色性好；亮度高.

11.4 检 测 题

检测点 1：光有时候是波，有时候是粒子，这种说法对吗？

答：不对，光在任何时候都具有波粒二象性.

检测点 2：如检 11-2 图所示，一束单色光从原来的物质 a 穿过平行于 a 的物质层 b 和 c 又进入与 a 相同的物质中，根据在各种物质中的光速，由大到小排列上述物质.

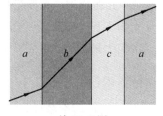

检 11-2 图

答：b,c,a.

提示：由检 11-2 图可见，光由 a 到 b 远离法线，光由 b 到 c 靠近法线，光由 c 到 a 靠近法线，即 $v_b>v_a$，$v_b>v_c$，$v_c>v_a$.

检测点 3：光波列的长度大小与该波列所包含不同频率的单色光的数目有什么关系？

答：波列的长度越大，包含不同频率的单色光的数目越小.

检测点 4：两列振动方向不同的光波在空间相遇能产生干涉吗？

答：能，只要振动方向不垂直都能产生干涉现象，但振动方向越接近，干涉现象越明显.

检测点 5：在检 11-5 图中的两条射线光波，具有相同的波长和振幅，而且初相相同，在两种介质中穿过的几何长度相等.(a)如果上部物质的长度中容下 7.60 个波长，而下部物质的长度中容下 5.50 个波长，哪种物质的折射率较大？(b)如果使光线有轻微的偏向，以致在较远的屏上的同一点相遇，其干涉结果是最亮，是比较亮，是比较暗，还是最暗？

答：(a)上部的；(b)比较亮.

提示：上、下部几何距离相同，容纳波长数目多的介质折射率大；相差波长的整数倍应是最亮，相差半波长的奇数倍最暗，相差 2.1 个波长应是比较亮.

检测点 6：在检 11-6 图所示实验中，当 P 点是第 3 级极大时，两条光线的光程差是波长的多少倍？

答：3 倍.

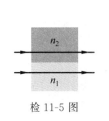

检 11-5 图

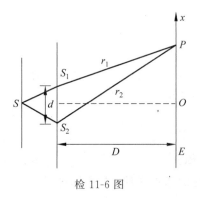

检 11-6 图

提示：由干涉明纹公式，$k=3$ 时，光程差为 3λ.

检测点 7：在检 11-7 图所示的洛埃镜实验中，屏 E 上区域 PP' 是否有光投射？是否有干涉花样？

答：有；无.

提示：缝 S_1 发出的光可投射到 PP' 区域；因为缝 S_2 发出的光不能投射到 PP' 区域，所以不能产生干涉.

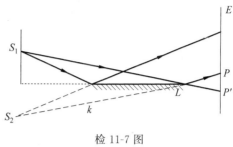

检 11-7 图

检测点 8：设杨氏双缝干涉实验中所用准单色光的波长为 λ，谱线波长宽度为 $\Delta\lambda = \dfrac{\lambda}{10}$，屏上最多能看到多少条干涉明纹？

答：21 条.

提示：波列长度 $l_0 = \delta_c = \dfrac{\lambda^2}{\Delta\lambda} = 10\lambda$，明纹最多到 10 级，加上 0 级共 21 条.

检测点 9：光源的线度对平行平面薄膜的干涉花样有什么影响？

答：光源线度越大，干涉花样亮度越大，越清晰.

检测点 10：在劈尖干涉实验中，劈尖的楔角为什么不能太大？

答：楔角越大，条纹间距越小，小到一定程度，条纹挤在一起分不清.

检测点 11：在检 11-11 图所示的牛顿环干涉实验中，平凸玻璃板 A 不动，将平玻璃板 B 向下平移，干涉条纹有何变化？

答：中心发生明暗交替的变化，条纹向中心收缩.

检测点 12：如检 11-12 图所示的迈克耳孙干涉仪中，欲观察到等倾干涉，M_1 和 M_2 的方向如何？

答：相互垂直.

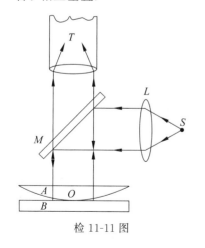

检 11-11 图

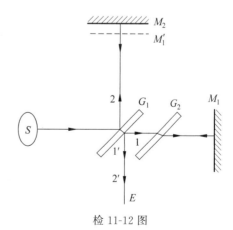

检 11-12 图

检测点 13：灯光穿过一个细缝射在墙壁上，呈现彩色直线条纹，这是光的什么衍射？

答：菲涅耳单缝衍射.

检测点 14：式 $E = \int_S c \dfrac{K_{(\theta)}}{r} \cos\left(\omega t - \dfrac{2\pi r}{\lambda}\right) \mathrm{d}S$ 中，当 $\theta \geqslant \dfrac{\pi}{2}$ 时，$K_{(\theta)} = 0$ 说明了什么？

答：说明子波不能向后传播.

检测点 15：将单缝衍射的蓝色光换成黄色光，图样是从明亮中心向外扩展还是向内收缩？

答：向外扩展.

提示：黄色光比蓝色光波长大，由公式

$$\begin{cases} \phi = 0, & \text{中央明纹} \\ a\sin\phi = \pm(2k+1)\lambda/2, & k=1,2,3,\cdots, \quad k \text{ 级暗纹} \\ a\sin\phi = \pm(2k)\lambda/2, & k=1,2,3,\cdots, \quad k \text{ 级明纹} \end{cases}$$

知对应的衍射角大，因而图样向外扩展.

检测点 16：每厘米有 500 条刻痕的透射光栅，其光栅常数为多少纳米？

答：2×10^4 nm.

提示：单位宽度内刻痕数的倒数即为光栅常数.

检测点 17：在入射光波长一定的条件下，光栅常数变小和光栅缝数增大，主极大条纹各有什么变化？

答：(a)条纹间距增大；(b)条纹变细且亮度增加.

检测点 18：某复色光的波长范围是 500~700 nm，其光栅光谱从第几级开始重叠？

答：从第 3 级开始重叠.

提示：令 $700t = (t+1)500, t = 2.5, k = [t] = 3$.

检测点 19：对于一般晶体来说，公式 $2d\sin\phi = k\lambda$ 中的晶格常数是只有一个值，还是随着光线入射角的变化而有多个值？

答：多个值.

提示：从晶体面族图可见，晶面有多个.

检测点 20：用普通放大镜正对太阳，在镜后放一纸板，适当调节放大镜与纸板的相对位置，纸板上可呈现一个亮圆斑且周围有强度较弱的彩色光环，这是什么现象？

答：圆孔衍射.

检测点 21：假设由于你的瞳孔的衍射，你刚能分辨两个红点.如果增强你的周围的一般光照使得你的瞳孔的直径减小，你对那两点的分辨能力是改善还是减弱？只考虑衍射.

答：减弱.

提示：在强光照射下，人眼瞳孔会缩小，光进入眼睛发生圆孔衍射，孔径变小导致分辨能力减弱.

检测点 22：起偏器和检偏器有什么区别？

答：起偏器和检偏器性能没什么区别，只是用途不同罢了，任何一个起偏器都可作检偏器用.

检测点 23：自然光是由大量振动方向不同的波列叠加而成的，光强为 I 的自然光通过一个偏振片后成为强度为 $I/2$ 的偏振光，是否每个波列都有 1/2 强度通过偏振片？

答：否.大量波列平均起来有 1/2 强度通过偏振片，具体到每个波列来说，通过偏振片的强度可用马吕斯定律计算.

检测点 24：自然光射到前后放置的两个偏振片上，这两个偏振片的取向使得光不能透过，如果把第三个偏振片放在这两个偏振片之间，问是否可以有光通过？

答：是.

提示：只要第三个偏振片的偏振化方向不与前两个平行就有光通过.

检测点 25：一束光入射到两种介质的界面上,令入射角由 0 变到 $\pi/2$,在此过程中发生了反射光强度为零的现象,此光是自然光吗?

答：不是,是偏振光.

检测点 26：激光器最基本的三个部分各是什么?

答：激活介质,激励能源,谐振腔.

检测点 27：氦氖激光器的激活介质是什么?

答：氖气.

检测点 28：激光的主要特点是什么?

答：单色性好,亮度高,相干性强.

11.5 自我检测题

11.1 节 自我检测(光源 光的相干性)

11.1.1 判断题

11.1.1.1 判断下列说法是否正确. 17 世纪开始波动光学的研究.

答案：错误.

提示：17 世纪及以前研究的仅是几何光学,19 世纪开始波动光学的研究.

11.1.1.2 判断下列说法是否正确. 坡印亭矢量 S 与光矢量 E 的方向相同.

答案：错误.

提示：坡印亭矢量 S 指向光的传播方向,与光矢量 E 的方向垂直.

11.1.1.3 判断下列说法是否正确. 两个独立的同频率的普通光源发出的光波叠加时也能得到光的干涉图样.

答案：错误.

提示：普通光源发出的光是由光源中各个分子或原子发出的波列组成,而这些波列之间没有固定的相位关系,因此来自两个独立光源的光波,即使频率相同、振动方向相同,它们的相位差也不能保持恒定,因而不能得到干涉图样.

11.1.2 选择题

11.1.2.1 两束光强都为 I 的相干光在某点叠加后的最大合光强 $I_合$ 为( ).

A. $I_合 = I$　　　B. $I_合 = 2I$　　　C. $I_合 = 3I$　　　D. $I_合 = 4I$

答案：D.

提示：由公式 $I = I_1 + I_2 + 2\sqrt{I_1 I_2}\cos\Delta\varphi$ 可得.

11.1.2.2 平行光束通过薄透镜后会聚在透镜焦平面上一点,各条光线通过的( ).

A. 几何距离和光程都相等　　　B. 几何距离和光程都不相等
C. 几何距离不相等,光程相等　　　D. 几何距离相等,光程不相等

答案：C.

提示：平行光束通过薄透镜后会聚在透镜焦平面上一点,通过光心的光线通过的几何距离最短,但在玻璃中通过的距离最长. 离光心远的光线通过的几何距离长,但在玻璃中通

过的距离短,最终光线通过的光程都相等.

11.2节 自我检测(分波阵面干涉)

11.2.1 判断题

11.2.1.1 判断下列说法是否正确.杨氏双缝干涉实验中,当两缝的间距 d 增大而其他条件不变时,条纹间距增大.

答案:错误.

提示:根据条纹间距公式 $\Delta x = \dfrac{D}{d}\lambda$ 可得,条纹间距变小.

11.2.1.2 判断下列说法是否正确.杨氏双缝干涉实验中,当缝光源 S 逐渐增宽时,条纹逐渐变得模糊不清.

答案:正确.

提示:当缝光源 S 逐渐增宽时,缝光源逐渐扩展成面光源,空间相干性变差.

11.2.1.3 判断下列说法是否正确.在洛埃镜实验中,设实光源 S_1 到光屏上某点的距离为 r_1,虚光源 S_2 到光屏上同一点的距离为 r_2,则两光源的光程差为 $\delta = r_2 - r_1$.

答案:错误.

提示:因为只有虚光源发出的光经过一次镜子的反射,有半波损失,所以 $\delta = r_2 - r_1 + \dfrac{\lambda}{2}$.

11.2.2 选择题

11.2.2.1 双缝干涉实验中,为使屏上的干涉条纹间距变大,可采用的方法是(　　).

A. 使屏靠近双缝　　　　　　B. 使两缝的间距变小

C. 把两个缝的宽度稍微调窄　　D. 改用波长较小的单色光源

答案:B.

提示:根据条纹间距公式 $\Delta x = \dfrac{D}{d}\lambda$ 可得.

11.2.2.2 双缝干涉实验中,两条缝的宽度原来是相等的,若两缝中心距离不变,若将其中一缝的宽度略变窄,则(　　).

A. 干涉条纹间距变宽

B. 干涉条纹间距变窄

C. 干涉条纹间距不变,但原极小处的强度不再是零

D. 不产生干涉条纹

答案:C.

提示:当两缝宽度不同时,两束相干光的强度就不同,干涉极小的光强 $I = I_1 + I_2 - 2\sqrt{I_1 I_2}$ 的值不为零.

11.2.2.3 用白光源进行双缝干涉实验,若用一个纯红色的滤光片遮住一条缝,用纯蓝色的滤光片遮住另一条缝,则(　　).

A. 干涉条纹的宽度将发生改变　　B. 产生红光和蓝光两套干涉条纹

C. 干涉条纹的亮度将发生改变　　D. 不产生干涉条纹

答案:D.

提示：参与叠加的两束光频率不同，不满足干涉条件.

11.3 节　自我检测（薄膜干涉）

11.3.1　判断题

11.3.1.1　判断下列说法是否正确. 薄膜干涉的光程差公式为 $\delta = 2e\sqrt{n_2^2 - n_1^2 \sin^2 i} + \frac{\lambda}{2}$，它对被薄膜反射的光和透射的光都同时适用.

答案：错误.

提示：被薄膜反射的光和透射的光的光程差公式不同，二者的相位差 $\frac{\lambda}{2}$.

11.3.1.2　判断下列说法是否正确. 薄膜干涉和双缝干涉一样，为了获得清晰的干涉条纹都必须用线光源.

答案：错误.

提示：双缝干涉必须用线光源，所以条纹亮度较差，但薄膜干涉可以用扩展光源，所以条纹亮度好.

11.3.1.3　判断下列说法是否正确. 薄膜干涉和双缝干涉一样，都能在广泛空间观察到干涉条纹.

答案：错误.

提示：双缝干涉必须用线光源，但可以在广泛空间观察到干涉条纹，薄膜干涉可以用扩展光源，但只能在薄膜附近观察到干涉条纹.

11.3.2　选择题

11.3.2.1　在劈尖干涉实验中，如果把上面的一块玻璃板向上平移，如图 11.3.2.1 所示，干涉条纹将（　　）.

　A. 向棱边方向平移，条纹间距变大

　B. 向棱边方向平移，条纹间距变小

　C. 向棱边方向平移，条纹间距不变

　D. 向远离棱边方向平移，条纹间距变大

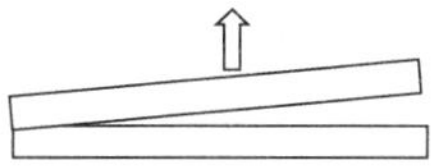

图 11.3.2.1

答案：C.

提示：每一条纹对应固定的薄膜厚度，玻璃向上平移导致整个薄膜变厚，所以条纹向棱边方向平移；由于劈尖角不变，所以条纹间距不变.

11.3.2.2　若把牛顿环装置（都是由折射率为 1.52 的玻璃制成）由空气搬入折射率为 1.33 的水中，则干涉条纹（　　）.

　A. 中心暗斑变成亮斑　　B. 变疏　　C. 变密　　D. 间距不变

答案：C.

提示：每个圆环条纹有对应的光程差，中心暗斑对应的光程差为零，同一厚度处水膜比空气膜的光程差大，所以条纹向膜薄处（中心）移动，导致条纹变密.

11.4 节　自我检测（光的衍射）

11.4.1　判断题

11.4.1.1　判断下列说法是否正确. 用薄刀片在厚纸上划一条缝，透过缝看灯光，将看到夫琅禾费单缝衍射条纹.

答案：错误.

提示：因为灯到纸的距离为有限远,所以是菲涅耳衍射.

11.4.1.2 判断下列说法是否正确.光的衍射现象是无数个点光源干涉的结果.

答案：正确.

提示：根据惠更斯-菲涅耳原理,波阵面上每个点都是一个点光源,且这些点光源都是相干光源.

11.4.2 选择题

11.4.2.1 在图 11.4.2.1 单缝夫琅禾费衍射实验中,若将缝宽 a 稍稍加大些,同时使单缝沿 y 轴方向向上作微小移动,则屏上的中央亮纹将（   ）.

A. 变窄,同时向上移动   B. 变窄,同时向下移动
C. 变窄,不移动   D. 变宽,不移动

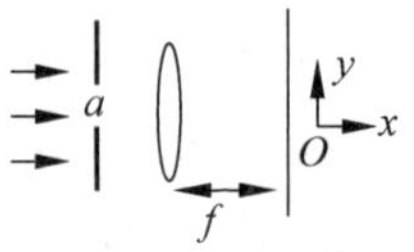

答案：C.

图 11.4.2.1

提示：缝宽 a 稍稍加大,由公式 $\Delta\phi=\lambda/a$ 可知条纹变窄；中央亮纹中心在透镜焦点,与单缝沿 y 轴移动无关.

11.4.2.2 在图 11.4.2.2 单缝夫琅禾费衍射实验中,若将透镜沿 y 轴方向向上作微小移动,则屏上的中央亮纹将（   ）.

A. 变窄,同时向上移动   B. 变窄,同时向下移动
C. 宽度不变,向上移动   D. 宽度不变,向下移动

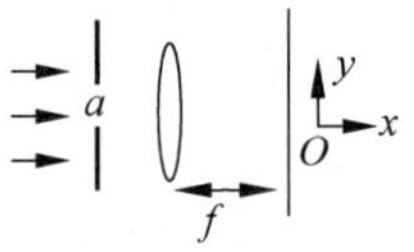

答案：C.

图 11.4.2.2

提示：中央亮纹中心在透镜焦点,透镜向上移动,则焦点向上移动,所以中央亮纹向上移动；单缝宽度不变,波长不变,条纹宽度不变.

11.4.2.3 在白光垂直照射单缝而产生的衍射图样中,波长为 λ_1 的光的第 3 级明纹与波长为 λ_2 的光的第 4 级明纹相重合,则这两种光的波长之比 $\dfrac{\lambda_1}{\lambda_2}$ 为（   ）.

A. $\dfrac{3}{4}$ B. $\dfrac{2}{3}$ C. $\dfrac{7}{9}$ D. $\dfrac{9}{7}$

答案：D.

提示：由单缝衍射明纹公式 $a\sin\phi=\pm(2k+1)\lambda/2$ 可得,$7\lambda_1=9\lambda_2$.

11.5 节 自我检测（光栅衍射）

11.5.1 判断题

11.5.1.1 判断下列说法是否正确.光栅主极大条纹的亮度仅取决于多缝干涉的效果.

答案：错误.

提示：光栅主极大条纹的亮度取决于多缝干涉和单缝衍射的综合效果.

11.5.1.2 判断下列说法是否正确.光栅的总缝数越多,主极大条纹的亮度越高,宽度越大.

答案：错误.

提示：光栅的总缝数越多,主极大条纹的亮度越高,宽度越小.

11.5.1.3 判断下列说法是否正确.波长一定时,光栅光谱线的分散程度仅与光栅常

数有关,与总缝数无关.

答案:正确.

提示:由光栅方程 $d\sin\phi = \pm k\lambda, k = 0,1,2,\cdots$ 可以看出,在波长一定时,k 级谱线对应的衍射角仅与光栅常数 d 有关.

11.5.1.4 判断下列说法是否正确.劳厄实验既证明了 X 射线是一种电磁波,也证明了晶体内部的原子是按一定的间隔、规则排列的.

答案:正确.

提示:劳厄实验证明了 X 射线能发生衍射,说明 X 射线是电磁波;晶体能使 X 射线衍射,说明晶体内部的原子一定是规则排列的.

11.5.2 选择题

11.5.2.1 波长为 600 nm 的单色光垂直入射到光栅常数为 2.5×10^{-3} mm 的光栅上,光栅上的刻痕宽度 b 与缝宽 a 相等,则光谱上呈现的全部级数为( ).

A. $0,\pm 1,\pm 2,\pm 3,\pm 4$ B. $0,\pm 1,\pm 3$
C. $\pm 1,\pm 3$ D. $0,\pm 2,\pm 4$

答案:B.

提示:$\dfrac{d}{\lambda} = \dfrac{2.5\times 10^3}{600} = 4.017$,最高 4 级;缺级 $k = \pm\dfrac{d}{a}j = \pm 2j, j = 1,2$.

11.6 节 自我检测(圆孔的夫琅禾费衍射 光学仪器的分辨本领)

11.6.1 判断题

11.6.1.1 判断下列说法是否正确.夫琅禾费圆孔衍射爱里斑的半角宽度 $\theta_0 = 0.61\dfrac{\lambda}{a}$,式中 a 是圆孔的直径.

答案:错误.

提示:式中 a 是圆孔的半径.

11.6.1.2 判断下列说法是否正确.人眼在白天的分辨率高于夜间的分辨率.

答案:错误.

提示:分辨率 $R = \dfrac{D}{1.22\lambda}$,夜间光强弱,人眼的瞳孔放大,白天光比较强,人眼的瞳孔缩小,所以白天的分辨率低于夜间.

11.6.1.3 判断下列说法是否正确.天文望远镜观察星球,不能选择光的波长,为了提高分辨率,只能增大物镜的口径.

答案:正确.

提示:分辨率 $R = \dfrac{D}{1.22\lambda}$.

11.6.2 选择题

11.6.2.1 神舟六号变轨后进入距地球 343 km 的圆形轨道运行,则宇航员可用肉眼分辨地球上物体的线度约为(人眼的瞳孔直径约 3 mm,波长取 550 nm)( ).

A. 63 m B. 55 m C. 38 m D. 77 m

答案:D.

提示：$l = \dfrac{1.22 \times \lambda \times L}{D}$，式中，$L$ 是卫星和地球的距离，l 是物体的线度.

11.7 节　自我检测（光的偏振现象）

11.7.1　判断题

11.7.1.1　判断下列说法是否正确. 线偏振光通过一个偏振片后仍是线偏振光，但光强一定要减小.

答案：错误.

提示：线偏振光通过一个偏振片后仍是线偏振光，光强不一定减小，当线偏振光的偏振方向与偏振片的偏振化方向一致时光强不变.

11.7.1.2　判断下列说法是否正确. 自然光以任意角由空气入射到玻璃表面上，折射光成为部分偏振光，反射光成为线偏振光.

答案：错误.

提示：反射光也是部分偏振光，只有当入射角为布儒斯特角时反射光才成为线偏振光.

11.7.2　选择题

11.7.2.1　一束光线由空气射向玻璃，入射角为 i（i_0 为布儒斯特角），没有检测到反射光，则入射角和入射光应为（　　）.

A. $i \neq i_0$，线偏振光　　　　　　B. $i = i_0$，线偏振光

C. $i \neq i_0$，部分偏振光　　　　　D. $i = i_0$，自然光

答案：B.

提示：只有当入射光为振动方向在入射面内的线偏振光且入射角为布儒斯特角时，反射光为零.

11.7.2.2　两偏振片堆叠在一起，一束自然光垂直入射时没有光线通过. 当其中一偏振片慢慢转过 180° 时透射光发生的变化为（　　）.

A. 光强单调增加

B. 光强先增加，然后减小，再增加，再减小至零

C. 光强先增加，后又减小至零

D. 光强先增加，后减小，再增加

答案：C.

提示：根据马吕斯定律 $I = I_0 \cos^2 \alpha$，初始时两偏振片偏振化方向垂直，在转过 0°～90° 过程中单调增加，90°～180° 过程中单调减小.

11.7.2.3　一束光强为 I_0 的自然光垂直穿过两个偏振片，且两个偏振片的偏振化方向成 45°，若不考虑偏振片的反射和吸收，则穿过两个偏振片后的光强 I 为（　　）.

A. $\sqrt{2} I_0 / 4$　　B. $I_0 / 4$　　C. $I_0 / 2$　　D. $\sqrt{2} I_0 / 2$

答案：B.

提示：根据马吕斯定律 $I = I_0 \cos^2 \alpha$，$I = \dfrac{I_0}{2} \cos^2 45°$.

11.8 节　自我检测（激光简介）

11.8.1　判断题

11.8.1.1　判断下列说法是否正确. 原子从高能级跃迁到低能级一定会向外辐射一个

光子.

答案：错误.

提示：原子从高能级跃迁到低能级不一定会向外辐射一个光子,也可能把多余的能量通过碰撞传递给其他原子.

11.8.1.2 判断下列说法是否正确.一般的激光器都是由激活介质、激励能源和谐振腔三部分组成.

答案：正确.

提示：三部分缺一不可.

11.8.1.3 判断下列说法是否正确.激光具有定向性好,单色性好,强度大和相干性好等优点,其中单色性好是由激励能源决定.

答案：错误.

提示：激光的单色性好是由谐振腔决定.

11.8.2 选择题

11.8.2.1 氦氖激光器的激活介质是氦氖混合气体,其中( ).

A. Ne 为激活介质占比高,He 为辅助介质占比低
B. Ne 为激活介质占比低,He 为辅助介质占比高
C. He 为激活介质占比高,Ne 为辅助介质占比低
D. He 为激活介质占比低,Ne 为辅助介质占比高

答案：B.

提示：因为是在 Ne 原子的能级上实现了粒子数反转,所以 Ne 是激活介质,He 原子在激励过程中起传递能量的作用,要求 He 原子数目大于 Ne 原子.

11.6 典 型 例 题

例 11-1 波长为 λ 的平行单色光以 φ 角斜入射到缝间距为 d 的双缝上,若双缝到屏的距离为 $D(D \gg d)$,如例 11-1 图所示,试求:(1)各级明纹的位置;(2)条纹的间距;(3)若使零级明纹移至屏幕 O 点处,则应在 S_2 缝处放置一厚度为多少的折射率为 n 的透明介质薄片.

解 (1)如例 11-1 图所示,在 P 点处,两相干光的光程差为 $\delta = d(\sin\theta - \sin\varphi)$,对于第 k 级明纹有

$$d(\sin\theta - \sin\varphi) = \pm k\lambda$$

即

$$\sin\theta = \frac{k\lambda}{d} + \sin\varphi$$

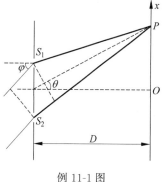

例 11-1 图

所以第 k 级明纹的位置为

$$x_k = D\tan\theta \approx D\sin\theta = D\left(\frac{k\lambda}{d} + \sin\varphi\right)$$

(2) 明纹之间的间距为

$$\Delta x = x_{k+1} - x_k = D\left(\frac{(k+1)\lambda}{d} + \sin\varphi\right) - D\left(\frac{k\lambda}{d} + \sin\varphi\right) = \frac{D\lambda}{d}$$

(3) 设在缝 S_2 处放了厚度为 t,折射率为 n 的透明介质薄片后,则在 P 点处两光线的光程差为

$$\delta' = d\sin\theta + (n-1)t - d\sin\varphi$$

若使零级明纹回到屏幕中心点,则有 $\sin\theta = 0, \Delta' = d\sin\theta = 0$,故有

$$(n-1)t - d\sin\varphi = 0$$

则

$$t = \frac{d\sin\varphi}{n-1}$$

例 11-2 波长为 $\lambda = 600$ nm 的单色光垂直入射到置于空气中的平行薄膜上,已知膜的折射率 $n = 1.54$,求:

(1) 反射光最强时膜的最小厚度;
(2) 透射光最强时膜的最小厚度.

解 分析:空气中的薄膜,上表面的反射光有半波损失,设薄膜厚度为 h,反射光最强必须满足

$$\delta = 2hn + \frac{\lambda}{2} = k\lambda, \quad k = 1,2,3,\cdots$$

透射光最强时,亦即反射光最弱,必须满足

$$\delta = 2hn + \frac{\lambda}{2} = (2k+1)\frac{\lambda}{2}, \quad k = 0,1,2,3,\cdots$$

$$2hn = k\lambda$$

(1) 反射光最强时,膜的最小厚度满足

$$2h_{\min}n + \frac{\lambda}{2} = \lambda$$

$$h_{\min} = \frac{\lambda}{4n} = \frac{600}{4 \times 1.54} \text{ nm} = 97.4 \text{ nm} = 0.097 \text{ μm}$$

(2) 透射光最强时,膜的最小厚度满足

$$2h'_{\min}n + \frac{\lambda}{2} = \frac{3\lambda}{2}$$

$$h'_{\min} = \frac{\lambda}{2n} = \frac{600}{2 \times 1.54} \text{ nm} = 195 \text{ nm} = 0.195 \text{ μm}$$

例 11-3 在单缝夫琅禾费衍射实验中,若缝宽 $a = 5\lambda$,透镜焦距 $f = 60$ cm,问:

(1) 对应 $\theta = 23.5°$ 的衍射方向,缝面可分为多少个半波带? 对应的明暗情况如何?
(2) 求屏幕上中央明纹的宽度.
(3) 若把狭缝宽缩为 $a' = 3.75\lambda$,估算 P 点对应的明暗情况.

解 (1) 可分的半波带数为 $N = \dfrac{a\sin\theta}{\lambda/2} = 10\sin 23.5° = 4$ 对应第 2 级暗纹.

(2) 中央明纹是两个 1 级暗条纹所夹区域,根据衍射暗条纹公式,

$$a\sin\theta_k = k\lambda, \quad k = \pm 1, \pm 2, \cdots \quad \sin\theta_1 = \frac{\lambda}{a} = 0.2$$

屏幕上中央明纹的宽度：$\Delta x_0 = 2x_1 = 2f\tan\theta_1 \approx 2f\sin\theta_1 = 24$ cm.

(3) 狭缝缩小，相应 P 点的半波带数为 $N' = \dfrac{a'\sin\theta}{\lambda/2} = 3.0$，估计为 1 级明纹中心．

例 11-4 每毫米均匀刻有 100 条刻线的光栅，当波长为 500 nm 的平行光垂直入射时，第 4 级主极大的衍射光线刚好消失，第 2 级光强不为零．试求光栅狭缝可能的宽度．

解 按题设，光栅常数为

$$d = \frac{1}{100} = 1\times 10^{-2}\ \text{mm}$$

因第 4 级主极大缺级，则有

$$4 = \frac{d}{a}j, \quad j = 1,2,3\ \text{是单缝衍射暗纹级次．}$$

当 $j=1$ 时，$a = \dfrac{d}{4} = 2.5\times 10^{-3}$ mm；$j=2$ 时，$a = \dfrac{d}{2}$，但因为 2 级主极大不缺级，即 $\dfrac{d}{a}j \ne 2$，所以不可取；$j=3$ 时，$a = \dfrac{3d}{4} = 7.5\times 10^{-3}$ mm. 所以光栅狭缝可能的宽度分别为 2.5×10^{-3} mm 和 7.5×10^{-3} mm．

例 11-5 波长范围 400～760 nm 的白光垂直照射光栅，其衍射光谱中第 2 级与第 3 级发生重叠，求第 2 级光谱中被重叠的范围．

解 对于单缝和光栅来说，不管参数如何，白光入射时只有第 1 级不重叠，第 2 级谱线都会被第 3 级重叠一部分，如例 11-5 图所示．屏幕上 P 点对应波长为 400 nm（紫光）的第 3 级谱线和波长为 λ 的第 2 级谱线，波长大于 λ 的所有 2 级谱线均重叠．

$$d\sin\theta = 3\times 400 = 2\times\lambda$$

所以

$$\lambda = 600\ \text{nm}$$

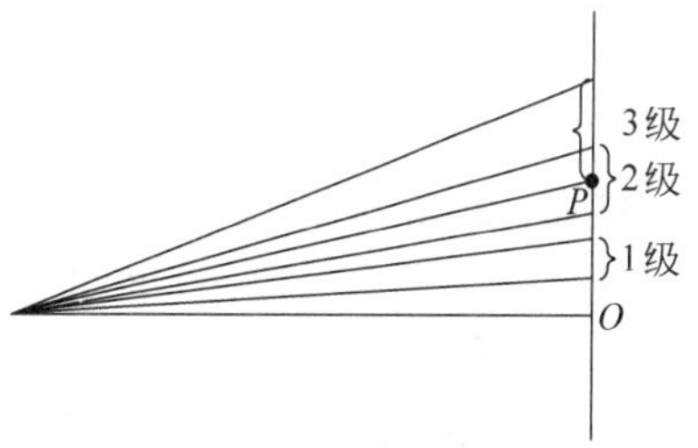

例 11-5 图

第 2 级光谱被重叠的范围是 600～760 nm．

例 11-6 有一束线偏振光和自然光的混合光，通过一理想的偏振片，当偏振片转动时，发现最大的透射光强是最小光强的 5 倍，求此入射光束中线偏振光和自然光强度的百分比．

解 设混合光中自然光的强度为 I_1，偏振光的光强为 I_2，混合光通过理想偏振片后的光强为

$$I = \frac{1}{2}I_1 + I_2\cos^2\alpha$$

按题意，当 $\alpha = 0$ 时，$\qquad I_{\max} = \dfrac{1}{2}I_1 + I_2$

而当 $\alpha = \dfrac{\pi}{2}$ 时，$\qquad I_{\min} = \dfrac{1}{2}I_1$

由题设有：$\qquad \dfrac{1}{2}I_1 + I_2 = \dfrac{5}{2}I_1 \quad\text{即}\quad I_2 = 2I_1$

故自然光占入射光的百分比为

$$\frac{I_1}{I_1+I_2}=\frac{I_1}{3I_1}=33.3\%$$

偏振光占入射光的百分比为

$$\frac{I_2}{I_1+I_2}=\frac{2I_1}{3I_1}=66.7\%$$

11.7 练习题精解

11-1 两束光产生干涉的条件是：(1)频率相同；(2)相位差恒定；(3)光矢量振动方向相同．如果两束光是由两个独立的普通光源产生的，则无论如何不能满足_____．

答案：(2)．

提示：因为对两个独立的普通光源通过加滤色片可使频率相同，通过加偏振片可使光矢量振动方向相同，但无论如何不能使相位差恒定．

11-2 用一定波长的单色光进行双缝干涉实验时，欲使屏上的干涉条纹变宽，可采用的方法是：(1)_____；(2)_____．

答案：(1)减小缝宽；(2)增大缝与屏之间的距离．

提示：根据公式 $\Delta x = x_{k+1} - x_k = \frac{D}{d}\lambda$ 可得．

11-3 光的干涉和衍射现象反映了光的_____性质．光的偏振现象说明光波是_____波．

答案：波动，横．

提示：只有波才具有干涉和衍射性；只有横波才具有偏振性．

11-4 根据惠更斯-菲涅耳原理，若已知光在某时刻的波阵面为 S，则 S 的前方某点 P 的光强度决定于波阵面上所有面积元发出的子波各自传到 P 点的振动的_____叠加．

答案：相干．

提示：菲涅耳指出，从同一波前上各点发出的子波是相干波，经传播在空间某点相遇时的叠加是相干叠加．

11-5 在单缝夫琅禾费衍射实验中，观察屏上第 3 级暗纹所对应的单缝处波阵面可划分为_____个半波带．若将缝宽缩小一半，原来第 3 级暗纹处将是_____纹．

答案：6，第 1 级明．

提示：根据菲涅耳原理，波阵面可划分为偶数个半波带时出现暗纹，3 级暗纹对应 6 个半波带；屏上位置与衍射角对应，衍射角一定时，可划分的半波带数由缝宽决定，所以屏上位置不变，缝宽减半则半波带数减半，3 个半波带对应 1 级明纹．

11-6 用某一特定波长的光垂直入射到一个光栅上，在屏幕上只能出现零级和 1 级主极大，欲使屏幕上可出现 2 级主极大，应该更换一个_____的光栅．

答案：光栅常数较大．

提示：由光栅方程知，波长 λ 一定，$\sin\phi < 1$，欲提高 k 值，只有提高光栅常数 d．

11-7 要使一束线偏振光通过偏振片之后，振动方向转过 90°，至少需要_____块理想偏振片，在此情况下，透射光强最多是原来光强的_____倍．

答案：2；1/4．

提示：由马吕斯定律 $I=I_0\cos^2\alpha$，当 $\alpha=90°$ 时，$I=0$，显然一块偏振片不行，所以至少需要 2 块；设第一块偏振片的偏振化方向与偏振光的偏振方向夹角为 α，第二块偏振片与第一块偏振片的偏振化方向的夹角就为 $(90°-\alpha)$，$I=I_0\cos^2\alpha\cos^2(90°-\alpha)=I_0\cos^2\alpha\sin^2\alpha$ $=\dfrac{I_0}{4}\sin2\alpha$，当 $\alpha=45°$ 时，有最大值 $I=\dfrac{I_0}{4}$．

11-8 某一单色光从空气射入玻璃中，频率_____，速度_____，波长_____．（填变化情况）

答案：不变，变小，变短．

提示：波在不同介质中传播时频率不变；由于空气的折射率比玻璃小，由公式 $c=\nu n$ 和 $\lambda=n\lambda_n$ 频率变小，波长变短．

11-9 有两盏相同的钠光灯管，发出波长相同的光，照射到光屏上的某一点，_____产生干涉；如果只用一盏钠光灯管，并用黑纸包住中部，使钠光灯管两端发出的光同时照射到光屏上的某一点，_____产生干涉．（填能或不能）

答案：不能，不能．

提示：钠光灯是普通单色光源，两个普通光源发出的光不能产生干涉；钠光灯管两端发出的光等同于两个普通光源发出的光，所以也不能产生干涉．

11-10 真空中波长为 λ 的单色光，在折射率为 n 的透明介质中从 A 沿某路径传到 B，若 A，B 两点相位差为 3π，则此路径 AB 的光程差为（　　）．

A. 1.5λ　　　　B. $1.5n\lambda$　　　　C. 3λ　　　　D. $1.5\dfrac{\lambda}{n}$

答案：A．

提示：由公式 $\Delta\varphi=\dfrac{2\pi}{\lambda}\delta$ 可知．

11-11 两块玻璃板构成空气劈尖，在下面四种变化中，哪一种干涉条纹变密（　　）．

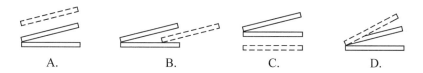

A.　　　　　B.　　　　　C.　　　　　D.

答案：D．

提示：将上面的玻璃板绕棱边转动，楔角增大，条纹变密．

11-12 由两块平板玻璃构成一空气劈尖，用单色光垂直照射，若将下面的玻璃板缓慢向下平移，则干涉条纹的变化是（　　）．

A. 向棱边方向平移，条纹间隔变小　　　B. 向棱边方向平移，条纹间隔不变
C. 向底边方向平移，条纹间隔变大　　　D. 向底边方向平移，条纹间隔不变

答案：B．

提示：将下面的玻璃板缓慢向下平移，薄膜厚度增加，条纹向薄膜厚度小的地方移动．

11-13 牛顿环的薄膜空间充满折射率为 n 的透明介质 $(n<n_{玻})$，平凸透镜曲率半径为 R，垂直入射光的波长为 λ．则反射光形成的牛顿环中第 k 级暗环半径 r_k 的公式

为( ).

A. $r_k=\sqrt{kR\lambda}$ B. $r_k=\sqrt{\dfrac{kR\lambda}{n}}$ C. $r_k=\sqrt{knR\lambda}$ D. $r_k=\sqrt{\dfrac{k\lambda}{nR}}$

答案：B.

提示：当薄膜折射率为 n 时，暗环光程差公式为 $\delta=2ne+\dfrac{\lambda}{2}=(2k+1)\dfrac{\lambda}{2}$，$k=0,1,2,\cdots$，将 $e=\dfrac{r^2}{2R}$ 代入即得．

11-14 在迈克耳孙干涉仪的一条光路中，将一折射率为 n，厚度为 d 的透明薄片放入后，这条光路的光程差改变了( ).

A. $2(n-1)d$ B. $2nd$ C. $2(n-1)d+\dfrac{1}{2}$ D. $(n-1)d$

答案：A.

提示：光透过厚度为 d 的透明薄片一次，光程差改变了 $(n-1)d$，在迈克耳孙干涉仪的一条光路中，光通过两次．

11-15 根据惠更斯-菲涅耳原理，若已知光在某时刻的波阵面为 S，则 S 的前方某点 P 的光强度决定于波阵面上所有面积元发出的子波各自传到 P 点的( ).

A. 振动振幅之和   B. 振动的相干叠加
C. 振动振幅之和的平方   D. 光强之和

答案：B.

提示：阅读教材 11.4.2 节惠更斯-菲涅耳原理．

11-16 波长为 λ 的单色平行光垂直入射到一狭缝上，若第 1 级暗纹的位置对应的衍射角 $\varphi=\pm\dfrac{\pi}{6}$，则缝宽的大小为( ).

A. $\dfrac{\lambda}{2}$ B. λ C. 2λ D. 3λ

答案：C.

提示：由暗纹公式 $a\sin\varphi=\pm k\lambda$，$k=1,2,\cdots$，令 k 取 1，$\varphi=\pm\dfrac{\pi}{6}$ 即得．

11-17 某元素的特征光谱中，含有波长分别为 $\lambda_1=450$ nm 和 $\lambda_2=750$ nm 的光谱线，在光栅光谱中，这两种波长的谱线有重叠现象，重叠处 λ_2 的谱线级数将是( ).

A. $2,3,4,5,\cdots$ B. $2,5,8,11,\cdots$ C. $2,4,6,8,\cdots$ D. $3,6,9,12,\cdots$

答案：D.

提示：重叠必定满足条件 $k_1=\dfrac{k_2\lambda_2}{\lambda_1}=\dfrac{k_2 750}{450}$，显然只有 k_2 取 $3,6,9,12,\cdots$ 才保证 k_1 为整数．

11-18 在光栅光谱中，假如所有偶数级次的主极大都恰好在每缝衍射的暗纹方向上，因而实际上不出现，那么此光栅每个透光缝宽度 a 和相邻两缝间不透光部分宽度 b 的关系为( ).

A. $a=b$ B. $a=2b$ C. $a=3b$ D. $b=2a$

答案：A.

提示：由缺级公式 $k=\pm\dfrac{a+b}{a}j$，满足题设条件时，$\dfrac{a+b}{a}=2$.

11-19 在双缝干涉实验中，用单色自然光入射双缝，在屏上形成干涉条纹，若在双缝后放一个偏振片，则（　　）．

A. 干涉条纹的间距不变，但明纹的亮度加强

B. 干涉条纹的间距不变，但明纹的亮度减弱

C. 干涉条纹的间距变窄，且明纹的亮度减弱

D. 无干涉条纹

答案：B.

提示：若在双缝后放一个偏振片，参与干涉的光强减半，波长不变．

11-20 一束光是自然光和线偏振光的混合光，让它垂直通过一偏振片，若以此入射光束为轴旋转偏振片，测得透射光强度最大值是最小值的 5 倍，那么入射光束中自然光与线偏振光的光强之比为（　　）．

A. $\dfrac{1}{2}$　　　　B. $\dfrac{1}{5}$　　　　C. $\dfrac{1}{3}$　　　　D. $\dfrac{2}{3}$

答案：A.

提示：透射光强度最大值为线偏振光强与自然光强的一半；透射光强度最小值为自然光强的一半．

11-21 钠黄光波长为 589.3 nm．试以一次发光延续时间 10^{-8} s 计，计算一个波列中的完整波的个数．

解　$N=\dfrac{c\tau}{\lambda}=\dfrac{3\times 10^{17}\times 10^{-8}}{589.3}\approx 5\times 10^{6}$.

11-22 在杨氏双缝实验中，当做如下调节时，屏幕上的干涉条纹将如何变化（要说明理由）？(1) 使两缝之间的距离逐渐减小；(2) 保持双缝的间距不变，使双缝与屏幕的距离逐渐减小；(3) 如题 11-22 图所示，把双缝中的一条狭缝遮住，并在两缝的垂直平分线上放置一块平面反射镜．

解　(1) 由条纹间距公式 $\Delta x=\dfrac{D}{d}\lambda$，在 D 和 λ 不变的情况下，减小 d 可使 Δx 增大，条纹间距变宽．

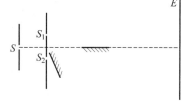

题 11-22 图

(2) 同样地，若 d 和 λ 保持不变，减小 D，Δx 变小，条纹变密，到一定程度时条纹将难以分辨．

(3) 此装置同洛埃镜实验，由于反射光有半波损失，所以

$$x_{明}=(2k-1)\dfrac{D}{d}\cdot\dfrac{\lambda}{2}\quad（干涉相长）$$

$$x_{暗}=k\dfrac{D}{d}\lambda\quad（干涉相消）$$

与杨氏双缝的干涉条纹相比，其明暗条纹分布的状况恰好相反，且相干的区域仅在中心轴线上方一部分．

11-23 洛埃镜干涉装置如题 11-23 图所示. 光源波长 $\lambda = 7.2 \times 10^{-7}$ m, 试求镜的右边缘到第 1 条明纹的距离.

解 因为镜的右边缘是暗纹中心, 它到第 1 条明纹的距离 h 应为半个条纹间隔,

$$h = \frac{1}{2} \frac{D}{d} \lambda = \frac{1}{2} \times \frac{20+30}{0.4} \times 7.2 \times 10^{-5}$$
$$= 4.5 \times 10^{-3} \text{ cm}$$

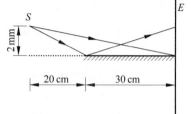

题 11-23 图

11-24 由汞弧灯发出的光, 通过一绿色滤光片后, 照射到相距为 0.60 mm 的双缝上, 在距双缝 2.5 m 远处的屏幕上出现干涉条纹. 现测得相邻两明条纹中心的距离为 2.27 mm, 求入射光的波长.

解 由公式 $\Delta x = \frac{D}{d} \lambda$ 得

$$\lambda = \Delta x \cdot \frac{d}{D} = \frac{2.27 \times 10^{-3} \times 0.60 \times 10^{-3}}{2.5} = 5.5 \times 10^{-7} \text{ m} = 550 \text{ nm}$$

11-25 在双缝装置中, 用一很薄的云母片($n=1.58$)覆盖其中的一条狭缝, 这时屏幕上的第 7 级明条纹恰好移到屏幕中央原零级明条纹的位置. 如果入射光的波长为 550 nm, 则这云母片的厚度应为多少?

解 设云母片的厚度为 e, 根据题意, 插入云母片而引起的光程差为

$$\delta = ne - e = (n-1)e = 7\lambda$$

$$e = \frac{7\lambda}{n-1} = \frac{7 \times 550 \times 10^{-9}}{1.58-1} \text{ m} = 6.6 \times 10^{-6} \text{ m}$$

11-26 在杨氏干涉装置中, 光源宽度为 $b=0.25$ mm, 光源至双孔的距离为 $R=20$ cm, 所用光波波长为 $\lambda=546$ nm. (1) 试求双孔处的横向相干宽度 d; (2) 试求当双孔间距为 $d'=0.50$ mm 时, 在观察屏幕上能否看到干涉条纹? (3) 为能观察到干涉条纹, 光源至少应再移远多少距离?

解 (1) 由公式 $b < \frac{R}{d} \lambda$ 得

$$d < \frac{R}{b} \lambda = \frac{20 \times 10^{1} \times 546 \times 10^{-6}}{0.25} \text{ mm} \approx 0.44 \text{ mm}$$

(2) 不能. 因为 $d'=0.50$ mm,

$$R' > \frac{bd'}{\lambda} = \frac{0.25 \times 10^{-1} \times 0.50 \times 10^{-1}}{546 \times 10^{-7}} \text{ cm} \approx 23 \text{ cm}$$

(3) $\Delta R = R' - R = 23 - 20 \text{ cm} = 3 \text{ cm}$

11-27 在杨氏实验装置中, 采用加有蓝绿色滤光片的白光光源, 其波长范围为 $\Delta \lambda = 100$ nm, 平均波长为 $\lambda = 490$ nm. 试估算从第几级开始, 条纹将变得无法分辨?

解 设该蓝绿光的波长范围为 $\lambda_1 \sim \lambda_2$, 则按题意有

$$\lambda_2 - \lambda_1 = \Delta \lambda = 100 \text{ nm}$$

$$\frac{1}{2}(\lambda_1 + \lambda_2) = \lambda = 490 \text{ nm}$$

相应于 λ_1 和 λ_2，杨氏干涉条纹中 k 级极大的位置分别为

$$x_1 = k\frac{D}{d}\lambda_1, \quad x_2 = k\frac{D}{d}\lambda_2$$

因此，k 级干涉条纹所占据的宽度为

$$x_2 - x_1 = k\frac{D}{d}(\lambda_2 - \lambda_1) = k\frac{D}{d}\Delta\lambda$$

显然，当此宽度大于或等于相应于平均波长 λ 的条纹间距时，干涉条纹变得模糊不清。这个条件可以表达为

$$k\frac{D}{d}\Delta\lambda \geq \frac{D}{d}\lambda$$

即

$$k \geq \frac{\lambda}{\Delta\lambda} = 4.9$$

所以，从第 5 级开始，干涉条纹变得无法分辨。

11-28 (1) 在白光的照射下，我们通常可看到呈彩色花纹的肥皂膜和肥皂泡，并且当发现有黑色斑纹出现时，就预示着泡膜即将破裂，试解释这一现象。(2) 在单色光照射下观察牛顿环的装置中，如果在垂直于平板的方向上移动平凸透镜，那么，当透镜离开或接近平板时，牛顿环将发生什么变化？为什么？

解 (1) 肥皂泡膜是由肥皂水 ($n = 1.33$) 形成的厚度一般并不均匀的薄膜，在单色光照射下便可产生等厚干涉花纹。用白光照射便可产生彩色的干涉花纹。

设泡膜上的黑斑这一局部区域可近似看作是厚度 e 均匀的薄膜，由于它的两表面均与空气相接触，因此在薄膜干涉的反射光相消条件中须计入半波损失，其为

$$2e\sqrt{n^2 - \sin^2 i} + \frac{\lambda}{2} = (2k+1)\frac{\lambda}{2}, \quad k = 0, 1, 2, \cdots$$

式中，λ 为入射光的波长，i 为光线的入射角。当在白光照射下观察到黑斑这一现象，说明对于任何波长的可见光在该处均产生干涉相消，于是由上面的公式可见，此时唯有 $k = 0$，厚度 $e \to 0$ 时，才能成立。因而黑斑的出现即是肥皂膜将破裂的先兆。

(2) 在牛顿环装置中，若平凸透镜球面与平板玻璃相接触，空气膜上下表面的反射光之间的光程差

$$\delta = 2e + \frac{\lambda}{2}$$

式中，e 是空气膜厚度。离中心不同的地方，e 的大小不同。将平凸透镜沿垂直于平板方向向上移动一距离 h，则各处的空气层厚度均增加同一量值 h，而各处的光程差也增加同一量值 $2h$，为

$$\delta = 2(e + h) + \frac{\lambda}{2}$$

因此，各处的干涉条纹的级数，都增加相等的数。每当 h 增加 $\frac{\lambda}{4}$ 时，干涉条纹向里收缩，明与暗之间交替变化一次。而每当 h 增加 $\frac{\lambda}{2}$，干涉条纹又变得与原来相同 (仅是干涉条纹的级数

k 增加 1). 所以,当透镜离开(或接近)平板时,牛顿环发生收缩(或扩张),各处将整体同步地发生明、暗的交替变化. 而在指定的圆环范围内,包含的条纹数目则是始终不变的.

11-29 波长范围为 400～700 nm 的白光垂直入射在肥皂膜上,膜的厚度为 550 nm,折射率为 1.35,试问在反射光中哪些波长的光干涉增强？哪些波长的光干涉相消？

解 垂直入射时,考虑到半波损失,反射干涉光的光程差为

$$\delta = 2ne + \frac{\lambda}{2}$$

当 $2ne + \frac{\lambda}{2} = k\lambda, k = 1, 2, \cdots$ 时,干涉相长,

$$\lambda = \frac{2ne}{k - \frac{1}{2}} = \frac{2 \times 1.35 \times 0.55 \times 10^3}{k - \frac{1}{2}} \text{ nm}$$

当 $k=3$ 时,$\lambda = 594$ nm,当 $k=4$ 时,$\lambda = 424$ nm.

当 $2ne + \frac{\lambda}{2} = (2k+1)\frac{\lambda}{2}, k = 0, 1, 2, \cdots$ 时,干涉相消,

$$\lambda = \frac{2ne}{k}$$

取 $k=3, \lambda = 495$ nm.

11-30 在棱镜($n_1 = 1.52$)表面涂一层增透膜($n_2 = 1.30$). 为使此增透膜适用于 550 nm 波长的光,膜的厚度应取何值？

解 设光垂直入射于增透膜上,根据题意:

$$2n_2 e = \left(k + \frac{1}{2}\right)\lambda, \quad k = 0, 1, 2, \cdots$$

膜厚

$$e = \left(k + \frac{1}{2}\right)\frac{\lambda}{2n_2}$$

令 $k=0$,可得增透膜的最薄厚度为

$$e_{\min} = 105.8 \text{ nm}$$

11-31 有一楔形薄膜,折射率 $n=1.4$,楔角 $\theta = 10^{-4}$ rad. 在某一单色光的垂直照射下,可测得两相邻明纹之间的距离为 0.25 cm. (1)求此单色光在真空中的波长；(2)如果薄膜长为 3.5 cm,总共可出现多少条明条纹？

解 (1)由楔形薄膜的干涉条件得两相邻明条纹间距:

$$\Delta x = \frac{\frac{\lambda}{2n}}{\sin\theta} \approx \frac{\lambda}{2n\theta}$$

$$\lambda = 2n\theta \cdot \Delta x$$

以 $n=1.4, \theta = 10^{-4}$ rad, $\Delta x = 0.25 \times 10^{-2}$ m 代入上式得

$$\lambda = 0.7 \times 10^{-6} \text{ m} = 700 \text{ nm}$$

(2) 在长为 3.5×10^{-2} m 的楔形膜上,明条纹总数为

$$m = \frac{l}{\Delta x} = 14 \text{ 条}$$

11-32 题 11-32 图为一干涉膨胀仪的示意图. AB 与 A′B′ 二平面玻璃板之间放一热膨胀系数极小的熔石英环柱 CC′, 被测样品 W 置于该环柱内, 样品的上表面与 AB 板的下表面形成一楔形空气层, 若以波长为 λ 的单色光垂直入射于此空气层, 就产生等厚干涉条纹. 设在温度 t_0℃ 时, 测得样品的长度为 L_0; 温度升高到 t℃ 时, 测得样品的长度为 L, 并且在这过程中, 数得通过视场中的某一刻线的干涉条纹数目为 N. 设环柱 CC′ 的长度变化可忽略不计, 求证: 被测样品材料的热膨胀系数为

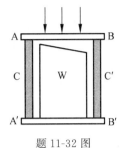

题 11-32 图

$$\beta = \frac{N\lambda}{2L_0(t-t_0)}$$

解 该装置中 AB 平板玻璃与样品 W 表面中间所夹的是一楔形空气薄膜, 在等厚干涉条纹中, 设在温度 t_0 时, 某一刻线所在位置对应于第 k 级暗条纹, 此处楔形空气层的厚度为 e_k 满足

$$e_k = k\frac{\lambda}{2}$$

温度升高到 t 时, 由于样品 W 的长度发生膨胀, 有 N 条干涉条纹通过此刻线, 则对应该刻线处干涉条纹级数变为 $k-N$, 于是楔形空气层的厚度变为

$$e_{k-N} = (k-N)\frac{\lambda}{2}$$

依照题意, 忽略石英环的膨胀, 则该处空气层厚度的减少为

$$\Delta L = L - L_0 = e_k - e_{k-N} = N\frac{\lambda}{2}$$

由热膨胀系数的定义得

$$\beta = \frac{L-L_0}{L_0} \cdot \frac{1}{t-t_0} = \frac{N\lambda}{2L_0(t-t_0)}$$

11-33 利用楔形空气薄膜的等厚干涉条纹, 可以测量经精密加工后工件表面上极小纹路的深度. 如题 11-33 图, 在工件表面上放一平板玻璃, 使其间形成楔形空气薄膜, 以单色光垂直照射玻璃表面, 用显微镜观察干涉条纹. 由于工件表面不平, 观察到的条纹如题 11-33 图所示, 试根据条纹弯曲的方向, 说明工件表面上纹路是凹的还是凸的? 并证明纹路深度可用下式表示:

$$H = \frac{a}{b} \cdot \frac{\lambda}{2}$$

其中 a, b 如题 11-33 图所示.

解 纹路是凹的. 因工件表面有凹纹, 故各级等厚线的相应部分向楔形膜顶端移动. 两相邻暗条纹间距离为 b, 对应高度差为 $\frac{\lambda}{2}$, 则有

$$b\sin\theta = \frac{\lambda}{2}$$

当条纹移动距离为 a 时, 对应高度差 H(即纹路深度)为

$$H = a\sin\theta = \frac{a}{b} \cdot \frac{\lambda}{2}$$

11-34 (1)若用波长不同的光观察牛顿环,$\lambda_1 = 600$ nm,$\lambda_2 = 450$ nm,观察到用 λ_1 时的第 k 个暗环与用 λ_2 时的第 $k+1$ 个暗环重合,已知透镜的曲率半径是 190 cm. 求用 λ_1 时第 k 个暗环的半径. (2)若在牛顿环中波长为 500 nm 的光的第 5 个明环与波长为 λ 的光的第 6 个明环重合,求波长 λ.

解 (1)牛顿环中 k 级暗条纹半径

$$r_k = \sqrt{kR\lambda}$$

依照题意,当 λ_1 光的 k 级暗条纹与 λ_2 光的 $k+1$ 级暗条纹在 r 处重合时满足

$$r = \sqrt{kR\lambda_1} \qquad ①$$

$$r = \sqrt{(k+1)R\lambda_2} \qquad ②$$

由式①、式②解得

$$k = \frac{\lambda_2}{\lambda_1 - \lambda_2} \qquad ③$$

式③代入式①得

$$r = \sqrt{\frac{R\lambda_1\lambda_2}{\lambda_1 - \lambda_2}} = 1.85 \times 10^{-3} \text{ m}$$

(2)用波长 $\lambda_1 = 500$ nm 的光照射,$k_1 = 5$ 级的明环与用波长 λ 的光照射时,$k_2 = 6$ 级的明环重合,则有关系式

$$r = \sqrt{\frac{(2k_1-1)R\lambda_1}{2}} = \sqrt{\frac{(2k_2-1)R\lambda}{2}}$$

所以,$\lambda = \frac{2k_1-1}{2k_2-1}\lambda_1 = \frac{2\times 5-1}{2\times 6-1}\times 500$ nm $= 409.1$ nm.

11-35 在题 11-35 图所示的装置中,平面玻璃板是由两部分组成的(冕牌玻璃 $n=1.50$ 和火石玻璃 $n=1.75$),透镜是用冕牌玻璃制成,而透镜与玻璃板之间的空间充满了二硫化碳($n=1.62$). 试问由此而成的牛顿环的花样如何?为什么?

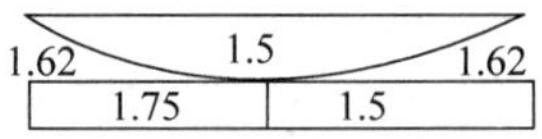

题 11-35 图

解 由于火石玻璃的折射率大于二硫化碳的折射率,而二硫化碳的折射率大于冕牌玻璃. 当光波由冕牌玻璃射向二硫化碳,以及由二硫化碳射向火石玻璃时,都有"半波损失",上、下表面反射没有额外程差. 而光波由二硫化碳射向冕牌玻璃时没有半波损失,因此在右半边上下表面反射有额外程差 $\lambda/2$. 所以此牛顿环的花样有以下特点:(1)在牛顿环中心,火石玻璃一侧处为亮斑,冕牌玻璃一侧处为暗斑. (2)火石玻璃处,由中心向外为亮斑、暗环、亮环交替变化;冕牌玻璃处由中心向外为暗斑、亮环、暗环交替变化. (3)同一半径的圆环,一半亮一半暗. 第 k 级条纹的半径为

$$r_k = \sqrt{\frac{kR\lambda}{n}}$$

式中 n 是二硫化碳的折射率. 在冕牌玻璃上方为暗条纹位置,在火石玻璃上方为亮条纹位置.

11-36 用波长为 589 nm 的钠黄光观察牛顿环. 在透镜与平板接触良好的情况下,测得第 20 个暗环的直径为 0.687 cm. 当透镜向上移动 5.00×10^{-4} cm 时,同一级暗环的直径变为多少?

解 透镜与平板接触良好的情况下,暗环半径 $r=\sqrt{kR\lambda}$,由已知条件可得

$$R=\frac{r^2}{k\lambda}=\frac{0.687^2}{20\times 589\times 10^{-7}\times 2^2}\text{ cm}=1.00\times 10^2\text{ cm}$$

当透镜向上移动 5.00×10^{-4} cm 时,暗环半径

$$r'=\sqrt{(k\lambda-2\times 5.00\times 10^{-4})R}$$
$$=\sqrt{(20\times 589\times 10^{-7}-2\times 5.00\times 10^{-4})\times 1.00\times 10^2}$$
$$=0.133\text{ cm}$$

11-37 一块玻璃片上滴一油滴,当油滴展开成油膜时,在波长 $\lambda=600$ nm 的单色光垂直入射下,从反射光中观察油膜所形成的干涉条纹.已知玻璃的折射率 $n_1=1.50$,油膜的折射率 $n_2=1.20$,问:(1)当油膜中心最高点与玻璃片上表面相距 1200 nm 时,可看到几条明条纹?明条纹所在处的油膜厚度为多少?中心点的明暗程度如何?(2)当油膜继续摊展时,所看到的条纹情况将如何变化?中心点的情况如何变化?

解 (1) 在空气—油以及油—玻璃反射界面上均有"半波损失",因此明条纹处必满足

$$e=\frac{k\lambda}{2n_2},\quad k=0,1,2,\cdots$$

式中 e 为油膜厚度.

当 $k=0,e_0=0;k=1,e_1=250$ nm;$k=2,e_2=500$ nm;$k=3,e_3=750$ nm;$k=4,e_4=1000$ nm;$k=5,e_5=1250$ nm.

当 $e=h=1200$ nm 时,可看到 5 条明条纹($k=0,1,2,3,4$).各级明条纹所在处的油膜厚度如前所示,中心点的明暗程度介于明条纹与暗条纹之间.

(2) 此时油膜半径扩大,油膜厚度减小;条纹级数减少,间距增大;中心点由半明半暗向暗、明依次变化,直至整个油膜呈现一片明亮区域.

11-38 (1) 迈克耳孙干涉仪可用来测量单色光的波长. 当 M_2 移动距离 $\Delta d=0.3220$ mm 时,测得某单色光的干涉条纹移过 $\Delta N=1024$ 条,试求该单色光的波长.

(2) 在迈克耳孙干涉仪的 M_2 镜前,当插入一薄玻璃片时,可观察到有 150 条干涉条纹向一方移过. 若玻璃片的折射率 $n=1.632$,所用的单色光的波长 $\lambda=500$ nm,试求玻璃片的厚度.

解 (1) 由 $\Delta d=\frac{\Delta N\lambda}{2}$ 得

$$\lambda=2\frac{\Delta d}{\Delta N}=2\times\frac{0.3220\times 10^{-3}}{1024}\text{ m}=6.289\times 10^{-7}\text{ m}$$
$$=628.9\text{ nm}$$

(2) 插入一薄玻璃片时,设玻璃片的厚度为 d,则相应的光程差变化为
$$2(n-1)d = \Delta N \cdot \lambda$$
所以
$$d = \frac{\Delta N' \cdot \lambda}{2(n-1)} = \frac{150 \times 500 \times 10^{-9}}{2 \times (1.632-1)} = 5.9 \times 10^{-5} \text{ m} = 5.9 \times 10^{-3} \text{ cm}$$

11-39 利用迈克耳孙干涉仪进行长度的精密测量,光源是镉的红色谱线,波长为 643.8 nm,谱线宽度为 1.0×10^{-3} nm,试问一次测量长度的量程是多少? 如果使用波长为 632.8 nm,谱线宽度为 1.0×10^{-6} nm 的氦氖激光,则一次测量长度的量程又是多少?

解 发生相干的最大光程差(波列长度)$\delta_c = \frac{\lambda^2}{\Delta\lambda}$,测量的长度 L 最大值为 $\frac{1}{2}\delta_c$,则
$$L_{镉} = \frac{643.8^2}{2 \times 1.0 \times 10^{-3}} = 2.072 \times 10^8 \text{ nm} = 2.072 \times 10^{-1} \text{ m}$$
$$L_{激} = \frac{632.8^2}{2 \times 1.0 \times 10^{-6}} = 2.002 \times 10^{11} \text{ nm} = 2.002 \times 10^2 \text{ m}$$

11-40 (1) 在单缝衍射中,为什么衍射角 ϕ 越大(级数越大)的那些明条纹的亮度就越小? (2) 在单缝的夫琅禾费衍射中,增大波长与增大缝宽对衍射图样分别产生什么影响?

解 (1) 衍射角 ϕ 越大,则 $a\sin\phi$ 可分成的半波带数目越多,而每一半波带的面积以及相应的光能量越小.因为每一明条纹都是由相消后留下的一个半波带所形成,因此它的亮度就越小了.

(2) 衍射中央明纹半衍射角宽度的正弦满足:
$$\sin\frac{\Delta\phi_0}{2} = \frac{\lambda}{a}$$
k 级暗条纹衍射角的正弦满足:
$$\sin\phi_k = k\frac{\lambda}{a}$$
由此可见,增大波长,中央明条纹变宽,各级条纹变疏;增加缝宽,则中央条纹变窄,各级条纹变密.

11-41 波长为 500 nm 的平行光线垂直地入射到一宽为 1 mm 的狭缝,若在缝的后面有一焦距为 100 cm 的薄透镜,使光线聚焦于一屏幕上,试问从衍射图样的中心点到以下各点的距离如何:(1)第 1 级暗纹中心;(2)第 1 级明纹中心;(3)第 3 级暗纹中心.

解 (1) 单缝衍射各级极小的条件为
$$a\sin\phi = \pm k\lambda, \quad k=1,2,\cdots$$
衍射图形的第 1 级极小,可令 $k=1$ 求得
$$a\sin\phi_1 = \lambda$$
它离中心点距离:
$$x_1 = f\tan\phi_1 = f\sin\phi_1 = f\frac{\lambda}{a} = 5 \times 10^{-4} \text{ m}$$

(2) 第 1 级明条纹近似位置可由下两式求得

$$\begin{cases} a\sin\phi = 1.5\lambda \\ x'_1 = f\tan\phi \end{cases}$$

$$x'_1 = f\sin\phi = f \cdot \frac{1.5\lambda}{a} = 0.75 \text{ mm}$$

(3) 第 3 级极小位置为

$$x_3 = f\frac{3\lambda}{a} = 1.5 \times 10^{-3} \text{ m}$$

11-42 有一单缝,宽 $a = 0.10$ mm,在缝后放一焦距为 50 cm 的会聚透镜,用波长为 546 nm 的平行绿光垂直照射单缝,求位于透镜焦面处的屏幕上的中央明条纹的宽度.

解 中央明纹角宽度满足公式:

$$-\lambda < na\sin\phi < \lambda$$

空气中,$n=1$,又 $f \gg a$,所以 $\sin\phi \approx \tan\phi$,中央明条纹宽度为

$$\Delta x = 2f\tan\phi = 2f\frac{\lambda}{a} = 5.5 \times 10^{-3} \text{ m}$$

11-43 一单色平行光垂直入射于一单缝,其衍射第 3 级明纹中心恰与波长为 600 nm 的单色光垂直入射该缝时的第 2 级明纹中心重合,试求该单色光波长.

解 设该单色光波长为 λ,根据题意,

$$(2\times 3+1)\frac{\lambda}{2} = (2\times 2+1)\frac{600}{2}$$

所以

$$\lambda \approx 429 \text{ nm}$$

11-44 如题 11-44 图所示,设有一波长为 λ 的单色平行光沿着与缝平面的法线成 ψ 角的方向入射到宽度为 a 的单狭缝 AB 上,试求出决定各极小值(即各暗条纹中心)的衍射角 φ 的条件.

解 1、2 两光线的光程差在如题 11-44 图情况下为

$$a\sin\varphi - a\sin\psi = a(\sin\varphi - \sin\psi)$$

因此,极小值条件为

$$a(\sin\varphi - \sin\psi) = \pm k\lambda, \quad k = 1, 2, \cdots$$

$$\varphi = \sin^{-1}\left(\frac{\pm k\lambda}{a} + \sin\psi\right)$$

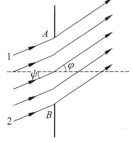

题 11-44 图

11-45 当入射光波长满足光栅方程 $d\sin\phi = \pm k\lambda, k = 0, 1, 2, \cdots$ 时,两相邻的狭缝沿 ϕ 角所射出的光线能够互相加强,试问:(1)当满足光栅方程时,任意两个狭缝沿 ϕ 角射出的光线能否互相加强?(2)在方程中,当 $k=2$ 时,第 1 条缝与第 2 条缝沿 ϕ 角射出的光线的光程差是多少?第 1 条缝与第 N 条缝的光程差又是多少?

解 (1) 能够互相加强.因任意两狭缝沿 ϕ 角的衍射光线的光程差是波长的整数倍.

(2) 当 $k=2$ 时,第 1 条缝与第 2 条缝沿 ϕ 角射出的光线在屏上会聚时,两者的光程差 $\delta = 2\lambda$.而第 1 条缝与第 N 条缝的光程差 $\delta = 2(N-1)\lambda$.

11-46 波长为 600 nm 的单色光垂直入射在一光栅上.第 2 级明条纹出现在 $\sin\phi = $

0.20处.第4级缺级.试问:(1)光栅上相邻两缝的间距是多少?(2)光栅上狭缝的最小宽度有多大?(3)按上述选定的 a,b 值,在 $-90°<\phi<90°$ 范围内,实际呈现的全部级数.

解 (1)光栅的明条纹的条件是:

$$(a+b)\sin\phi = k\lambda$$

对应于 $\sin\phi_1 = 0.20$ 处满足:

$$0.20(a+b) = 2 \times 600 \times 10^{-7}$$

可得光栅相邻两缝间的距离 $(a+b) = 6.0 \times 10^{-4}$ cm.

(2)由于第4级衍射条纹缺级,即第4级干涉明条纹落在单缝衍射暗条纹上,因此须满足方程组:

$$\begin{cases}(a+b)\sin\phi = 4\lambda \\ a\sin\phi = 2k'\dfrac{\lambda}{2}\end{cases}$$

解得

$$a = \frac{a+b}{4}k' = 1.5 \times 10^{-4}k',$$

取 $k'=1$,得光栅上狭缝的最小宽度为 1.5×10^{-4} cm.

(3)由 $(a+b)\sin\phi = k\lambda$

$$k = \frac{(a+b)\sin\phi}{\lambda}$$

当 $\phi = \dfrac{\pi}{2}$ 时

$$\frac{a+b}{\lambda} = \frac{6.0 \times 10^{-4}}{600 \times 10^{-7}} = 10$$

所以在 $-90°<\phi<90°$ 范围内实际呈现的全部级数为 $k=0,\pm1,\pm2,\pm3,\pm5,\pm6,\pm7,\pm9$ 级明条纹($k=\pm10$ 时明条纹在 $\phi=90°$ 处).

11-47 为了测定一个给定光栅的光栅常数,用氦氖激光器的红光(632.8 nm)垂直地照射光栅,做夫琅禾费衍射实验.已知第1级明条纹出现在38°的方向,问这光栅的光栅常数是多少?1 cm 内有多少条缝?第2级明条纹出现在什么角度?

解 由衍射光栅明纹公式:

$$(a+b)\sin\phi = k\lambda$$

得

$$a+b = \frac{k\lambda}{\sin\phi} = \frac{1 \times 632.8 \times 10^{-7}}{\sin 38°} \text{ cm} = 1.03 \times 10^{-4} \text{ cm}$$

1 cm 内缝的条数:

$$N = \frac{1}{1.03 \times 10^{-4}} + 1 = 9.71 \times 10^{3} \text{ 条}$$

第2级明条纹不出现,因为按公式应有

$$\sin\phi = \frac{k\lambda}{a+b} = \frac{2 \times 632.8 \times 10^{-7}}{1.03 \times 10^{-4}} > 1$$

这是不可能的.

11-48 一双缝的缝间距 $d=0.10$ mm, 缝宽 $a=0.02$ mm, 用波长 $\lambda=480$ nm 的平行单色光垂直入射该双缝, 双缝后放一焦距为 50 cm 的透镜, 试求: (1)透镜焦平面处屏上干涉条纹的间距; (2)单缝衍射中央亮纹的宽度; (3)单缝衍射的中央包线内有多少条干涉的主极大.

解 (1) 由光栅方程 $d\sin\phi=k\lambda$ 得

$$\sin\phi_k=\frac{k\lambda}{d}$$

$$\sin\phi_{k+1}=\frac{(k+1)\lambda}{d}$$

当 ϕ 角很小时, 有 $\sin\phi=\tan\phi$, 设条纹在屏上位置坐标为 x, 得干涉条纹的间距为

$$\Delta x=x_{k+1}-x_k=f\tan\phi_{k+1}-f\tan\phi_k=f\frac{\lambda}{d}=50\times\frac{480\times10^{-7}}{0.10\times10^{-1}}\text{ cm}=0.24\text{ cm}$$

(2) 中央亮纹宽度为

$$\Delta x_0=f\cdot\frac{2\lambda}{a}=50\times\frac{2\times480\times10^{-7}}{0.02\times10^{-1}}\text{ cm}=2.4\text{ cm}$$

(3) 由缺级公式 $k=\frac{d}{a}k'=\frac{0.10}{0.02}k'=5k'$, 取 $k'=1$, 得 $k=5$, 说明第 5 级正好在单缝衍射第 1 级暗纹处, 因而缺级, 则中央包线内有 9 条干涉主极大.

11-49 题 11-49 图中所示, 入射 X 射线束不是单色的, 而是含有从 0.095 nm 到 0.130 nm 这一范围内的各种波长. 晶体的晶格常数 $a_0=0.275$ nm, 试问对图示的晶面能否产生强反射?

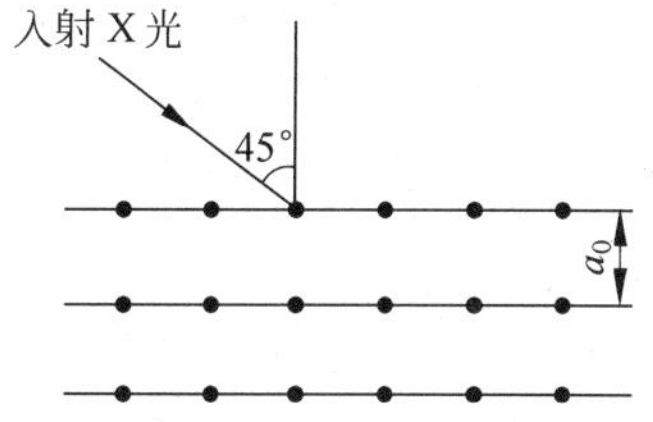

解 由布拉格公式: $2a_0\sin\phi=k\lambda$, 得 $\lambda=\frac{2a_0\sin\phi}{k}$ 时满足干涉相长.

当 $k=1$ 时, $\lambda=0.39$ nm; $k=2$ 时, $\lambda=0.19$ nm; $k=3$ 时, $\lambda=0.13$ nm; $k=4$ 时, $\lambda=0.097$ nm.

所以当波长在 $0.095\text{ nm}\leqslant\lambda\leqslant0.13$ nm 范围内, 有波长 $\lambda_1=0.13$ nm 和波长 $\lambda_2=0.097$ nm 的光可以产生强反射.

题 11-49 图

11-50 在圆孔的夫琅禾费衍射中, 设圆孔半径为 0.10 mm, 透镜焦距 50 cm, 所用单色光波长为 50 nm, 求在透镜焦平面处屏幕上呈现的爱里斑半径. 如果圆孔半径改为 1.0 mm, 其他条件不变(包括入射光能流密度保持不变), 爱里斑的半径变为多大?

解 爱里斑的半径:

$$R=f\cdot\theta_0=f\frac{1.22\lambda}{D}=50\times\frac{1.22\times500\times10^{-7}}{2\times0.010}\text{ cm}=0.15\text{ cm}$$

若孔径改变为 1.0 mm, 则爱里斑半径:

$$R=f\cdot\theta_0=f\frac{1.22\lambda}{D}=50\times\frac{1.22\times500\times10^{-7}}{2\times0.10}\text{ cm}=0.015\text{ cm}$$

11-51 在迎面驶来的汽车上, 两盏前灯相距 120 cm, 试问汽车离人多远的地方, 眼睛恰可分辨这两盏灯? 设夜间人眼瞳孔直径为 5.0 mm, 入射光波长 $\lambda=550$ nm. (这里仅考虑人眼圆形瞳孔的衍射效应)

解 由人眼最小可分辨角为（在空气中）

$$\theta = 1.22 \frac{\lambda}{a} = 1.22 \times \frac{550 \times 10^{-7}}{0.50} \text{ rad} = 1.34 \times 10^{-4} \text{ rad}$$

而 $l \cdot \theta = \Delta x$，所以眼睛恰巧分辨两灯的距离为

$$l = \frac{\Delta x}{\theta} = \frac{1.20}{1.34 \times 10^{-4}} = 8.95 \times 10^3 \text{ m}$$

11-52 已知天空中两颗星相对于一望远镜的角距离为 4.84×10^{-6} rad，它们都发出波长 $\lambda = 550$ nm 的光。试问望远镜的口径至少要多大，才能分辨出这两颗星？

解 由最小分辨角公式 $\delta\phi = 1.22 \frac{\lambda}{d}$，得

$$d = 1.22 \frac{\lambda}{\delta\phi} = 1.22 \times \frac{550 \times 10^{-7}}{4.84 \times 10^{-6}} \text{ cm} = 13.8 \text{ cm}$$

11-53 将偏振化方向相互平行的两块偏振片 M 和 N 共轴平行放置，并在它们之间平行地插入另一块偏振片 B，B 与 M 的偏振化方向之间的夹角为 θ。若用强度为 I_0 的单色自然光垂直入射到偏振片 M 上，并假设不计偏振片对光能量的吸收，试问透过检偏器 N 的出射光强将如何随 θ 角而变化？

解 根据马吕斯定律可得出射光强：

$$I = \frac{1}{2} I_0 \cos^4 \theta$$

11-54 根据布儒斯特定律可以测定不透明介质的折射率。今测得釉质的起偏振角 $i_0 = 58°$，试求它的折射率。

解 根据布儒斯特定律，釉质的折射率

$$n = \tan i_0 = \tan 58° = 1.60$$

11-55 水的折射率为 1.33，玻璃的折射率为 1.50，当光由水中射向玻璃而反射时，起偏振角为多少？当光由玻璃射向水中而反射时，起偏振角又为多少？这两个起偏振角的数值间是什么关系？

解 根据布儒斯特定律，设光由水射向玻璃的起偏振角为 i_0，由玻璃射向水的起偏振角为 i_0'，则

$$\tan i_0 = \frac{n_{玻}}{n_{水}} = \frac{1.50}{1.33}, \quad i_0 = 48°26'$$

$$\tan i_0' = \frac{n_{水}}{n_{玻}} = \frac{1.33}{1.50}, \quad i_0' = 41°34'$$

可见两角互余。

波动光学部分自我检测题

一、填空题(每题5分,共30分)

1. 双缝干涉实验中,若双缝间距由 d 变为 d',使屏上原第 5 级明纹中心变为第 10 级明纹中心,则 $d':d=$ _____;若在其中一缝后加一透明介质薄片,使原光线光程增加 2.5λ,则此时屏中心处为第_____级_____纹.

2. 一空气劈尖的上表面若向上平移,干涉条纹将向_____方向移动,条纹宽度_____;若劈尖楔角增大,则条纹将向_____移动,条纹宽度_____.

3. 将折射率为 n 的透明薄膜涂于玻璃片基上($n>n_玻$),要使该膜对波长为 λ 的光成为增反膜,则膜厚应为_____.

4. 两偏振片平行放置,如偏振化方向间的夹角为 $60°$,当一束强度为 I_0 的自然光入射至起偏器上,则经检偏器出射的光强为_____.

5. 在夫琅禾费单缝衍射实验中将单缝与光屏之间的透镜沿垂直其主光轴且垂直于单缝的方向移动,衍射花样将_____.

6. 衍射光栅主极大公式 $(a+b)\sin\varphi=\pm k\lambda$,$k=0,1,2,\cdots$,在 $k=2$ 的方向上第 1 条缝与第 6 条缝对应点发出的两条衍射光的光程差 $\Delta=$ _____.

二、选择题(每题5分,共30分)

1. 牛顿环的薄膜空间充满折射率为 n 的透明介质($n<n_玻$),平凸透镜曲率半径为 R,垂直入射光的波长为 λ.则反射光形成的牛顿环中第 k 级暗环半径 r_k 的公式为( ).

   A. $r_k=\sqrt{kR\lambda}$ B. $r_k=\sqrt{\dfrac{kR\lambda}{n}}$ C. $r_k=\sqrt{knR\lambda}$ D. $r_k=\sqrt{\dfrac{k\lambda}{nR}}$

2. 由两块平板玻璃构成一空气劈尖,用单色光垂直照射,若将下面的玻璃板缓慢向下平移,则干涉条纹的变化是( ).

   A. 向棱边方向平移,条纹间隔变小
   B. 向棱边方向平移,条纹间隔不变
   C. 向底边方向平移,条纹间隔变大
   D. 向底边方向平移,条纹间隔不变

3. 波长为 λ 的单色平行光垂直入射到一狭缝上,若第 1 级暗纹的位置对应的衍射角 $\varphi=\pm\dfrac{\pi}{6}$,则缝宽的大小为( ).

   A. $\dfrac{\lambda}{2}$ B. λ C. 2λ D. 3λ

4. 在光栅光谱中,假如所有偶数级次的主极大都恰好在每缝衍射的暗纹方向上,因而实际上不出现,那么此光栅每个透光缝宽度 a 和相邻两缝间不透光部分宽度 b 的关系为( ).

   A. $a=b$ B. $a=2b$ C. $a=3b$ D. $b=2a$

5. 在双缝干涉实验中,用单色自然光入射双缝,在屏上形成干涉条纹,若在双缝后放一个偏振片,则(   ).

A. 干涉条纹的间距不变,但明纹的亮度加强

B. 干涉条纹的间距不变,但明纹的亮度减弱

C. 干涉条纹的间距变窄,且明纹的亮度减弱

D. 无干涉条纹

6. 一束光是自然光和线偏振光的混合光,让它垂直通过一偏振片,若以此入射光束为轴旋转偏振片,测得透射光强度最大值是最小值的 5 倍,那么入射光束中自然光与线偏振光的光强之比为(   ).

A. $\dfrac{1}{2}$ B. $\dfrac{1}{5}$ C. $\dfrac{1}{3}$ D. $\dfrac{2}{3}$

三、计算题(每题 8 分,共 40 分)

1. 两块折射率为 1.60 的标准平面玻璃之间形成一个劈尖,用波长 $\lambda=600$ nm 的单色光垂直入射,产生等厚干涉条纹.假如我们要求在劈尖内充满 $n=1.4$ 的液体时的相邻明纹间距比劈尖是空气时的间距缩小 $\Delta l=0.5$ mm,那么劈尖角 θ 应是多少?

2. 一束平行光垂直入射到某个光栅上,该光束有两种波长的光,$\lambda_1=440$ nm,$\lambda_2=660$ nm.实验发现,两种波长的谱线(不计中央明纹)第二次重合于衍射角 $\varphi=60°$ 的方向上,求此光栅的光栅常数 d.

3. 把待测金属丝夹在两块平玻璃的一端,使两块玻璃片之间形成空气劈尖,如测题 3-3 图所示.如用钠黄光($\lambda=589.3$ nm)垂直入射,测得干涉条纹间距 $l=0.20$ mm,且自棱边算起数得劈尖上共有 61 条暗纹,求细丝直径及劈尖夹角 θ.

4. 自然光射到平行平板玻璃上,反射光恰为线偏振光,且折射光的折射角为 32°.(1)求自然光的入射角;(2)求玻璃的折射率;(3)说明玻璃后表面的反射光、透射光的偏振状态.

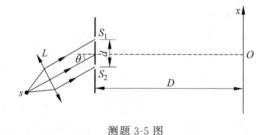

测题 3-3 图

5. 如测题 3-5 图所示的双缝干涉装置,s 为置于透镜 L 焦平面上的线光源(垂直于图面放置),d 为双缝间距,D 为缝屏间距,θ 为平行光与缝面垂线的夹角.求光屏上干涉零级明纹的位置.

测题 3-5 图

第12章 狭义相对论

12.1 教学目标

1. 理解狭义相对论的两个基本假设.
2. 了解洛伦兹坐标变换；理解狭义相对论的时空观（同时的相对性、长度收缩效应、时间膨胀效应）.
3. 了解牛顿力学中的时空观和狭义相对论的时空观两者的差异.
4. 理解狭义相对论中质量和速度的关系，质量和能量的关系.

12.2 知识框架

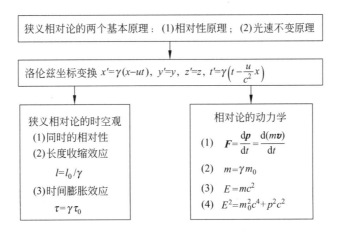

12.3 本章提要

1. 狭义相对论的两个基本原理

(1) 相对性原理：所有惯性系对一切物理定律都是等价的. 或者说，在所有惯性系中，物理定律都有相同的形式.

(2) 光速不变原理：在所有的惯性系中，光在真空中的传播速率具有相同值 c，与光源或观察者的运动无关.

2. 洛伦兹坐标变换、狭义相对论时空观

（1）洛伦兹坐标变换

$$\begin{cases} x' = \gamma(x - ut) \\ y' = y \\ z' = z \\ t' = \gamma\left(t - \dfrac{u}{c^2}x\right) \end{cases} \quad 或 \quad \begin{cases} x = \gamma(x' + ut') \\ y = y' \\ z = z' \\ t = \gamma\left(t' + \dfrac{u}{c^2}x'\right) \end{cases}$$

式中，$\gamma = 1/\sqrt{1-\beta^2}$，$\beta = u/c$，$c$ 为光速.

（2）同时的相对性

某惯性系同时异地发生的两个事件，在其他惯性系中不同时；同时同地发生的两个事件，在其他惯性系中也同时.

$$\Delta t' = t'_2 - t'_1 = -\gamma \dfrac{u}{c^2}(x_2 - x_1)$$

（3）长度收缩效应

物体相对观察者静止时，其长度测量值最长，称为静止长度 l_0；物体相对观察者运动时，在其运动方向上长度测量值 l 是其静止长度的 γ 分之一，即

$$l = l_0/\gamma$$

（4）时间膨胀效应

某惯性系中同一地点先后发生的两事件的时间间隔最短，称为固有时间 τ_0；在其他相对运动的惯性系中，上述两事件的时间间隔 τ 将变长.

$$\tau = \gamma \tau_0$$

3. 狭义相对论动力学

（1）质-速关系

$$m = m_0 \Big/ \sqrt{1 - \dfrac{u^2}{c^2}} = \gamma m_0$$

（2）相对论动量

$$\boldsymbol{p} = m\boldsymbol{u} = \gamma m_0 \boldsymbol{u}$$

（3）质-能关系

$$E = mc^2$$

（4）能量-动量关系

$$E^2 = m_0^2 c^4 + p^2 c^2$$

12.4 检 测 题

检测点 1：下列结论中符合经典时空观的是：(a)在某一参考系中同时发生的事件，在其他参考系中也同时发生；(b)时间间隔不随参考系的改变而变化；(c)空间距离不随参考系的改变而变化.

答：(a)符合；(b)符合；(c)符合.

检测点 2：关于经典力学和相对论,下面说法是否正确：经典力学包含于相对论之中,经典力学是相对论的特例.

答：正确.

检测点 3：狭义相对论的形容词"狭义"所指的参考系是惯性参考系还是非惯性参考系？

答：惯性参考系.

检测点 4：宇航员在速度为 $0.5c$ 的飞船上,打开一个光源,在垂直飞船前进方向地面上的观察者和在地面上任何地方的观察者看到的光速是否都是光速 c.

答：都是光速 c.

检测点 5：观察者 S 认定一个事件的时空坐标是 $x=100 \text{ km}$ 和 $t=200 \text{ μs}$. 在沿 x 轴正向以速率 $0.6c$ 相对于 S 运动的参考系 S' 中此事件的时空坐标是多少？假定 $t=t'=0$ 时 $x=x'=0$.

答：$x'=80 \text{ km}, t'=0$.

检测点 6：在地面上有一长 100 m 的跑道,运动员从起点跑到终点,用时 10 s,现从以 $0.8c$ 速度沿跑道向前飞行的飞船中观察,跑道有多长？

答：60 m.

检测点 7：在粒子对撞机中,有一个电子经过高压加速,速度达到光速的 0.6 倍,试求此时电子质量变为静止时的多少倍？

答：1.25.

检测点 8：动能为 1 GeV 的电子和动能为 1 GeV 的质子相比较,总能量是较大、较小、还是相等？

答：较小.

检测点 9：粒子的静止质量为 m_0,当其动能等于其静能时,其质量和动量各等于多少？

答：质量 $2m_0$；动量 $\sqrt{3} \, m_0 c$.

提示：由题意知
$$E_k = mc^2 - m_0 c^2 = m_0 c^2 \quad (\text{静止能量})$$

解得
$$m = 2m_0$$

根据相对论能量和动量的关系：$E^2 = p^2 c^2 + E_0^2$
$$p = \sqrt{\frac{E^2 - E_0^2}{c^2}} = \sqrt{\frac{(2m_0)^2 c^4 - m_0^2 c^4}{c^2}} = \sqrt{3} \, m_0 c$$

12.5 自我检测题

12.1 节 自我检测(经典时空观及其局限性)

12.1.1 判断题

12.1.1.1 判断下列说法是否正确. 根据经典时空观,在某惯性系中,同地同时发生的两事件,则在其他惯性系中此两事件是同时的.

答案:正确.

提示:经典时空观.

12.1.1.2 判断下列说法是否正确.根据经典时空观,在某惯性系中,异地同时发生的两事件,则在其他惯性系中此两事件是不同时的.

答案:错误.

提示:经典时空观.

12.1.1.3 判断下列说法是否正确.经典力学认为:力学规律对一切惯性系都是等价的.

答案:正确.

提示:力学相对性原理.

12.1.2 选择题

12.1.2.1 下列说法不属于经典力学时空观中结论的是( ).

A. 同时是绝对的   B. 时间间隔是绝对的

C. 质量是相对的   D. 空间距离是绝对的

答案:C.

提示:经典时空观.

12.2 节 自我检测(狭义相对论时空观)

12.2.1 判断题

12.2.1.1 判断下列说法是否正确.相对论时空观中,运动物体长度收缩与物体线度的热胀冷缩是一回事.

答案:错误.

提示:相对论时空观中,运动物体的长度收缩与物体线度的热胀冷缩不是一回事.因为热胀冷缩是物体由于温度变化,内部结构发生变化而引起的;而运动物体的长度收缩是一种相对论效应,物体内部结构并没有发生变化.

12.2.1.2 判断下列说法是否正确.根据相对论的时空观,在某个惯性系中,同时、同地发生的事件,在所有其他惯性系中也一定是同时、同地发生的.

答案:正确.

提示:由公式 $t'_2-t'_1=-\gamma \dfrac{u}{c^2}(x_2-x_1)$,$x'=\gamma(x-ut)$,$x_2=x_1$ 可得.

12.2.1.3 判断下列说法是否正确.根据相对论的时空观,在某个惯性系中有两个事件,同时发生在不同地点,而在对该系有相对运动的其他惯性系中,这两个事件却一定不同时.

答案:正确.

提示:由公式 $t'_2-t'_1=-\gamma \dfrac{u}{c^2}(x_2-x_1)$,$x_2\neq x_1$ 可得.

12.2.2 选择题

12.2.2.1 下列说法不正确的是( ).

A. 经典力学只适用于宏观物体和低速运动的问题

B. 20世纪初,爱因斯坦提出了狭义相对论,引起人们对时空认识的革命

C. 运动的人观察静止尺子发现长度变长了,静止的人观察运动的尺子发现长度变短了

D. 17世纪末,牛顿采用归纳与演绎、综合与分析的方法,建立了完整的经典力学体系,使物理学从此成为一门系统性的自然科学

答案:C.

提示:经典时空观,狭义相对论时空观.

12.2.2.2 S 系中发生的两个事件 P_1 和 P_2,其时空坐标为 $P_1(x_1,t),P_2(x_2,t)$.若 S' 系以速度 u 相对 S 系沿 x 轴方向高速运动,S' 系测得这两个事件必定是( ).

A. 同时事件　　　　　　　　B. 不同地点发生的同时事件

C. 既非同时,也非同地　　　D. 无法确定

答案:C.

提示:由洛伦兹变换有 $\Delta t'=\gamma\left(\Delta t-\dfrac{u}{c^2}\Delta x\right),\Delta x'=\gamma(\Delta x-u\Delta t)$.一个惯性系中两个不同地点 $\Delta x\neq 0$ 的同时事件 $\Delta t=0$,在另一惯性系中既不同时,也不同地.

12.2.2.3 一火箭的固有长度为 L,相对于地面作匀速直线运动的速度为 v_1,火箭上有一个人从火箭的后端向火箭的前端上的一个靶子发射一颗相对于火箭的速度为 v_2 的子弹.在火箭上测得子弹从射出到击中靶子的时间间隔是( ).

A. $\dfrac{L}{v_1+v_2}$　　　B. $\dfrac{L}{v_1-v_2}$　　　C. $\dfrac{L}{v_2\sqrt{1-(v_1/c)^2}}$　　　D. $\dfrac{L}{v_2}$

答案:D.

提示:经典时空观.

12.2.2.4 某种介子静止时的寿命是 10^{-8} s,若它以 $u=2\times 10^8$ m·s^{-1} 的速度运动,它能飞行的距离 l 为( ).

A. 10^{-3} m　　　B. 2 m　　　C. $6/\sqrt{5}$ m　　　D. $\sqrt{5}$ m

答案:C.

提示:$\tau=\gamma\tau_0=\dfrac{10^{-8}}{\sqrt{1-\left(\dfrac{2\times 10^8}{3\times 10^8}\right)^2}}=\dfrac{3\times 10^{-8}}{\sqrt{5}}$ s,飞行的距离 $l=u\tau=2\times 10^8\times\dfrac{3\times 10^{-8}}{\sqrt{5}}$ m $=6/\sqrt{5}$ m.

12.3节　自我检测(相对论动力学)

12.3.1　判断题

12.3.1.1 判断下列计算是否正确.有一粒子静止质量为 m_0,现以速度 $v=0.8c$ 运动,有人在计算它的动能时,用了以下的方法.首先计算粒子质量:

$$m=\dfrac{m_0}{\sqrt{1-\dfrac{v^2}{c^2}}}=m_0/0.6$$

再根据动能公式,则有

$$E_k = \frac{1}{2}mv^2 = \frac{1}{2}\frac{m_0}{0.6}(0.8c)^2 = 0.533 m_0 c^2$$

该计算正确吗？（　　）

答案：错误.

提示：用 $E_k = \frac{1}{2}mv^2$ 计算粒子动能是错误的. 因为相对论动能公式的形式和经典物理的不同，不是 $\frac{1}{2}mv^2$，相对论动能公式为 $E_k = mc^2 - m_0 c^2$，因此

$$E_k = mc^2 - m_0 c^2 = \frac{m_0}{\sqrt{1-\left(\frac{v}{c}\right)^2}}c^2 - m_0 c^2$$

$$= \frac{m_0 c^2}{0.6} - m_0 c^2 = 0.667 m_0 c^2$$

12.3.1.2 判断下列说法是否正确. 在正负电子的湮没过程中，总质量守恒.（　　）.

答案：正确.

提示：一个封闭系统的总质量是守恒的，但不是静止质量守恒，而是相对论质量的守恒. 正负电子湮没时，产生两个 γ 光子，与正负电子相应的静质量全部转化为光子的动质量（$m = E/c^2$），总质量守恒.

12.3.2 选择题

12.3.2.1 某核电站年发电量为 100 亿度，它等于 3.6×10^{16} J 的能量. 如果这些能量是由核材料的全部静止能量转化而来，则该核电站每年所要消耗的核材料的质量为（　　）.

A. 0.4 kg　　　B. 0.8 kg　　　C. 1.2×10^8 kg　　　D. $\frac{1}{12} \times 10^7$ kg

答案：A.

提示：$E_0 = m_0 c^2 = 3.6 \times 10^{16}$ J，$m_0 = \frac{E_0}{c^2} = 0.4$ kg.

12.3.2.2 一中子的静止能量 $E_0 = 900$ MeV，动能 $E_k = 60$ MeV，则中子的速率是（　　）.

A. $0.30c$　　　B. $0.35c$　　　C. $0.40c$　　　D. $0.45c$

答案：B.

提示：$E_k = mc^2 - m_0 c^2 = \frac{m_0 c^2}{\sqrt{1-\frac{v^2}{c^2}}} - m_0 c^2$，$\frac{E_k}{E_0} = \frac{1}{\sqrt{1-\frac{v^2}{c^2}}} - 1 = \frac{60}{900}$，所以 $v = 0.35c$.

12.3.2.3 一物体由于运动速度的加快而使其质量增加了 10%，则此物体在运动方向上的长度缩短了（　　）.

A. 10%　　　B. 90%　　　C. $\frac{10}{11}$　　　D. $\frac{1}{11}$

答案：C.

提示：$m = \dfrac{m_0}{\sqrt{1-\dfrac{v^2}{c^2}}}$，$\dfrac{m}{m_0} = \dfrac{1}{\sqrt{1-\dfrac{v^2}{c^2}}}$，$\sqrt{1-\dfrac{v^2}{c^2}} = \dfrac{10}{11}$，而 $l = l_0/\gamma$，$\dfrac{l}{l_0} = \sqrt{1-\dfrac{v^2}{c^2}} = \dfrac{10}{11}$，故

$$\dfrac{l_0 - l}{l_0} = 1 - \dfrac{l}{l_0} = 1 - \dfrac{10}{11} = \dfrac{1}{11}.$$

12.6 典型例题

例 12-1 一根米尺沿着它的长度方向相对于你以 $u = 0.6c$ 的速度运动，问米尺经过你面前要花多长时间？

解 观测者观测到米尺的长度为

$$L = \dfrac{1}{\gamma} L_0 = \sqrt{1-\dfrac{u^2}{c^2}} = 0.8 \text{ m}$$

米尺经过观测者所需要的时间为

$$\Delta t = \dfrac{L}{u} = 4.4 \times 10^{-9} \text{ s}$$

例 12-2 设某微观粒子的总能量是它静止能量的 k 倍，则其运动速度的大小为多少？

解 根据题意可知 $\dfrac{mc^2}{m_0 c^2} = k$，将 $m = \dfrac{m_0}{\sqrt{1-\dfrac{u^2}{c^2}}}$ 代入上式得粒子运动的速度为

$$u = \dfrac{c}{k}\sqrt{k^2 - 1}$$

例 12-3 要使电子的速度从 $v_1 = 1.2 \times 10^8$ m·s^{-1} 增加到 $v_2 = 2.4 \times 10^8$ m·s^{-1}，必须对它做多少功？（电子质量 $m_0 = 9.11 \times 10^{-31}$ kg.）

解 当电子的速度为 v_1 时，它所具有的能量为

$$E_1 = m_1 c^2 = \dfrac{m_0}{\sqrt{1-\dfrac{v_1^2}{c^2}}} \cdot c^2$$

当电子的速度为 v_2 时，它所具有的能量为

$$E_2 = m_2 c^2 = \dfrac{m_0}{\sqrt{1-\dfrac{v_2^2}{c^2}}} \cdot c^2$$

所以必须对它做的功为

$$W = E_2 - E_1 = m_0 c^2 \left[\dfrac{1}{\sqrt{1-\left(\dfrac{v_2}{c}\right)^2}} - \dfrac{1}{\sqrt{1-\left(\dfrac{v_1}{c}\right)^2}}\right] = 2.95 \times 10^5 \text{ eV}$$

例 12-4 在某地发生两个事件，静止在该地的甲测得时间间隔为 4 s，若相对于甲作匀

速直线运动的乙测得的时间间隔为 5 s,则乙相对于甲的速度为多少?

解 静止坐标系测得的时间为固有时间 $\Delta t' = 4$ s,运动观测者测得的时间间隔为 Δt,根据时间的膨胀效应有

$$\Delta t = \frac{\Delta t'}{\sqrt{1-\frac{u^2}{c^2}}}$$

解得

$$u = \frac{3}{5}c$$

例 12-5 (1)一个动能是 2.53 MeV 电子的总能量是多少?(2)电子动量的大小 p 是多少 MeV/c?

解 (1)电子的静能 mc^2 为

$$mc^2 = 9.109 \times 10^{-31} \times 2.998 \times 10^8 \text{ J}$$
$$= 8.187 \times 10^{-14} \text{ J} = 0.511 \text{ MeV}$$

电子的总能量

$$E = mc^2 + E_k = 0.511 + 2.53 \text{ MeV} \approx 3.04 \text{ MeV}$$

$$u = \frac{3}{5}c$$

(2)由能量-动量关系 $E^2 = m_0^2 c^4 + p^2 c^2$ 可得

$$p = \sqrt{E^2 - m_0^2 c^4}/c$$
$$= \sqrt{(3.04)^2 - (0.511)^2}/c = 3.00 \text{ MeV}/c$$

12.7 练习题精解

12-1 1905 年,爱因斯坦在_____实验的事实上提出了狭义相对论的两个基本假设_____原理和_____原理.

答案:迈克耳孙-莫雷实验,相对性,光速不变.

提示:狭义相对论产生的历史背景.

12-2 地面上一旗杆高 2.6 m,在以 0.6c 的速率竖直上升的火箭上的乘客观测,此旗杆的高度为_____.

答案:2.08 m.

提示:$l = l_0/\gamma = 2.6 \times \sqrt{1-\left(\frac{0.6c}{c}\right)^2} = 2.08$ m.

12-3 在地球上进行的一场足球赛持续了 90 min,在以 0.80c 的速率飞行的火箭中的乘客看来,这场球赛进行了_____ min.

答案:150.

提示:$\tau = \gamma \tau_0 = \dfrac{90 \text{ min}}{\sqrt{1-\left(\frac{0.8c}{c}\right)^2}} = 150$ min.

第 12 章 狭义相对论

12-4 边长为 a 的正三角形,沿着一棱边的方向以 $0.6c$ 高速运动,则在地面看来该运动正三角形的面积为_____.

答案：$\frac{\sqrt{3}}{5}a^2$.

提示：正三角形的高保持原高不变,$h = \frac{\sqrt{3}}{2}a$;底边长度为 $a' = a/\gamma = a \times \sqrt{1-\left(\frac{0.6c}{c}\right)^2} = 0.8a$;三角形的面积为 $S = \frac{1}{2}ha' = \frac{\sqrt{3}}{5}a^2$.

12-5 设电子的静质量为 m_0,将一个电子由静止加速到速率为 $u = 0.6c$,试计算需做功为_____,这时电子的质量增加了_____倍.

答案：$0.25 m_0 c^2$; 0.25.

提示：$W = mc^2 - m_0 c^2 = \frac{m_0 c^2}{\sqrt{1-\frac{u^2}{c^2}}} - m_0 c^2 = \left(\frac{1}{0.8} - 1\right)m_0 c^2 = 0.25 m_0 c^2$.

12-6 关于狭义相对论,下列几种说法中,错误的是( ).

A. 一切运动物体的速度都不能大于真空中的光速
B. 在任何惯性系中,光在真空中沿任何方向的传播速率都相同
C. 在真空中,光的速度与光源的运动状态无关
D. 在真空中,光的速度与光的频率有关

答案：D.

提示：根据狭义相对论的光速不变原理可得出结论.

12-7 某种介子静止时的寿命是 10^{-8} s,若它以 $u = 2 \times 10^8$ m·s^{-1} 的速度运动,它能飞行的距离 l 为( ).

A. 10^{-3} m　　B. 2 m　　C. $6/\sqrt{5}$ m　　D. $\sqrt{5}$ m

答案：C.

提示：$\tau = \gamma \tau_0 = \frac{10^{-8} \text{ s}}{\sqrt{1-\left(\frac{2\times 10^8}{3\times 10^8}\right)^2}} = \frac{3 \times 10^{-8}}{\sqrt{5}}$ s,飞行的距离 $l = v\Delta t = 2 \times 10^8 \times \frac{3 \times 10^{-8}}{\sqrt{5}}$ m $= 6/\sqrt{5}$ m.

12-8 关于相对论质量公式 $m = m_0 \Big/ \sqrt{1-\left(\frac{v}{c}\right)^2}$,下列说法正确的有( ).

A. 式中的 m_0 是物体以速度 v 运动时的质量
B. 当物体运动的速度 $v > 0$ 时,物体的质量 $m > m_0$,即物体的质量改变了,故经典力学不适用,是不正确的
C. 当物体以较小的速度运动时,质量的变化十分微弱,经典力学理论仍然适用,只有当物体以接近光速运动时,质量变化才明显,故经典力学适用于低速运动,而不适用于高速运动

D. 通常由于物体运动的速度太小,故质量的变化引不起我们的感觉,在分析地球上物体的运动时,不必考虑质量的变化

答案：C,D.

提示：相对论的质速关系.

12-9 如果宇航员驾驶一艘宇宙飞船以接近于光速朝一星体飞行,他是否可以根据下述变化发觉自己是在运动?(   ).(提示:宇航员相对于宇宙飞船惯性系的相对速度为零,他不可能发现自身的变化.)

A. 他的质量在减少

B. 他的心脏跳动在慢下来

C. 他永远不能由自身的变化知道他是否在运动

D. 他在变大

答案：C.

提示：经典时空观,狭义相对论时空观.

12-10 物体相对于观察者静止时,其密度为 ρ_0,若物体以高速 u 相对于观察者运动,观察者测得物体的密度为 ρ,则 ρ 与 ρ_0 的关系为(   ).

A. $\rho > \rho_0$ B. $\rho = \rho_0$ C. $\rho < \rho_0$ D. 无法确定

答案：A.

提示：由质速关系和相对论的长度收缩效应可知,当物体以高速 u 运动时,其质量增大而体积减小,所以它的密度 $\rho = m/V$ 增大,即 $\rho > \rho_0$.

12-11 设有两个惯性系 S 和 S',在 $t = t' = 0$ 时,$x = x' = 0$. 若有一事件,在 S' 系中发生在 $t' = 8.0 \times 10^{-8}$ s, $x' = 60$ m, $y' = 0$, $z' = 0$ 处. 若 S' 系相对 S 系以速率 $0.6c$ 沿 xx' 轴运动,问该事件在 S 系中的时空坐标各为多少?

解 由洛伦兹坐标逆变换可得该事件在 S 系中的时空坐标为

$$x = \gamma(x' + ut') = 93 \text{ m}$$

$$y = y' = 0$$

$$z = z' = 0$$

$$t = \gamma\left(t' + \frac{u}{c^2}x'\right) = 2.5 \times 10^{-7} \text{ s}$$

12-12 (1) 一静止长度为 4.0 m 的物体,若以速率 $0.6c$ 沿 x 轴相对某惯性系运动. 试问从该惯性系来测量此物体的长度为多少?

(2) 若从一惯性系中测得宇宙飞船的长度为其静止长度的一半,试问宇宙飞船相对此惯性系的速率为多少(以光速 c 表示)?

解 (1) 由长度收缩公式

$$l = l_0/\gamma = 3.2 \text{ m}$$

(2) 设宇宙飞船的固有长度为 l_0,它相对于惯性系的速率为 v,而从此惯性系测得宇宙飞船的长度为 $l_0/2$,根据长度收缩公式

$$l_0/2 = l_0/\gamma = l_0\sqrt{1 - \left(\frac{u}{c}\right)^2}$$

解得

$$u = \frac{\sqrt{3}}{2}c \approx 0.866c$$

12-13 一根米尺静止在 S' 系中,与 x' 轴成 $30°$. 如果在 S 系中测得该米尺与 x 轴的夹角为 $45°$,试求 S' 系的速度与在 S 系中测得的米尺长度.

解 如题 12-13 解图所示,由题意知

$$\Delta x' = L_0 \cos 30° = \frac{\sqrt{3}}{2} \text{ m}$$

$$\Delta y' = L_0 \sin 30° = \frac{1}{2} \text{ m}$$

$$\Delta x = \Delta y \cot 45° = \Delta y = \Delta y' = \frac{1}{2} \text{ m}$$

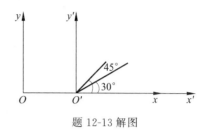

题 12-13 解图

根据长度收缩效应

$$\Delta x = \Delta x' \sqrt{1 - \frac{u^2}{c^2}}$$

解得

$$u = 0.816c$$

在 S 系中测得米尺的长度为: $L = \sqrt{\Delta x^2 + \Delta y^2} = \frac{\sqrt{2}}{2} \text{ m} = 0.707 \text{ m}$

12-14 一静止体积为 V_0,静止质量为 m_0 的立方体沿其一棱边以速率 u 运动时,计算其体积、质量和密度.

解 设立方体沿其一棱边 a_0 以速率 u 运动,由长度收缩公式,该棱边的长度为

$$a = a_0/\gamma = a_0 \sqrt{1 - \frac{u^2}{c^2}}$$

立方体的其他两边 b_0 和 c_0 因和运动方向垂直,长度未发生变化. 所以立方体的体积为

$$V = ab_0c_0 = V_0 \sqrt{1 - \frac{u^2}{c^2}}$$

由相对论的质-速关系

$$m = m_0 \Big/ \sqrt{1 - \frac{u^2}{c^2}}$$

立方体的密度为

$$\rho = m/V = m_0 \Big/ V_0 \left(1 - \frac{u^2}{c^2}\right)$$

12-15 静止长度为 130 m 的宇宙飞船以速率 $0.740c$ 飞过一计时站. (1)计时站测得的宇宙飞船长度是多少? (2)计时站记录的飞船的头和尾经过的时间间隔是多少?

解 (1)由长度收缩公式,计时站测得的飞船长度为

$$l = l_0/\gamma = 130 \times \sqrt{1 - \frac{(0.740c)^2}{c^2}} = 87.4 \text{ m}$$

(2) 计时站记录的飞船的头和尾经过的时间间隔为

$$t = l/u = 87.4/0.740c = 394 \text{ ns}$$

12-16 半人马星座 α 星是离太阳系最近的恒星,它距地球为 4.3×10^{16} m. 设有一宇宙飞船自地球往返于半人马星座 α 星之间.(1)若宇宙飞船的速率为 $0.999c$,按地球上时钟计算,飞船往返一次需多少时间?(2)如以飞船上时钟计算,往返一次的时间又为多少?

解 (1) 由于题中恒星与地球的距离 l 和宇宙飞船的速度 v 均是地球上的观察者所测量的,故飞船往返一次,地球时钟所测时间间隔为

$$\Delta t = \frac{2S}{v} = 2.87 \times 10^8 \text{ s}$$

(2) 以飞船上的时钟计算,飞船往返一次的时间间隔为

$$\Delta t' = \Delta t \sqrt{1 - v^2/c^2} = 1.28 \times 10^7 \text{ s}$$

12-17 静止的 μ 子的平均寿命测定为 2.2 μs. 在地球上测得的在宇宙射线的簇射中高速 μ 子的平均寿命为 16 μs. 求这些宇宙射线 μ 子相对地球的速率?

解 由时间膨胀效应公式

$$\tau = \gamma \tau_0 = \frac{\tau_0}{\sqrt{1 - \frac{u^2}{c^2}}}$$

其中 $\tau_0 = 2.2$ μs, $\tau = 16$ μs, 解得

$$u = 0.99c$$

12-18 一个不稳定的高能粒子进入一探测器并在衰变前留下一条长 1.05 mm 的径迹,它对探测器的相对速率是 $0.992c$,它的固有寿命是多长?

解 高能粒子相对探测器的寿命为

$$\tau = \frac{1.05 \times 10^{-3}}{0.992c} \text{ s}$$

由时间膨胀效应公式

$$\tau = \gamma \tau_0 = \frac{\tau_0}{\sqrt{1 - \frac{u^2}{c^2}}}$$

可得

$$\tau_0 = \tau \sqrt{1 - \frac{u^2}{c^2}} = 0.445 \text{ ps}$$

12-19 在地球-月球系中测得地球到月球的距离为 3.844×10^8 m, 一火箭以 $0.8c$ 的速率沿着从地球到月球的方向飞行,先经过地球,之后又经过月球.问在地球-月球系和火箭系中观测,火箭由地球飞向月球各需多少时间?

解 在地球-月球系中观测,火箭由地球飞向月球需要的时间为

$$\Delta t_1 = \frac{S}{v} = \frac{3.844 \times 10^8}{0.8 \times 3 \times 10^8} \text{ s} = 1.6 \text{ s}$$

由题意知 $\gamma = \dfrac{1}{\sqrt{1-\left(\dfrac{0.8c}{c}\right)^2}} \approx 1.67$，在火箭系中观测，火箭由地球飞向月球需要的时间为

$$\Delta t_2 = \dfrac{\Delta t_1}{\gamma} = 0.96 \text{ s}$$

12-20 太阳的辐射能来自其内部的核聚变反应．太阳每秒钟向周围空间辐射出的能量约为 5×10^{26} J·s^{-1}，由于这个原因，太阳每秒钟减少多少质量？计算这个质量同太阳目前的质量 2×10^{30} kg 的比值．

解 由相对论的质-能关系
$$\Delta E = \Delta m c^2$$
太阳每秒钟减少的质量为
$$\Delta m = \Delta E / c^2 \approx 5.6 \times 10^9 \text{ kg}$$
太阳每秒钟减少的质量和太阳目前的质量比值为
$$5.6 \times 10^9 / 2 \times 10^{30} = 2.8 \times 10^{-21}$$

12-21 两个静质量都为 m_0 的粒子，其中一个静止，另一个以 $u_0 = 0.8c$ 运动，它们对心碰撞以后粘在一起，求碰撞后合成粒子的静质量．

解 运动粒子的动量为
$$p = m u_0 = \dfrac{m_0}{\sqrt{1-\dfrac{u_0^2}{c^2}}} \cdot u_0 = \dfrac{m_0}{0.6} \cdot 0.8c = \dfrac{4 m_0 c}{3}$$

由动量守恒定律可知，碰撞后合成粒子的动量为
$$\dfrac{M_0 v}{\sqrt{1-\left(\dfrac{v}{c}\right)^2}} = \dfrac{4 m_0 c}{3} \tag{1}$$

合成粒子的总能量为
$$E = M c^2 = m_0 c^2 + \dfrac{m_0}{\sqrt{1-\left(\dfrac{u_0}{c}\right)^2}} \cdot c^2 = \dfrac{8}{3} m_0 c^2$$

于是对于合成粒子有
$$M = \dfrac{M_0}{\sqrt{1-\left(\dfrac{v}{c}\right)^2}} = \dfrac{8}{3} m_0 \tag{2}$$

联立式(1),式(2)，解得合成粒子的静止质量为 $M_0 = 2.31 m_0$．

12-22 粒子的静止质量为 m_0，当其动能等于其静能时，其质量和动量各等于多少？

解 由题意知 $E_k = mc^2 - m_0 c^2 = m_0 c^2$（静止能量），解得
$$m = 2 m_0$$
根据相对论能量和动量的关系：$E^2 = p^2 c^2 + E_0^2$ 得
$$p = \sqrt{\dfrac{E^2 - E_0^2}{c^2}} = \sqrt{\dfrac{(2 m_0)^2 c^4 - m_0^2 c^4}{c^2}} = \sqrt{3} m_0 c$$

12-23 一个粒子的动量是按非相对论动量算得的 2 倍,问该粒子的速率是多少?

解 根据题意可知

$$\frac{p}{p_0} = \frac{\frac{m_0}{\sqrt{1-v^2/c^2}}v}{m_0 v} = 2$$

可得

$$v = \frac{\sqrt{3}}{2}c = 2.60 \times 10^8 \text{ m} \cdot \text{s}^{-1}$$

12-24 把一个静止质量为 m_0 的粒子由静止加速到速率为 $0.1c$ 所需做的功是多少? 由速率 $0.89c$ 加速到速率 $0.99c$ 所需做的功又是多少?

解 设 W 为粒子由静止加速到 $v = 0.1c$ 时所需做的功,由相对论功能关系有

$$W = mc^2 - m_0 c^2 = \frac{m_0 c^2}{\sqrt{1-v^2/c^2}} - m_0 c^2$$

$$= \left[\frac{1}{\sqrt{1-(0.1)^2}} - 1\right] m_0 c^2 = 0.005 m_0 c^2$$

同理,粒子由速度 $0.89c$ 加速到速度为 $0.99c$ 时所需做的功为

$$W = m_2 c^2 - m_1 c^2 = \frac{m_0 c^2}{\sqrt{1-v_2^2/c^2}} - \frac{m_0 c^2}{\sqrt{1-v_1^2/c^2}}$$

$$= \left[\frac{1}{\sqrt{1-0.99^2}} - \frac{1}{\sqrt{1-0.89^2}}\right] m_0 c^2 = 4.9 m_0 c^2$$

12-25 计算如下两个问题:

(1) 一弹簧的劲度系数为 $k = 10^3 \text{ N} \cdot \text{m}^{-1}$,现将其拉长了 0.05 m,求弹簧对应于弹性势能的增加而增加的质量.

(2) 1 kg 100℃的水,冷却至 0℃时放出的热量是多少? 水的质量减少了多少?

解 (1) 将弹簧拉伸后,弹性势能的增量为

$$E_p = \frac{1}{2}kx^2 = \frac{1}{2} \times 10^3 \times 0.05^2 = 1.25 \text{ J}$$

由相对论质能关系可知弹簧相应的质量增量为

$$\Delta m = \frac{E_p}{c^2} = \frac{1.25}{(3 \times 10^8)^2} \text{ kg} = 1.39 \times 10^{-17} \text{ kg}$$

(2) 1 kg 的水降温时放出热量为

$$Q = cm\Delta t = 4200 \times 1 \times 100 \text{ J} = 4.2 \times 10^5 \text{ J}$$

同理,相应减少的质量为

$$\Delta m = \frac{\Delta E}{c^2} = \frac{Q}{c^2} = \frac{4.2 \times 10^5}{(3 \times 10^8)^2} \text{ kg} = 4.66 \times 10^{-12} \text{ kg}$$

以上两种情况的质量变化是很难测量的,可见在一般物体的能量交换(或化学反应或热量传递)等过程中,系统的质量改变都小到观测不出的程度,所以完全可以忽略不计.

第13章 量子物理基础

13.1 教学目标

1. 了解黑体辐射的特征,理解普朗克能量子假设;了解光电效应的特征,理解爱因斯坦光子假设;了解氢原子的光谱特征,理解玻尔的量子论.

2. 了解德布罗意假设及电子衍射实验,理解微观粒子的波粒二象性,掌握德布罗意关系式及不确定关系式.

3. 了解波函数及其统计假设;了解一维定态的薛定谔方程;了解薛定谔方程处理一维无限深方势阱的方法,掌握波函数所必须满足的条件.

13.2 知识框架

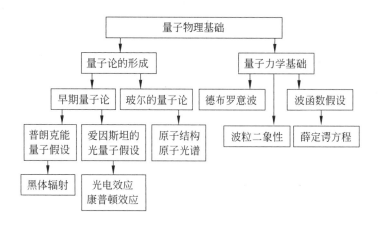

13.3 本章提要

1. 量子论的形成

(1) 黑体辐射和普朗克能量子假设

热辐射:物体由其温度所决定的电磁辐射称为热辐射.

单色辐射出射度：$e(\lambda,T) = \dfrac{\mathrm{d}E_\lambda}{\mathrm{d}\lambda} = \dfrac{2\pi hc^2}{\lambda^5} \cdot \dfrac{1}{\mathrm{e}^{hc/\lambda kT} - 1}$. h 为普朗克常量.

普朗克能量子假设：
① 组成腔壁的原子、分子可视为带电的一维线性谐振子，电谐振子能够和周围的电磁场交换能量.
② 每个电谐振子的能量不是任意的数值，频率为 ν 的电谐振子，其能量只能为 $h\nu,2h\nu,3h\nu,\cdots$ 分立值.
③ 当电谐振子从它的一个能量状态变化到另一个能量状态时，它所辐射或吸收的能量只能是 $h\nu$ 的整数倍. $h\nu$ 被称为能量子.

(2) 光电效应和爱因斯坦光子假设

光电效应：一定频率的光照射到金属表面时，电子从金属表面逸出的现象，称为光电效应.

光电效应方程：$\dfrac{1}{2}mv_m^2 = h\nu - W$

爱因斯坦光子假设：物质不仅在吸收或发射电磁辐射时，能量是量子化的，而且电磁辐射在传播过程中，能量也是量子化的. 光是一束速度为光速 c 的粒子流，这一粒子就是光子.

光的波粒二象性：光的干涉、衍射、偏振证明了光的波动性；光电效应、康普顿效应证明了光的粒子性. $E = h\nu, p = \dfrac{h}{\lambda}, m = \dfrac{h}{c\lambda}$.

(3) 康普顿效应：X 射线照射物质后散射光波长改变的现象

$$\Delta\lambda = \lambda' - \lambda = 2\lambda_C \sin^2 \dfrac{\theta}{2}$$

其中 $\lambda_C = \dfrac{h}{m_0 c} = 0.002\ 426\ 310\ 58$ nm 为电子的康普顿波长.

(4) 原子结构与原子光谱　玻尔的量子论

原子结构：卢瑟福通过大角散射实验确定了原子的核式结构模型.

原子光谱：$\dfrac{1}{\lambda} = R\left(\dfrac{1}{m^2} - \dfrac{1}{n^2}\right)$，其中 $n > m$，$R = 1.097\ 373 \times 10^7$ m^{-1}，称为里德伯常量.

玻尔的量子论：
① 定态假设：能级分立或能量量子化；
② 跃迁假设：$\nu_{nm} = \dfrac{E_n - E_m}{h}$；
③ 角动量量子化假设：轨道量子化，$L = n \cdot \dfrac{h}{2\pi}$，其中 $n = 1,2,\cdots$ 称为主量子数.

2. 实物粒子的波粒二象性

(1) 德布罗意假设：任何实物粒子和光子一样，都具有波粒二象性.

(2) 德布罗意公式：$E = mc^2 = h\nu$；$p = mv = \dfrac{h}{\lambda}$.

(3) 不确定关系：$\Delta x \cdot \Delta p_x \geq \dfrac{\hbar}{2}$.

3. 物质波的波函数及薛定谔方程

(1) 波函数：$\psi(x,t) = \psi_0 e^{-\frac{i}{\hbar}(Et-px)}$.

(2) 波函数的统计解释：物质波是一种概率波，且 $|\psi(x)|^2$ 称为概率密度.

(3) 波函数的标准条件：单值、有限、连续.

(4) 波函数所满足的归一化条件：$\iiint |\psi(x)|^2 dV = 1$.

(5) 一维定态薛定谔方程：$\dfrac{d^2\psi(x)}{dx^2} + \dfrac{2m}{\hbar^2}(E-V)\psi(x) = 0$.

13.4 检 测 题

检测点 1：炼钢工人为什么凭观察炼钢炉内的颜色就可以估计炉内的温度？

答：将被加热的钢铁视为黑体，由普朗克黑体辐射定律导出的维恩定律（$\lambda_m T = b$ 常数）可以看出，随着温度的升高，被加热的钢铁发出的光的波长要变短，即可以由暗红色变到赤红色、橙色，最后成为黄白色. 如果掌握了颜色变化与对应的温度变化之间的联系规律，就可以凭借炼钢炉内的颜色估计出炉内的温度.

检测点 2：光在什么情况下是波，在什么情况下是粒子？

答：光在传播的过程中，可视为波；光在与物质作用的过程中，可视为粒子.

检测点 3：巴耳末公式之谜是如何破解的？

答：玻尔的量子论成功地解释了氢原子或类氢离子的光谱，在一定程度上反映了原子内部结构的规律性，并得到了光谱实验和弗兰克-赫兹实验的证实，为后来的量子理论奠定了基础.

检测点 4：德布罗意是如何解释玻尔角动量量子化的？

答：玻尔的角动量量子化假设为 $mr_n u_n = n\hbar$，等同于电子绕核运动的圆周周长正好等于电子的德布罗意波长的整数倍，是一种物质驻波. 因此有 $r_n = \dfrac{n\hbar}{mu_n} = \dfrac{nh}{2\pi mu_n}$，电子绕核运行的圆周周长为 $S = 2\pi r = 2\pi \dfrac{nh}{2\pi mu} = n\dfrac{h}{mu} = n\dfrac{h}{p} = n\lambda$，即 $S = n\lambda$.

检测点 5：单个电子有波动性吗？若把质量 60 kg 的人看成一个粒子，试计算其以 $10\text{ m}\cdot\text{s}^{-1}$ 的速率运动时的波长；并与普朗克数量级相比较，能说明什么问题？

答：单个电子是有波动性的，这可用电子的衍射实验来说明.

若把质量 60 kg 的人看成一个粒子，当其以 $10\text{ m}\cdot\text{s}^{-1}$ 的速率运动时

$$\lambda_人 = \frac{h}{P_人} = \frac{h}{m_人 v_人} = \frac{6.63 \times 10^{-34}}{60 \times 10}\text{ m} = (1.67 \times 10^{-3}) \times 6.63 \times 10^{-34}\text{ m}$$

通过计算可知人在一般情况下所发出的波长是普朗克常量的 1.67×10^{-3} 倍，所以人不是微观粒子，只有微观粒子才有明显的波动性.

检测点 6：微观粒子的运动轨道是否存在？为什么？

答：微观粒子的运动轨道不存在. 因为微观粒子具有波动性，所以它的运动轨道是不存在的.

检测点 7：波函数为何必须满足标准化条件和归一化条件？

答：由于一定时刻在空间粒子出现的概率应该是唯一的，不可能既是这个值，又是那个值，并且应该是有限的（应该小于1），又因为在空间各点概率分布应该是连续变化的，所以波函数 $\psi(x,y,z,t)$ 必须是单值、有限、连续的函数，通常把这一条件称为波函数的标准化条件。又因为粒子必定要在空间某一点出现，不在这一点出现，就在另一点出现，它在整个空间各点出现的概率总和必然是1，所以有 $\iiint |\psi|^2 dV = 1$，通常称为波函数的归一化条件。

检测点 8：定态的含义是什么？

答：粒子如果在恒定力场中运动，由于这种问题中势能函数 V 和粒子能量 E 与时间无关，这时粒子就被认为处于定态。

检测点 9：何为宇称？

答：对于能量本征函数（即波函数）而言，经过一个反演变化（即将 x 换成 $-x$）后，存在 $\psi(x) = -\psi(-x)$ 奇对称，或存在 $\psi(x) = \psi(-x)$ 偶对称，我们就说有对称性可言。在量子物理中，就用"宇称"这一词来表征波函数的反演对称性，波函数为奇函数的称为奇宇称，波函数为偶函数的称为偶宇称。

检测点 10：氢原子能否用定态问题来处理？

答：静电学知道，势能函数为 $V = -\dfrac{e^2}{4\pi\varepsilon_0 r}$，式中 e 为电子的电荷，r 为电子离核的距离，V 只是 r 的函数，不随时间变化，所以氢原子可以用定态问题来处理。

13.5 自我检测题

13.1 节　自我检测（量子论的形成）

13.1.1　判断题

13.1.1.1　判断下列说法是否正确。黑体就是绝对黑色的物体。

答：错误。

提示：黑体是一种理想模型，它是在任何温度下，能够对任何波长的电磁辐射能完全吸收而不发生反射和透射的物体。但一般的黑色物体对任何波长的电磁辐射不可能完全吸收而存在一定的反射和透射。黑体在任何温度下，并不一定都是绝对黑色的物体，其颜色是与温度有关的。

13.1.1.2　判断下列说法是否正确。在光电效应实验中，若入射光强增加一倍，光电子从金属表面逸出时的最大初动能将增加。

答：错误。

提示：光电子从金属表面逸出时的最大初动能与入射光的频率有关，与入射光强无关，所以光电子从金属表面逸出时的最大初动能不变。如果入射光的频率增加一倍，光电子从金属表面逸出时的最大初动能将增加。

13.1.1.3　判断下列说法是否正确。在氢原子光谱中，同一谱线系的各相邻谱线间的间隔不相等。

答：正确。

提示：在氢原子光谱中，同一谱线系的各相邻谱线间的间隔不相等.

氢原子光谱公式为 $\frac{1}{\lambda} = R\left(\frac{1}{m^2} - \frac{1}{n^2}\right)$，其中 $R = 1.097373 \times 10^7 \text{ m}^{-1}$，$m = 1, 2, 3, \cdots$，$n = m+1, m+2, m+3, \cdots$.

对于巴耳末线系而言：$m = 2$，$n = 3, 4, 5, \cdots$，由氢原子光谱公式可见，取不同的 n，将得到不同的 $\frac{1}{\lambda}$，且 $\frac{1}{\lambda}$ 不是随 n 线性增加，n 越大相邻谱线间的间隔越小.

13.1.2 选择题

13.1.2.1 光电效应和康普顿效应都包含有电子与光子的相互作用，仅就电子和光子的相互作用而言，下列说法正确的是（　　）.

A. 两种效应都属于光子和电子的弹性碰撞过程，都遵守动量守恒定律
B. 康普顿效应遵守动量守恒和能量守恒定律，而光电效应只遵从能量守恒定律
C. 两种效应都同时遵守动量守恒定律和能量守恒定律
D. 光电效应是由于金属电子吸收光子而形成光电子，康普顿效应是由于光子和自由电子弹性碰撞而形成散射光子和反冲电子，两种效应任何情况下均可发生

答案：B.

提示：光电效应和康普顿效应的特点.

13.1.2.2 证明光具有粒子性的是（　　）.

A. 光的干涉　　B. 光的衍射　　C. 光电效应　　D. 光的偏振

答案：C.

提示：光电效应的结论.

13.2 节 自我检测（物质波　不确定关系）

13.2.1 判断题

13.2.1.1 判断下列说法是否正确. 不确定关系反映了微观粒子具有波粒二象性，与实验技术或仪器精度无关.

答：正确.

提示：不确定关系是微观粒子具有波粒二象性的必然结果，是微观粒子的固有属性之一，是一个客观规律，可由统计规律给以诠释.

如：物质波一般都不是单色波，而是包含一定波长范围 $\Delta\lambda$ 的许多单色波的波包，于是粒子的动量 $p = \frac{h}{\lambda}$，就变得不确定了，即动量就有一范围 ΔP，于是由 $\Delta P_x \cdot \Delta x \geq \frac{\hbar}{2}$，$\Delta P_y \cdot \Delta y \geq \frac{\hbar}{2}$，$\Delta P_z \cdot \Delta z \geq \frac{\hbar}{2}$ 可知，粒子的位置就不确定，而与实验技术或仪器精度无关.

13.2.2 选择题

13.2.2.1 如果两种不同质量的粒子，其德布罗意波长相同，则这两种粒子的（　　）.

A. 动量相同　　B. 能量相同　　C. 速度相同　　D. 动能相同

答案：A.

提示：德布罗意波关系式.

13.2.2.2 微观粒子不遵守牛顿运动定律，而遵守不确定关系，其原因是（　　）.

A. 微观粒子具有波粒二象性　　　　B. 测量仪器精度不够
C. 微观粒子质量太小　　　　　　　D. 微观粒子线度太小

答案：A.

提示：不确定关系的内容.

13.2.2.3 高速运动的电子,能准确反映电子德布罗意波长 λ 与速度 v 关系的是（　　）.

A. $\lambda \propto v$　　　B. $\lambda \propto \dfrac{1}{v}$　　　C. $\lambda \propto c^2 - v^2$　　　D. $\lambda \propto \sqrt{\dfrac{1}{v^2} - \dfrac{1}{c^2}}$

答案：D.

提示：物质波的概念. $\lambda = \dfrac{h}{p} = \dfrac{h}{mv} = \dfrac{h}{\dfrac{v}{\sqrt{1-\left(\dfrac{v}{c}\right)^2}}} = \dfrac{h}{m_0}\sqrt{\dfrac{1}{v^2}-\dfrac{1}{c^2}}$.

13.3 节　自我检测（波函数　薛定谔方程）

13.3.1　判断题

13.3.1.1 判断下列说法是否正确. 在空间某处波函数的二次方与粒子在该处出现的概率成正比.

答：正确.

提示：波函数的统计意义.

13.3.1.2 判断下列说法是否正确. 微观粒子运动的物理量的基本特征是量子化.

答：正确.

提示：描述微观粒子运动的物理量的基本特征是量子化. 微观粒子运动所遵循的规律是薛定谔方程.

13.3.2　选择题

13.3.2.1 根据波函数的物理意义,它必须满足的标准条件是（　　）.

A. 宇称守恒条件　　　　　　　　B. 归一化条件
C. 玻尔量子化条件　　　　　　　D. 单值、有限、连续条件

答案：D.

提示：波函数的物理意义.

13.3.2.2 由量子力学可知,在一维无限深方势阱中的粒子可以有若干能态,粒子处于不同能级处,相邻能级之间的间隔（　　）.

A. 随主量子数 n 的增大而增大　　B. 随主量子数 n 的增大而减小
C. 与主量子数 n^2 成正比　　　　　D. 保持不变

答案：A.

提示：$E_n = \dfrac{\pi^2 \hbar^2 n^2}{2ma^2}, n = 1, 2, 3, \cdots$

13.6　典型例题

例 13-1　钨的逸出功为 4.52 eV,钡的逸出功为 2.50 eV,试分别计算钨和钡的截止频率；通过计算说明哪一种金属可以用作可见光范围内的光电管阴极材料.

解 钨的截止频率为

$$\nu_{0钨} = \frac{W_{钨}}{h} = 1.09 \times 10^{15} \text{ Hz}$$

钡的截止频率为

$$\nu_{0钡} = \frac{W_{钡}}{h} = 0.603 \times 10^{15} \text{ Hz}$$

由于可见光的频率范围为 $3.9 \times 10^{14} \sim 7.7 \times 10^{14}$ Hz,而钡的截止频率正好处于该范围内,因而钡可以用于可见光范围内的光电材料.

例 13-2 光电效应和康普顿效应都包含了电子与光子的相互作用,仅就光子和电子的相互作用而言,两效应的区别如何？

解 光电效应的微观机理是,当频率为 ν 的光照射金属时,能量为 $h\nu$ 的光子进入金属表面,金属内的自由电子吸收一个光子,便获得了 $h\nu$ 的能量,这能量的一部分消耗于电子从金属表面逸出时所需要的逸出功 W,另一部分则转变为电子的初动能 $\frac{1}{2}mv_m^2$,此过程遵守能量守恒定律；而康普顿效应的微观机理是,具有能量为 $h\nu$,动量为 $\frac{h}{\lambda}$ 的光子与静止的自由电子发生弹性碰撞,碰撞过程遵守能量守恒定律和动量守恒定律. 碰撞后,光子向某个方向散射,电子发生反冲,入射光子的能量必然要传给反冲电子一部分,使散射光子的能量减少,导致散射光的频率减小,波长变长.

例 13-3 若用 12.6 eV 能量的电子激发氢原子,将产生哪些谱线？

解 氢原子被高能电子激发后,可以从较低能级跃迁到较高能级,但吸收的能量不是任意的,必须等于两个能级间的能量差,即

$$\Delta E = E_n - E_m = \frac{E_1}{n^2} - \frac{E_1}{m^2}$$

要氢原子吸收的能量最多,可以令 $n=1$,此时有 $\Delta E = -12.6$ eV, $E_1 = -13.6$ eV,于是有 $m = 3.69$,可见在这种情况下氢原子只能处于第 3 能级. 由于第 3 能级属于激发态不稳定,它又会自发地跃迁到基态,但跃迁的方式不同将辐射出不同的单色光. 所以将产生的谱线可能有

$$\lambda_{31} = \frac{1}{R\left(\frac{1}{1^2} - \frac{1}{3^2}\right)} = 102.6 \text{ nm}$$

$$\lambda_{32} = \frac{1}{R\left(\frac{1}{2^2} - \frac{1}{3^2}\right)} = 656.3 \text{ nm}$$

$$\lambda_{21} = \frac{1}{R\left(\frac{1}{1^2} - \frac{1}{2^2}\right)} = 121.6 \text{ nm}$$

例 13-4 求温度为 27℃时,对应于方均根速率的氧气分子的物质波波长.

解 理想气体分子的方均根速率为 $\sqrt{\overline{v^2}} = \sqrt{\frac{3kT}{m}}$,对应的氧气分子的物质波波长为

$$\lambda = \frac{h}{p} = \frac{h}{m\sqrt{\overline{v^2}}} = \frac{h}{\sqrt{3mkT}} = 0.0258 \text{ nm}$$

例 13-5 一维无限深方势阱中的粒子的波函数在边界处为零,这种定态物质波相当于两端固定的弦中的驻波,因而势阱的宽度 a 必须等于粒子物质波半波长的整数倍.试利用这一条件导出能量量子化公式 $E_n = \dfrac{n^2 h^2}{8ma^2}$.

解 根据题意可得 $a = n \cdot \dfrac{\lambda}{2}, n = 1, 2, \cdots$,于是有 $\lambda = \dfrac{2a}{n}$,将其代入粒子物质波的波长公式 $\lambda = \dfrac{h}{p}$,得粒子的动量为 $p = \dfrac{nh}{2a}$,所以粒子的能量为

$$E_n = \frac{p^2}{2m} = \frac{n^2 h^2}{8ma^2}, \quad n = 1, 2, \cdots$$

可见,能量是量子化的.

例 13-6 粒子在宽度 a 的一维无限深方势阱中运动,其波函数为 $\psi(x) = \sqrt{\dfrac{2}{a}} \sin \dfrac{3\pi}{a} x$ ($0 < x < a$),试求概率密度的表达式和粒子出现的概率最大的各个位置.

解 概率密度的表达式为

$$|\psi(x)|^2 = \frac{2}{a} \sin^2 \left(\frac{3\pi}{a} x \right), \quad 0 < x < a$$

要使概率最大,即 $|\psi(x)|^2$ 最大,亦即 $\sin^2 \left(\dfrac{3\pi}{a} x \right) = 1$

则

$$\frac{3\pi}{a} x = (2k+1) \cdot \frac{\pi}{2}, \quad k = 0, 1, 2$$

此时可求得概率最大的位置为

$$x = \frac{a}{6}, \quad \frac{a}{2}, \quad \frac{5a}{6}$$

13.7 练习题精解

13-1 普朗克常量 h 等于_____,它是区分微观世界与宏观世界的界碑.

答案:6.63×10^{-34} J·s.

提示:普朗克常量的单位.

13-2 设光子的频率为 ν、波长为 λ,根据爱因斯坦的光子理论可知,光子的能量为_____,动量为_____,质量为_____.

答案:$E = h\nu, p = \dfrac{h}{\lambda}, m = \dfrac{h\nu}{c^2}$.

提示:普朗克爱因斯坦关系式.

13-3 在康普顿散射中波长的偏移 $\Delta\lambda = \dfrac{2h}{m_0 c} \sin^2 \dfrac{\theta}{2}$,其中 θ 为散射角,h 为普朗克常量,m_0 为电子的静止质量,c 为真空中的光速,可以看出 $\Delta\lambda$ 仅与_____有关,而与

_____无关.

答案：θ，入射光波长和散射物质.

提示：康普顿散射的特点.

13-4 若电子经加速电压为 U 的电场加速,在不考虑相对论效应的情况下,则电子的德布罗意波长为_____.

答案：$\lambda = \dfrac{h}{\sqrt{2em_0 U}}$.

提示：物质波的波长.

13-5 海森伯不确定关系式为_____,今有一电子的位置处于 $x \to x+\Delta x$ 之间,若其位置的不确定量为 $\Delta x = 5 \times 10^{-11}$ m,则在国际单位制中速度不确定量 Δv_x 的数量级为_____.

答案：$\Delta x \cdot \Delta p_x \geqslant \dfrac{\hbar}{2}$, $\Delta y \cdot \Delta p_y \geqslant \dfrac{\hbar}{2}$, $\Delta z \cdot \Delta p_z \geqslant \dfrac{\hbar}{2}$，$10^{-7}$.

提示：不确定关系及其估算.

***13-6** 波函数的统计意义为_____.

答案：波函数模的平方 $|\psi(x)|^2 = \psi\psi^*$（概率密度）,表示粒子在 t 时刻,在 (x,y,z) 处单位体积内出现的概率.

提示：波函数的概念.

13-7 设用频率 ν_1 和 ν_2 的两种单色光,先后照射同一种金属,均能产生光电效应.已知该金属的红线频率为 ν_0,测得两次照射时的遏止电压为 $U_{02} = 2U_{01}$,则这两种单色光的频率关系为（   ）.

A. $\nu_2 = \nu_1 - \nu_0$ B. $\nu_2 = \nu_1 + \nu_0$ C. $\nu_2 = \nu_1 - 2\nu_0$ D. $\nu_2 = 2\nu_1 - \nu_0$

答案：D.

提示：爱因斯坦光电效应方程.

13-8 氢原子被激发到第三激发态（$n=4$）,则当它跃迁到最低能态时,可能发出的光谱线条数和其中可能发出的可见光谱线条数分别为（   ）.

A. 3 和 3   B. 3 和 2   C. 6 和 3   D. 6 和 2

答案：D.

提示：玻尔的跃迁假设.

13-9 在康普顿效应实验中,若散射光波长是入射光波长的 1.2 倍,则散射光光子的能量 E 与反冲电子动能 E_k 之比 $\dfrac{E}{E_k}$ 为（   ）.

A. 5   B. 4   C. 3   D. 2

答案：A.

提示：康普顿散射的特点.

13-10 光电效应和康普顿效应都含有电子和光子的相互作用过程,对此有如下几种说法,正确的是（   ）.

A. 光电效应是电子吸收光子的过程,而康普顿效应则相当于光子和电子的弹性碰撞过程

B. 两效应中电子和光子组成的系统都服从动量守恒和能量守恒定律

C. 两效应都相当于电子和光子的弹性碰撞

D. 两效应都属于电子吸收光子的过程

答案：B.

提示：光电效应与康普顿散射的特点.

13-11 关于不确定关系 $\Delta x \cdot \Delta p_x \geqslant \dfrac{h}{4\pi}$ 有如下几种理解,正确的是( ).

A. 粒子的动量不能确定

B. 粒子的坐标不能确定

C. 粒子的动量和坐标不能同时确定

D. 不确定关系仅适用于光子和电子等微观粒子,不适用于宏观粒子

答案：C.

提示：不确定关系的实质,康普顿散射的特点.

13-12 钾的截止频率为 4.62×10^{14} Hz,今用波长为 435.8 nm 的光照射,求从钾的表面上放出的光电子的初速度.

解 因为 $h\nu = \dfrac{1}{2}mv_m^2 + W, W = h\nu_0, \nu = \dfrac{c}{\lambda}$,所以从钾表面放出光电子的初速度为

$$v = \sqrt{\dfrac{2h}{m}\left(\dfrac{c}{\lambda} - \nu_0\right)} = 5.74\times10^5 \text{ m}\cdot\text{s}^{-1}$$

注意：这里认为逸出金属的光电子速度很小,因此计算中取电子的静质量.

13-13 波长为 0.0708 nm 的 X 射线在石蜡上受到康普顿散射,求在 $\dfrac{\pi}{2}$ 和 π 方向上所散射的 X 射线的波长各是多大?

解 在 $\theta = \dfrac{\pi}{2}$ 的方向上,有

$$\Delta\lambda = \lambda' - \lambda = 2\lambda_C \sin^2\dfrac{\theta}{2} = 2\times0.00243\sin^2\dfrac{\pi}{4} \text{ nm} = 0.00243 \text{ nm}$$

所以在该方向上的波长为

$$\lambda' = \lambda + \Delta\lambda = 0.0708 + 0.00243 \text{ nm} = 0.0732 \text{ nm}$$

在 $\theta = \pi$ 的方向上,有

$$\Delta\lambda = \lambda' - \lambda = 2\lambda_C \sin^2\dfrac{\theta}{2} = 2\times0.00243\sin^2\dfrac{\pi}{2} \text{ nm} = 0.00486 \text{ nm}$$

所以在该方向上的波长为

$$\lambda' = \lambda + \Delta\lambda = 0.0708 + 0.00486 = 0.0756 \text{ nm}$$

13-14 试计算氢原子光谱中莱曼线系的最短波长和最长波长,并指出是否为可见光.

解 对于莱曼线系有

$$\dfrac{1}{\lambda} = R\left(\dfrac{1}{1^2} - \dfrac{1}{n^2}\right), \quad n = 2,3,4,\cdots$$

令 $n=2$,则可得到莱曼线系中最长的波长为 $\lambda_{21\max} = 121.5$ nm；令 $n\to\infty$,则可得到莱曼线系中最短的波长为 $\lambda_{\infty1\min} = 91.2$ nm,它们均不在可见光的范围(400～760 nm),因此可知莱曼线系不属于可见光的范畴.

13-15 试求：(1)红光($\lambda = 700$ nm)；(2)X 射线($\lambda = 0.025$ nm)；(3)γ 射线($\lambda = 0.00124$ nm)的光子的能量、动量和质量.

解 (1) 对于红光有

$$E = h\nu = \frac{hc}{\lambda} = 2.84 \times 10^{-19} \text{ J},$$

$$p = \frac{E}{c} = 9.47 \times 10^{-28} \text{ kg} \cdot \text{m} \cdot \text{s}^{-1}, \quad m = \frac{E}{c^2} = 3.16 \times 10^{-36} \text{ kg}$$

(2) 对于 X 射线有

$$E = h\nu = \frac{hc}{\lambda} = 7.96 \times 10^{-15} \text{ J},$$

$$p = \frac{E}{c} = 2.65 \times 10^{-23} \text{ kg} \cdot \text{m} \cdot \text{s}^{-1}, \quad m = \frac{E}{c^2} = 8.84 \times 10^{-32} \text{ kg}$$

(3) 对于 γ 射线有

$$E = h\nu = \frac{hc}{\lambda} = 1.60 \times 10^{-13} \text{ J},$$

$$p = \frac{E}{c} = 5.35 \times 10^{-22} \text{ kg} \cdot \text{m} \cdot \text{s}^{-1}, \quad m = \frac{E}{c^2} = 1.78 \times 10^{-30} \text{ kg}$$

13-16 求速度 $v = \dfrac{c}{2}$ 的电子的物质波的波长.

解 电子的物质波的波长为

$$\lambda = \frac{h}{p} = \frac{h}{mv} = \frac{h}{m_0 v}\sqrt{1-\left(\frac{v}{c}\right)^2} = \frac{2h}{m_0 c}\sqrt{1-\left(\frac{1}{2}\right)^2} = 0.00421 \text{ nm}$$

13-17 一电子有沿 x 轴方向的速率，其值为 $200 \text{ m} \cdot \text{s}^{-1}$. 动量的不确定量的相对值 $\dfrac{\Delta p_x}{p_x}$ 为 0.01%，若这时确定该电子的位置，它将有多大的不确定量？

解 因为 $\dfrac{\Delta p_x}{p_x} = \dfrac{\Delta v_x}{v_x} = 0.01\%$，所以 $\Delta v_x = 0.01\% v_x = 0.02 \text{ m} \cdot \text{s}^{-1}$.

又因为 $\Delta x \cdot (m \Delta v_x) \geqslant \dfrac{\hbar}{2}$，所以有 $\Delta x \geqslant \dfrac{\hbar}{2(m \Delta v_x)} = 0.0029$ m. 可见电子的动量越确定，则位置越不确定.

***13-18** 一个粒子沿 x 轴的正方向运动，设它的运动可以用下列波函数来描述：

$$\Psi(x) = \frac{C}{1+\mathrm{i}x}$$

试求：(1)归一化常数 C；(2)概率密度 $|\Psi(x)|^2$；(3)何处概率密度最大？

解 (1) 因为

$$\int |\Psi(x)|^2 \mathrm{d}x = \int \Psi(x) \cdot \Psi^*(x) \mathrm{d}x = \int_{-\infty}^{\infty} \frac{C^2}{1+x^2} \mathrm{d}x = \pi C^2 = 1$$

所以归一化常数为

$$C = \sqrt{\frac{1}{\pi}}$$

(2) 概率密度为

$$|\Psi(x)|^2 = \Psi(x) \cdot \psi^*(x) = \frac{1}{\pi} \frac{1}{1+x^2}$$

(3) 从概率密度的表达式可以看出,概率密度最大的位置及最大值为

$$|\Psi(x)|^2_{\max} = |\Psi(0)|^2 = \frac{1}{\pi}$$

***13-19** 当 $n=2$ 时,宽度为 a 的一维无限深方势阱中粒子在势阱壁附近的概率密度有多大？哪里的概率密度最大？

解 当 $n=2$ 时一维无限深方势阱中粒子的波函数为

$$\Psi_2(x) = \sqrt{\frac{2}{a}} \sin\left(\frac{2\pi}{a}x\right)$$

所以概率密度的表达式为

$$|\Psi_2(x)|^2 = \Psi_2(x) \cdot \Psi_2^*(x) = \frac{2}{a} \sin^2\left(\frac{2\pi}{a}x\right)$$

于是势阱壁附近的概率密度为

$$|\Psi_2(0)|^2 = 0 \quad \text{和} \quad |\Psi_2(a)|^2 = 0$$

令 $\sin^2\left(\frac{2\pi}{a}x\right) = 1$,则可得概率密度最大时的位置为

$$x = \frac{1}{4}a \quad \text{和} \quad x = \frac{3}{4}a$$

***13-20** 在宽为 a 的一维无限深方势阱中,当 $n=1,2,3$ 时,求介于阱壁和 $\frac{a}{3}$ 之间粒子出现的概率.

解 宽为 a 的一维无限深方势阱中粒子的波函数为

$$\Psi_n(x) = \sqrt{\frac{2}{a}} \sin\left(\frac{n\pi}{a}x\right)$$

粒子出现的概率密度为

$$|\Psi_n(x)|^2 = \frac{2}{a} \sin^2\left(\frac{n\pi}{a}x\right)$$

所以 $n=1$ 时

$$\int_0^{\frac{a}{3}} |\Psi_1(x)|^2 dx = \int_0^{\frac{a}{3}} \frac{2}{a} \sin^2\left(\frac{\pi}{a}x\right) dx = \frac{1}{3} - \frac{\sqrt{3}}{4\pi}$$

$n=2$ 时

$$\int_0^{\frac{a}{3}} |\Psi_2(x)|^2 dx = \int_0^{\frac{a}{3}} \frac{2}{a} \sin^2\left(\frac{2\pi}{a}x\right) dx = \frac{1}{3} + \frac{\sqrt{3}}{8\pi}$$

$n=3$ 时

$$\int_0^{\frac{a}{3}} |\Psi_3(x)|^2 dx = \int_0^{\frac{a}{3}} \frac{2}{a} \sin^2\left(\frac{3\pi}{a}x\right) dx = \frac{1}{3}$$

近代物理部分自我检测题

一、选择题(每题5分,共40分)

1. 物体相对于观察者静止时,其密度为 ρ_0,若物体以速率 u 相对于观察者高速运动,观察者测得物体的密度为 ρ,则 ρ 与 ρ_0 的关系为(   ).
   A. $\rho > \rho_0$ B. $\rho = \rho_0$ C. $\rho < \rho_0$ D. 无法确定

2. 一中子的静止能量 $E_0 = 900$ MeV,动能 $E_k = 60$ MeV,则中子的速率是(   ).
   A. $0.30c$ B. $0.35c$ C. $0.40c$ D. $0.45c$

3. 某种介子静止时的寿命是 10^{-8} s,若它以 $u = 2 \times 10^8$ m·s^{-1} 的速度运动,它能飞行的距离 l 为(   ).
   A. 10^{-3} m   B. 2 m   C. $6/\sqrt{5}$ m   D. $\sqrt{5}$ m

4. 对于高速运动的电子而言,能准确反映电子德布罗意波长 λ 与速度 v 关系的是(   ).
   A. $\lambda \propto v$ B. $\lambda \propto \dfrac{1}{v}$ C. $\lambda \propto c^2 - v^2$ D. $\lambda \propto \sqrt{\dfrac{1}{v^2} - \dfrac{1}{c^2}}$

5. 微观粒子不遵守牛顿运动定律,而遵守不确定关系,其原因是(   ).
   A. 微观粒子具有波粒二象性   B. 测量仪器精度不够
   C. 微观粒子质量太小   D. 微观粒子线度太小

6. 设粒子运动的波函数如测题1-6图所示,那么反映粒子动量准确度最高的是(   )图.

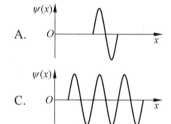

测题1-6图

7. 光电效应和康普顿效应都包含有电子与光子的相互作用,仅就电子和光子的相互作用而言,下列说法正确的是(   ).
   A. 两种效应都属于光子和电子的弹性碰撞过程,都遵守动量守恒定律
   B. 康普顿效应遵守动量守恒和能量守恒定律,而光电效应只遵从能量守恒定律
   C. 两种效应都同时遵守动量守恒定律和能量守恒定律
   D. 光电效应是由于金属电子吸收光子而形成光电子,康普顿效应是由于光子和自由电子弹性碰撞而形成散射光子和反冲电子,两种效应任何情况下均可发生

8. 证明光具有粒子性的是(   ).
   A. 光的干涉   B. 光的衍射   C. 光电效应   D. 光的偏振

二、填空题(每空 3 分,共 36 分)

1. 狭义相对论的两条基本原理是_____.

2. 狭义相对论适用的范围是_____,它的主要实验支柱为_____.

3. 在地面上进行的一场篮球赛持续的时间若为 60 min,则在以速率 $u=0.8c$ 飞行的火箭上的宇航员看来,这场球赛的持续时间为_____.

4. 边长为 a 的正三角形,沿着一棱边的方向以 $0.6c$ 高速运动,则在地面看来该运动正三角形的面积为_____.

5. 在康普顿效应中波长的偏移 $\Delta\lambda$ 仅与_____有关,而与_____无关.

6. 描述微观粒子的波函数必须满足单值、有限、连续、_____.

7. 波函数的统计意义是_____.

8. 玻尔的量子理论包括定态假设,频率条件及_____.

9. 激光器是由激活介质,激励能源和_____构成,激光是一种具有单色性好、方向性好、相干性好、亮度高的光,它产生的基本原理是_____.

三、计算与证明题(每题 8 分,共 24 分)

1. 设电子的静质量为 m_0,将一个电子由静止加速到速率为 $u=0.6c$,试计算需做功多少? 这时电子的质量增加了多少倍?

2. 两个静止质量均为 m_0 的质点进行相对论性碰撞. 碰撞前,一个质点具有能量 E_{10},另一个质点是静止的;碰撞后,两个质点具有相同的能量 E,并且具有数值相同的偏角 θ. (1)试用 E_{10} 表示碰撞后每个质点的相对论性动量;(2)试证明 $\sin\theta = \sqrt{\dfrac{2m_0 c^2}{E_{10}+3m_0 c^2}}$.

3. 某粒子被限制在相距为 l 的两个不可穿透的壁之间,如测题3-3图所示,描写粒子状态的波函数为 $\Psi(x) = C\sin\dfrac{\pi x}{l}$,其中 C 为待定常数,试求在 $x=\dfrac{1}{4}l$ 到 $x=\dfrac{3}{4}l$ 区间内发现该粒子的概率.

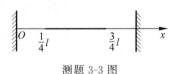

测题 3-3 图

综合自我检测题（一）

一、选择题（每题 2 分，共 20 分）

1. 质量为 20 g 的子弹沿 x 轴正方向以 500 m·s^{-1} 的速率射入一木块后，与木块一起仍沿 x 轴正方向以 50 m·s^{-1} 的速率前进，在此过程中木块所受的冲量为（　　）．
   A. 9 N·s　　　　B. -9 N·s　　　　C. 10 N·s　　　　D. -10 N·s

2. 一人张开双臂手握哑铃坐在转椅上，让转椅转动起来，若此后无外力矩作用，则当此人收回双臂时，人和转椅这一系统（　　）．
   A. 转速加大，转动动能不变
   B. 角动量加大
   C. 转速和转动动能都加大
   D. 系统的角动量保持不变

3. 在密闭容器中有 1 mol 温度为 T 的氧气，其内能为（　　）．
   A. $\dfrac{3}{2}RT$　　　　B. $\dfrac{3}{2}kT$　　　　C. $\dfrac{5}{2}RT$　　　　D. $\dfrac{5}{2}kT$

4. 自感为 0.25 H 的线圈中，当电流在 $\dfrac{1}{16}$ s 内由 2 A 均匀减小到零时，线圈中自感电动势的大小为（　　）．
   A. 7.8×10^{-3} V
   B. 2.0 V
   C. 8.0 V
   D. 3.1×10^{-2} V

5. 有一半径为 R 的金属球壳，其内部充满相对介电常数为 ε_r 的均匀电介质，球壳外部是真空．当球壳上均匀带有电荷 Q 时，此球壳面上的电势应为（　　）．
   A. $\dfrac{Q}{4\pi\varepsilon_0\varepsilon_r R}$　　B. $\dfrac{Q}{4\pi\varepsilon_0 R}$　　C. $\dfrac{Q}{4\pi R}\left(\dfrac{1}{\varepsilon_0}-\dfrac{1}{\varepsilon_r}\right)$　　D. 0

6. 如综题 1-6 图所示，圆心处的磁感应强度为（　　）．
   A. $\dfrac{\mu_0 I}{2R}$　　　　B. $\dfrac{\mu_0 I}{3R}$
   C. $\dfrac{\mu_0 I}{4R}$　　　　D. $\dfrac{\mu_0 I}{8R}$

   综题 1-6 图

7. 将一单摆稍拉离平衡位置一个微小的角度 θ，选拉离的方向为正方向．然后由静止释放使其振动并由此开始计时．若用余弦函数表示振动的运动方程，则该单摆的初相为（　　）．
   A. θ　　　　B. π　　　　C. 0　　　　D. $\dfrac{\pi}{2}$

8. 洛埃镜装置中当接收屏幕与平面镜的右边缘正好接触时，则在接触处将出现（　　）．
   A. 明条纹
   B. 暗条纹
   C. 不明不暗的条纹
   D. 无法确定

9. 在单缝夫琅禾费衍射实验中,波长为 λ 的单色光垂直入射到单缝上,对应于衍射角为 $30°$ 的方向上.若单缝处波面可分成 3 个半波带,则缝宽 a 等于( ).

  A. λ B. 1.5λ C. 2λ D. 3λ

10. 证明光具有粒子性的是( ).

  A. 光电效应   B. 光的干涉   C. 光的衍射   D. 光的偏振

二、填空题(每空 2 分,共 20 分)

1. 已知质点的运动方程为: $r=(t^2+2t)i+(t^3+3t)j+3k$(SI),则在 1 s 末质点的速度为 _____ m·s^{-1},加速度为 _____ m·s^{-2}.

2. 对于摩尔质量为 μ,热力学温度为 T 的理想气体,方均根速率是 _____.

3. 将导线弯成两个半径分别为 R_1 和 R_2 且共面的两个半圆,圆心为 O,通过的电流为 I,如综题 2-3 图所示.则圆心 O 点的磁感应强度的大小为 _____,方向为 _____.

4. 一磁场的磁感应强度为 $\boldsymbol{B}=a\boldsymbol{i}+b\boldsymbol{j}+c\boldsymbol{k}$(T),通过一半径为 R,开口向 z 轴正方向的半球壳表面的磁通量的大小为 _____ Wb.

综题 2-3 图

5. 已知一束自然光由折射率为 n_1 的介质入射到折射率为 n_2 的介质上,发生反射和折射.已知反射光是完全偏振光,则折射角的值为 _____.

6. 狭义相对论的两条基本原理分别为 _____ 和 _____.

7. μ 子是一种基本粒子,在相对于 μ 子静止的坐标系中测得其寿命为 $\tau_0=2\times10^{-6}$ s,如果 μ 子相对于地球的速度为 $v=0.8c$,则在地球坐标系测得 μ 子的寿命 $\tau=$ _____ s.

三、计算题(每题 10 分,共 60 分)

1. 质量为 2×10^{-3} kg 的子弹,在枪筒中前进时受到的合力是 $F=400-\dfrac{8000}{9}x$,F 的单位是 N,x 的单位是 m.子弹在枪口的速度为 300 m·s^{-1},试计算枪筒的长度.

2. 质量为 0.06 kg,长为 0.2 m 的均匀细棒,可绕垂直于棒的一端的水平轴转动.如将此棒放在水平位置,然后任其开始转动,求:

(1) 开始转动时的角加速度;

(2) 落到竖直位置时的动能.

3. 1 mol 理想气体在 400 K 和 300 K 之间完成一个卡诺循环.在 400 K 等温线上,初始体积为 1×10^{-3} m^3,最后体积为 5×10^{-3} m^3.试计算气体在此循环中所做的功以及从高温热源吸收的热量和放给低温热源的热量.

4. 有一无限长的通有电流的薄铜片,宽度为 a,厚度可忽略不计,且电流 I 在铜片上均匀分布,如综题 3-4 图所示.试证明:铜片外与铜片共面且离铜片右边缘为 b 处的 p 点的磁感应强度的大小 $B=\dfrac{\mu_0 I}{2\pi a}\ln\dfrac{a+b}{b}$.

综题 3-4 图

5. 设两列频率、振幅、振动方向相同的平面简谐波,一列沿 x 轴的正方向传播,一列沿 x 轴的负方向传播,它们的波函数可分别表示为

$$\begin{cases} y_1 = A\cos\left(\omega t - \dfrac{2\pi x}{\lambda}\right) \\ y_2 = A\cos\left(\omega t + \dfrac{2\pi x}{\lambda}\right) \end{cases}$$

(1) 试证明合成波为驻波,并求出波节和波腹的位置;

(2) 求波腹处的振幅和 $x = \dfrac{\lambda}{4}$ 处质元的振幅.

6. 波长为 600 nm 的单色光垂直入射在一光栅上,第 2、第 3 级明条纹分别出现在 $\sin\theta_2 = 0.20$ 和 $\sin\theta_3 = 0.30$ 处,第 4 级缺级,试求:(1)光栅常数 d;(2)光栅上狭缝的最小宽度 a;(3)列出屏幕上实际呈现的全部级数.

综合自我检测题(二)

一、选择题(每题2分,共20分)

1. 某质点的速度为 $v=2i-8tj$,已知 $t=0$ 时,它过点 $(3,-7)$,则该质点的运动方程为( ).

   A. $2ti-4t^2j$　　　　　　　　　　B. $(2t+3)i-(4t^2+7)j$

   C. $-8j$　　　　　　　　　　　　D. 不能确定

2. 三个完全相同的轮子可绕一公共轴转动,角速度的大小都相同,但其中一轮的转动方向与另外两轮的转动方向相反. 如果使三个轮子靠近啮合在一起,系统的动能与原来三个轮子的总动能相比( ).

   A. 减少到 1/3　　B. 减少到 1/9　　C. 增大 3 倍　　D. 增大 9 倍

3. 有 A,B 两个半径相同,质量也相同的细环,其中 A 环的质量分布均匀,而 B 环的质量分布不均匀. 若两环对过环心且与环面垂直轴的转动惯量分别为 J_A 和 J_B,则( ).

   A. $J_A > J_B$　　　　　　　　　　B. $J_A = J_B$

   C. $J_A < J_B$　　　　　　　　　　D. 无法确定 J_A 和 J_B 的相对大小

4. 水蒸气分解成同温度的氢气和氧气,内能增加了多少(不计振动自由度)?( ).

   A. 6.67%　　B. 50%　　C. 25%　　D. 5%

5. 在温度为 227℃ 和 27℃ 的高温热源和低温热源之间工作的热机,理论上的最大效率是( ).

   A. 88.11%　　B. 60%　　C. 40%　　D. 25%

6. 一个未带电的空腔导体球壳,如综题 1-6 图所示,半径为 R. 在腔内离球心的距离为 d 处 $(d<R)$,固定一电量为 $+q$ 的点电荷,用导线把球壳接地后,再把地线撤去. 选无穷远处为电势零点,则球心的电势为( ).

   A. 零　　B. $\dfrac{1}{4\pi\varepsilon_0}\dfrac{q}{d}$　　C. $-\dfrac{1}{4\pi\varepsilon_0}\dfrac{q}{R}$　　D. $\dfrac{1}{4\pi\varepsilon_0}\left(\dfrac{q}{d}-\dfrac{q}{R}\right)$

7. 一块半导体样品薄板的形状如综题 1-7 图所示,沿 x 轴正方向通有电流 I,沿 z 轴正方向加有均匀磁场 B,则实验测得样品薄板两侧的电势差 $U_a-U_b=U_{ab}>0$,则( ).

   A. 此样品是 p 型半导体　　　　　　B. 此样品是 n 型半导体

   C. 无法判断载流子类型

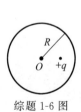

综题 1-6 图

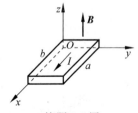

综题 1-7 图

8. 位移电流的实质是( ).
   A. 变化的磁场	B. 变化的电场
   C. 变化的电磁场	D. 运动的电荷

9. 当一束自然光以布儒斯特角从一种介质射向另一种介质的界面时,则( ).
   A. 反射光是完全偏振光,而折射光是部分偏振光
   B. 反射光是部分偏振光,而折射光是完全偏振光
   C. 反射光和折射光均为部分偏振光
   D. 反射光和折射光均为完全偏振光

10. 一火箭的固有长度为 L,相对于地面作匀速直线运动的速度为 v_1,火箭上有一个人从火箭的后端向火箭的前端上的一个靶子发射一颗相对于火箭的速度为 v_2 的子弹.在火箭上测得子弹从射出到击中靶子的时间间隔是( ).
   A. $\dfrac{L}{v_1+v_2}$	B. $\dfrac{L}{v_1-v_2}$	C. $\dfrac{L}{v_2\sqrt{1-(v_1/c)^2}}$	D. $\dfrac{L}{v_2}$

二、填空题(每空 2 分,共 20 分)

1. 一质点在 xOy 平面内运动,其运动方程为 $x=2t$,$y=19-2t^2$. 式中 x,y 均以 m 计,t 以 s 计,则 2 s 末质点的瞬时速度为_____ m·s^{-1},瞬时加速度为_____ m·s^{-2}.

2. 一汽车汽笛的频率为 1000 Hz,当汽车以 20 m·s^{-1} 的速度向着观测者运动时,观测者听到的汽笛的频率为_____ Hz.(声速为 340 m·s^{-1}.)

3. 一定量理想气体,从 A 状态经历如综题 2-3 图所示的直线过程变到 B 状态,则 AB 过程中系统做功 $W=$_____;内能改变 $\Delta E=$_____.

4. 热力学第二定律的开尔文表述为_____,克劳修斯表述为_____.

5. 将杨氏双缝实验装置由空气搬到某种透明液体后,原来屏上第 3 级明纹处形成第四级明纹,则该液体的折射率为_____.

6. 一束自然光垂直穿过两个偏振片,两个偏振片的偏振化方向成 45°.已知通过两偏振片后的光强为 I,则入射到第二个偏振片的线偏振光的强度为_____.

综题 2-3 图

7. 描述微观粒子的波函数必须具有_____、有限、连续、归一的特点.

三、计算与证明题(每题 10 分,共 60 分)

1. 如综题 3-1 图所示,质量为 M,长为 l 的直杆,可绕水平轴 O 无摩擦地转动.设一质量为 m 的子弹沿水平方向飞来,恰好射入杆的下端,若直杆(连同射入的子弹)的最大摆角为 $\theta=60°$,试证明:子弹的速度为 $v_0=\sqrt{\dfrac{(2m+M)(3m+M)gl}{6m^2}}$.

2. 在 300 K 时,1 mol 氢气(H$_2$)分子的总平动动能、总转动动能和气体的热力学能各是多少?

3. 如综题 3-3 图所示两同心的均匀带电球面,半径分别为 R_1 和 R_2,大球面带电荷量

Q_2,小球面带电荷量 Q_1,求空间任一点的场强的大小和电势.

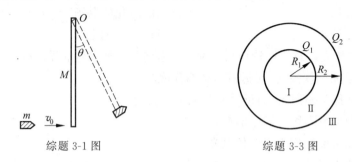

综题 3-1 图 综题 3-3 图

4. 在真空中,电流 I 由长直导线 1 沿垂直 bc 边方向经 a 点流入一电阻均匀分布的等边三角形导线框,再由 b 点沿平行 ac 边方向流出,经长直导线 2 返回电源(如综题 3-4 图所示),三角形框每边长为 L,求在该等边三角形框中心 O 点处磁感应强度的大小.

5. 有一沿 x 轴负向传播的平面简谐波,在 $t=0$ 时的波形图如综题 3-5 图所示.(1)原点 O 的振动相位是多大?(2)如果振幅为 A,角频率为 ω,波速为 u,请写出波动方程.

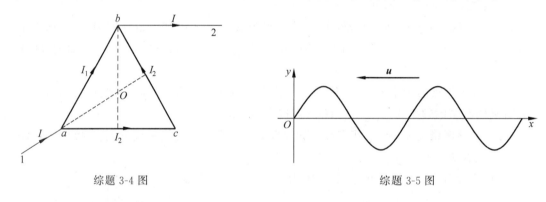

综题 3-4 图 综题 3-5 图

6. 两块平板玻璃叠合在一起,一端互相接触,在离接触线为 $l=12.50$ cm 处,用一金属细丝垫在两板之间.以波长为 $\lambda=546.0$ nm 的单色光垂直入射,测得条纹间距为 $\Delta x=1.50$ mm,试求该金属细丝的直径 D.

《大学物理》课程教学大纲

英文名称:College Physics
课程时数:100学时   课程编号:
课程性质:必修   学分数:
教学对象:大学本科少学时、大学专科   考试类别:考试(笔试)

一、课程概述

(一)课程性质地位

《大学物理》是大学理工科学生的一门必修课程,主要学习和研究物理学的基本概念、基本原理、基本规律和基本实验,提高抽象思维能力和实际应用能力,也为进一步学习后续课程奠定必要的基础.

(二)课程基本理念

1. 在课程目标上,从知识与技能、过程与方法、情感态度与价值观三个方面加以培养,使能力和素质得以提高.
2. 在课程内容上,选择与实际联系紧密的基础知识与技能,体现基础性、应用性.
3. 在教学实施中,以学生为主体,实现教与学的良性互动,激发学习兴趣.
4. 在教学方法上,以启发式为主,倡导研讨式的教学方法.

(三)课程设计思路

1. 课程结构.该课程由力学、热学、电磁学、振动和波、波动光学和近代物理基础六部分组成.
2. 教学实施.整个教学过程分为课前准备、课堂讲授、巩固练习、总结提高、课外作业、考核评价等环节.注重掌握基本概念、基本原理与基本计算方法.根据学生的认知水平,采用有效形式组织教学.通过课堂讲授,理解物理学的基本概念、原理、规律、公式;通过课堂讨论提高学习兴趣,促进教学互动;通过课堂练习、课外作业加深对所学知识的理解.
3. 教学方法手段.运用启发式、讨论式等教学方法,注重传统教学手段与现代教学手段相结合,充分利用网络和多媒体等现代教学手段.
4. 课程评价.加强教学过程的监控与调节,坚持教学过程的全程评价,既关注学习效果,也关注学习过程,采取课终考试的方式,全面、真实、客观地反映学生的学习情况.也可采取平时(30%)+课终(70%)的方法进行评价.

二、课程目标

(一) 总体目标

理解物理学的基本原理,学会基本知识和方法,养成良好的思维习惯,激发求知欲和学习兴趣,培养实事求是的科学态度,也为后续课程的进一步学习奠定理论基础.

(二) 分类目标

1. 知识与技能.学会物理学的基础知识,阐述物质运动和相互作用的基本规律,运用物理学知识解释常见自然现象、解决生活中的一些简单问题.

2. 过程与方法.经历观察现象、提出问题、分析问题和解决问题等过程,体验物理学中的理想模型法、理想实验法、科学假设法、类比推理法和分析综合法,培养自学能力和质疑意识.

3. 情感态度与价值观.坚持实事求是的科学态度,培养勇于创新的科学意识与严谨求实的科学作风.

三、内容标准

(一) 质点运动学

理解位置矢量、位移矢量、速度矢量和加速度矢量;阐述切向加速度和法向加速度的物理意义;会进行匀变速圆周运动的有关计算.

(二) 质点动力学

学会牛顿运动定律、动量定理、动量守恒定律的应用;掌握变力做功的计算及动能定理的应用;理解保守力做功的特点;能熟练运用功能原理及机械能守恒定律解决简单的实际问题.

(三) 刚体的定轴转动

学会转动惯量的计算;会结合使用牛顿运动定律与转动定律;知道角动量定理及角动量守恒定律;会计算力矩的功;掌握刚体绕定轴转动的动能定理.

(四) 气体动理论

学会理想气体的压强和温度、能量均分定理、理想气体内能、麦克斯韦速率分布律;理解理想气体状态方程、气体分子运动论的压强公式、能量均分定理和理想气体的内能,初步掌握定量计算的方法,知道麦克斯韦速率分布及三种速率.

(五) 热力学基础

学会热力学能、热量和功,热力学第一定律以及该定律在理想气体的等值过程中的应用,循环过程,热力学第二定律;理解热力学能、热量和功的概念,理解热力学第一定律,掌握理想气体各等值过程中的功、热量、热力学能增量以及简单循环的热和效率的简单计算，知道可逆过程和不可逆过程，知道热力学第二定律及其统计意义．

（六）静电场

阐述电场强度、电势、等势面和电位移矢量等概念；掌握库仑定律、场强和电势叠加原理；知道电势与电场强度的关系、静电平衡和电容的定义；说出电介质极化的现象及其微观机制；会用高斯定理计算对称电场的强度；会用微元分析法计算场强和电势；会计算简单几何形状电容器的电容和规则电场的能量．

（七）稳恒磁场

理解磁感应强度的定义和性质；会计算磁通量；能使用洛伦兹力公式、毕奥-萨伐尔定律、安培力公式和安培环路定理进行简单计算；描述磁场对磁介质的影响和磁畴理论；阐述铁磁质的性质和磁化曲线的物理意义；说出霍耳效应的微观机理．

（八）电磁感应

知道电磁感应现象和楞次定律的实质；会用法拉第电磁感应定律计算感应电动势；阐述位移电流和麦克斯韦方程组积分形式的物理意义；会计算动生电动势、感生电动势、自感和互感系数和规则磁场的能量．

（九）振动学基础

阐述简谐振动的定义及三要素；会判断简谐振动；掌握简谐振动的旋转矢量表示法和同方向同频率简谐振动的合成；知道简谐振动的能量规律和相互垂直的同频率简谐振动的合成．

（十）波动学基础

阐述平面简谐波的波动方程及其物理意义；会机械波的物理描述和几何描述；复述惠更斯原理、波的叠加及波的相干条件；知道驻波的特点、方程及形成条件；说出半波损失的物理意义；理解多普勒效应．

（十一）波动光学

光的干涉：知道光程差、相位差、光的相干条件和获得相干光的方法；描述杨氏双缝干涉条纹、劈尖干涉条纹和牛顿环干涉条纹的特征；会确定干涉明暗条纹的位置．

光的衍射：阐述惠更斯-菲涅耳原理、光的衍射现象、单缝夫琅禾费衍射的规律及菲涅耳半波带思想；会用光栅方程确定光栅衍射条纹的位置；知道X射线衍射和布拉格方程．

光的偏振：辨识自然光、线偏振光和部分偏振光；掌握线偏振光的起偏与检偏方法；会应用马吕斯定律和布儒斯特定律．

（十二）狭义相对论

说出狭义相对论的两条基本原理；阐述洛伦兹坐标变换式、狭义相对论时空观、质速关系、质能关系、动量与能量的关系.

（十三）量子物理基础

说出黑体辐射现象、光电效应和康普顿效应实验的特征、氢原子光谱的规律性；知道普朗克能量子、爱因斯坦光量子、玻尔的量子化和德布罗意波等假设；阐述波函数及其统计假设、微观粒子的波粒二象性和电子的衍射实验；会利用德布罗意关系式进行简单计算；知道一维定态薛定谔方程及其处理一维无限深方势阱的方法；掌握波函数所必须满足的条件和不确定关系式.

四、实施建议

（一）预修课程建议

《高等数学》，最好将该课程安排在第二学期上.

（二）课程教学实施总体方案

教学实施总体方案

内 容	建议学时					
	讲授	研讨	实验	上机	野外作业	课程设计
（一）质点运动学	**5**	**1**				
1. 位置矢量和位移	1					
2. 速度和加速度	1					
3. 直线运动	1					
4. 平面曲线运动	1					
5. 习题课	1	1				
（二）质点动力学	**9**	**1**				
1. 牛顿运动定律	2					
2. 动量　动量守恒定律	2					
3. 动能　动能定理	2					
4. 势能　机械能转化及守恒定律	2					
5. 习题课	1	1				
（三）刚体的定轴转动	**5**	**1**				
1. 刚体定轴转动运动学	4					
2. 刚体定轴转动动力学						
3. 习题课	1	1				

续表

内　容	建议学时					
	讲授	研讨	实验	上机	野外作业	课程设计
（四）气体动理论	**4**					
1. 理想气体的压强和温度	1					
2. 能量均分定律　理想气体的热力学能	1					
3. 麦克斯韦速率分布　三种统计速率	1					
4. 气体分子碰撞和平均自由程	1					
（五）热力学基础	**4**					
1. 热力学第零定律　温度	1					
2. 热力学第一定律及其应用	1					
3. 循环过程　卡诺循环	1					
4. 热力学第二定律　卡诺定理	1					
（六）静电场	**11**	**1**				
1. 库仑定律　电场强度	2					
2. 高斯定理	2					
3. 电势	2					
4. 静电场中的导体和电介质	2					
5. 电容器　电场的能量	2					
6. 习题课	1	1				
（七）稳恒磁场	**11**	**1**				
1. 磁场　磁感应强度	1					
2. 毕奥-萨伐尔定律	3					
3. 磁场的高斯定理　安培环路定理	2					
4. 磁场对运动电荷和载流导线的作用	2					
5. 介质中的磁场	2					
6. 习题课	1	1				
（八）电磁感应	**7**	**1**				
1. 电磁感应的基本定律	1	1				
2. 动生电动势　感生电动势	2					
3. 自感　互感　磁场的能量	2					
4. 电磁场　麦克斯韦方程组的积分形式	2					

续表

内 容	建议学时					
	讲授	研讨	实验	上机	野外作业	课程设计
(九) 振动学基础	**5**	**1**				
1. 简谐振动的定义	1	1				
2. 简谐振动的规律	2					
3. 简谐振动的合成	2					
(十) 波动学基础	**6**					
1. 平面简谐波的产生及描述	1					
2. 平面简谐波	3					
3. 波的衍射和干涉	2					
(十一) 波动光学	**12**					
1. 光的本性　光源	1					
2. 光的相干性　光程和光程差	1					
3. 分波阵面干涉	2					
4. 薄膜干涉	2					
5. 光的衍射	2					
6. 光栅衍射	2					
7. 圆孔的夫琅禾费衍射　光学仪器的分辨本领						
8. 光的偏振现象	2					
(十二) 狭义相对论	**4**					
1. 狭义相对论的基本原理　洛伦兹坐标变换	2					
2. 狭义相对论的时空观						
3. 狭义相对论动力学	2					
(十三) 量子物理基础	**8**					
1. 量子论的形成	2					
2. 物质波　不确定关系	2					
3. 波函数　薛定谔方程	2					
4. 习题课	2					
总复习	2					
合计	**100**					

（三）课程实施建议

1. 落实课程理念,倡导探究性学习.将整个教学过程分为课前准备、课堂讲授、课后辅导、课后作业和考核评价等环节.
2. 以掌握基本知识为核心,以学会基本方法为目标组织教学,创建良好的教学环境.
3. 科学合理地处理传统内容与现代内容的关系.
4. 以启发式教学为主,充分利用网络和多媒体等现代教学手段,提高教学效果.
5. 在解决生活中的物理问题时,注重物理模型的建立方法.

（四）教材选编与使用建议

以工科《大学物理》基本要求为依据,结合不同专业的实际,以满足后续课程需求为尺度,注重基础性,突出应用性.

（五）考核评价的主要方式

本课程基础性较强,评价内容侧重基础理论知识、基本计算方法及简单应用的掌握.

评价方法：闭卷考试,百分制计分,60分为合格；也可采取平时（30％）+课终（70％）的方法进行评价.

考试时间：120分钟.

题型比例：选择题约20％,填空题约20％,计算题与证明题约60％.

（六）课程资源开发与利用计划

重视教材等文字资源的开发和利用,充分利用科技图书和科技期刊拓宽知识面、促进自主学习.合理选择实物、挂图、幻灯片、影视光盘和多媒体软件等教学资源,创设形象生动的物理情景,丰富教学内容,增加直观性和可信度,激发学习兴趣,促进对知识的全面理解和掌握.

（七）教学保障条件建议

1. 授课教室配备黑板、计算机、大屏幕投影等多媒体设备.
2. 授课教室开通校园网,便于利用网络资源辅助教学.

五、附录

（一）基本教材

朱峰.大学物理[M].4版.北京：清华大学出版社,2025.

（二）参考资料

1. 马文蔚.物理学教程[M].北京：高等教育出版社,2006.
2. 朱峰.大学物理学习辅导[M].3版.北京：清华大学出版社,2014.
3. 程守洙,江之永.普通物理学[M].北京：高等教育出版社,2016.

4. 陆果. 基础物理学教程[M]. 北京：高等教育出版社, 2006.

5. 张三慧. 大学物理学[M]. 4 版. 北京：清华大学出版社, 2019.

(三) 制订本课程标准的有关说明

1. 本课程标准以培养素质、提高创新能力为基本理念，客观、全面地在知识与技能、过程与方法、情感态度与价值观三方面给出了具体要求.

2. 突出教学观念的转变，从关注"教"到关注"学"，强调学生的主体地位，让学生成为教学过程中真正的主角.

3. 教学内容及实施方案的安排遵循认知规律，根据学生的不同基础，安排了一定量的习题进行讲解和研讨，弱化数学推导，加强对基本概念和基本原理的理解.

《大学物理》课程教学日历

授课单位：　　　　　　学时：100　　　适用对象：少学时大学本科或大学专科　　　执笔人：　　　　审核人：

教学进度	教学内容	教学目标	重点和难点	教学方法与手段
1	位置矢量和位移　速度和加速度	说出描述质点运动的四个物理量；阐述质点运动的四个物理量的矢量性和瞬时性	重点：位置矢量、位移、速度、加速度的概念 难点：位置矢量、位移、速度、加速度的矢量性和瞬时性	课堂讲授 多媒体辅助教学
2	直线运动　平面曲线运动	阐述切向加速度和法向加速度的物理意义；会进行匀变速圆周运动的有关计算	重点：切向加速度和法向加速度的物理意义 难点：角加速度与线加速度的关系	课堂讲授 多媒体辅助教学
3	习题课（第1章总结，解决作业中存在的问题）	说出描述质点运动的四个物理量；阐述质点运动的四个物理量的矢量性、瞬时性和相对性	重点：描述质点运动的四个物理量 难点：矢量性、瞬时性和相对性	启发讨论 多媒体辅助教学
4	牛顿运动定律	掌握牛顿运动定律的内容及应用，会解动力学的简单问题	重点：受力分析及列动力学方程 难点：牵连关系方程式	课堂讲授 多媒体辅助教学
5	动量　动量守恒定律	会运用动量定理；掌握动量守恒定律的条件	重点：动量、冲量的概念 难点：动量守恒的条件	课堂讲授 多媒体辅助教学
6	动能　动能定理	会计算变力做的功；掌握动能定理的应用	重点：变力功、动能定理 难点：变力功	课堂讲授 多媒体辅助教学

续表

教学进度	教学内容	教学目标	重点和难点	教学方法与手段
7	势能 机械能转化及守恒定律	阐述保守力做功的特点；正确理解势能的概念，会计算势能；知道机械能守恒的条件，能运用功能原理及机械能守恒定律进行简单的计算	重点：势能的概念，质点系的功能原理及机械能守恒定律 难点：机械能守恒的条件	课堂讲授 多媒体辅助教学
8	习题课（第2章总结，解决作业中存在的问题）	知道系统内力与外力对系统影响的区别；会牛顿运动定律与质点动力学结合的简单题目	重点：牛顿定律与守恒定律解题联系与区别 难点：牛顿定律与守恒定律的适用条件	启发讨论 多媒体辅助教学
9	刚体定轴转动运动学 力矩 转动惯量	会计算转动惯量；会牛顿运动定律与转动定律的结合运用	重点：定轴转动的运动学描述，力矩的功，转动定律 难点：转动惯量	课堂讲授 多媒体辅助教学
10	刚体绕定轴转动的动能定理和角动量守恒定律	会运用角动量定理；掌握刚体绕定轴转动能守恒定律的应用	重点：力矩的功和角动量的概念，定轴转动的动能定理和角动量守恒定律 难点：角动量守恒的条件	课堂讲授 多媒体辅助教学
11	习题课（第3章总结，解决作业中存在的问题）	会计算力矩的功；掌握角动量守恒定律	重点：力矩的功的概念 难点：正确理解题意	启发讨论 多媒体辅助教学
12	理想气体的压强 温度 能均分定律和热力学能	学会理想气体的压强、温度、能量均分定理，初步掌握理想气体状态方程；初步掌握它们的简单计算方法	重点：理想气体的压强、温度和热力学能 难点：理想气体状态方程及能量均分定理	课堂讲授 多媒体辅助教学
13	麦克斯韦速率分布 气体分子碰撞和平均自由程	学会麦克斯韦三种速率及三种速率分布；知道麦克斯韦速率分布率；初步掌握三种速率、气体分子自由碰撞和平均自由程的物理意义	重点：麦克斯韦速率分布 难点：三种速率的物理意义	课堂讲授 多媒体辅助教学

续表

教学进度	教学内容	教学目标	重点和难点	教学方法与手段
14	热力学第零定律 温度 热力学第一定律及其应用	学会热力学过程、热量和功、热力学第一定律在该定律在理想气体过程中的应用；理解热力学能、热量和功的概念；掌握理想气体各等值过程中的功、热量、热力学能的简单计算	重点：热力学第一定律的应用 难点：等值过程的分析与计算	课堂讲授 多媒体辅助教学
15	循环过程 卡诺循环 热力学第二定律 卡诺定理	学会循环过程、热力学第二定律；理解简单循环效率的简单计算；知道可逆过程和不可逆过程，热力学第二定律及其统计意义	重点：热力学第二定律的意义 难点：循环过程的分析与计算	课堂讲授 多媒体辅助教学
16	库仑定律 电场强度	理解点电荷、试探电荷、电场强度等概念；知道库仑定律及其使用范围；掌握微元分析法计算场强	重点：场强叠加原理 难点：微元分析法分析计算场强	课堂讲授 多媒体辅助教学
17	高斯定理	阐述电场线的概念和性质；知道高斯定理的物理意义；掌握高斯定理的应用	重点：高斯定理的物理意义及应用 难点：场强分布对称性分析及高斯面的选取	课堂讲授 多媒体辅助教学
18	电势	阐述电势、等势面的概念；掌握微元分析法与场强积分法计算电势	重点：微元分析法与场强积分法计算电势 难点：电势零点的选取	课堂讲授 多媒体辅助教学
19	静电场中的导体和电介质	阐述静电平衡的条件和性质；知道电介质极化的现象及其微观机制；理解电位移矢量与电场强度及其关系；会运用有介质时的高斯定理	重点：静电平衡的高斯定理 难点：静电平衡时导体上电荷的分布、电介质极化的微观机制	课堂讲授 多媒体辅助教学

续表

教学进度	教学内容	教学目标	重点和难点	教学方法与手段
20	电容器 电场的能量	理解电容的定义，会计算简单几何形状电容器的电容；掌握能量密度的概念及其计算	重点：电容器电容、静电场能量的计算 难点：简单规则的非均匀电场能量的计算	课堂讲授 多媒体辅助教学
21	习题课（第6章总结，解决作业中存在的问题）	理解描述静电场的两个物理量（场强、电势）的意义；掌握描述静电场规律的两个定理（环路定理、高斯定理）	重点：微元法计算场强与电势，场强积分法计算静电场电势 难点：电场分布对称性的分析	启发讨论 多媒体辅助教学
22	磁场 磁感应强度	描述磁感应强度的定义；掌握洛伦兹力公式的运用	重点：磁感应强度的定义，洛伦兹力公式 难点：磁场的产生	课堂讲授 多媒体辅助教学
23	毕奥-萨伐尔定律	知道并能复述毕奥-萨伐尔定律的内容；会利用毕奥-萨伐尔定律对某些规则载流导线产生的磁场进行计算	重点：毕奥-萨伐尔定律的内容及公式 难点：毕奥-萨伐尔定律的意义及应用	课堂讲授 多媒体辅助教学
24	磁场的高斯定理 安培环路定理	阐述磁感线的定义及性质；掌握磁通量的计算；对规则载流导体产生的磁场利用安培环路定理进行计算	重点：磁感线、磁通量、磁场的高斯定理、安培环路定理 难点：磁场分布对称性分析及安培环路的选择	课堂讲授 多媒体辅助教学
25	磁场对运动电荷和载流导线的作用	阐述洛伦兹力公式的物理意义并会进行简单计算；知道霍耳效应的微观机理，阐述安培力公式的物理意义，掌握安培力公式的应用	重点：洛伦兹力公式、安培力公式的应用 难点：霍耳效应、磁偶极矩、磁力矩公式	课堂讲授 多媒体辅助教学
26	介质中的磁场	叙述磁场对磁介质的影响；会进行磁介质中安培环路定理的简单计算；知道磁畴理论，理解铁磁质的性质和磁化曲线的物理意义	重点：磁介质的性质，安培环路定理，铁磁质的性质、磁化曲线 难点：磁畴概念	课堂讲授 多媒体辅助教学

续表

教学进度	教学内容	教学目标	重点和难点	教学方法与手段
27	习题课（第7章总结，解决作业中存在的问题）	阐述描述稳恒磁场的磁感应强度和磁场强度的意义；会稳恒磁场中环路定理和高斯定理的简单计算	重点：磁场的计算 难点：磁场分布规则性的分析	启发讨论 多媒体辅助教学
28	电磁感应的基本定律	理解电磁感应现象；掌握法拉第电磁感应定律的计算；知道楞次定律的实质	重点：法拉第电磁感应定律、楞次定律 难点：感应电流的方向	课堂讲授 多媒体辅助教学
29	动生电动势 感生电动势	知道动生电动势的非静电力（洛伦兹力）、掌握动生电动势的计算；知道感生电源的非静电力（感生电场力）、掌握感生电动势的计算	重点：动生电动势的计算 难点：感生电动势的计算	课堂讲授 多媒体辅助教学
30	自感 互感 磁场的能量	理解自感、互感现象；对自感和互感系数能进行简单的计算；会利用磁场能量密度计算磁场的能量	重点：自感、互感系数的计算 难点：利用磁场能量密度计算磁场的能量	课堂讲授 多媒体辅助教学
31	电磁场 麦克斯韦方程组 第8章小结	阐述位移电流的物理意义并能进行简单计算；理解麦克斯韦方程组积分形式的物理意义	重点：位移电流 难点：麦克斯韦方程组积分形式的物理意义	启发讨论 多媒体辅助教学
32	简谐振动的定义	阐述简谐振动的定义；会根据定义判断一个物体的运动是否为简谐振动	重点：简谐振动的定义 难点：简谐振动的判断	课堂讲授 多媒体辅助教学
33	简谐振动的规律	会简谐振动三要素的确定；掌握简谐振动旋转矢量表示法；掌握简谐振动的能量规律	重点：简谐振动的振动方程及能量规律 难点：简谐振动的三要素	课堂讲授 多媒体辅助教学
34	简谐振动的合成	掌握同方向同频率简谐振动的合成；叙述相互垂直的同频率简谐振动的合成	重点：同方向同频率简谐振动的合成 难点：简谐振动的初相位	课堂讲授 多媒体辅助教学

续表

教学进度	教学内容	教学目标	重点和难点	教学方法与手段
35	机械波的产生及描述 平面简谐波波动方程	阐述机械波的物理描述和几何描述;掌握相位推迟或时间延迟概念	重点:推导平面简谐波波动方程 难点:相位推迟或时间延迟	课堂讲授 多媒体辅助教学
36	平面简谐波动方程 波的衍射和干涉	阐述平面简谐波的波动方程及其物理意义;叙述惠更斯原理;掌握相干波的条件;会用相位差、波程差分析确定相干波叠加后振幅的加强和减弱	重点:平面简谐波的波动方程的意义和波的相干条件 难点:初相位的确定	课堂讲授 多媒体辅助教学
37	驻波 多普勒效应	知道驻波形成条件;阐述驻波方程及驻波特点,说明半波损失的物理意义;理解多普勒效应	重点:形成驻波的条件及驻波方程,多普勒效应 难点:从驻波方程分析驻波特点及半波损失	课堂讲授 多媒体辅助教学
38	光的本性 光源 光的相干性 光程和光程差	叙述光的相干条件;知道获得相干光的方法;阐述光程差和相位差之间的关系	重点:光的相干性,光程 难点:相干光的获得方法	课堂讲授 多媒体辅助教学
39	分波阵面干涉	掌握形成干涉明暗条纹的条件;描述杨氏双缝干涉的条纹特征	重点:杨氏双缝干涉实验、劳埃德镜 难点:相干光的获得方法	课堂讲授 多媒体辅助教学
40	薄膜干涉	描述劈尖干涉条纹的特征;描述牛顿环干涉条纹的特征	重点:光程差的分析 难点:明暗条纹的位置	课堂讲授 多媒体辅助教学
41	光的衍射	叙述惠更斯-菲涅耳原理;阐述光的衍射现象;理解单缝夫琅禾费衍射的规律及菲涅耳半波带思想	重点:半波带思想及衍射明暗条纹的特征 难点:半波带思想	课堂讲授 多媒体辅助教学
42	光栅衍射	会利用光栅方程确定光栅衍射条纹的位置;会分析光栅常数和缝数对光栅衍射光谱线的影响;理解X射线衍射和布拉格方程	重点:光栅方程、布拉格方程 难点:光栅缺级规律	课堂讲授 多媒体辅助教学

续表

教学进度	教学内容	教学目标	重点和难点	教学方法与手段
43	光的偏振现象	能够辨识自然光,线偏振光,部分偏振光;掌握线偏振光的起偏与检偏和布儒斯特定律	重点:马吕斯定律和布儒斯特定律 难点:起偏与检偏	课堂讲授 多媒体辅助教学
44	狭义相对论的基本原理 洛伦兹坐标变换 狭义相对论的时空观	说出狭义相对论的两条基本原理;阐述洛伦兹坐标变换式;理解狭义相对论时空观	重点:狭义相对论的两条基本原理,洛伦兹坐标变换式,狭义相对论时空观的推导 难点:狭义相对论时空观的理解	课堂讲授 多媒体辅助教学
45	狭义相对论动力学 第11章总结,解决作业中存在的问题	阐述狭义相对论的质速关系、质能关系,动量与能量的关系	重点:狭义相对论关系式 难点:狭义相对论动力学关系式的理解和应用	课堂讲授 多媒体辅助教学
46	量子论的形成	说出黑体辐射的特征,知道普朗克能量子假设;知道光电效应和康普顿效应实验特征,说出爱因斯坦光量子假设;说出氢原子的光谱特征,知道玻尔的量子化假设	重点:普朗克能量子假设,光电效应和康普顿效应,氢原子的光谱特征 难点:经典理论的不足	课堂讲授 多媒体辅助教学
47	物质波 不确定关系	知道德布罗意假设,会利用德布罗意式进行简单计算;阐述电子的衍射实验,掌握不确定关系式	重点:德布罗意关系式 难点:德布罗意关系式的物理意义	课堂讲授 多媒体辅助教学
48	波函数 薛定谔方程	阐述波函数及其统计诠释;知道一维定态薛定谔方程及其处理一维无限深势阱方法;掌握波函数所必须满足的条件	重点:波函数,薛定谔方程 难点:定态薛定谔方程求解	课堂讲授 多媒体辅助教学

续表

教学进度	教学内容	教学目标	重点和难点	教学方法与手段
49	习题课（本章总结，解决作业中存在的问题）	知道量子论的形成是建立在三个假设的基础之上，说出经典理论的缺陷；知道德布罗意波假设，会利用德布罗意关系式进行简单计算，掌握不确定关系及其统计假设，掌握波函数所必须满足的条件	重点：简单计算 难点：概念的理解	启发讨论 多媒体辅助教学
50	复习总结	复习基本概念和基本理论；运用基本定律和基本定理解决实际问题	重点：基本概念和基本理论的理解 难点：基本定律和基本定理的运用	研讨答疑 多媒体辅助教学

组织教学有关问题说明　其中部分内容及顺序，可根据各自实际及教学对象的文化基础和专业情况，进行取舍和调整

附　　录

附录 A　国际单位制（SI）

国际单位制是在公制基础上发展起来的单位制，于 1960 年第十一届国际计量大会通过，推荐各国采用，其国际简称为 SI。

表 1　国际单位制（SI）的基本单位

量的名称	单位名称	单位符号 中文	单位符号 国际	定　　义
长度	米（meter）	米	m	1 米是光在真空中在 $(299\ 792\ 458)^{-1}$ s 内的行程
质量	千克（kilogram）	千克	kg	1 千克是普朗克常量为 $6.626\ 070\ 15\times 10^{-34}$ J·s（$6.626\ 070\ 15\times 10^{-34}$ kg·m²·s^{-1}）时的质量
时间	秒（second）	秒	s	1 秒是铯-133 原子在基态下的两个超精细能级之间跃迁所对应的辐射的 9 192 631 770 个周期的时间
电流	安培（Ampere）	安	A	1 安培是 1 s 内通过 $(1.602\ 176\ 634)^{-1}\times 10^{19}$ 个元电荷所对应的电流，即 1 安培是某点处 1 s 内通过 1 库仑电荷的电流
热力学单位	开尔文（Kelvin）	开	K	1 开尔文是玻耳兹曼常量为 $1.380\ 649\times 10$ J·K^{-1}（$1.380\ 649\times 10^{-23}$ kg·m²·s^{-2}·K^{-1}）时的热力学温度
物质的量	摩尔（mole）	摩	mol	1 摩尔是精确包含 $6.022\ 140\ 76\times 10^{23}$ 个原子或分子等基本单元的系统的物质的量
发光强度	坎德拉（candela）	坎	cd	1 坎德拉是一光源在给定方向上发出频率为 540×10^{12} s^{-1} 的单色辐射，且在此方向上的辐射强度为 $(683)^{-1}$ kg·m²·s^{-3}·sr^{-1} 时的发光强度 1 坎德拉是一光源在给定方向上发出频率为 540×10^{12} 赫兹的单色辐射，且在此方向上的辐射强度为 $(683)^{-1}$ kg·m²·s^{-3}·sr^{-1} 时的发光强度

表 2　国际单位制的辅助单位

量	单位名称	单位符号	定 义
平面角	弧度	rad	弧度是一圆内两条半径之间的平面角,这两条半径在圆周上截取的弧长与半径相等
立体角	球面度	sr	球面度是一立体角,其顶点位于球心,而它在球面上所截取的面积等于以球半径为边长的正方形面积

表 3　国际单位制倍数单位的词头

因数	词头名称	词头符号	因数	词头名称	词头符号
10^{30}	昆[它]	Q	10^{-1}	分	d
10^{27}	容[那]	R	10^{-2}	厘	c
10^{24}	尧[它]	Y	10^{-3}	毫	m
10^{21}	泽[它]	Z	10^{-6}	微	μ
10^{18}	艾[可萨]	E	10^{-9}	纳[诺]	n
10^{15}	拍[它]	P	10^{-12}	皮[可]	p
10^{12}	太[拉]	T	10^{-15}	飞[母托]	f
10^{9}	吉[咖]	G	10^{-18}	阿[托]	a
10^{6}	兆	M	10^{-21}	仄[普托]	z
10^{3}	千	k	10^{-24}	幺[科托]	y
10^{2}	百	h	10^{-27}	柔[托]	r
10^{1}	十	da	10^{-30}	亏[科托]	q

附录 B　常用物理常量

物理量	符号	数值	单位
真空中的光速	c	$2.997\,924\,58 \times 10^{8}$	$\text{m} \cdot \text{s}^{-1}$
真空磁导率	μ_0	$4\pi \times 10^{-7}$	$\text{N} \cdot \text{A}^{-2}$
真空电容率	ε_0	$8.854\,187\,817 \times 10^{-12}$	$\text{C}^{2} \cdot \text{N}^{-1} \cdot \text{m}^{-2}$
引力常量	G	$6.672\,59(85) \times 10^{-11}$	$\text{N} \cdot \text{m}^{2} \cdot \text{kg}^{-2}$
普朗克常量	h	$6.626\,075\,5(40) \times 10^{-34}$	$\text{J} \cdot \text{s}$
基本电荷	e	$1.602\,177\,33(49) \times 10^{-19}$	C
里德伯常量	R_∞	$10\,973\,731.534$	m^{-1}
电子质量	m_e	$9.109\,389\,7(54) \times 10^{-31}$	kg
康普顿波长	λ_C	$2.426\,310\,58(22) \times 10^{-12}$	m
质子质量	m_p	$1.672\,623\,1(10) \times 10^{-27}$	kg
中子质量	m_n	$1.674\,928\,6(10) \times 10^{-27}$	kg
阿伏伽德罗常量	N_A	$6.022\,136\,7(36) \times 10^{23}$	mol^{-1}
摩尔气体常量	R	$8.314\,510(70)$	$\text{J} \cdot \text{mol}^{-1} \cdot \text{K}^{-1}$
玻耳兹曼常量	k	$1.380\,658(12) \times 10^{-23}$	$\text{J} \cdot \text{K}^{-1}$
斯特藩-玻耳兹曼常量	σ	$5.670\,51(19) \times 10^{-8}$	$\text{W} \cdot \text{m}^{-2} \cdot \text{K}^{-4}$

附录 C 数学公式

1. 矢量运算

(1) 单位矢量的运算

i, j 和 k 为坐标轴 x, y 和 z 方向的单位矢量,有

$i \cdot i = j \cdot j = k \cdot k = 1, \quad i \cdot j = j \cdot k = k \cdot i = 0$

$i \times i = j \times j = k \times k = 0$

$i \times j = k, \quad j \times k = i, \quad k \times i = j$

(2) 矢量的标量积和矢量积

设两矢量 a 与 b 之间小于 π 的夹角为 θ,有

$a \cdot b = b \cdot a = a_x b_x + a_y b_y + a_z b_z = ab\cos\theta$

$a \times b = -b \times a = \begin{vmatrix} i & j & k \\ a_x & a_y & a_z \\ b_x & b_y & b_z \end{vmatrix}$

$|a \times b| = ab\sin\theta$

(3) 矢量的混合运算

$a \times (b+c) = (a \times b) + (a \times c)$

$(sa) \times b = a \times (sb) = s(a \times b) \quad (s\text{ 为标量})$

$a \cdot (b+c) = b \cdot (c \times a) = c \cdot (a \times b)$

$a \times (b \times c) = (a \cdot c)b - (a \cdot b)c$

2. 三角函数公式

$\sin(90° - \theta) = \cos\theta$

$\cos(90° - \theta) = \sin\theta$

$\sin\theta / \cos\theta = \tan\theta$

$\sin^2\theta + \cos^2\theta = 1$

$\sec^2\theta - \tan^2\theta = 1$

$\csc^2\theta - \cot^2\theta = 1$

$\sin 2\theta = 2\sin\theta\cos\theta$

$\cos 2\theta = \cos^2\theta - \sin^2\theta = 2\cos^2\theta - 1 = 1 - 2\sin^2\theta$

$\sin(\alpha \pm \beta) = \sin\alpha\cos\beta \pm \cos\alpha\sin\beta$

$\cos(\alpha \pm \beta) = \cos\alpha\cos\beta \mp \sin\alpha\sin\beta$

$\tan(\alpha \pm \beta) = \dfrac{\tan\alpha \pm \tan\beta}{1 \mp \tan\alpha\tan\beta}$

$\sin\alpha \pm \sin\beta = 2\sin\dfrac{1}{2}(\alpha \pm \beta)\cos\dfrac{1}{2}(\alpha \mp \beta)$

$\cos\alpha + \cos\beta = 2\cos\dfrac{1}{2}(\alpha + \beta)\cos\dfrac{1}{2}(\alpha - \beta)$

$\cos\alpha - \cos\beta = -2\sin\dfrac{1}{2}(\alpha + \beta)\sin\dfrac{1}{2}(\alpha - \beta)$

3. 常用导数公式

(1) $\dfrac{\mathrm{d}x}{\mathrm{d}x}=1$

(2) $\dfrac{\mathrm{d}(au)}{\mathrm{d}x}=a\dfrac{\mathrm{d}u}{\mathrm{d}x}$

(3) $\dfrac{\mathrm{d}}{\mathrm{d}x}(u+v)=\dfrac{\mathrm{d}u}{\mathrm{d}x}+\dfrac{\mathrm{d}v}{\mathrm{d}x}$

(4) $\dfrac{\mathrm{d}}{\mathrm{d}x}x^m=mx^{m-1}$

(5) $\dfrac{\mathrm{d}}{\mathrm{d}x}\ln x=\dfrac{1}{x}$

(6) $\dfrac{\mathrm{d}}{\mathrm{d}x}(uv)=u\dfrac{\mathrm{d}v}{\mathrm{d}x}+v\dfrac{\mathrm{d}u}{\mathrm{d}x}$

(7) $\dfrac{\mathrm{d}}{\mathrm{d}x}\mathrm{e}^x=\mathrm{e}^x$

(8) $\dfrac{\mathrm{d}}{\mathrm{d}x}\sin x=\cos x$

(9) $\dfrac{\mathrm{d}}{\mathrm{d}x}\cos x=-\sin x$

(10) $\dfrac{\mathrm{d}}{\mathrm{d}x}\tan x=\sec^2 x$

(11) $\dfrac{\mathrm{d}}{\mathrm{d}x}\cot x=-\csc^2 x$

(12) $\dfrac{\mathrm{d}}{\mathrm{d}x}\sec x=\tan x\sec x$

(13) $\dfrac{\mathrm{d}}{\mathrm{d}x}\csc x=-\cot x\csc x$

(14) $\dfrac{\mathrm{d}}{\mathrm{d}x}\mathrm{e}^u=\mathrm{e}^u\dfrac{\mathrm{d}u}{\mathrm{d}x}$

(15) $\dfrac{\mathrm{d}}{\mathrm{d}x}\sin u=\cos u\dfrac{\mathrm{d}u}{\mathrm{d}x}$

(16) $\dfrac{\mathrm{d}}{\mathrm{d}x}\cos u=-\sin u\dfrac{\mathrm{d}u}{\mathrm{d}x}$

4. 常用积分公式

(1) $\int \mathrm{d}x=x+c$

(2) $\int au\,\mathrm{d}x=a\int u\,\mathrm{d}x+c$

(3) $\int(u+v)\,\mathrm{d}x=\int u\,\mathrm{d}x+\int v\,\mathrm{d}x+c$

(4) $\int x^m\,\mathrm{d}x=\dfrac{1}{m+1}x^{m+1}+c \quad (m\ne -1)$

(5) $\int \dfrac{dx}{x} = \ln|x| + c$

(6) $\int e^x dx = e^x + c$

(7) $\int \sin x \, dx = -\cos x + c$

(8) $\int \cos x \, dx = \sin x + c$

(9) $\int \tan x \, dx = \ln|\sec x| + c$

(10) $\int e^{-ax} dx = -\dfrac{1}{a} e^{ax} + c$

(11) $\int x e^{-ax} dx = -\dfrac{1}{a^2}(ax+1)e^{-ax} + c$

(12) $\int x^2 e^{-ax} dx = -\dfrac{1}{a^3}(a^2 x^2 + 2ax + 2)e^{-ax} + c$

(13) $\int \dfrac{dx}{\sqrt{x^2 + a^2}} = \ln(x + \sqrt{x^2 + a^2}) + c$

(14) $\int \dfrac{x \, dx}{(x^2 + a^2)^{3/2}} = -\dfrac{1}{(x^2 + a^2)^{1/2}} + c$

(15) $\int \dfrac{dx}{(x^2 + a^2)^{3/2}} = \dfrac{x}{a^2 (x^2 + a^2)^{1/2}} + c$

附录 D 自我检测题参考答案

力学部分自我检测题

一、选择题

1. A   2. B   3. C   4. C,D   5. C   6. B   7. A   8. A

二、填空题

1. 1 s； 1 m

2. 2π rad·s^{-1}； $(\pi + 2\pi t)^2 \boldsymbol{n} + 2\pi \boldsymbol{\tau}$ m·s^{-2}

3. 0.5 s； 1000 m·s^{-1}

4. 惯性参考系中作低速($v \ll c$)运动的宏观质点；惯性参考系

5. $\dfrac{1}{12}m_1 l^2 + \dfrac{7}{12}m_2 l^2 + \dfrac{1}{4}ml^2$； $\dfrac{1}{12}m_2 l^2 + \dfrac{7}{12}m_1 l^2 + \dfrac{1}{4}ml^2$

三、计算与证明题

1. (1) $v = \dfrac{A}{B}(1 - e^{-Bt})$； (2) $y = \dfrac{A}{B}t + \dfrac{A}{B^2}(e^{-Bt} - 1)$

2. 略

3. 略

热学部分自我检测题

一、选择题

1. A,B 2. B 3. C 4. C 5. B 6. C 7. C 8. D 9. A
10. C 11. D 12. B 13. A 14. A 15. D

二、填空题

1. $\sqrt{2}$；$\dfrac{1}{\sqrt{2}}$

2. 相同；相同；不同

3. $\dfrac{3}{2}$

4. 等温

5. 1.52×10^5 J

6. 8.31；29.09

三、计算题

1. 2.4×10^{11} 个$/m^3$

2. 7.8 m

3. $\dfrac{5}{7}$

4. 9.97×10^5 J

5. $\dfrac{Q_1}{n}$

电磁学部分自我检测题

一、选择题

1. B 2. B 3. A 4. D 5. A 6. A

二、填空题

1. $E=\dfrac{\rho R^3}{2\varepsilon r^2}$；$E=\dfrac{\rho r}{3\varepsilon}$

2. (1) I_1； (2) I_1-I_2

3. (1) $r_2^2:r_1^2$； (2) $r_2:r_1$

4. (1) $\oint \boldsymbol{H}\cdot d\boldsymbol{l}=\sum I_0+\iint \dfrac{\partial \boldsymbol{D}}{\partial t}\cdot d\boldsymbol{S}$；   (2) $\oint \boldsymbol{E}\cdot d\boldsymbol{l}=-\iint \dfrac{\partial \boldsymbol{B}}{\partial t}\cdot d\boldsymbol{S}$；

   (3) $\oiint \boldsymbol{B}\cdot d\boldsymbol{S}=0$；   (4) $\oiint \boldsymbol{D}\cdot d\boldsymbol{S}=\sum q_0$

三、计算与证明题

1. $E=\dfrac{\sigma}{4\varepsilon_0}$，方向沿 x 轴负方向

2. 略

3. $B_{总} = \dfrac{8\sqrt{2}\,I \times 10^{-7}}{a}$,方向垂直纸面向外

4. 略

5. $\varepsilon = \dfrac{\mu_0 I \omega}{2\pi}\left(l - d\ln\dfrac{d+l}{d}\right)$,$A$ 点的电势高

振动学与波动学部分自我检测题

一、填空题

1. A； b/c； $T=2\pi/b$； $\lambda=2\pi/c$； $\Delta\varphi=cd$

2. $\lambda=0.7$ m； 0.23 m

3. 680 Hz

4. $x=2\cos\left(\dfrac{5}{2}t-\dfrac{\pi}{2}\right)$ cm,或 $x=2\cos\left(\dfrac{5}{2}t+\dfrac{3}{2}\pi\right)$ cm

5. $x=10\cos(2t-0.4)$ cm

二、选择题

1. C 2. B 3. D 4. C 5. B

三、计算题

1. $x=2\cos\left(\dfrac{3}{2}t+\dfrac{3}{2}\pi\right)$ cm

2. $y=9\cos\left(2\pi t-\dfrac{\pi}{2}\right)$

3. (1) 波动方程 $y=\cos\left(200\pi t-\dfrac{\pi}{2}x-\dfrac{\pi}{2}\right)$ cm;

   (2) 距波源 800 cm 处介质质点的振动方程 $y'=\cos\left(200\pi t-\dfrac{\pi}{2}\right)$ cm

4. (1) 沿 x 轴负向传播;
   (2) $f=1.27$ Hz,$\lambda=2.1$ m,$u=2.67$ m·s^{-1};
   (3) $v_{\max}=40$ m·s^{-1},$a_{\max}=320$ m·s^{-2};
   (4) $\varphi=6+\dfrac{\pi}{4}$

波动光学部分自我检测题

一、填空题

1. $1:2$； 2； 暗

2. 棱边； 不变； 棱边； 变窄

3. $e=\left(k-\dfrac{1}{2}\right)\lambda/2n$,$k=1,2,\cdots$

4. $\dfrac{1}{8}I_0$

5. 同方向移动

6. 10λ

二、选择题

1. B 2. B 3. C 4. A 5. B 6. A

三、计算题

1. 1.7×10^{-4} rad

2. 3.05×10^{-3} mm

3. 0.0177 mm；1.47×10^{-3} rad

4. 58°；$n_2=\tan 58°$；线偏振光、部分偏振光

5. $x=D\sin\theta$

近代物理部分自我检测题

一、选择题

1. A 2. B 3. C 4. D 5. A 6. D 7. B 8. C

二、填空题

1. 相对性原理和光速不变原理

2. 惯性参考系； 迈克耳孙-莫雷实验及宇宙线中粒子寿命的测定

3. 100 min

4. $\dfrac{\sqrt{3}}{5}a^2$

5. 散射角 θ； 入射光的波长和散射物质

6. 归一

7. 波函数模的平方即概率密度 $|\Psi(x)|^2=\Psi(x)\cdot\Psi^*(x)$，表示粒子在 t 时刻，于 x 处单位体积内出现的概率

8. 轨道角动量量子化

9. 光学谐振腔； 受激辐射光放大

三、计算与证明题

1. $0.25m_0c^2$； 0.25 倍

2. （1）$p=\sqrt{\dfrac{(E_{10}+3m_0c^2)(E_{10}-m_0c^2)}{4c^2}}$；（2）略

3. $P=\dfrac{1}{2}+\dfrac{1}{\pi}=0.818$

综合自我检测题（一）

一、选择题

1. A 2. C 3. C 4. C 5. B 6. C 7. C 8. B 9. D 10. A

二、填空题

1. $4\boldsymbol{i}+6\boldsymbol{j}$；$2\boldsymbol{i}+6\boldsymbol{j}$

2. $\sqrt{\dfrac{3RT}{\mu}}$

3. $\dfrac{\mu_0 I}{4R_1}+\dfrac{\mu_0 I}{4R_2}$； 垂直纸面向里

4. $-\pi R^2 c$

5. $\dfrac{\pi}{2}-\arctan\dfrac{n_2}{n_1}$

6. 相对性原理； 光速不变原理

7. 约 3.3 μs

三、计算题

1. **解** 枪筒中外力对子弹所做的功为

$$W=\int_0^l\left(400-\dfrac{8000}{9}x\right)\mathrm{d}x=400l-\dfrac{4000}{9}l^2$$

根据功能原理,外力所做的功转化为子弹的动能,即

$$W=E=\dfrac{1}{2}mv^2=\dfrac{1}{2}\times 2\times 10^{-3}\times 300^2\ \mathrm{J}$$

而 $W=400l-\dfrac{4000}{9}l^2=90$,所以

$$400l-\dfrac{4000}{9}l^2=\dfrac{1}{2}\times 2\times 10^{-3}\times 300^2$$

$$l=0.45\ \mathrm{m}$$

2. **解** (1) 由转动定律有

$$M=J\beta$$

其中 $M=mg\dfrac{l}{2}$, $J=\dfrac{1}{3}ml^2$, $m=0.06$ kg, $l=0.2$ m,所以棒开始转动时的角加速度为

$$\beta=\dfrac{M}{J}=75\ \mathrm{rad\cdot s^{-2}}$$

(2) 由机械能守恒定律有

$$E_\mathrm{p}=E_\mathrm{k}$$

而 $E_\mathrm{p}=mg\dfrac{l}{2}$,所以棒落到竖直位置时的动能为

$$E_\mathrm{k}=mg\dfrac{l}{2}=0.06\ \mathrm{J}$$

3. **解** 理想气体从高温热源吸收的热量为

$$Q_\text{吸}=\dfrac{M}{\mu}RT\ln\dfrac{V_2}{V_1}=RT\ln\dfrac{V_2}{V_1}=8.31\times 400\times\ln\dfrac{5}{1}=5.35\times 10^3\ \mathrm{J}$$

卡诺循环的效率为

$$\eta_\text{卡}=1-\dfrac{T_2}{T_1}$$

而 $\eta_\text{卡}=\dfrac{W}{Q_\text{吸}}$,所以气体在此循环中所做的功为

$$W=Q_\text{吸}\left(1-\dfrac{T_2}{T_1}\right)=1.34\times 10^3\ \mathrm{J}$$

气体在此循环中放给低温热源的热量为

$$Q_{放} = Q_{吸} - W = 4.01 \times 10^3 \text{ J}$$

4. 解 建立如综题 3-4 解图所示的坐标系.将薄铜片分割成宽度为 $\mathrm{d}x$ 的长直线电流,其电流为

$$\mathrm{d}I = \frac{I \mathrm{d}x}{a}$$

该直线电流在 P 点激发的磁感应强度大小为

$$\mathrm{d}B = \frac{\mu_0 \mathrm{d}I}{2\pi(a+b-x)} = \frac{\mu_0 I \mathrm{d}x}{2\pi(a+b-x)a}$$

方向垂直纸面向里.

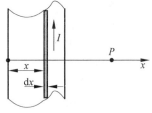

综题 3-4 解图

无限长的通有电流的薄铜片在 P 激发的磁感应强度大小为

$$B = \int_0^a \frac{\mu_0 I \mathrm{d}x}{2\pi(a+b-x)a} = \frac{\mu_0 I}{2\pi a} \ln \frac{a+b}{b}$$

方向垂直纸面向里.

5. 解 (1) 因为 $y = y_1 + y_2 = 2A \cos \frac{2\pi x}{\lambda} \cos \omega t$,所以两列波合成后形成驻波.

令 $\cos \frac{2\pi x}{\lambda} = 0$,可得波节的位置为 $x = \pm(2k+1)\frac{\lambda}{4}$;令 $\cos \frac{2\pi x}{\lambda} = \pm 1$,可得波腹的位置为 $x = \pm k \frac{\lambda}{2}$,其中 $k = 0, 1, 2, \cdots$.

(2) 波腹处的振幅为 $A_{\max} = 2A$,$x = \frac{\lambda}{4}$ 处质元的振幅为 $2A \cos \left(\frac{2\pi}{\lambda} \cdot \frac{\lambda}{4}\right) = 0$

6. 解 (1) 由光栅公式

$$d \sin \theta_2 = 2\lambda$$

得

$$d = 6000 \text{ nm}$$

(2) 由光栅公式和单缝衍射公式

$$d \sin \theta = k\lambda, \quad a \sin \theta = j\lambda$$

得

$$a = \frac{j}{k} d$$

由于光栅第四级缺级,所以光栅上狭缝的最小宽度当 $j=1, k=4$ 时,则 $a_{\min} = 1500$ nm.

(3) 由光栅公式得光栅的级数为

$$k = \pm \frac{d \sin \theta}{\lambda}$$

最大级数当 $|\sin \theta| = 1$ 时,$k = \pm 10$(不能呈于屏上).考虑到光栅缺级,所以屏上能呈现的全部级数为 $k = 0, \pm 1, \pm 2, \pm 3, \pm 5, \pm 6, \pm 7, \pm 9$.

综合自我检测题（二）

一、选择题
1. B　2. B　3. B　4. C　5. C　6. D　7. B　8. B　9. A　10. D

二、填空题
1. $2\bm{i}-8\bm{j}$；　$-4\bm{j}$
2. 1062.5
3. $3p_1V_1$；　0
4. 不可能创造一种循环动作的热机，只从一个热源吸收热量，使之完全变为有用的功而不产生其他影响；　热量不能自动地从低温物体传向高温物体
5. 1.33
6. $2I$
7. 单值

三、计算与证明题

1. **解**　子弹射入杆的过程，系统角动量守恒

$$mv_0 l = \left(ml^2 + \frac{1}{3}Ml^2\right)\omega$$

子弹射入杆后，系统机械能守恒，取直杆下端为势能零点，则有

$$Mg\frac{l}{2} + \frac{1}{2}\left(ml^2 + \frac{1}{3}Ml^2\right)\omega^2 = mgl(1-\cos 60°) + Mgl\left(1-\frac{1}{2}\cos 60°\right)$$

联立以上两式可得

$$v_0 = \sqrt{\frac{(2m+M)(3m+M)gl}{6m^2}}$$

2. **解**　因为氢气分子是双原子分子，所以其平动自由度为 3，转动自由度为 2，总自由度为 5，故有

$$E_{平动} = \frac{3}{2}RT = \frac{3}{2} \times 8.31 \times 300 \text{ J} = 3.74 \times 10^3 \text{ J}$$

$$E_{转动} = \frac{2}{2}RT = \frac{2}{2} \times 8.31 \times 300 \text{ J} = 2.49 \times 10^3 \text{ J}$$

$$E_{内} = \frac{5}{2}RT = \frac{5}{2} \times 8.31 \times 300 \text{ J} = 6.23 \times 10^3 \text{ J}$$

3. **解**　由于电场分布具有球对称性，利用高斯定理可求得不同空间的场强大小为

当 $r < R_1$ 时，

$$\oiint_S \bm{E} \cdot \mathrm{d}\bm{S} = 0, \quad E_1 = 0$$

当 $R_1 < r < R_2$ 时，

$$\oiint_S \bm{E} \cdot \mathrm{d}\bm{S} = Q_1/\varepsilon_0, \quad E_2 = \frac{1}{4\pi\varepsilon_0}\frac{Q_1}{r^2}$$

当 $r > R_2$ 时，

$$\oiint_S \boldsymbol{E} \cdot \mathrm{d}\boldsymbol{S} = Q_1 + Q_2/\varepsilon_0, \quad E_3 = \frac{1}{4\pi\varepsilon_0}\frac{Q_1+Q_2}{r^2}$$

利用电势的定义可以求得不同空间的电势大小为

当 $r < R_1$ 时,

$$U = \int_r^\infty \boldsymbol{E} \cdot \mathrm{d}\boldsymbol{r} = \int_r^{R_1} \boldsymbol{E} \cdot \mathrm{d}\boldsymbol{r} + \int_{R_1}^{R_2} \boldsymbol{E}_2 \cdot \mathrm{d}\boldsymbol{r} + \int_{R_2}^\infty \boldsymbol{E}_3 \cdot \mathrm{d}\boldsymbol{r}$$

$$= \frac{Q_1}{4\pi\varepsilon_0}\left(\frac{1}{R_1} - \frac{1}{R_2}\right) + \frac{Q_1+Q_2}{4\pi\varepsilon_0}\frac{1}{R_2}$$

当 $R_1 < r < R_2$ 时,

$$U = \int_r^\infty \boldsymbol{E} \cdot \mathrm{d}\boldsymbol{r} = \int_r^{R_2} \boldsymbol{E}_2 \cdot \mathrm{d}\boldsymbol{r} + \int_{R_2}^\infty \boldsymbol{E}_3 \cdot \mathrm{d}\boldsymbol{r}$$

$$= \frac{Q_1}{4\pi\varepsilon_0}\left(\frac{1}{r} - \frac{1}{R_2}\right) + \frac{Q_1+Q_2}{4\pi\varepsilon_0}\frac{1}{R_2}$$

当 $r > R_2$ 时,

$$U = \int_r^\infty \boldsymbol{E} \cdot \mathrm{d}\boldsymbol{r} = \int_r^\infty \boldsymbol{E}_3 \cdot \mathrm{d}\boldsymbol{r} = \frac{Q_1+Q_2}{4\pi\varepsilon_0}\frac{1}{r}$$

4. 解 设通过 ab 边和 acb 边的电流分别为 I_1 和 I_2,且电阻均匀分布在等边三角形导线框,则有

$$I_1\rho\frac{L}{S} = I_2\rho\frac{2L}{S}, \quad I_1 + I_2 = I$$

所以

$$I_1 = \frac{2}{3}I, \quad I_2 = \frac{1}{3}I$$

由于 O 点在导线 1 的延长线上,所以导线 1 在 O 点产生的磁感应强度为

$$B_1 = 0$$

导线 ac 在 O 点产生的磁感应强度为

$$B_{ac} = \frac{\mu_0 I_1}{4\pi r_0}(\cos\theta_1 - \cos\theta_2) = \frac{\mu_0 \frac{1}{3}I}{4\pi \frac{L}{2}\tan 30°}(\cos 30° - \cos 150°)$$

$$= \frac{\mu_0 \frac{1}{3}I}{4\pi \frac{L}{2}\frac{\sqrt{3}}{3}}\left(\frac{\sqrt{3}}{2} + \frac{\sqrt{3}}{2}\right) = \frac{2\times 10^{-7} I}{L}$$

方向垂直纸面向外.

同样地,导线 cb 在 O 点产生的磁感应强度为

$$B_{cb} = \frac{\mu_0 \frac{1}{3}I}{4\pi \frac{L}{2}\tan 30°}(\cos 30° - \cos 150°) = \frac{2\times 10^{-7} I}{L}$$

方向垂直纸面向外.

同样地,导线 ab 在 O 点产生的磁感应强度为

$$B_{ab} = \frac{\mu_0 \frac{2}{3}I}{4\pi \frac{L}{2}\tan 30°}(\cos 30° - \cos 150°) = \frac{4 \times 10^{-7} I}{L}$$

方向垂直纸面向里.

同样地,导线 2 在 O 点产生的磁感应强度为

$$B_2 = \frac{\mu_0 I}{4\pi \frac{\sqrt{3}}{3}L}(\cos 90° - \cos 180°) = \frac{\sqrt{3} \times 10^{-7} I}{L}$$

方向垂直纸面向里.

等边三角形框中心 O 点处的总磁感应强度为

$$B = B_1 + B_{ac} + B_{cb} + B_{ab} + B_2$$
$$= 0 - \frac{2 \times 10^{-7} I}{L} - \frac{2 \times 10^{-7} I}{L} + \frac{4 \times 10^{-7} I}{L} + \frac{\sqrt{3} \times 10^{-7} I}{L}$$
$$= \frac{\sqrt{3} \times 10^{-7} I}{L}$$

5. 解 据题意设原点 O 的振动方程为 $y = A\cos(\omega t + \varphi)$

(1) 因为波沿 x 轴负向传播,所以给时间以微小增量,波形如综题 3-5 解图虚线所示,原点 O 的初始状态为 $\begin{cases} y_0 = 0 \\ v_0 > 0 \end{cases}$,即 $\begin{cases} A\cos\varphi = 0 \\ -A\omega\sin\varphi > 0 \end{cases}$,解之可得原点 O 的振动相位 $\varphi = -\frac{\pi}{2}$.

(2) 由原点 O 的振动形成的沿 x 轴负向传播的波动方程为

$$y = A\cos\left[\omega\left(t + \frac{x}{u}\right) - \frac{\pi}{2}\right]$$

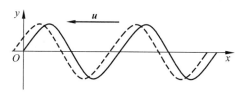

综题 3-5 解图

6. 解 利用三角形的相似性可得

$$\frac{\Delta d}{\Delta x} = \frac{D}{l}$$

其中

$$\Delta d = \frac{\lambda}{2}$$

所以

$$D = \frac{\Delta d \cdot l}{\Delta x} = \frac{\frac{546 \times 10^{-9}}{2} \times 12.50 \times 10^{-2}}{1.5 \times 10^{-3}} \text{ nm} = 22\ 750 \text{ nm}$$